Tous nos ouvrages sont disponibles aux

Éditions Decoopman
Ferrières
30440 Saint-Laurent-le-Minier
Tel : +33 (0)4.67.73.90.95
web : www.decoopman.com
e.mail : livres@decoopman.com

Olivier Lacaux
Jean Castanier

Correction : Antoinette Dodeler

I.S.B.N. 978-2-36965-095-9
Dépot légal : 1e trimestre 2020

Collection
- Horlogerie -

- *L'art de l'Horlogerie enseigné en trente leçons* - Anonyme
- *Histoire de l'Horlogerie* - Pierre Dubois
- *Les merveilles de l'horlogerie* - C. Portal & H. de Graffigny

GUIDE-MANUEL DE L'HORLOGER

TRAITANT DES NOTIONS DE CALCUL ET DE DESSIN D'UTILITÉ JOURNALIÈRE POUR L'HORLOGER, DES MÉTHODES D'APRÈS LESQUELLES IL DOIT CHOISIR, ÉPROUVER ET TRAVAILLER LES MÉTAUX. — DE LA MAIN-D'ŒUVRE. DE L'OUTILLAGE QUE DOIT AVOIR L'HORLOGER MODERNE. — SON EXÉCUTION FACILE.
TRÈS NOMBREUX PROCÉDÉS ET INDICATIONS PRATIQUES UTILES A L'ARTISTE ET A L'OUVRIER. — HUIT PLANCHES GRAVÉES ET FIGURES INTERCALÉES DANS LE TEXTE,

par

Claudius SAUNIER,

Ancien directeur d'École d'horlogerie ;
Auteur du grand *Traité d'horlogerie moderne* ;
Membre du Jury et Rapporteur à l'Exposition universelle de 1878 ;
Président du Syndicat national de l'Horlogerie française ;
Membre de Sociétés savantes et industrielles ;
Chevalier de la Légion d'honneur.

Suivi du

Recueil des procédés pratiques usités en horlogerie

1886

AVANT-PROPOS

On peut considérer cet ouvrage comme l'en-tête pratique de notre grand *Traité d'horlogerie moderne*, bien qu'il n'en soit ni un résumé, ni un extrait ou reproduction partielle.

La courte durée des apprentissages de notre temps, l'immense quantité des montres de fabrication vicieuse qu'il faut faire marcher quand même, enfin l'insuffisance des prix de réparation des pièces d'horlogerie, prix qui ne sont plus rémunérateurs des travaux sérieusement faits, exigent, de toute nécessité, que l'horloger d'aujourd'hui abandonne la plupart des anciens procédés d'atelier, trop lents au gré de l'activité fiévreuse de l'industrie moderne.

A tort ou à raison, faire vite et beaucoup est sa règle.

Aidé de ce livre, le praticien pourra, dans une certaine mesure , satisfaire à cette double exigence, puisqu'il trouvera réunies ici de nombreuses et utiles notions sur le travail des métaux, et, en outre d'un très grand nombre de procédés pratiques, nouveaux ou peu connus, les moyens de perfectionner son outillage, ou au besoin de s'en créer un meilleur, création qui sera pour le jeune horloger une excellente école de main-d'oeuvre.

N'eussions-nous réussi, en faisant paraître cette publication, qu'à diminuer pour quelques-uns de nos confrères le nombre si grand des difficultés qu'offre l'exercice de leur profession, pénible au-delà de ce qu'en croit le vulgaire, que nous nous estimerons heureux de ce résultat, et bien dédommagé des soins que ce petit livre nous a demandés.

C. S.

PREMIERS ÉLÉMENTS DU CALCUL.

1. Il est aujourd'hui nécessaire que l'horloger possède les principaux éléments du calcul, et au moins quelques notions spéciales de géométrie.

Il a besoin du calcul chaque fois qu'il veut modifier les nombres des trains d'engrenages des pièces d'horlogerie qu'il doit établir ou réparer.

Quant aux notions de géométrie, elles lui fournissent les mesures des corps solides et elles lui enseignent les règles pratiques qui servent de base à l'art du dessin linéaire ; tout horloger ne doit-il pas être en état d'exécuter au préalable le croquis d'un mécanisme d'horlogerie.

Beaucoup d'inventeurs se seraient épargné des travaux de main-d'oeuvre longs et onéreux si, avant de chercher à matérialiser leur invention avec du laiton et de l'acier, ils avaient su en tracer tout d'abord un dessin raisonné et correct.

Lors de la création du système décimal, il n'eût pas été plus difficile d'adopter pour base au lieu du nombre 10, le nombre 12, en représentant par des signes conventionnels les chiffres 10 et 11 et en substituant le 0 au 2 du nombre 12. Le mécanisme de la numération eût consisté alors à multiplier et à diviser de 12 en 12, comme on le fait actuellement de 40 en 10.

La numération duodécimale présente cet avantage que 12 a plus de diviseurs que 10 ; mais, ainsi que Francœur le fait remarquer, il serait trop difficile de l'établir maintenant, parce qu'il faudrait changer les dénominations et les nombreux usages qui en dérivent. D'ailleurs le système métrique, en ramenant les poids et mesures à un même type, a apporté dans le calcul une simplicité si grande et si évidente qu'il est de nos jours successivement accepté par toutes les nations.

Parmi les horlogers, en Suisse surtout, où cependant le mètre est l'unité de mesure adoptée, la facilité du fractionnement du nombre 12 est la cause que beaucoup de mesures se prennent et se donnent encore d'après les anciennes mesures ; cette circonstance particulière explique pourquoi il nous a paru nécessaire qu'on trouvât dans la suite de ce volume des tableaux de conversion de ces anciennes mesures en nouvelles.

2. Nous devons supposer le lecteur initié aux quatre opérations fondamentales de l'arithmétique en ce qui concerne les nombres entiers et les fractions ; ces éléments peuvent d'ailleurs être étudiés au besoin dans un fort grand nombre de petits traités spéciaux. L'élève ne pourrait guère rencontrer quelques légères difficultés qu'avec les fractions ordinaires, mais il a toujours la ressource de les convertir en fractions décimales de la même unité en opérant la division du numérateur par le dénominateur.

Il faut, en outre, avec la notion que les nombres dits premiers sont ceux qui n'ont pour diviseurs qu'eux-mêmes ou l'unité, qu'il possède à fond la théorie du plus grand commun diviseur de plusieurs nombres ; théorie indispensable à qui veut calculer les rouages d'un mécanisme un peu compliqué.

Nous nous bornerons donc à donner les procédés d'extraction des racines et les proportions, pour parer à un oubli possible, résultant d'un usage bien moins fréquent que celui des premières règles de l'arithmétique.

Explication de quelques signes en usage dans le calcul.

3. Le signe + veut dire *plus*. Le signe x (qu'il faut prendre garde de confondre avec le précédent) signifie *multiplié par*. Le signe - se prononce *moins*, et le signe = exprime une égalité ou équation.

L'expression suivante :

$$20 + 15 \times 10 = 380 - 30$$

se lit ainsi :

20 plus 15 multiplié par 10 égale 380 moins 30

Une barre entre deux chiffres indique la division : 10 / 3 s'énonce 10 divisé par 3. Deux points superposés : se lisent *est à*, et quatre :: s'énoncent *comme*.

Des puissances et des racines

4. La puissance d'un nombre est le produit de ce nombre multiplié une certaine quantité de fois par lui-même.

5 x 5 = 25	25 est la *deuxième puissance* ou le *carré* de 5.
6 x 6 x 6 = 216	216 est le nombre 6 élevé à la *troisième puissance* ou au *cube.*

On indique qu'un nombre doit être élevé à une puissance en mettant l'indice de cette puissance, un petit chiffre en vedette, à droite et un peu au-dessus du nombre.

$$7^3=7 \times 7 \times 7$$

La racine d'une quantité est le nombre qui, multiplié un certain nombre de fois par lui-même, a produit cette quantité. Ainsi, dans les exemples ci-dessus, 5 est la racine carrée de 25 et 6 la racine *cubique* de 216.

On indique qu'une racine doit être extraite d'un nombre en le plaçant sous la barre horizontale du signe √ appelé le radical, et le degré de cette racine est désigné par un petit chiffre placé dans l'ouverture des deux jambages.

$$\sqrt[2]{25} = 5 \text{ et } \sqrt[3]{216} = 6.$$

Le plus ordinairement la racine carrée est désignée par un simple radical dépourvu du petit chiffre.

5. Extraction de la racine carrée d'un nombre entier. — On sépare le nombre posé comme pour en opérer la division, par des points, en tranche de deux chiffres en partant de la droite.

On cherche le plus grand carré contenu dans la dernière tranche de gauche, qui peut n'avoir qu'un seul chiffre, à l'aide de ce tableau :

Racines......	1,	2,	3,	4,	5,	6,	7,	8,	9.
Carrés	1,	4,	9,	16,	25,	36,	49,	64,	81.

On en pose la racine à la place qu'occuperait le diviseur, si on faisait une division, et l'on écrit le double de cette racine au-dessous, à la place qu'occuperait le quotient.

On fait le carré de cette première racine ; on le soustrait de la première tranche et l'on descend à côté du reste, s'il y en a un, la seconde tranche, dont on sépare le dernier chiffre par un point (1er reste).

On divise ensuite la partie à gauche du point du premier reste par le double de la racine trouvée, ce qui donne le second chiffre de cette racine. On le pose à la droite du premier, et à côté, à droite aussi, du double de cette première racine inscrit au-dessous.

On multiplie ce dernier nombre par son dernier chiffre (deuxième de la racine), et l'on retranche le produit du nombre désigné comme 1er reste. A côté du nouveau reste, on descend la tranche suivante, dont on sépare le dernier chiffre par un point (2e reste).

On divise le nombre à gauche de ce point par le second diviseur (le double de la racine de deux chiffres), et l'on obtient le troisième chiffre, que l'on pose à la droite de la racine et aussi à la droite du double de la racine de deux chiffres.

On multiplie ce dernier nombre par son dernier chiffre (le 3e de la racine); on retranche le produit du 2e reste, et ainsi de suite (note 1 de bas de page).

Quand le carré n'est pas parfait, il y a un reste. Pour tirer des décimales, il faut y ajouter autant de fois deux zéros qu'on veut de chiffres décimaux à la racine.

On fait la preuve d'une extraction de racine en multipliant la racine par elle-même et en ajoutant à ce produit le reste, s'il y en a un. Le total doit être égal au carré, dont a cherché la racine.

6. Extraction de la racine carrée des nombres décimaux. – On rend pair le nombre des décimales, s'il ne l'était pas, en ajoutant un zéro ou en retranchant le dernier chiffre à la droite de la partie décimale, puis on divise le nombre complet, sans se préoccuper de la virgule, en tranche de deux chiffres, et l'on opère comme ci-dessus.

On restitue la virgule à la racine, à raison d'un chiffre pour deux décimales au carré ou nombre donné.

7. Exemple. Extraire la racine carrée de 273529.

	27.35.29	523 racine.
1er reste....	23.5	102 (double rac. 5 + 2).
	20 4	2
2e reste...	312.9	204
	31 29	1043 (double rac. 52 + 3).
3e reste...	00 00	3
		3129

Preuve 523 × 523 = 273,529.

Le nombre divisé en tranches de deux chiffres à partir de la droite, on cherche le plus grand carré contenu dans 27, qui est 25 (voir page 4), dont la racine est 5.

On pose ce chiffre à la racine[1] et on retranche son carré 25 de 27. La différence 2 est écrite au-dessous, et on descend à côté la deuxième tranche dont on sépare le dernier chiffre. On a ainsi 23,5 pour 1er reste. Sa première tranche, 23, divisée par le double de la racine, 10, donne 2 pour second chiffre de la racine ; on l'inscrit à la racine, puis à droite du double de cette racine, ce qui produit le nombre 102.

Ce nombre multiplié par son dernier chiffre 2 donne 204 qui, retranchés du ter reste, laissent 31. On descend la dernière tranche à côté de ce nombre et, le dernier chiffre séparé, on a 312,9 pour 2e reste.

Ce 2e reste, divisé par 104, double des deux premiers chiffres de la racine (52), donne 3 pour le troisième chiffre à inscrire à la droite de la racine, puis à la droite du double de cette racine, ce qui produit le nombre 1043.

Ce nombre, multiplié par son dernier chiffre 3, on a 3129 qui, retranchés du 2e reste, laissent 0 pour 3e reste.

Le nombre donné est un carré parfait, puisque 523 x 523 reproduisent ce nombre.

Si ce n'était pas un carré parfait, le 3e reste n'aurait pas laissé 0, et il faudrait ajouter ce 3e reste au carré de la racine pour retrouver le nombre donné.

8. Extraction des racines cubiques. — On divise le nombre en tranches de trois chiffres à partir de la droite, on extrait la racine du plus grand cube contenu dans la dernière tranche de gauche, à l'aide du tableau suivant :

Racines...........	1,	2,	3,	4,	5,	6,	7,	8,	9.
Cubes	1,	8,	27,	64,	125,	216	343,	512,	729.

et l'on inscrit à la racine le chiffre trouvé. On le cube et on soustrait ce cube de la dernière tranche à gauche. On descend la tranche suivante (dont on sépare les deux derniers chiffres à droite par un point), à côté du reste, s'il y en a un. Le tout forme le 1er reste.

On divise la partie à gauche de ce premier reste par le *triple carré* de la racine, ce qui donne le deuxième chiffre de la racine.

[1] Un chiffre porté à la racine est bon toutes les fois que le reste est moindre que le double de la racine +1. Ce chiffre est trop faible quand le reste égale ou surpasse le double de la racine + 1.

Puis on cube toute la racine et on soustrait ce cube des deux dernières tranches de gauche du nombre primitif (celui donné pour en extraire la racine).

On descend, à côté du reste, la troisième tranche du nombre donné, en séparant à droite, par un point, ses deux derniers chiffres. L'ensemble constitue le 2e reste.

On divise la partie à gauche du point par le triple carré de la racine obtenue, ce qui donne le troisième chiffre de la racine, et on continue comme pour le chiffre précédent jusqu'à ce qu'on ait épuisé toutes les tranches du nombre dont on veut extraire la racine. (Voir la note au bas de cette page).

9. Pour les nombres décimaux. — On complète par des zéros la partie décimale pour avoir des tranches de trois chiffres, et l'on opère comme il vient d'être indiqué, sans se préoccuper de la virgule. On la restitue à la racine à raison d'un chiffre pour 3 décimales au nombre donné.

10. Exemple. — Extraire la racine cubique de 3 723 875.

Nombre donné.	3.723.875	155 racine.
1er reste......	27.23	3 triple carré de 1.
Cube de 15...	3375 (soustrait de 3723).	675 triple carré de 15.
2e reste......	3488.75	
Cube de 155..	3723875 (soustrait du nombre donné).	
3e reste......	0.000.000	

Preuve 155 × 155 × 155 = 3,723,875.

On divise le nombre par trois chiffres à partir de la droite, et on cherche le plus grand cube contenu dans la dernière tranche de gauche ou dans 3. (Voir page 13.)

Ce cube est 1, dont la racine est également 1. On le pose à la racine[2]. On fait le cube de cette racine qu'on soustrait de la dernière tranche, soit de 3, ce qui laisse 2 ; à côté de ce reste on descend la tranche suivante dont on sépare les deux derniers chiffres, ce qui donne 27,23 pour 1er reste.

[2] Un chiffre porté à la racine est trop fort quand le cube de la racine ne peut se soustraire des tranches correspondantes dans le nombre donné. Il est trop faible, lorsque le reste de la soustraction n'est pas moindre que le triple carré de cette racine augmenté du triple de cette racine + 1.

On forme le *triple carré* de la racine (1 x 3=3) et l'on divise la partie gauche du 1er reste (27) par ce triple carré 3. Le chiffre 5 que l'on trouve se place à la droite du premier chiffre de la racine.

On cube le nombre 15, déjà obtenu à la racine, et on retranche ce cube, 3375, des deux tranches de gauche du nombre donné.

A côté du reste 348, on descend la tranche suivante 875, dont on sépare les deux derniers chiffres, et l'on a le 2e reste 3488,75.

On forme le triple carré de la racine 15, ce qui produit 675, et l'on divise la partie de gauche (3488) du 2e reste par ce triple carré, ce qui donne 5 pour le troisième chiffre de la racine.

On fait la preuve en cubant 155 et en retranchant ce cube du nombre donné. Le résultat zéro indique que 155 est la racine d'un cube parfait. S'il y avait un dernier reste, autre que zéro, à la fin des opérations ci-dessus, c'est que le cube ne serait pas parfait, et il faudrait ajouter ce reste au cube de la racine pour retrouver le nombre donné.

DES PROPORTIONS

11. La comparaison de deux quantités, lorsque l'on veut savoir de combien l'une est plus petite ou plus grande que l'autre, donne un rapport par différence :

$$6 - 2 = 4$$

Deux rapports égaux, comme 6 - 2 = 4 et 10 - 6 = 4, constituent une *équi-différence* ou proportion arithmétique, que l'on écrit ainsi :

$$6.2 : 10.6.$$

Les équi-différences n'étant pas usitées dans le calcul, nous ne nous occuperons que des proportions géométriques.

12. Proportions géométriques. — Lorsque l'on compare deux quantités pour savoir combien de fois l'une contient l'autre, ou y est contenue, on obtient un rapport par division, ou le rapport géométrique des deux quantités.

Ainsi 30/6 = 5 et 40/8 = 5, nous donnent deux rapports égaux, et l'égalité de ces deux rapports constitue une proportion que l'on écrit ainsi :

$$30 : 6 :: 40 : 8$$

et qu'on lit :

30 *est à* 6 *comme* 40 *est à* 8

On peut encore l'énoncer de la manière suivante : 30 divisé par 6 égale 40 divisé par 8, auquel cas on met la proportion sous cette forme :

$$30 / 6 = 40 / 8$$

Le *premier* et le *quatrième* terme d'une proportion sont appelés les EXTRÊMES.

Le *second* et le *troisième* terme les MOYENS.

Règle fondamentale. — Dans toute proportion, le produit des extrêmes est égal au produit des moyens.

Ainsi, $30 \times 8 = 6 \times 40$

Il en résulte que si l'on connaît seulement trois termes on peut toujours déterminer le quatrième ou la valeur inconnue et que l'on représente ordinairement par la lettre x.

Soit la proportion $12 : 3 :: 16 : x$.

$3 \times 16 = 48$ (produit des moyens) ; ce produit, divisé par 12 (l'extrême connu), donne 4 pour la valeur de x.

Si les deux extrêmes sont donnés et un moyen, c'est alors le produit des extrêmes qu'on divise par le moyen connu :

Soit la proportion $20 : 5 :: x : 25$

$$20 \times 25 = 500, \quad 500 / 5 = 100, \quad x = 100$$

Les puissances ou les racines du même degré, de quatre nombres formant une proportion, sont aussi en proportion.

En multipliant ou en divisant les quatre termes d'une proportion par un même nombre, les chiffres qui en résultent sont encore en proportion.

Éléments de géométrie pratique

13. La géométrie a pour objet de mesurer l'étendue des corps.

L'étendue a trois dimensions : *longueur, largeur, hauteur* ; l'une de ces dernières est dite aussi, parfois, épaisseur ou profondeur.

L'étendue en longueur d'un corps, c'est-à-dire considérée sous la première dimension, est donnée par une *ligne* droite.

L'étendue de ce corps, considérée sous les deux premières dimensions, prend le nom de surface et, sous les trois dimensions, de *volume* ou de *solide*.

La géométrie plane ne s'occupe que des figures situées dans une même surface ou plan droit ; la géométrie dans l'espace étudie les corps sous leurs trois dimensions.

Fig. 1.

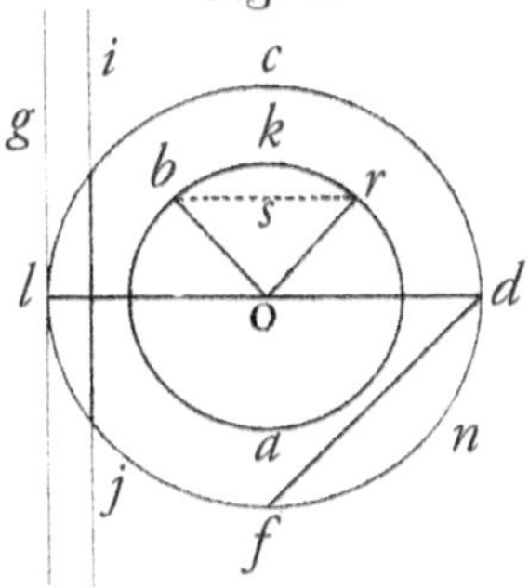

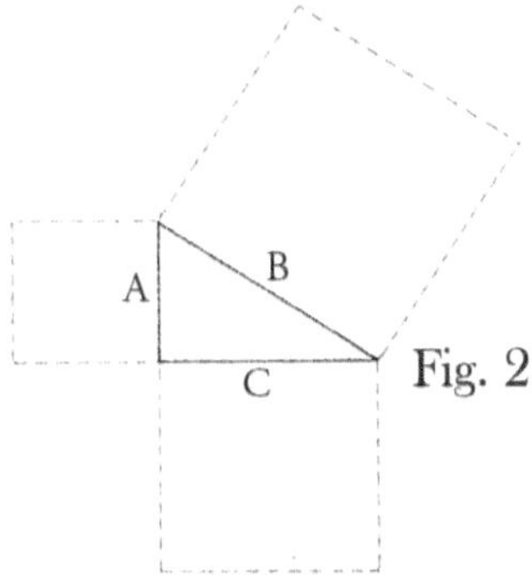

Fig. 2.

Fig. 3.

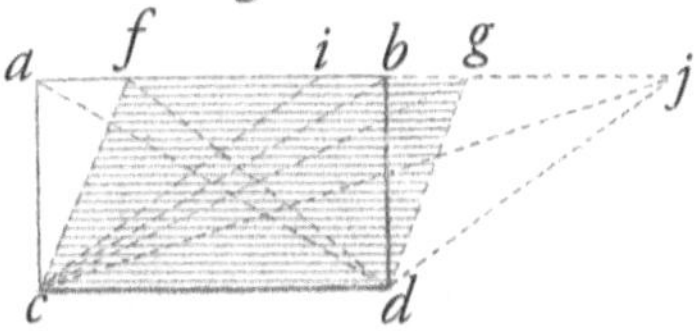

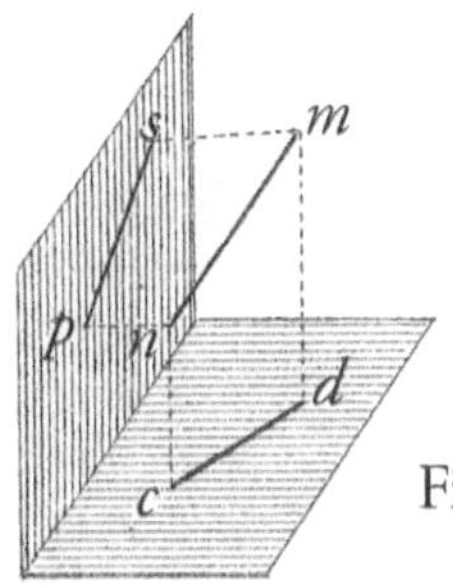

Fig. 4.

Fig. 5.

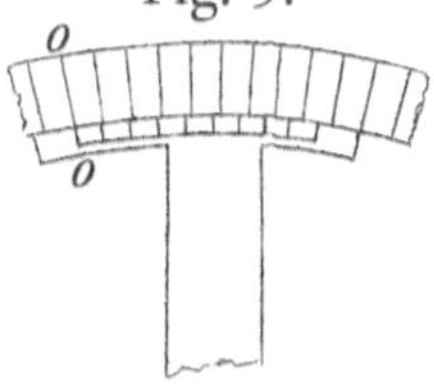

Fig. 6.

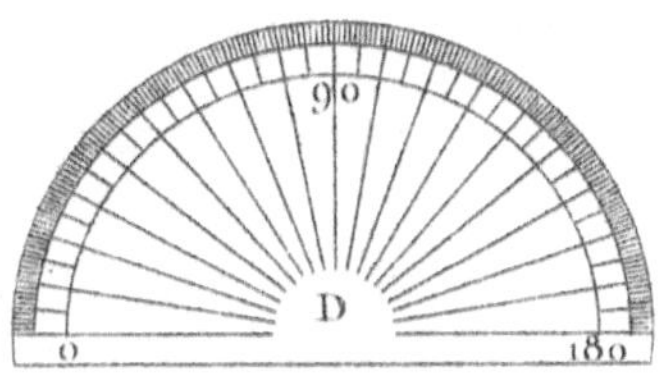

Fig. 7.

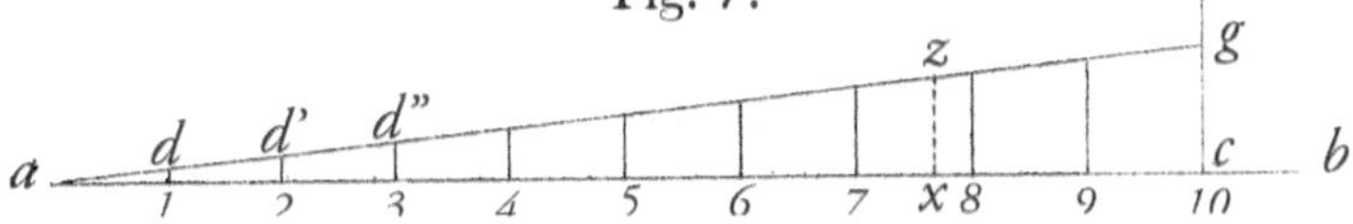

Fig. 8.

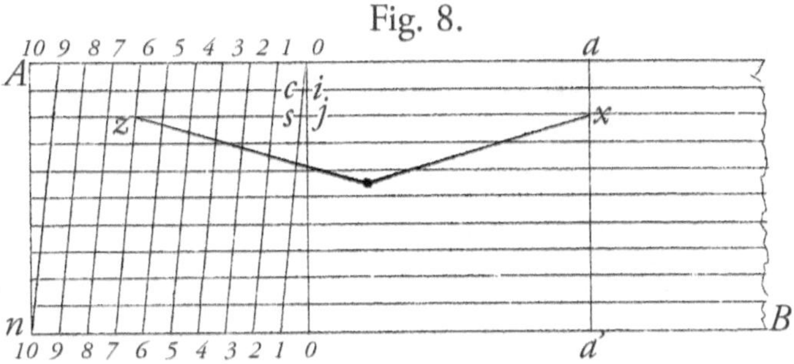

Planche I

Fig. 9.

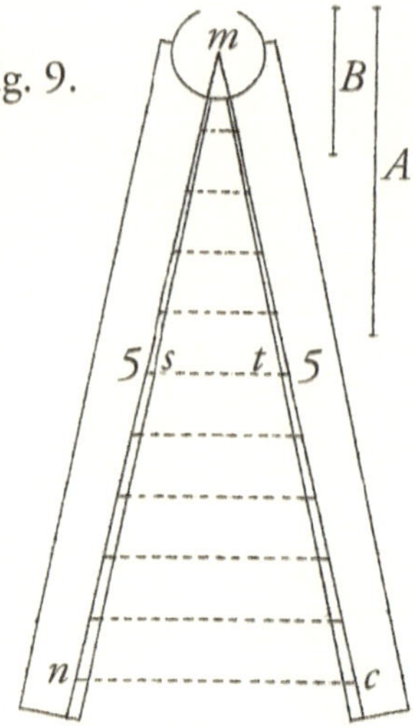

Fig. 10.

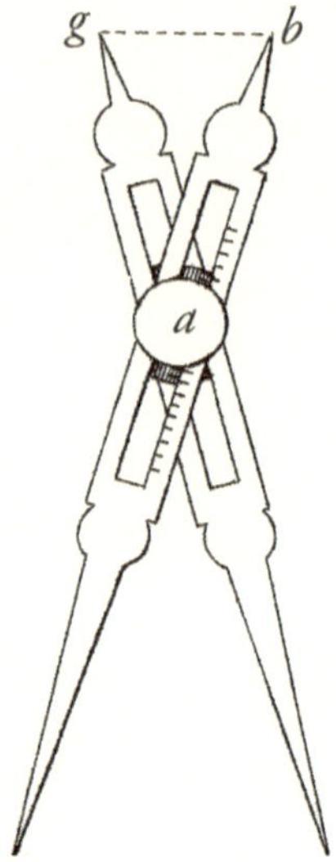

Fig. 11.

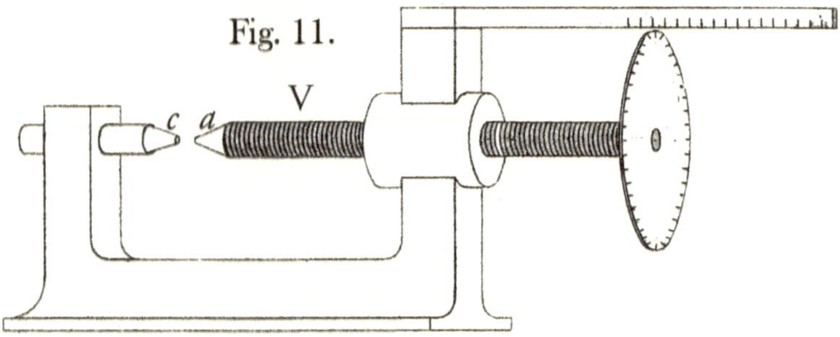

Fig. 12.

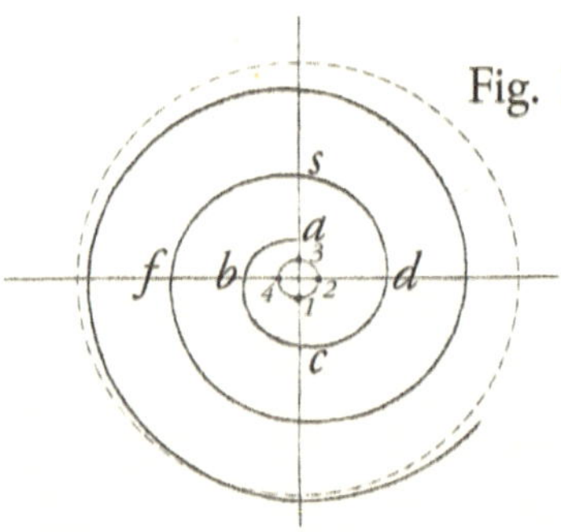

Fig. 13.

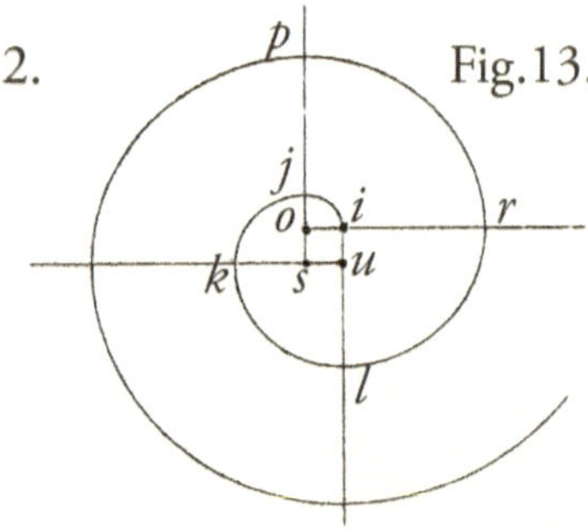

Fig. 14

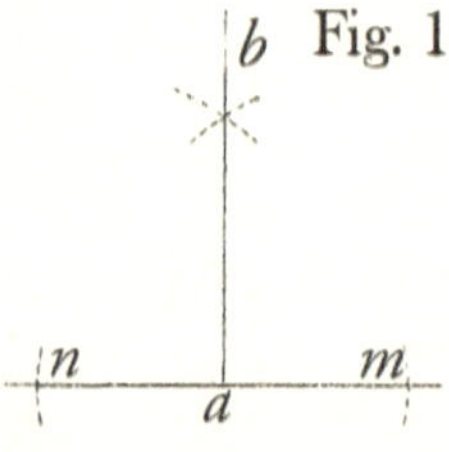

Fig. 15.

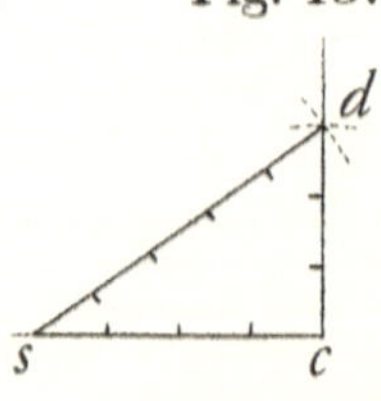

Fig. 16.

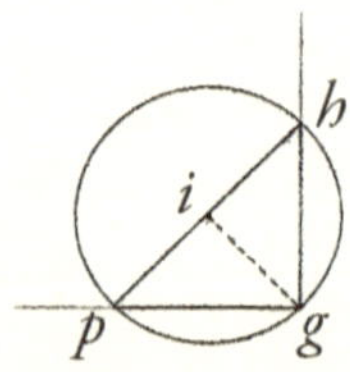

Fig. 17.

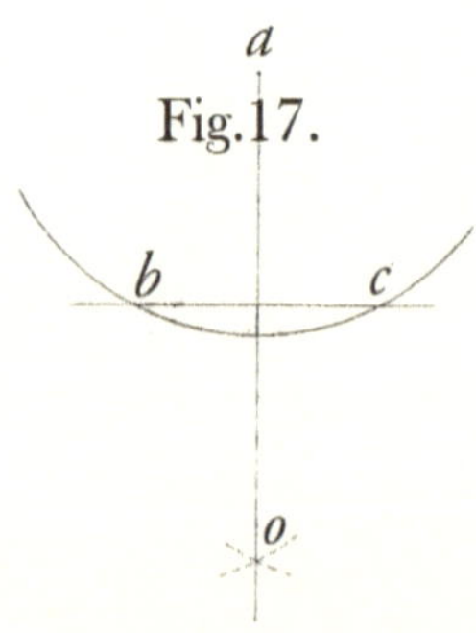

Fig. 18.

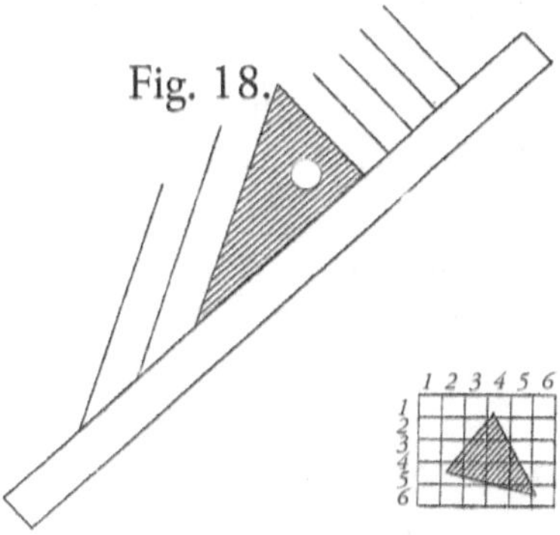

Fig. 19.

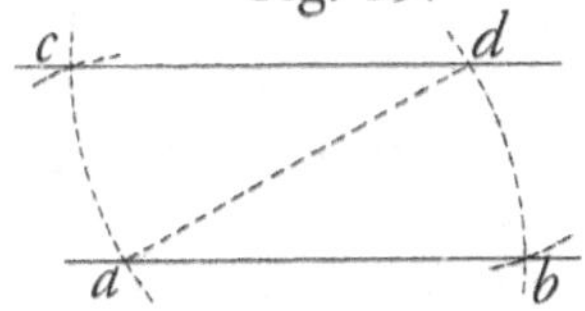

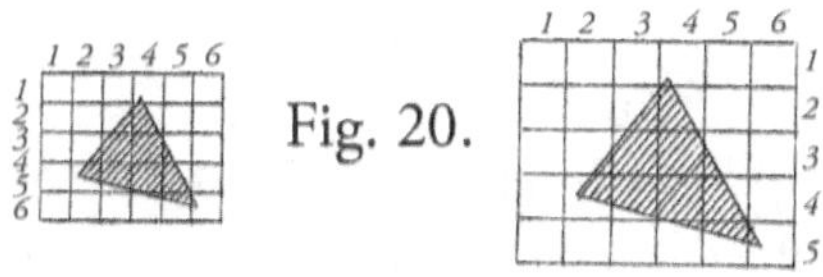

Fig. 20.

Fig. 21.

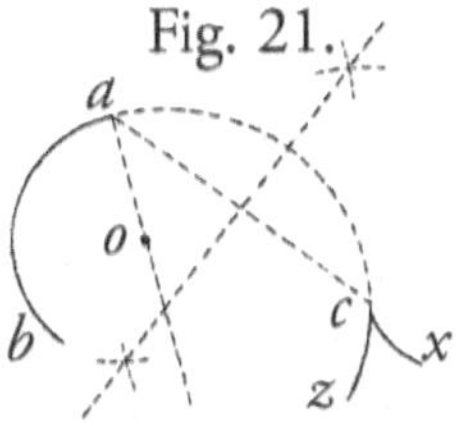

Fig. 22.

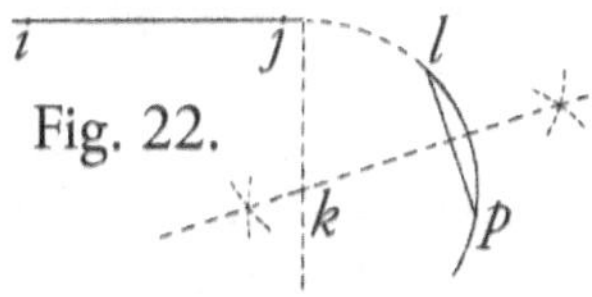

Fig. 23.

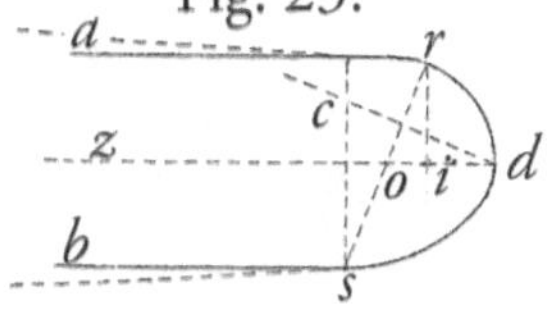

Fig. 24.

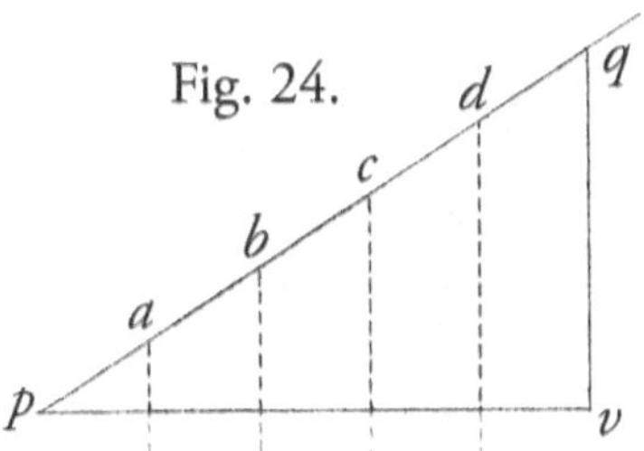

Fig. 25.

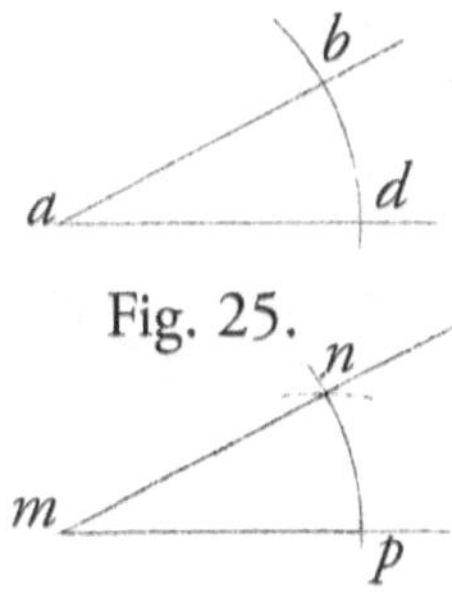

Fig. 26.

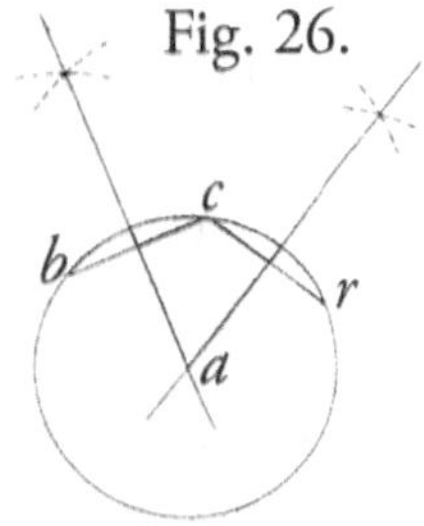

Fig. 27.

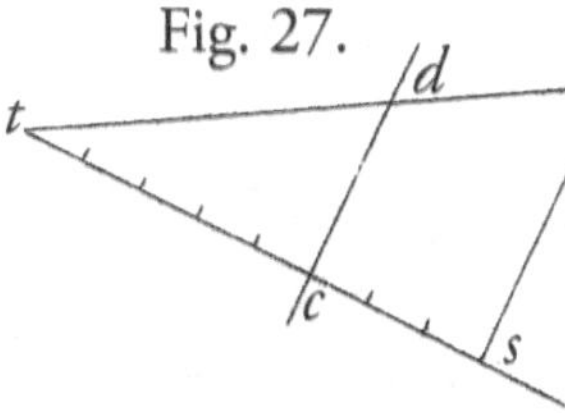

Fig. 28.

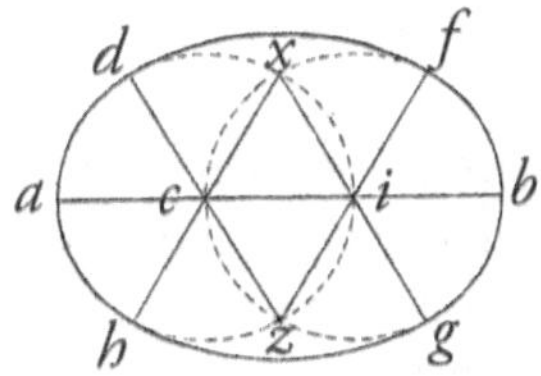

Fig. 29.

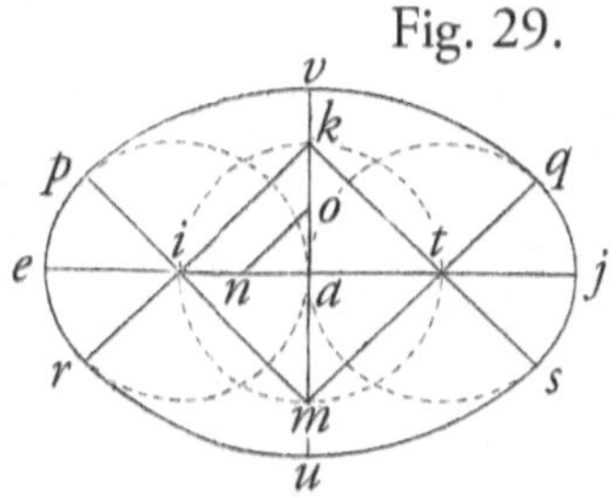

Fig. 30

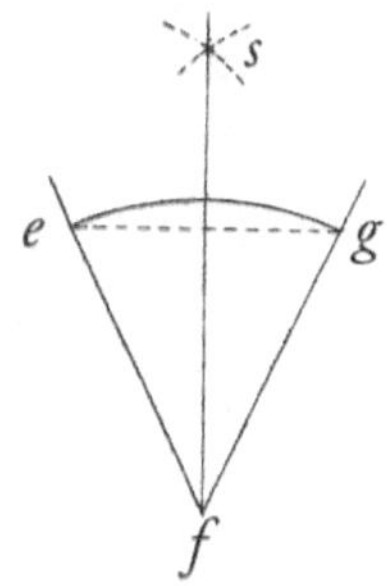

Deux lignes sont *parallèles* lorsque, à quelque point qu'on mesure leur écartement, la distance est la même. Il en est de même de deux plans.

Deux lignes ou deux plans qui se rencontrent forment un *angle*. Le point de rencontre ou d'intersection est le *sommet* de l'angle.

Une ligne droite tombe d'aplomb ou à angle droit, sur une autre ligne droite, ou sur un plan, lorsque tous les angles qu'elle fait avec cette droite ou ce plan sont égaux. Elle est dite *perpendiculaire* à cette droite ou à ce plan.

La *circonférence* est une ligne courbe *lcdf* (fig. 1, planche I) dont tous les points sont également distants d'un point intérieur O nommé *centre*.

Le cercle est l'espace enfermé dans la circonférence.

On voit en quoi diffère l'acception géométrique de ces deux mots que l'on confond fréquemment dans le discours. Par extension, on appelle cercle l'anneau, ou portion de cercle, qui forme le limbe d'une roue ou d'un balancier, anneau qu'on désigne assez fréquemment sous le nom de *champ* ou de *serge*.

Deux cercles (*lecdf* et *bra*, fig. 1, planche I) décrits du même centre, sont dits cercles *concentriques*.

Toute portion de circonférence, comme *fnd* (même figure), est un arc de circonférence, plus communément appelé *arc de cercle*.

Une *corde* est la ligne droite (*fd*, même figure), qui joint les deux extrémités d'un arc.

Quand la corde passe par le centre du cercle, elle devient un *diamètre*.

Le rayon d'un cercle, ou d'une circonférence, est la ligne droite tirée du centre à la circonférence. Le diamètre est donc toujours composé de deux rayons et, réciproquement, le rayon est toujours la moitié du diamètre.

Une *tangente* est une ligne droite ne touchant extérieurement une circonférence que par un point, comme *gl* (fig. 1, planche I), tandis que la *sécante* pénètre dans le cercle, comme *ij*.

On est convenu de diviser la circonférence en 360 parties égales ou *degrés*. Le degré se fractionne en 60 parties égales ou *minutes*, et la minute en 60 *secondes*.

L'expression écrite : 18° 30' 15",5, se lit :

18 *degrés*, 30 *minutes*, 15 *secondes* et 5 *dixièmes*.

Les mathématiciens emploient aussi la graduation en 400, mais elle n'est pas en usage dans l'industrie.

14. Rapport de la circonférence au diamètre. — Le diamètre d'un cercle est à la circonférence comme 7 : 22 ; ou en fraction décimale, comme 1 : 3,1416... (en algèbre on représente ce rapport par π).

Connaissant un diamètre (D), on a la circonférence par la proportion 1 : 3,1416 :: D : *x*.

Connaissant une circonférence (C), on a le diamètre par la proportion 3,1416 : 1 :: C : *x*.

Cette dernière donne également la valeur du rayon, puisqu'il est exactement la moitié du diamètre.

15. — La surface d'un cercle est égale à la circonférence multipliée par la moitié du rayon.

Un secteur est l'espace enfermé entre un arc et deux rayons, comme *bork* (fig. 1, planche I).

La *surface* du secteur s'obtient en multipliant la longueur développée de l'arc par la moitié du rayon.

Un segment de cercle, en langage géométrique, est la portion du cercle interceptée entre l'arc et la corde, comme *fdn* (fig. 1, planche I).

On détermine la surface d'un segment, comme *bkrs*, en retranchant du secteur *Obkr* la superficie du triangle *brO* (voir aux triangles).

16. Anneau, limbe, serge. — Pour connaître la surface d'un anneau, il faut retrancher de la surface du plus grand cercle la superficie du petit cercle, c'est-à-dire faire la différence des cercles qui ont donné ses diamètres extérieur et intérieur.

On obtient également une surface annulaire en ajoutant ensemble le diamètre extérieur et celui intérieur, puis on multiplie leur somme par leur différence et par la décimale 0,7854. Le produit est la surface cherchée de l'anneau.

17. Des angles et de leur mesure. — Deux lignes qui se rencontrent, comme nous l'avons vu, forment un angle. En prenant le sommet pour le centre d'un cercle, le nombre de degrés interceptés entre les deux lignes donne la mesure de cet angle ou son ouverture.

L'angle mesuré par le quart de la circonférence ou 90° est un angle *droit*.

L'angle *obtus* est plus grand qu'un angle droit, et l'angle *aigu* plus petit.

18. Des triangles, des carrés, etc., et de leur mesure. – Le triangle, ou espace plan enfermé entre trois lignes qui se joignent deux à deux (A, B, C, fig. 2, planche I), est dit triangle *rectangle*, lorsque l'un de ses angles est droit, triangle *équilatéral* quand ses trois côtés sont égaux et triangle *isocèle*, lorsque deux côtés seulement ont la même longueur.

La somme des trois angles d'un triangle est toujours égale à deux angles droits. Deux angles seulement étant donnés, il est facile de déterminer le troisième.

Les triangles *semblables* jouissent de cette propriété que leurs côtés homologues (opposés aux angles égaux) sont proportionnels.

Propriété du triangle rectangle. — Le carré fait sur le plus grand côté, appelé l'*hypoténuse* (B, fig. 2, planche I), est égal à la somme des carrés faits sur les deux autres côtés. D'où résulte que, si l'on connaît seulement la valeur linéaire des deux petits côtés, on trouvera la valeur de l'hypoténuse en extrayant la racine carrée de la somme des carrés construits sur les petits côtés.

Si l'hypothénuse est connue et l'un des côtés, considéré ici comme second, on aura le troisième en extrayant la racine carrée de la différence des carrés construits sur l'hypoténuse et sur le deuxième côté.

La surface d'un triangle s'obtient en multipliant l'un des côtés pris pour base par la moitié de la hauteur perpendiculaire du sommet opposé à cette base.

19. La surface d'un carré parfait ou d'un carré long, dit *rectangle* (*abcd*, fig. 3, planche I), est égale au produit de la base par la hauteur.

La somme des carrés construits sur les côtés est égale au double du carré fait sur la diagonale. Cette diagonale divise le carré en deux triangles rectangles.

20. La surface d'un parallélogramme ou d'un losange, figures planes à quatre côtés, parallèles deux à deux (*cfgd* et *icdj*, fig. 3, planche I), est égale au produit d'un côté pris pour base par la hauteur perpendiculaire.

La *somme* des carrés faits sur les quatre côtés est égale à la somme des carrés faits sur les deux diagonales.

Les *surfaces* du *cylindre* et de la *sphère* sont indiquées dans l'article qui suit.

21. Mesure de quelques solides. — On obtient le volume d'un cube (parallélépipède) en multipliant la surface de la base par la hauteur.

Le *volume* d'un cylindre plein est égal au produit de la surface du cercle qui lui sert de base par la hauteur du cylindre.

La *surface* courbe de ce cylindre est donnée par le produit de la circonférence de sa base par sa hauteur.

Le *volume* d'un tube ou d'un anneau cylindrique à sections rectangulaires, comme une virole de barillet, la serge d'un balancier circulaire, etc., est égal au produit de l'une des surfaces planes de sa base (**16**) par sa hauteur.

Le *volume* d'un cône droit ou d'une pyramide régulière est égal au produit de la base par le tiers de la hauteur.

La *surface* d'une sphère s'obtient en multipliant le carré du diamètre par 3,1416 (**14**).

Le volume de cette sphère est égal à sa surface multipliée par le tiers du rayon.

DES TRACÉS

22. Les premières notions du dessin au trait, ou de l'art de représenter les contours des objets par de simples tracés linéaires, sont de première nécessité pour l'horloger.

Un dessin de cette espèce est le résultat de la projection de tous les points visibles de l'objet, qu'on veut représenter sur un plan.

La projection sur un plan vertical donne une vue en élévation ; l'objet est regardé de face.

La projection sur une surface horizontale est une vue en plan ; l'objet est regardé de haut et comme à vol d'oiseau.

La projection d'un point sur un plan vertical ou horizontal est le pied de la perpendiculaire abaissé de ce point sur le plan.

Soit la ligne *nm*, fig. 4, planche I, supposée immobile dans l'espace ; sa projection horizontale donnera *cd*, et sa projection verticale *rs*.

Indications diverses. — Quand une des pièces de l'ensemble qu'on dessine passe derrière d'autres pièces et ne peut en conséquence être aperçue, on en indique quelquefois la continuation par des lignes pointillées, c'est-à-dire formées par des points.

Les surfaces situées dans des plans en arrière les uns des autres reçoivent des teintes de plus en plus foncées à mesure que l'éloignement est plus grand. Ces teintes sont produites par des traits parallèles, qui sont verticaux ou horizontaux quand le dessin est tenu debout.

On accuse les reliefs par des ombres portées, ou en grossissant le trait où commencerait l'ombre. Il prend alors le nom de *trait de force.*

Pour la distribution des ombres ou pour forcer les traits qui indiquent la naissance de ces ombres, on suppose assez généralement, quoique cette convention ne soit pas absolue, que la lumière vient de gauche et arrive au dessin par-dessus l'épaule du dessinateur, et sous une inclinaison d'environ 45°.

Dans le dessin en projection horizontale ou en plan d'un relief carré, par exemple comme *acbd*, fig. 3, planche 1, si c'est une élévation, les traits de force seront *cd* et *bd* ; si c'est une représentation en plan, les deux traits qu'on devra forcer seront celui du haut *ab* et celui de droite *db*. On tirera partie de ces diverses indications lorsqu'on aura à représenter un trou, une cavité quelconque, une partie ronde, une cheville, etc. En règle générale, les traits de force doivent faire connaître la position qu'occuperaient les ombres, la lumière étant supposée venir suivant la direction donnée plus haut.

Une coupe représente un objet comme s'il avait été tranché verticalement et la partie en avant enlevée pour laisser voir un intérieur. Cette coupe est indiquée par une série de lignes inclinées (à 45°) et parallèles, appelées hachures.

Pour laisser plus de place aux détails importants, ou pour montrer des objets placés au-dessous, une pièce est parfois interrompue par des déchirures ou des brisures.

Des lignes formées par des points servent quelquefois à rattacher plusieurs figures du même objet, lorsqu'il est représenté sous différents aspects.

Instruments du dessin

23. Il est inutile de décrire ici la règle, l'équerre, la règle en croix dite T, le petit compas à arc-de-cercle, etc., ils sont connus de tout le monde.

Vérifier l'exactitude d'une règle. — Sur une surface bien plane on tire, à l'aide de la règle et avec beaucoup d'attention, un trait fin et net. Puis on fait tourner cette règle comme si le trait lui servait de charnière ; le bord de la règle dans cette nouvelle position, si elle est bien droite, doit coïncider fort exactement et sur toute sa longueur avec le trait. On vérifie ainsi chacune des faces.

Vérifier l'exactitude d'une équerre. — Une règle plate bien droite étant fixée sur un plan, on appuie à cette règle le côté étroit de l'équerre et l'on trace un trait fin suivant le côté perpendiculaire à la règle. Puis l'équerre étant retournée, comme si le trait était une charnière, on l'amène contre le trait, tout en l'appuyant à la règle ; si cette équerre est juste, elle doit coïncider exactement avec le trait.

24. *Le rapporteur.*— Représenté figure 6, planche I, est un demi-cercle, le plus ordinairement en corne, dont le limbe est divisé sur le nombre 360. Par conséquent ce demi-cercle compte 180 divisions ou degrés. Le point D qui marque le centre doit être très net et très fin, autrement il est difficile de le faire coïncider avec le sommet d'un angle, et le relevé de cet angle offre peu de certitude.

Quand on a besoin de tracer un angle avec précision, l'usage du rapporteur est insuffisant, il faut employer les moyens rapportés à la fin de l'article qui s'occupe des échelles de proportion.

25. *Des échelles de proportion.* — Lorsque l'on veut représenter un objet par un dessin, si l'on donne à ce dessin les dimensions de l'objet, telles du moins qu'elles se présenteraient en projection horizontale ou verticale, on a un tracé de grandeur d'exécution, mais le plus ordinairement l'objet est figuré dans des dimensions amplifiées ou réduites, suivant une certaine mesure, et tout en conservant aux parties les proportions qu'elles doivent avoir entre elles.

Pour éviter le grand nombre de calculs que nécessiterait une semblable opération on a recours à une échelle de proportion. Les explications suivantes vont faire comprendre et son mode de construction et son usage.

Soit un très grand tracé à reproduire en plus petit et dans des conditions telles que la réduction soit à l'original dans la proportion de 1 à 10.

Sur une ligne droite indéfinie *ab* (fig. 7, planche I) , portons dix fois la longueur *a*1, représentative du mètre dans le dessin original, élevons en *c*, dixième division, une perpendiculaire sur laquelle nous mesurons *cg* égal à *a*1, c'est-à-dire au dixième de *ac*, et joignons *a* à *g*.

Menons par les points de division des parallèles à *cg* et nous aurons autant de triangles : *da*1, *d'a*2, *d"a*3, etc , semblables au triangle *gac* . En vertu de la propriété dont jouissent ces sortes de triangles (**18**), *d*1 sera le dixième de *a*1, *d'*2 le dixième de *a*2 et ainsi de suite.

Donc si une dimension prise sur le dessin original répondait par exemple à la longueur *ax*, il suffirait de faire tourner le compas sur sa pointe *x* et de prendre bien exactement la hauteur perpendiculaire *xz*, pour avoir la dimension de la même partie dans le dessin réduit.

En outre cette échelle donnera des mètres et des décimètres. Puisque *a*1 nous représente un mètre, *a*2 deux mètres, etc., en vertu du principe qui vient d'être rappelé, *d*1 étant le dixième de *a*1, représentera un décimètre, *d'*2, deux décimètres, etc. Une longueur représentative de 5,3 m embrassera une ouverture de compas égale à *a*5 augmenté de *d"*3.

La description suivante d'une de ces échelles décimales gravées sur métal ou sur ivoire, telles qu'on en trouve chez les fabricants d'instruments de mathématiques, mettra chacun à même de construire, et suivant le besoin, une échelle qui lui permette d'apprécier les mètres, les décimètres et les millimètres.

Soit AB (fig. 8, planche I), une règle plate rectangulaire divisée sur toute sa longueur par une série de parallèles en dix tranches d'égale largeur.

Perpendiculairement à ces parallèles, des droites *oo'*, *aa'*, etc., forment une autre série de divisions égale chacune à un centimètre (doublé sur le dessin pour la perception des petits détails). Le premier centimètre est lui-même gradué sur ses parties supérieures et inférieures A*o* et *no'* en 10 millimètres et l'on a joint par des transversales obliques la division *o* supérieure à la division 1 inférieure, et ainsi de suite. Par conséquent *ci* égale 1 dixième de millimètre, *sj* 2 dixièmes, etc.

Une ouverture de compas embrassant de *z* à *x*, aura 16 millimètres et 2 dixièmes de millimètre puisqu'elle comprend 1 grande division (*xj*), 6 petites (*sz*), plus la fraction de millimètre *sj* égale à 2/10.

La mesure des angles s'obtient plus exactement qu'avec le rapporteur, à l'aide des tables des cordes qu'on trouve dans beaucoup d'ouvrages de mathématiques et en se servant, pour mesurer exactement le rapport du rayon à la corde, d'une échelle décimale comme celle qui vient d'être décrite.

26. *Compas de proportion.* — Si l'on voulait réduire un dessin d'après cette seule indication que ce dessin fût à sa réduction dans le rapport de deux lignes données, il faudrait poser cette proportion :

La grande ligne est à la petite, comme une dimension quelconque du dessin est à *x*. La valeur de *x* donnerait la dimension de la partie semblable de la copie.

Cette recherche d'une quatrième proportionnelle nécessiterait un travail considérable et l'on arrive bien plus vite par le procédé géométrique indiqué pour la construction de la première échelle, et mieux encore en faisant usage du compas de proportion, représenté figure 9, planche I. Il se compose de deux règles en cuivre articulées autour d'un centre *m*, sommet d'un angle *nmc* formé par deux lignes droites graduées pareillement en parties égales.

Voici son usage : étant supposé qu'on ait à réduire un dessin dans le rapport de la ligne A à la ligne B, on porte la longueur A sur m n; supposons son extrémité en *s* où se trouve la division 5, on pose la pointe d'un compas ordinaire, ouvert suivant la longueur B, sur cette division et l'on écarte la branche *mc*, jusqu'à ce que la seconde pointe tombe juste sur la division correspondante *t*, c'est-à-dire sur le chiffre 5 de cette seconde branche. On maintient cette ouverture des deux branches et il suffit ensuite, lorsque l'on a mesuré une ligne sur le dessin de reporter sa longueur sur *mn* et de prendre la distance qui sépare la division où arrive cette ligne, de la division correspondante de l'autre branche, pour avoir la ligne réduite dans le rapport voulu.

27. *Compas de réduction.* — Il se compose de deux branches égales et terminées en pointes (fig. 10, planche I), munies à leur milieu, ouvert sur une certaine longueur, de petits coulisseaux traversés par un axe de mouvement lequel se fixe par un écrou ou bouton moleté. Des divisions marquées sur le coulisseau et sur le bord de la coulisse, font connaître, lorsque l'on fait glisser les branches sur les coulisseaux, quand la longueur *ag* la même que *ab*, est 1/2, 1/3, 1/4, 1/5, etc., de *ad*, et donnent par conséquent le rapport constant entre *gb* et *cd*, quelle que soit l'ouverture des branches.

28. *Du vernier.*— Le vernier consiste en une espèce de petite coulisse qu'on adapte à une règle graduée, ou à un arc de cercle, pour pouvoir évaluer de petites parties fractionnaires des divisions marquées sur la règle ou sur l'arc de cercle.

Soit A B, figure ci-après, une règle divisée en millimètres (les proportions sont exagérées sur le dessin pour éviter la confusion des lignes) et supposons qu'on veuille évaluer une longueur à un dixième de millimètres près.

Prenons sur la règle, puisque nous voulons des dixièmes, 10 divisions moins 1, soit la longueur de 0 à IX ; cette longueur est celle qu'il faudra donner au vernier *cn*.

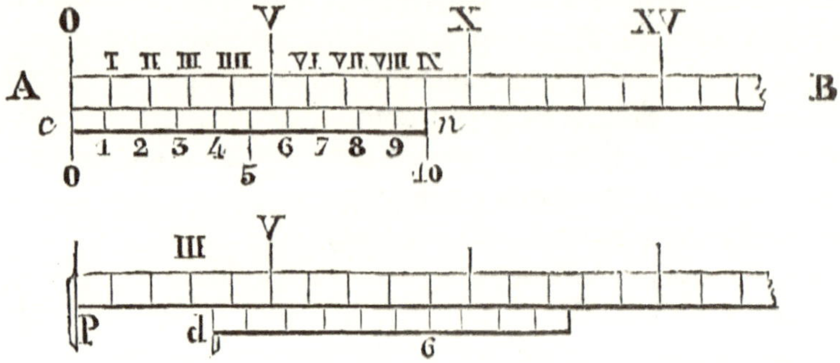

Partageons ce vernier en 10 parties égales, il est évident que chaque division du vernier diffère d'une division de la règle de 1/10 de celle-ci. En d'autres termes l'unité du vernier embrasse les 9 dixièmes de l'unité de la règle.

Les choses en l'état représenté en AB, c'est-à-dire les divisions 0 et *o* sur une même ligne verticale, les divisions successives de la règle (marquées ici en chiffres romains pour faciliter l'explication) se trouvent progressivement éloignées des divisions de même rang du vernier dans la proportion suivante :

Les traits I et 1, sont distants entre eux de 1/10, les traits II et 2, de 2/10, III et 3 de 3/10 et ainsi de suite jusqu'aux traits X et 10, distants entre eux juste de 10/10, ou un millimètre qui est ici, par supposition, l'unité de la règle.

Par conséquent si on fait glisser le vernier le long de la règle, quand le point 1 coïncidera avec 1, le vernier aura avancé de 1 dixième ; quand le point 2 coïncidera avec II, le vernier aura avancé de 2 dixièmes, et ainsi de suite.

Évaluons l'intervalle de P à *d*. La division 6 du vernier coïncide avec une division de la règle, d'où s'ensuit que l'extrémité du vernier, ou *d*, se trouve éloignée de la division de la règle qui est à sa gauche ou III, de 6/10 de millimètres. L'intervalle de P à *d* est donc égal à 3 millimètres entiers plus 6 dixièmes de millimètre. Avec les rapports en dixièmes si deux divisions consécutives du vernier tombaient en dedans de deux divisions consécutives de la règle, et sans que le rapprochement fût plus grand d'un côté que de l'autre, ce dont on peut s'assurer avec une loupe forte, on obtient une évaluation à -216 près.

Pour mesurer des arcs de cercle on substitue au vernier rectiligne un vernier circulaire, d'une graduation en rapport avec celle du cercle (fig. 5, planche I).

29. *Vis micrométrique.* — On peut à l'aide de la vis micrométrique mesurer des quantités infiniment petites, mais à la condition que cette vis soit établie avec une parfaite exactitude, c'est-à-dire qu'elle fonctionne sans temps perdu dans son mouvement.

Soit V (fig. 11, planche I), une vis ayant de hauteur de pas un millimètre. Par suite elle avancera de cette quantité chaque fois qu'elle accomplira un tour complet. La tête porte un disque assez grand pour qu'on puisse le graduer sur son contour de nombreuses divisions, soit de 100 par exemple. Elles seront marquées sur le rebord, ou taillées en creux sur la tranche si une alidade doit s'y emboîter, mais l'alidade n'est assez souvent qu'une simple règle graduée qui effleure le disque. Des numéros inscrits au-dessous des divisions du disque, et dans un ordre qui fasse que le zéro soit sous l'alidade lorsque l'extrémité *a* de la vis s'appuie contre le plat d'arrêt *c*, font connaître la quantité de déplacement de l'extrémité de la vis.

Quand on fera reculer la vis en tournant le disque, le bec *a* s'écartera du bec *c* de 1 centième de millimètre par chaque division passant sous la règle, et de 1 millimètre entier par chaque tour complet du disque. On pourra donc avoir la mesure de l'objet qui passera sans jeu entre les deux becs à un centième de millimètre près, si l'exécution de l'appareil offre toute certitude.

Lorsque au lieu de le faire passer à frottement entre les becs, on serre cet objet entre les deux, les évaluations sont moins précises pour les faibles quantités, parce que l'on ne peut avoir la mesure de la pression qu'on exerce et de son effet élastique (**42**).

Les petits outils qui servent à mesurer de faibles écartements, dits *outils aux épaisseurs*, etc., employés en horlogerie, donnent presque tous des indications fausses. Nous ferons connaître en son lieu comment on doit les construire pour leur procurer l'exactitude qui leur manque.

Constructions géométriques, bases du dessin linéaire

30. *Croquis.* — De bonne heure il faut s'habituer à faire à main-levée le croquis ou esquisse rapide d'un objet tel qu'il se présente à la vue. Cette première esquisse sert à établir un dessin plus correct et pour lequel la connaissance des procédés géométriques donnés ci-après est nécessaire.

Voici une méthode pour relever, réduire ou amplifier un dessin.

On tire sur l'original un certain nombre de parallèles horizontales et verticales formant des carrés parfaits, qu'on numérote par rangées verticales et horizontales, puis sur un papier, quadrillé pareillement, mais où l'écartement des parallèles pourrait être égal, plus grand ou plus petit, on imite les parties du dessin enfermées dans chaque carré correspondant.

Comme il n'est pas toujours possible de tirer des lignes sur un dessin, on y supplée par des cadres garnis de fils tendus dans les deux sens. On pose le cadre, du côté des fils, sur le dessin que l'on veut transporter sur un papier quadrillé (fig. 20, planche I).

Ce cadre peut encore servir pour tirer le croquis de certains objets matériels. Sur un plan on pose l'objet, on met le cadre au-dessus ou debout par devant et l'effleurant, puis on reporte sur le papier quadrillé le contenu du carré correspondant en regardant celui-ci perpendiculairement. Avec un peu d'habitude, en plaçant bien l'oeil et en le maintenant toujours à la même distance, qu'on peut régler par un verre, on arrive à produire un croquis assez passablement proportionné.

31. *Élever une perpendiculaire sur une droite.* — On se sert du compas et de l'équerre ; l'usage de ce dernier instrument est si simple qu'il est inutile de l'indiquer. Soit *a* (fig. 14, planche I) le point où doit être élevée une perpendiculaire à *nm*. On prend de chaque côté de *a* deux distances égales *an* et *am*. De *n* et de *m*, avec une ouverture de compas suffisamment grande, on trace deux arcs de cercle. Leur point de croisement *b* joint au point *a*, est la perpendiculaire cherchée.

32. *Élever une perpendiculaire à l'extrémité d'une droite.* — De l'extrémité *c* (fig. 15, planche I), on porte de *c* en *s*, 4 parties égales. Du point *s*, dernière division, avec une ouverture de compas de 5 parties égales, on décrit un arc de cercle et du point *c*, avec trois parties égales, un autre arc de cercle. Le point de croisement *d* joint au point *c* est la perpendiculaire cherchée.

En effet, le carré de 5 est 25 et par conséquent égal au carré de 4, qui est 16 plus le carré de 3, qui est 9.

Le triangle *scd* est un triangle rectangle.

On peut encore employer cet autre moyen : d'un rayon *ig* quelconque, et aussi grand que possible (fig. 16), on décrit une circonférence passant par *g*.

Du point *p* où la circonférence coupe la droite, on tire un diamètre *pih*. Le point *h* joint au point *g*, est la perpendiculaire cherchée, l'angle *hgp* étant mesuré par 90°.

33. *Abaisser une perpendiculaire sur une droite.* — Du point *a* pour abaisser une perpendiculaire sur *bc* (fig. 17, planche I), décrivons un arc de cercle aussi grand que possible, et coupant la droite en deux points comme *b* et *c*. De chacun de ces points avec la même ouverture de compas traçons, au-dessous de la droite, deux arcs de cercle qui se coupent. Le point d'intersection *o*, joint au point *a*, donne la perpendiculaire.

34. *Tracer des parallèles.* — Une règle bien droite étant fixée sur le dessin on obtient autant de parallèles qu'on veut à l'aide d'une équerre qu'on fait glisser le long de la règle. Elles seront à volonté verticales, horizontales ou inclinées suivant la position donnée à la règle, qui doit être rigoureusement perpendiculaire à la droite à laquelle on doit mener des parallèles (fig.18, planche I).

D'un point mener une parallèle à une droite. — Soit *d* le point, et *ab* la ligne (fig. 19, planche I). Du point *d* on décrit un arc de cercle *ac* et de son intersection avec la droite en *a*, et avec la même ouverture de compas, on décrit l'autre arc *db*. On prend *db* égal à *ac*. La ligne passant par *d* et par l'intersection *c* est la parallèle demandée.

35. *Diviser une droite (en parties égales).* — Soit la ligne *pv* (fig. 24, planche I), à diviser en 5 parties égales. Tirons l'oblique *pq*, portons sur cette ligne à partir de *p*, 5 fois une longueur quelconque ; joignons *q*, extrémité de ces cinq longueurs à *v*, et par les points de division *a, b, c*, etc., menons des parallèles *a q v*. En vertu de la propriété des triangles semblables ces parallèles diviseront *pv* en cinq parties égales. Il ne faut pas que l'on ait une trop forte différence entre les lignes *pv* et *pq*, autrement la grande obliquité des parallèles est cause que le point exact de la division est difficile à saisir.

Diviser une droite (en parties proportionnelles). — Le problème se résout de même. Soit à diviser la droite *tr* (fig. 27, planche I) en deux parties qui soient entre elles :: 5 : 3. On porte sur l'oblique *ts* les deux nombres réunis, soit 8 longueurs égales ; on joint *s*, dernier point de la division, à *r*. On mène par le point c (cinquième division) une parallèle à *sr*. Cette parallèle *cd* coupe *tr* en deux parties qui sont entre elles :: 5 : 3.

C'est par une construction analogue qu'on trace graphiquement une quatrième proportionnelle, ainsi qu'il a été expliqué aux articles des échelles et du compas de proportion.

36. *Construire un angle égal à un angle donné.* — On mesure l'ouverture de l'angle à l'aide du rapporteur qui sert ensuite à en construire un semblable, mais on obtient une plus grande précision en se servant du compas.

Soit à construire au point *m* sur la ligne *mp* (fig. 25, planche I), un angle égal à *bad*. Avec une ouverture de compas aussi grande que possible on décrit des points *a* et *m* les arcs *bd, np*. On prend la distance *db*, qu'on reporte par un trait de compas, dont le centre est en *p* sur l'arc *pn*. La ligne menée de *m* à l'intersection des deux arcs donne un angle égal au premier.

Partager un angle ou un arc en 2,4, 8 parties égales. — En dehors de l'emploi du rapporteur, voici la méthode graphique enseignée par les traités de géométrie.

Un angle *efg* donné (fig. 30, planche I), du sommet *f* pour centre, on décrit un arc, et des deux points d'intersection *e, g,* avec un rayon plus grand que la moitié de leur distance, deux autres petits arcs qui se croisent en *s* ; la ligne menée par leur intersection *s*, et par *f*, divise l'angle en deux parties égales.

Si l'on veut quatre divisions égales, on opère de nouveau sur chacun des angles *sfe* et *sfg*, et ainsi de suite.

La ligne qui divise l'angle en deux angles égaux, divise également en deux parties égales l'arc et la corde *eg*.

37. *Trouver le centre d'un cercle ou d'un arc de cercle.* — On prend sur la circonférence, ou sur l'arc de cercle, trois points *b, c, r* (fig. 26, planche I). On joint *b* à *c* et *c* à *r*. Sur le milieu de chacune de ces deux droites on élève une perpendiculaire. Le point d'intersection *a* des deux perpendiculaires est le centre cherché.

38. *Raccordement des lignes.* — Pour raccorder une droite *ij* (fig. 22, planche I), avec une courbe *lp*, on élève une perpendiculaire en *j*, puis sur le milieu d'une corde comme *lp*, on élève une seconde perpendiculaire ; l'intersection *k* des deux sera le centre de la courbe de raccord.

Pour raccorder une courbe comme *ab* (fig. 21, planche I), à une autre courbe comme *cx* ou *cz* en un point donné *c*, on détermine le centre *o* de la courbe *ab*, on tire de son extrémité *a* une droite passant par ce centre *o*, on joint le point *c* à l'extrémité *a* par une droite, et l'on élève une perpendiculaire au milieu de cette droite. Cette perpendiculaire donnera par son intersection avec *ao*, le centre de la courbe qui raccordera *ba* à *c*.

Pour raccorder deux lignes inclinées l'une sur l'autre, ou deux parallèles d'inégale longueur, comme *ar*, *bs* (fig. 23), on tire au milieu des deux une nouvelle ligne *zd* ; on joint par une droite les deux extrémités *r* et *s*, et l'on élève sur ces extrémités les perpendiculaires *ri* et *sc* ; du point *d* on mène une perpendiculaire sur *sr*. Le point *o* sera le centre de l'arc *rd* et le point *c* celui de l'arc *ds*.

39. *Tracé de l'ellipse ordinaire.* — Soit *ab* (fig. 28, planche I), le grand axe de l'ellipse ; on le divise en trois parties égales, et des deux points de division *c*, *i*, avec un rayon égal à l'une de ces parties, on trace au crayon deux cercles dont les circonférences se coupent en *x* et en *z*. De ces points d'intersection on tire les lignes *xig*, *xch*, *zif* et *zcd*.

L'arc *dfa* pour centre *z*, l'arc *hg* a pour centre *x* ; quant aux deux arcs *fbg* et *dah*, qui complètent l'ellipse, ils appartiennent aux deux circonférences primitivement tracées.

Si l'on veut une ellipse moins large dans le sens du petit axe, on divise le grand axe en quatre parties égales, ce qui produit trois points de division. Par chacun de ces points, et avec un rayon égal à l'une de ces parties, on décrit trois circonférences. Celles de droite et de gauche tracent les portions latérales de l'ellipse, et celle du centre, par ses intersections avec le petit axe, mené perpendiculairement au grand, donne les centres des arcs supérieurs et inférieurs qui complètent l'ellipse (fig. 29).

Si le grand et le petit axe sont donnés, voici comment on opère (fig. 29). Du centre *a*, où se croisent perpendiculairement les axes, on marque par des points *o*, *n*, une longueur à partir de *a*, égale à la différence des demi-axes.

On joint *o* à *n*, et on en prend la moitié qu'on ajoute à *ao*, ce qui donne le point *k*, et on décrit avec le rayon *ak* une circonférence sur laquelle se trouvent les quatre centres : *k* de l'arc *rus*, *m* de l'arc *pvq*, *i* et *t* des petits arcs *qjs*, *per*.

Les figures obtenues par les deux procédés ressemblent beaucoup à une ellipse, mais elles n'en ont pas rigoureusement la forme mathématique. On doit s'attacher à bien dessiner les ellipses, parce que la projection d'un cercle sur un plan, quand ils ne sont ni parallèles, ni perpendiculaires l'un à l'autre, étant une ellipse, on a souvent l'occasion de tracer ce genre de figures.

40. On peut aux moyens indiqués pour le tracé d'une ellipse ajouter le suivant :

Le grand axe et les deux centres, dits foyers, étant connus, on implante une épingle à chacun de ces foyers ; puis on boucle un fil qu'on place sur le papier, les deux épingles se trouvant à l'intérieur de l'anneau formé par le fil ; on tend la boucle avec l'extrémité d'un crayon traçoir et on le conduit circulairement, en effleurant le papier, tout en tenant le double fil constamment tendu. Le tour entier achevé ce crayon aura décrit une ellipse.

Le double fil, tendu suivant le grand axe, doit atteindre exactement son extrémité.

41. *Tracé d'une courbe en spirale.* On tire quatre lignes formant un carré à leur point de réunion (fig. 13, planche 1). Le point *o* sera le centre du premier arc *isj*, *s* le centre de l'arc *jk*, *u* celui de *kl*, *i* celui de *ln*. Puis pour la continuation de la courbe, *o* sera de nouveau le centre de *np*, et ainsi de suite. Cette méthode produit une courbe en volute, à spires très écartées, et par conséquent sans emploi en horlogerie.

Le *spiral* des montres étant en partie couvert par d'autres pièces, généralement on se contente, dans les dessins, d'en indiquer les portions de spires apparentes par des cercles concentriques, ou décrits de deux centres. Si l'on en veut une représentation plus exacte, on peut avoir recours au procédé suivant, qui exige en petit l'usage de la loupe, car la figure donnée ici est de proportions exagérées afin d'éviter la confusion des lignes, des chiffres, des lettres, etc.

On décrit une circonférence (fig. 12, planche 1), qu'on divise en parties égales de nombre pair, soit ici 4, le plus petit nombre dont on doive se servir. Du même centre on trace une autre circonférence, aussi petite que possible, et qui sera coupée par les deux diamètres, menés des points opposés de division, en quatre points numérotés sur la figure 1, 2, 3 et 4.

Le point *a* indiquant la naissance de la courbe du centre 1 avec un rayon *a*1 on trace l'arc *ab*, du centre 2 avec un rayon *b*2, on trace l'arc *bc*, de 3 avec *c*3 l'arc *cd*, de 4 avec *d*4 l'arc *ds*, puis de nouveau, de 1, avec *s*1, l'arc *sf* et ainsi de suite.

Plus le petit cercle a un court rayon et porte de divisions et plus la courbe a les tours serrés.

Pour opérer avec sûreté en petit il faudrait que le centre et ses points fussent portés par une mince plaque de métal fixée par trois pointes très fines.

Le diviseur micrométrique

42. C'est une des plus simples applications de la vis à la division des lignes droites, mais elle suffit à faire comprendre les principes sur lesquels sont établies les machines les plus compliquées.

Un plateau P (fig. 1, planche II) porte un retour d'équerre *a*, dans lequel une vis, semblable à celle décrite au **29**, est engagée par son collet ; elle tourne à poste fixe entre ce retour d'équerre et le petit pont *b* qui reçoit le pivot formant l'extrémité de la vis.

Cette vis est taraudée dans un écrou *n*, solidaire avec la petite planchette *h*, laquelle porte un petit style mobile sur un axe et terminé en bec de ciseau, ou en pointe à graver en diamant, selon que l'on veut agir sur métal ou sur verre, ou encore tout simplement par un crayon si l'on exécute une division sur un dessin.

Tout ceci compris on voit que si l'on fixe sur le plateau, de *f* en *g*, par des vis ou par tout autre moyen, une règle ou une tige quelconque, on pourra la diviser, à l'aide du style et en faisant marcher la vis, en millimètres et en fractions de millimètre. Chaque tour du disque déplacera le style d'un millimètre, le demi-tour d'une moitié et le quart de tour d'un quart de millimètre, etc.

On a compris que pour obtenir une certaine exactitude, et éviter les temps perdus, la vis doit avoir tourné un peu avant qu'on marque la 1re division et doit continuer de tourner dans le même sens. Le style doit être ajusté à frottements fermes, son axe sans jeu en aucun sens ; il faut le relever quand tourne la vis. Si le traçoir est en pointe ou en ciseau, un léger coup de marteau suffit pour marquer la division.

On trouvera au *Recueil des procédés pratiques* l'indication d'autres méthodes pour diviser mécaniquement une ligne droite en parties égales ou inégales.

– I –

Métaux et alliages employés en horlogerie

Le fer

43. Le fer est un corps simple, c'est-à-dire indécomposable. C'est le plus tenace des métaux, il ne rompt que sous une charge de 75 kg par millimètre carré de section. Chauffé à blanc et sous l'action du marteau, il se soude parfaitement sur lui-même.

Dans la petite horlogerie, ce métal n'est employé que lorsqu'il est converti en acier. Dans la pendule courante du commerce, il fournit la matière des goupilles et d'un certain nombre de vis, en raison sans cloute de l'économie qu'il procure.

La grosse horlogerie en fait une assez grande consommation. Là, et pour la confection de certaines pièces, il peut y avoir avantage à se servir du fer qu'on cémente ensuite, c'est-à-dire qu'on rend apte à se durcir à la surface par la trempe, à l'aide moyens qui sont indiqués dans le cours de cet ouvrage (**46**).

Ce cas se présente entre autres pour les organes qui ont à subir des chocs, leur surface aciérée et trempée résiste à l'usure comme l'acier, tandis que le coeur de l'objet, resté à l'état de fer, offre une plus forte garantie contre la rupture.

Il est essentiel de bien distinguer le cas où l'emploi du fer est judicieux et raisonné, de celui où sa substitution à l'acier n'a d'autre but que l'exagération des bénéfices du fabricant.

La cassure d'un bon fer présente un nerf tordu, long, blanc et brillant.

Les fers du commerce sont classés en deux catégories principales, mais qui comportent d'assez nombreuses variétés comme qualités et désignations : les *fers forts*, qui se laissent forger et courber à froid et à chaud, et les *fers rouverains*, qui cassent à froid ou à une température plus ou moins élevée.

Ce métal se détériore par des chauffes trop répétées et mal conduites ; il dépasse alors l'état nerveux, perd de sa ténacité : dans cette condition il est dit *brûlé*.

Il est préférable de le travailler au charbon de bois, le travail à la houille le rend plus facilement aigre et cassant.

Le martelage à froid, ou écrouissage, le rend cassant et lui fait perdre une partie de sa ténacité. Il la recouvre par un recuit convenable.

Le fer se dissout lentement dans l'acide nitrique étendu d'eau. Le même acide, mais concentré, l'oxyde rapidement. L'acide sulfurique étendu le dissout aisément, mais, s'il est concentré, il n'a aucune action sur le fer à froid, tandis qu'à la chaleur de l'ébullition il le dissout en dégageant de l'acide sulfureux.

Le fer est également dissous par l'acide hydrochlorique et l'eau régale.

Le fer est magnétique à un moindre degré que l'acier, surtout l'acier trempé, qui prend plus lentement mais garde plus longtemps ses facultés attractives. Dans le langage des physiciens, le *fer doux* est celui qui, travaillé dans certaines conditions, peut, sous l'influence d'un courant électrique, s'aimanter et se désaimanter subitement, sans rien conserver des actions magnétiques qu'il a subies.

Quelques ouvriers distinguent au son qu'il lui font rendre, le fer de l'acier. On fait cette différence plus sûrement au moyen de l'acide sulfurique affaibli. Une goutte déposée à la surface d'un morceau d'acier y produit une tache noire, le carbone étant mis à nu, tandis qu'une goutte déposée sur le fer donne naissance à une tache verdâtre que l'eau enlève aisément. (Compléter au mot **Fer** du *Recueil des procédés pratiques*.)

La fonte de fer

44. La fonte n'est en usage en horlogerie que dans la fabrication des outils et des horloges monumentales ; là, l'introduction des rouages de sonnerie en fonte a amené une notable réduction de prix.

Comme l'acier, c'est un corps composé où se rencontrent en parties principales du fer et du carbone (le charbon à l'état de pureté). La différence tiendrait, paraît-il, à la quantité plus ou moins grande du carbone. Ainsi, tandis qu'il entre dans la fonte dans la proportion de

2 à 5 %, cette proportion n'est que de 1 à 2 dans l'acier et de 1/2 seulement dans le fer dur, dit fortement aciéreux.

L'emploi de la fonte n'a pas uniquement pour motif l'économie qui en résulte. Par l'effet de sa disposition moléculaire, ce corps offre une grande résistance à l'écrasement, d'où s'ensuit que des roues d'engrenage en fonte douce, bien choisie, fonctionnent longtemps sans détérioration sensible ; en outre, l'art du fondeur ayant réalisé d'importants progrès, on est arrivé à pouvoir fondre de toutes pièces, et sur un type toujours exact, une roue, le pignon qu'elle porte et les repères ou saillies qu'elle demande, ce qui procure une très grande réduction de travail.

L'emploi de la fonte de fer pour l'exécution de certains rouages et de quelques parties de l'outillage, présente un côté avantageux qu'il ne faut pas méconnaître, mais il est bien entendu que pour les ouvrages qui exigent une grande précision, on ne doit pas se servir de cette matière parce qu'elle n'a ni la résistance, ni l'élasticité de l'acier, et se prête moins bien au travail du tour et de la lime. Les outils faits en fonte malléable, qui a toute l'apparence du fer, se rompent relativement avec facilité.

Fonte malléable. — N'est que de la fonte plus ou moins décarburée et présentant l'aspect et une partie des qualités du fer.

Voici comment un journal industriel décrit la fabrication des objets dits en fonte malléable. Ils sont produits par de la fonte ordinaire, portée à une très haute température et coulée dans des moules. Ces objets sortis des moules après refroidissement sont disposés dans de grands pots en fonte par lits alternatifs d'objets et d'oligiste terreux, et on chauffe le tout de 800° à 1000° durant 72 heures. Le carbone, qui procurait l'avantage d'une grande fusibilité, mais était la cause de l'extrême fragilité des pièces moulées, disparaît pendant l'opération. Ces pièces qui avant se fussent aisément brisées sous le marteau, lui résistent ou s'écrasent comme du fer.

Le retrait est considérable, à peu près le double de celui des fontes ordinaires, mais on a le moyen d'y remédier.

L'acier

45. La mise en oeuvre de l'acier comprend les travaux les plus longs et les plus délicats de l'horlogerie. Si l'acier est mal choisi, mal préparé, l'exécution est ingrate, longue, difficile, le produit défectueux, il gauchit à la trempe et la reçoit inégalement ; en somme, beaucoup de peine, de temps perdu et peu de réussite.

Que le jeune horloger s'habitue de bonne heure à étudier l'acier qu'il emploie, à se rendre compte de ses qualités et de ses défauts, il récupérera au centuple, dans l'exercice de sa profession, les quelques moments passés à ces utiles observations.

46. L'acier n'est pas un corps simple ; on a admis jusqu'à présent que c'est un carbure de fer, c'est-à-dire une combinaison de fer et de carbone. Son analyse révèle la présence d'autres substances en quantités presque insaisissables et dont l'influence sur la constitution du métal ne paraît pas bien exactement connue.

De nos jours, de savants chimistes ont cherché à prouver que l'acier n'est pas un carbure simple, mais un fer azoto-carburé. Leurs conclusions étant contestées, l'exposé de leurs travaux ne peut trouver place ici.

Les variétés d'acier dit *pudlé* et *naturel* sont obtenues en agissant directement sur la fonte de fer. L'acier de *cémentation* est le produit d'une industrie qui consiste à convertir en acier des barres de fer malléable, qu'on enferme dans des caisses en briques réfractaires remplies de cément (le plus simple est du charbon de bois de chêne pulvérisé), et qu'on soumet à l'action du feu durant plusieurs jours, c'est-à-dire jusqu'à ce que le carbone se soit introduit en quantité convenable jusqu'au centre des barres. Elles sont alors converties en acier (voir au mot *Céments* du *Recueil des procédés pratiques*).

Les aciers obtenus par les procédés qui viennent d'être indiqués sont fort hétérogènes, c'est-à-dire que la composition d'un bloc ou d'une barre n'est pas partout la même. Une partie est trop carbonée, une autre ne l'est pas suffisamment, surtout vers le centre des barres. Selon les inégalités de chaleur éprouvée, le *grain*, assez fin sur un point, est plus gros sur un autre ; on rencontre des points durs, purement de fonte, qui résistent au burin, à la lime, et occasionnent des *criques* à la trempe, au martelage, etc., des *pailles*, quelquefois des veines entières qui n'ont pas pris de carbone du tout, etc. De là naissent des différences de poids, de dureté, de malléabilité, etc., qui peuvent se trouver sur la longueur de la même barre.

On corrige en partie ces défauts par le *corroyage*, opération qui consiste à réunir plusieurs barres en une seule trousse, à la faire rougir et la battre sous le martinet, de façon à souder toutes les barres ensemble. La barre unique, ainsi obtenue, est de nouveau rougie, repliée plusieurs fois sur elle-même, martelée, laminée, etc,. Si le corroyage est fait avec soin et sans trop chauffer le métal, l'acier a acquis une qualité supérieure, il est plus homogène et se laisse travailler avec une plus grande facilité qu'auparavant.

47. La découverte des procédés qui permettent d'obtenir de l'acier fondu, le seul qui soit réellement homogène, est due à un horloger, B. Huntsman, d'York.

L'estampille *acier fondu*, qu'on prodigue aujourd'hui sur beaucoup de produits de l'industrie, est loin d'en assurer la qualité. La fusion des aciers corroyés ou cémentés ne les rend réellement supérieurs qu'à deux conditions principales :

1°. un choix judicieux des aciers, car certains fers ne s'allient pas intimement ;
2°. de grands soins apportés à toutes les opérations, telles que chauffes successives, martelage, laminage, etc.

En un mot, c'est en fait d'acier surtout qu'il est important de ne pas prendre l'objet sur sa seule enseigne. Quelle que soit la marque qu'on choisisse, on n'aura qu'un mauvais résultat si les degrés de dureté, d'élasticité, de force de cohésion, etc., ne sont pas appropriés aux conditions que doit remplir l'objet et au travail auquel il doit être soumis. *L'usage seul peut faire connaître avec certitude les qualités d'un acier.*

On trouvera au *Recueil des procédés pratiques* l'indication des méthodes modernes de conversion de la fonte en acier.

Observations générales

48. Tous les aciers, en les supposant de bonne qualité, deviennent médiocres s'ils subissent plusieurs fois ou trop longtemps (selon le genre d'acier) l'action du feu et du marteau. Le métal, devenu aigre et cassant, n'acquiert plus une suffisante dureté à la trempe et finit même par retourner complètement à l'état de fer.

Un acier est d'autant plus mauvais :

- qu'on y rencontre un plus grand nombre de *pailles*, de gerçures, de fibres ou filaments noirâtres, de veines plus ou moins carbonées, et en certains endroits même restées purement du fer ;
- qu'il est *cendreux*, c'est-à-dire piqueté à sa surface de petits points noirs que le polissage fait découvrir
- que sa cassure présente un *grain* inégal, etc.

Un tel acier offrant de très grandes différences de dureté, d'élasticité, etc., et la trempe ne durcissant pas également toutes ses parties, il en résulte pour le travail de la lime des difficultés, et dans l'usage du tour il est à peu près impossible d'obtenir une parfaite rondeur.

A qualité de même rang, l'acier naturel est celui des trois espèces qui est le plus chargé de ces défauts. Par contre, lorsqu'il a été convenablement corroyé, il acquiert beaucoup de ressort et offre le précieux avantage de se détériorer difficilement à la forge, et de passer à l'état de fer avec moins de facilité que les autres aciers.

Le laminage, l'étirage à la filière, l'écrouissage corrompent l'arrangement moléculaire ; il faut le rétablir en recuisant de temps en temps, autrement le métal devient cassant ou se fendille.

Chaque espèce d'acier ne peut supporter sans inconvénients qu'un certain degré de chaleur, qu'il faut connaître afin de ne pas le dépasser.

Le grain de l'acier surchauffé, c'est-à-dire chauffé outre mesure, présente à l'oeil des parties brillantes, diamantées ; le fond, qui n'a plus sa belle couleur cendrée, a pris un aspect plus ou moins ferreux, suivant le degré de surchauffe.

Quelques ouvriers, par l'effet d'une longue habitude et d'une grande délicatesse de tact, jugent assez bien de la qualité d'un acier au poids, en le maniant à la main et le faisant résonner. L'acier de bonne qualité, très homogène, très dense, est appelé par eux *acier plein*, et les qualités inférieures *acier creux*.

Observations particulières

49. *Sur l'acier naturel.* — La cassure de l'acier naturel dans les basses qualités présente des grains inégaux, quelquefois du nerf, et une couleur communément bleuâtre.

Le grain devient de plus en plus fin et égal, et la couleur de la cassure se rapproche de la teinte cendrée à mesure que l'on choisit une meilleure qualité.

En outre de ce signe, et en comparant entre eux les aciers naturels, on reconnaît celui de premier choix à ce caractère que la trempe le durcit davantage et qu'il supporte, après cette opération, de plus grands chocs sans se casser.

Il exige à la trempe une température un peu plus élevée que celle nécessaire aux aciers de cémentation, c'est-à-dire que dans les basses qualités on le chauffe un peu au-dessus du rouge clair, et au rouge orangé, ou un peu au-dessous, dans les qualités supérieures.

50. *Sur l'acier cémenté.* — L'acier cémenté de qualité ordinaire présente une cassure lamelleuse et dont les lames varient de forme et de couleur du centre à la circonférence. Il a en général le grain plus fin et plus égal que l'acier naturel, rarement du nerf, des veines ou des gerçures. La couleur de la cassure est d'un gris tirant sur le bleu dans les qualités courantes.

On reconnaît les qualités supérieures à un grain plus serré, à une cassure d'une couleur plus pure et d'un gris mat plus blanc, ne montrant ni bords, ni taches noires après la trempe, et à ce signe encore que cette trempe réussit à une plus faible température.

S'il est de premier choix il ne doit pas être nécessaire de le chauffer au-delà du rouge cerise clair ; souvent un degré un peu inférieur de chaleur lui suffit.

51. *Sur l'acier fondu.* — L'acier fondu est le plus homogène, le plus plein et le plus beau des trois espèces. On en distingue plusieurs variétés.

La cassure de l'acier fondu, comparée aux autres aciers, est plane, compacte, d'une couleur d'un gris blanchâtre, dite couleur cendrée. Le grain est fin et très égal. La trempe se pratique à une température beaucoup plus basse que pour tous les autres aciers, car celui en question se détériore promptement au feu.

L'acier fondu étant plus fusible que l'acier ordinaire et se dispersant avec assez de facilité sous le marteau quand il est chauffé au bleu, on doit procéder avec beaucoup de précaution dans toutes les opérations du martelage.

Il ne faut jamais le chauffer au-dessus du rouge sombre ou du rouge cerise, dans la crainte de le *brûler*.

On augmente sa ténacité en le forgeant à une faible température ou même par l'*écrouissage*, c'est-à-dire le martelage à froid.

La finesse de son grain et sa forte densité offrent cet avantage que l'on peut obtenir par la trempe une dureté très grande, très uniforme et sans aigreur, des tranchants les plus fins et des tiges les plus exiguës, et qu'il est susceptible, après cette trempe, de recevoir le poli le plus beau, le plus égal et d'un éclat pur, c'est-à-dire qui n'est pas nuancé par des points, des lignes, des teintes différentes du fond, comme cela a toujours lieu avec les aciers naturels ou de cémentation.

Pour la plupart des usages de l'horlogerie (pignons axes, pivots, etc) l'acier fondu doit être préféré. C'est le seul qu'on puisse polir très bien, tourner parfaitement rond, et qui ne se déforme pas à l'adoucissage.

En outre, et en cas d'usure, cette usure se produit sous une forme beaucoup moins irrégulière.

L'acier corroyé fortement carburé offre, dans les petites dimensions surtout, un grain fin, serré, qui le ferait prendre facilement pour de l'acier fondu. On ne reconnaît ce dernier, d'une manière certaine, qu'en soumettant les barres à l'action de l'acide sulfurique affaibli. Le côté des barres, décapées par ce moyen, permet de voir le point de jonction des languettes qui ont été employées pour la production de l'acier corroyé,

Quant à l'*acier fondu*, provenant de la fonte décarburée, consulter le *Recueil des procédés*.

Essais propres à faire connaître les qualités d'un acier

52. Quand le grain est fin, serré, homogène, la cassure en ligne courbe, nette, plane et d'une teinte uniforme de gris clair, l'acier est considéré comme de bonne qualité. Il ne faut pas trop cependant se fier à ces signes, car un acier martelé jusqu'à refroidissement a le grain fin et serré, tandis que ce même acier a le grain gros et ouvert s'il était encore rouge lorsqu'il a cessé d'être soumis à l'action du laminoir ou du marteau. L'acier trempé présente aussi des différences dans le grain en rapport avec le degré de chaleur qu'il a éprouvé.

A qualités égales, et quoique de même provenance, un acier a le grain plus fin dans les barres de faibles dimensions que dans les fortes barres.

L'acier fondu lui-même, surtout en gros morceaux, n'est pas toujours parfaitement homogène, ce que l'on reconnaît sans peine quand on le travaille à la lime, ou mieux encore sur le tour ; il se met difficilement rond et il se déforme par l'adoucissage. *En règle générale, on ne peut bien juger d'un acier qu'après l'avoir travaillé, limé, tourné, essayé suivant l'emploi qu'on veut en faire, car tel acier excellent pour la confection d'un ressort, d'une fraise, par exemple, peut très bien ne pas convenir et donner de fort tristes résultats si on le destine à fournir des tiges ou des pivots fins, et réciproquement.*

Comme essai préalable, on rompt un morceau du métal; après avoir examiné la cassure, on y forme un tranchant, qu'on trempe au degré convenable, puis on l'aiguise et on s'en sert pour découper des morceaux de fer. Si le tranchant résiste (c'est-à-dire s'il n'est pas émoussé, refoulé ou égrisé par le fer), c'est un indice assez bon que l'acier a du corps, de la ténacité, et qu'il acquiert à la trempe une suffisante dureté.

Voici les moyens plus complets qu'on peut employer et qui sont propres à faire connaître l'homogénéité, la nature du grain, la force de la trempe d'un acier : s'il est malléable, s'il a du corps, de l'élasticité etc.

53. L'homogénéité. — On dépose à la surface du barreau, de distance en distance, des gouttes d'acide sulfurique affaibli. Si la composition de l'acier est homogène, les taches ont la même intensité de couleur.

On écrouit et l'on trempe une partie du barreau. On en rompt l'extrémité pour examiner la cassure ; le résultat de cette inspection étant satisfaisant, on polit avec soin le bout trempé, et un nouvel examen, à la loupe, achève de faire connaître le degré d'homogénéité de l'acier. Le poli est d'autant plus beau et plus égal que l'acier est plus homogène.

54. Le grain, la dureté et la couleur à la trempe. — Tous les aciers ne se durcissent pas au même degré et chacun d'eux exige une chaleur particulière pour la trempe ; en outre la nature, la teinte, la grosseur du grain varient selon la couleur de la trempe, c'est-à-dire selon la nuance du rouge que l'acier a reçue au feu. Il serait assez difficile de formuler un jugement exact sur la nature du grain et la dureté qu'on peut obtenir d'un acier sans l'emploi du procédé pratique suivant que l'on doit à Réaumur.

On forge à une température qui ne dépasse pas le rouge sombre ou faible, un morceau de l'acier qu'on veut éprouver, et dans la forme d'une lame de rasoir, c'est-à-dire qu'on le laisse épais d'un côté et qu'on l'amincit de l'autre dans le sens de la longueur. Puis on fait rougir la lame tenue par une de ses extrémités, et quand l'extrémité opposée arrive au rouge blanc, on plonge dans l'eau. L'acier est alors en partie trempé dur. Sur toute sa longueur trempée on détache, avec précaution et par petits coups de marteau successifs ou autrement, la partie mince, celle qui répondait au tranchant du rasoir, et sur la portion plus épaisse restante on étudie les aspects des diverses espèces de grains.

La forme, la couleur, etc., du grain dépendant du degré de chaleur que chaque portion du métal a subi au feu, il s'ensuit qu'on remarquera quatre ordres de grains :

1°. Gros, blancs et brillants ;
2°. Moyens et mélangés, les uns blancs et brillants, les autres blancs et ternes ;
3°. Fins et ternes ;
4°. Moyens, ternes et mal terminés.

Plus l'ordre de grains 3° occupe d'espace par rapport au 2°, plus l'acier a de finesse, et réciproquement.

Ce moyen d'expérimentation offre, en outre, cet avantage que l'ouvrier peut étudier sur sa lame d'essai les différents degrés de la trempe et choisir celui qui convient le mieux.

Le plus ordinairement,

Le grain	1°	est celui qui répond	au rouge blanc ;
—	2°	—	au rouge orangé ;
—	3°	—	à l'une des nuances du rouge cerise ;
—	4°	—	au rouge naissant.

Comme il est difficile de se souvenir du point précis où chacune des nuances était visible, on complète ainsi son expérimentation :

Sur une forte plaque de métal chauffée et entretenue au rouge orangé, on place trois morceaux de l'acier qu'on expérimente et qui ont été préalablement marqués, afin de se souvenir de l'ordre dans lequel ils seront jetés à l'eau, que l'on peut avoir dans trois vases placés à proximité.

On fait glisser et l'on précipite dans le bain le premier qui arrive au rouge cerise naissant, puis le second, quand il atteint au cerise rouge, et le troisième au cerise clair. L'essai de la résistance opposée à la rupture, l'examen de la cassure de chacun de ces morceaux comparée aux différents grains des cassures de la lame en rasoir, et l'emploi de la lime pour tâter la dureté, suffiront pour faire connaître à quelle nuance du rouge cerise il convient de s'arrêter pour la trempe de cette espèce d'acier.

55. Le corps. — Un acier qui a du corps n'est pas fragile. On s'en assure en lui faisant subir l'épreuve suivante : plusieurs barres d'aciers différents, de mêmes dimensions et de trempes aussi uniformes que possible sont soumises à une courbure prononcée et jusqu'au point de rupture. Toutes choses égales, quant aux conditions de l'épreuve, les barres qui résistent à la plus forte courbure sont celles dont l'acier a le plus de corps. L'acier qui a du corps ne casse pas aussi sec que celui qui n'en a pas. Sa cassure est en forme de bec de sifflet. S'il est doux et nerveux, elle présente des parties déchirées.

56. L'élasticité. — On mesure le degré d'élasticité par le même procédé. Elle est en raison de la courbure ou du poids que peut supporter la tige ou la lame qu'on essaie, sans cesser de reprendre exactement sa forme et sa position primitives quand elle est débarrassée du poids ou de l'obstacle qui la tient courbée. L'acier qui se rend sous un poids auquel un autre résiste est évidemment inférieur en élasticité à ce dernier.

57. Malléabilité, ténacité, ductilité. — Un écrouissage conduit avec intelligence fait voir entre quelles limites l'acier peut supporter une percussion répétée sans se fendre, se gercer, s'égrener ou se casser.

On en forge un morceau que l'on met à plusieurs reprises au feu, afin de connaître s'il se désacière promptement et s'il peut supporter le forgeage.

Il est d'autant plus difficile à forger qu'il est plus dur et plus aciéreux.

On reconnaît la malléabilité d'un acier à la manière dont il supporte le martelage et le laminage, et à la petitesse des dimensions auxquelles on peut l'amener par ces opérations.

L'étirage à la filière à trous lisses, le taraudage à la filière aux vis sont propres à mettre en évidence ses facultés de ductilité et de ténacité.

Un métal est dit *malléable* quand il se laisse étendre facilement sous le marteau ou sous les cylindres du laminoir. Il est dit ductile quand par l'emploi de la filière on peut le tirer en fils très fins.

Il semblerait que ces deux propriétés, ductilité et malléabilité, dussent exister au même degré dans un métal. Il n'en est pourtant pas ainsi : le fer se tire en fils très fins et non en plaques relativement aussi minces ; l'étain, le plomb donnent des feuilles d'une épaisseur extrêmement réduite et ne peuvent pas être étirés en fils déliés ; l'or et l'argent sont autant malléables que ductiles et possèdent ces deux propriétés au degré le plus éminent.

L'acier est plus fusible et plus malléable que le fer, mais il est moins ductile.

58. *Observation.* — Les anciens faiseurs d'échappements à cylindre employaient de préférence l'acier *forgé*, et leurs cylindres se fendaient fréquemment après la trempe. Les modernes emploient l'acier *tiré* et s'en trouvent bien. Toutefois, ils ne paraissent pas s'expliquer la principale raison de cette différence dans la manière dont se comportent les deux aciers.

Cette raison nous paraît la suivante : l'acier forgé est de l'acier malléable, l'acier tiré, et qui a bien supporté le passage par la filière, est de l'acier ductile, par conséquent tenace.

Or, la ténacité d'un métal n'étant autre chose qu'une plus grande résistance que ses molécules opposent à la rupture ou à l'écartement, il est clair que l'acier tiré doit se fendiller plus difficilement que l'autre.

Préparation de l'acier, le recuire

59. Quand on a fait choix d'un acier qui présente les qualités convenables, c'est-à-dire du nerf et de l'élasticité pour les ressorts du corps et de la ténacité pour les fraises, les échoppes, etc., etc., il faut préparer cet acier, c'est-à-dire le rendre tel qu'il se travaille avec facilité, car un acier mal préparé est rebelle à la lime, au burin et au foret. Il ne se tourne jamais parfaitement rond et se trempe inégalement.

60. Recuire l'acier. — La méthode la plus commune, mais aussi la moins bonne, consiste à recuire l'acier jusqu'à la couleur rouge et à l'enfoncer dans la cendre chaude où il se refroidit lentement.

L'acier qui rougit à l'air libre perdant une partie de son carbone, il vaut mieux le placer dans une assez forte boule de terre grasse pétrie, puis la mettre dans un foyer qui ne soit pas trop vif au début ; quand la boule est rouge, couvrir le feu et laisser reposer jusqu'à refroidissement complet.

Pour adoucir en le recuisant l'acier qu'ils doivent mettre en oeuvre, les mécaniciens le placent, complètement entouré de charbon de bois pulvérisé, de tournure ou de limaille de fer, l'un ou l'autre très sec, dans un coffret, une marmite en fonte ou un creuset, luté aux ouvertures, afin que l'acier soit suffisamment garanti de l'action trop directe du feu et du contact de l'air. Puis le creuset est mis dans un feu doux qu'on active graduellement jusqu'à ce que le tout ait acquis un degré de chaleur assez élevé et qu'on reconnaît à la nuance du rouge (consulter la table des recuits de l'acier); on maintient cette chaleur environ une dizaine de minutes et l'on étouffe le feu, qui doit s'éteindre graduellement. Assez souvent l'ensemble n'est refroidi qu'après un jour ou deux, et même plus quand le creuset est de grandes dimensions.

Plus le refroidissement de l'acier est lent, plus le métal est doux à travailler.

La chauffe est ordinairement poussée en moyenne de 800° à 900° (rouge-cerise). Quant l'acier est uni au laiton, comme cela a lieu pour un balancier compensé, il ne faut pas dépasser 600°.

Pour d'autres méthodes voir au mot **Acier** du *Recueil des procédés pratiques.*

61. Recuire à l'eau ; trempe amollissante. — On peut, au lieu de laisser refroidir lentement l'acier, le projeter brusquement dans l'eau quand il arrive à un degré de chaleur immédiatement inférieur à celui où il prendrait la trempe. A ce point, le durcissement n'a pas lieu et l'effet est de rendre l'acier très doux. Pour certains aciers une seule opération suffit, pour d'autres, il faut renouveler.

Toute la difficulté consiste, surtout pour l'horloger qui emploie l'acier dans un petit volume, à saisir le moment où le métal est à la nuance convenable (du jaune pourpre ou rouge naissant); on conçoit que l'expérience seule peut servir de guide sur ce point.

Un excellent praticien réussissait mieux en employant de l'eau additionnée de 1/5 de son poids de gomme arabique. Il conseille encore de frotter la pièce à recuire avec un linge huilé, de passer au feu, et quand l'huile fume abondamment et qu'elle est prête à s'enflammer, de précipiter dans l'eau.

62. *Effet de la rouille sur l'acier fondu.* — Duhamel nous apprend que les forgerons anglais enterrent et laissent quelque temps leur acier fondu dans un endroit humide, afin de provoquer une rouille abondante. Il paraît que l'effet de cette rouille est de produire un travail interne dans les barres et lingots d'acier fondus ; le carbone se répartit plus uniformément et l'acier devient plus doux, il se lime et se tourne avec facilité.

Martelage. – Décapage

63. *Martelage de l'acier.* — En horlogerie, où l'on exécute des pièces très exiguës, on donne à l'acier fondu un peu plus de corps et d'homogénéité par un écrouissage (martelage à froid). Après un premier recuit, on écrouit à petits coups et avec une grande régularité, puis on recuit et on recommence les mêmes opérations une fois ou deux, selon le degré de malléabilité déjà acquis par le métal. L'acier ainsi préparé a plus de corps, les pores sont resserrés, il se lime et se tourne bien, prend la chaleur plus également et ne se fausse pas ou se fausse peu à la trempe si on la pratique avec les soins nécessaires.

Du marteau et du tas. — Il ne faut employer dans ces opérations que des marteaux et des enclumes ou tas dont les surfaces soient parfaitement nettes, il les faudrait même polies. Si elles présentaient des aspérités, des fentes, des creux, des parties grenues, cela suffirait pour déterminer la formation de pailles dans les corps de l'acier, ou de gerçures à la superficie.

64. Décaper l'acier brut. — La croûte noire appelée coup de feu, qui entoure l'acier qui a passé par la forge, détériore très promptement les burins et les limes et, en outre, elle laisse dans ces limes ou burins des particules excessivement dures, qui s'implantent ensuite assez souvent dans l'acier lorsqu'il est mis à nu. Il est donc nécessaire, si l'on veut faire un bon travail et le faire rapidement, de débarrasser, au préalable, l'acier de cette croûte.

On y parvient par deux moyens : en se servant de la meule qui, si elle tourne avec une grande rapidité, enlève vivement le coup de feu tout en adoucissant l'acier, ou bien en laissant assez de temps cet acier dans des eaux acidulées. Elles le décapent, c'est-à-dire le dépouillent de sa couche d'oxyde.

Quand l'expérience a fait connaître la proportion convenable d'acidulation, on retrouve toujours ce même degré par l'usage du pèse-sel.

L'acide sulfurique est celui auquel on donne la préférence ; en outre du décapage, il produit une sorte de recuit (tout acide doit être tenu éloigné de l'établi et des outils de l'horloger, et tout acier décapé doit être au sortir du bain lavé à grande eau et nettoyé avec soin).

De la trempe

65. On sait que l'action de la trempe, qui consiste à faire rougir au feu une pièce d'acier qu'immédiatement on précipite dans un liquide froid, lui donne une très grande dureté.

La trempe agrandit les dimensions de l'objet. Un anneau d'acier ajusté sur un cylindre entre plus librement après la trempe.

Les trempes au suif fondu, à l'eau tiède, à l'huile, etc., sont les plus douces.

Les trempes à l'eau froide pure donnent un degré de dureté supérieur.

Il en est de même de l'eau additionnée de sel marin ou de sel ammoniac, mais en l'employant il faut avoir soin d'enduire la surface de l'objet à tremper d'une pâte composée d'eau, de sel et de farine (quelques-uns emploient pour cet usage la lie de bière et le sel commun) ou d'un mélange terreux. Cette précaution empêche la boursouflure et l'oxydation des surfaces. Si l'on veut éviter l'oxydation et restituer en même temps à l'acier le carbone qu'il perd par l'action du feu, on roule la pièce à tremper, et encore humide, dans une autre pâte formée de poudre de corne, de cuir ou de toute autre matière animale calcinée.

On peut également protéger les parties délicates au moyen d'une légère couche d'une bouillie faite avec du blanc d'Espagne et de l'huile d'olive.

Les trempes à l'eau-forte (acide azotique), à l'opium et au mercure, sont celles qui donnent à l'acier une dureté assez grande pour qu'il puisse même couper le verre. Mais cet acier est alors cassant et d'autant plus fragile que le point précis (qui n'est pas très élevé) où la chaleur a dit s'arrêter, a été dépassé. Car il faut bien se souvenir que l'acier qui a été trop chauffé a perdu une partie de ses qualités et restera cassant.

On trouvera indiquée au mot **Tremper** du *Recueil des procédés pratiques*, la composition d'un certain nombre de bains de trempe.

Dans la pratique ordinaire le suif doit être employé pour la trempe des petits objets qui ont besoin d'être durs sans être cassants. L'huile durcit la surface plus que l'intérieur, une solution de savon produit le même effet. En général les liquides salins sont ceux qui procurent la plus grande dureté. Les très petits forets se trempent simplement en les agitant dans l'air si la mèche seule a été rougie.

Presque chaque ouvrier prétend avoir une recette de trempe excellente, et il en fait grand mystère ; des gens instruits se moquent de tous ces prétendus secrets et affirment que l'eau pure vaut tout autant que les mélanges.

De part et d'autre ils ne sont pas rigoureusement dans le vrai, ainsi qu'il sera démontré lorsque nous aurons à nous occuper de la composition des bains en usage. Disons tout de suite que le succès de la trempe tient surtout à trois conditions principales :

1°. A la manière dont l'acier a été préparé et travaillé avant d'être mis au feu ; ainsi l'acier battu convenablement au-dessous du rouge cerise, ou à froid, prend une trempe supérieure (s'il a été trop ou mal battu il se fendille) ;

2°. Au mode de chauffage qui doit répartir la chaleur également dans tout le corps de l'objet qui doit être trempé ; si sa température, quand on l'immerge, n'est pas uniforme, la trempe est inégale ;

3°. À l'adresse de l'ouvrier qui, devant connaître le degré de chaleur que comporte l'espèce d'acier, ne pousse pas la chauffe au-delà, car si le degré convenable est dépassé, l'acier, plus ou moins brûlé, a perdu de sa ténacité, etc.

66 . *Précautions à observer dans l'opération de la trempe.* — Pour les pièces délicates il faut éviter l'emploi du chalumeau, parce que le contact d'un courant d'air fait écailler les surfaces et que l'acier, comme nous le savons, étant inégalement chauffé se tourmente à la trempe et ne se durcit pas également dans toutes ses parties.

Il est mieux de rougir la pièce entre deux charbons bien allumés, ou dans un tube de métal, ou au contact d'un corps métallique suffisamment échauffé, etc., en évitant de souffler directement sur l'acier.

On peut encore faire rougir les pièces à tremper dans des bains métalliques, composés généralement de plomb et d'étain en proportions variables, selon la plus ou moins grande fusibilité qu'on désire obtenir.

Un célèbre graveur de médailles chauffait ses coins dans un bain de plomb dont la couleur était rendue sensible par l'obscurité dans laquelle il opérait.

La pièce rougie doit tomber dans l'eau perpendiculairement dans le sens de sa plus grande longueur, et le vase doit avoir assez de profondeur pour que la pièce ne frappe le fond que lorsqu'elle est refroidie. Elle se tourmente beaucoup plus si elle est jetée à plat, ou bien jetée debout dans un vase peu profond.

L'horlogerie ne faisant usage que des aciers de première qualité, le trempeur ne doit jamais dépasser, pour la couleur prise au feu, le rouge cerise, qui lui-même comprend trois nuances : rouge cerise naissant, rouge cerise rouge et rouge cerise clair ou rose. La couleur intermédiaire donne la limite extrême pour la chaleur quant à la trempe de l'acier fondu et la dernière nuance convient à l'acier corroyé de première qualité.

Le froid semble être un obstacle au succès de la trempe, par de fortes gelées on voit parfois cette trempe ne pas réussir. Il faut alors promener à la surface des eaux naturelles ou composées un morceau de fer suffisamment échauffé pour qu'il en élève un peu la température.

67. *Améliorer l'acier trempé plusieurs fois.* — Les trempes successives détériorent l'acier, voici selon J.-J. Perret, et le cas échéant, les précautions qu'il faut prendre : on fait rougir la pièce sans atteindre le rouge cerise, puis on l'éteint dans le suif fondu, on renouvelle l'opération, et l'on peut ensuite tremper de nouveau l'acier qui a repris ses qualités ou du moins en bonne partie.

Diverses méthodes de trempe et de régénération de l'acier et du fer sont décrites au *Recueil des procédés pratiques*, aux mots **Fer** et **Tremper**.

Du revenu

68. L'acier trempé étant excessivement fragile, on lui redonne de la ténacité en le faisant revenir, c'est-à-dire en le soumettant à un degré de chaleur de plus en plus élevé selon que l'on veut davantage ramollir l'acier. Le métal passe successivement par toutes les nuances du tableau suivant dressé par M. Péligot. Chaque nuance correspond à une élévation de chaleur estimée en degrés du thermomètre à air.

Jaune paille	220°,	fusion de l'étain à 230°
Jaune d'or	240°	
Jaune brun	250°	
Jaune pourpre..	265°	
Bleu naissant	285°	
Bleu indigo	295°,	fusion du plomb à 312°
Bleu très foncé	315°	

Avant de la faire revenir, on blanchit, au moins sur une de ses faces, avec de la pierre ponce, de la pierre broyée à l'huile, ou du papier émeri, etc., la pièce trempée, qu'on nettoie parfaitement sans la toucher à main nue, autrement le degré de coloration ne serait pas facile à saisir.

Du jaune paille au jaune pourpre, l'acier, s'il a été bien trempé, est trop dur pour le burin et la lime ; au bleu pâle ou gris, qui vient après le bleu foncé, il ne peut plus supporter une forte courbure sans se rendre.

Si la nature des aciers et le degré de la trempe sont différents, la dureté varie sous une même couleur du revenu. En général, l'acier fondu trempé et revenu au bleu naissant, est aussi doux que l'acier naturel ramené au bleu foncé et même au bleu gris. On peut faire revenir à la même couleur et plusieurs fois un acier sans l'altérer.

Pour obtenir une belle couleur, il faut parfaitement polir l'acier, car l'oxydation des parties brutes empêche la nuance de paraître. Le rouge à polir ne doit pas être trop séché, et si l'on brunit, le brunissoir doit atteindre toute la surface. Les aciers de mauvaise qualité, et qui se polissent irrégulièrement, produisent rarement un beau revenu.

Un *adouci* fin, blanc, uniforme, donne des résultats très satisfaisants mais, dans tous les cas, la pièce a dû être parfaitement nettoyée, la présence des particules de corps gras suffit pour rendre la nuance irrégulière ou même pour l'empêcher de paraître.

L'uniformité de la couleur n'est obtenue que si le mode de chauffe répartit également la chaleur dans tout le corps.

On fait revenir la pièce trempée en la plaçant sur le revenoir, plaque mince de métal, garnie d'une épaisse couche de fine limaille de laiton qu'on renouvelle pour chaque opération, ou bien sur un morceau de métal assez épais et retiré du feu où il a été suffisamment échauffé, sur une motte embrasée quand elle s'est recouverte d'une couche de cendre blanche, dans un bain métallique dont le point de fusion correspond à la couleur que l'on veut obtenir ou posée à sa surface, etc.

Un grand nombre d'horlogers, lorsqu'ils font revenir une pièce d'acier, la précipitent dans l'eau pour arrêter l'action du revenu : ils produisent l'effet contraire à l'effet cherché. Un morceau d'acier jeté dans l'eau quand il atteint l'une des nuances du revenu est moins dur que si on l'avait laissé refroidir à l'air libre.

C'est à l'une des nuances du bleu que l'acier possède *son maximum d'élasticité*. La nuance qu'on doit choisir varie selon l'espèce d'acier employé.

Un ressort trempé, revenu et blanchi à l'émeri, reprend, après l'avoir perdue, son élasticité primitive, et même une supérieure, par un léger écrouissage sur un tas poli, et en recevant ensuite une nuance convenable du bleu.

Plusieurs procédés expéditifs pour faire revenir un certain nombre de pièces à la fois, sont donnés dans le *Recueil des procédés pratiques* (faisant suite à ce volume) à l'article **Revenir l'acier**.

Particularités curieuses offertes par aciers trempés

69. Nous citerons les deux suivantes dont nous garantissons l'authenticité. Une lame tranchait le fer sans s'ébrécher, et cette lame se laissait cependant entamer à la lime.

Une petite lime burette, que nous avons eue en notre possession, limait facilement l'acier trempé revenu bleu, bien que cette lime se laissât courber à volonté, sous l'effort des doigts, dans la forme approchant celle d'une S. (Compléter l'ensemble de ces articles au mot **Acier**, du *Recueil des procédés*.)

Acier tungsténé ou de wolfram

70. La présence du tungstène, corps métallique simple, dans l'acier, paraît augmenter d'une manière remarquable sa ténacité et sa faculté de durcir à la trempe.

C'est du moins ce qui a été constaté par M. le colonel Caron sur de l'acier qu'il appelle *tungsténé* ou de *wolfram* et qu'il a obtenu en fondant dans un creuset de l'acier de cémentation très carburé, du bon fer et du wolfram réduit.

On désigne dans le commerce sous cette dernière expression un mélange de charbon, de tungstène de fer et de manganèse à l'état métallique.

L'acier tungsténé ne se trouvant encore que peu répandu dans le commerce, il suffit d'appeler sur lui l'attention des horlogers, en engageant ceux d'entre eux qui pourront s'en procurer à l'expérimenter. Selon quelques industriels, il doit être chauffé à blanc pour la trempe et après avoir été préalablement plongé, étant au rouge sombre, dans un mélange composé en parties différentes de résine jaune en poudre, d'huile de baleine et de suif.

Comme le tungstène, le titane, autre corps simple, paraît aussi devoir servir à l'amélioration de l'acier auquel il communiquerait des qualités nouvelles.

Le cuivre

71. Le *cuivre*, métal d'un rouge brun, qu'il ne faut pas confondre avec le laiton ou cuivre jaune, est un corps simple. Sa ténacité prend rang après celle du fer, il ne rompt que sous un effort de 34 kilogrammes par millimètre carré de section.

En horlogerie, on ne l'emploie guère qu'en tiges pour des pendules compensateurs et en fils pour l'horlogerie électrique. Il fournit également les plaques qui reçoivent l'émail des cadrans des montres.

Le cuivre du commerce est rarement pur, on doit à cette circonstance une partie des imperfections qu'on signale dans les laitons ordinairement en usage.

Ce métal n'est attaqué par l'acide sulfurique que lorsque ce dernier est concentré et bouillant. L'acide nitrique et l'eau régale dissolvent aisément le cuivre, et l'acide hydrochlorique concentré l'attaque lorsqu'il est divisé.

Le zinc

72. Corps simple métallique d'une couleur bleuâtre. On l'utilise sous forme de tiges dans la confection des pendules compensateurs.

Il doit être très pur, soit qu'on l'emploie seul ou allié à un autre corps. La présence de corps étrangers dans le zinc influe sur la qualité de l'alliage.

Il se lamine d'autant plus facilement qu'il est plus pur. On mettra cette indication à profit avant d'en faire usage.

Très cassant aux deux points 0° et 200° de la température, il possède sa plus grande malléabilité à une élévation de chaleur d'environ 100°, c'est-à-dire au point d'ébullition de l'eau ; il faut donc le porter à cette température quand on veut le courber, le marteler, etc.

On le recuit dans l'eau bouillante ou en l'exposant à la chaleur jusqu'au point où il produit la caléfaction de l'eau qu'on laisse tomber sur lui par gouttelettes.

Il fond vers 423°; porté au rouge blanc il se volatitilise.

La présence dans le zinc de l'antimoine et de l'arsenic, ainsi qu'un refroidissement brusque, le rendent cassant. Il faut éviter de le fondre dans des vases en fonte parce qu'il se combine avec une petite quantité de fer, ce qui lui fait perdre de ses qualités.

Il a une grande affinité pour l'oxygène et par suite s'oxyde très facilement quand il est en fusion.

D'après quelques auteurs, le zinc fondu dans de grands vases, si l'on y jette, avant de le couler en lingots ou en planches, quelques morceaux du même métal à l'état solide, est doux et malléable. Il en serait de même du zinc coulé sur une dalle quand le métal atteint seulement la température de fusion.

On soumet les barreaux de zinc des balanciers compensateurs à quelques opérations préparatoires et qu'on trouve décrites à l'article **Zinc** du *Recueil des procédés*.

Le laiton

73. Le cuivre pur se prête difficilement au travail du tour et de la lime, mais il n'en est plus de même s'il est allié à du zinc, ce qui donne le *laiton*, vulgairement appelé *cuivre jaune*.

L'alliage de cuivre et d'étain produit le *bronze*.

L'introduction dans la composition du laiton d'environ 1 centième de son poids de plomb empêche le composé de rester fibreux, lui donne un peu de sécheresse qui facilite le travail du tour, de la scie et du foret.

S'il doit être travaillé au marteau on remplace une petite portion du plomb par de l'étain, le métal un peu plus gras, en terme de métier, est alors un peu plus malléable.

La couleur, les qualités de ténacité, ductilité, malléabilité, etc., varient avec les proportions de l'alliage. Il faut donc, et de toute nécessité, que l'horloger sache éprouver et choisir le laiton avant de le mettre en usage, car tel laiton excellent pour tirer des fils fins, ne vaudra rien pour une roue d'échappement qui se déformera durant l'action de la taille si elle est faite d'un laiton trop malléable. Il en est parmi ceux-ci qui s'étendent sous le marteau sans presque se durcir (laiton trop gras).

Un professeur de chimie, qui a analysé le laiton le plus employé dans les fabriques d'horlogerie, a trouvé que, en moyenne, et sur 100 parties, il se composait de :

66 de cuivre ;
33 de zinc ;
1 de plomb.

mais il ne faut pas oublier que ces quantités ne sont qu'une moyenne. Les proportions, comme les qualités, varient d'une usine à l'autre et suivant, sans doute, le plus ou moins de pureté des zincs et cuivres dont les provenances sont diverses.

74. *Choix du laiton.* — A l'aide des indications qui suivent, tout horloger doit être capable de choisir le laiton qui convient le mieux à l'objet qu'il veut confectionner.

Quand le cuivre est en forte proportion et le zinc en petite quantité, le laiton, généralement mou, offre une belle couleur d'or. Au contraire, à mesure que la proportion du zinc augmente, le laiton, qui alors est plus fusible, devient de plus en plus cassant, sa couleur passe au jaune clair, puis finit par tourner au blanc gris (laiton aigre).

Le laiton *gras* et mou empâte la lime et s'étend sans presque se durcir sous le marteau, le laiton *aigre* est cassant, il se fendille à l'écrouissage, et se rompt quand on le tire à la filière du bijoutier.

Le laiton d'une belle nuance jaune, intermédiaire entre la couleur or et le jaune pâle, supportant bien l'étirage à la filière du bijoutier, s'allongeant lentement sous le marteau, sans se fendiller, jusqu'à ce qu'il soit réduit environ à la moitié, en moyenne, de son épaisseur primitive, et qui alors résiste au marteau, qui rebondit sur lui, est généralement d'un bon usage.

Le laiton le plus réputé actuellement est connu dans le commerce sous la désignation de laiton *à la croix* et non *Lacroix*, ainsi que le nomment des horlogers qui ont pris pour un nom propre le signe qui sert à le distinguer dans les fabriques.

Une certaine variété du laiton dit *anglais* est aussi très bonne pour les menus objets ; ce métal supporte bien un bon martelage et reçoit l'action du taillage sur les outils aux dentures, sans céder, sans se déformer, et il se polit mieux que le laiton ordinaire.

Au reste, tout horloger, comme nous l'avons déjà dit, bien pénétré des indications qui précèdent et de celles qui vont suivre, saura choisir le laiton à son usage en connaissance de cause.

Une planche de laiton est rarement homogène. Si le refroidissement après le coulage a été lent, l'intérieur est cristallisé et les intervalles moléculaires varient de formes et de grandeur, ce qui fait que les conditions de ténacité, etc., sont différentes d'un endroit à l'autre. Il en est quelquefois de même des deux faces de la même planche, comparées l'une à l'autre, par suite de l'effet de *liquation,* c'est-à-dire de la tendance qu'ont les métaux de densités différentes, fondus ensemble, à se séparer en couches, lorsque le refroidissement ne s'est pas fait avec assez de promptitude.

En mettant à nu de nombreux endroits sur les deux faces d'une planche de laiton et en y déposant des gouttelettes, aussi égales que possible, d'huile d'horlogerie, très pure et provenant du même flacon, on aura un premier indice que la combinaison de l'alliage est partout sensiblement la même, si les nuances successives de la coloration de l'huile avec le temps restent constamment identiques sur tous les points.

Quelques horlogers font chauffer leur laiton jusqu'au rouge (qu'il est dangereux de dépasser) et le plongent dans l'eau seconde. Elle déroche la surface et en facilite l'examen.

Écrouissage du laiton

75. *Écrouissage des plaques.* — Le laiton doit être choisi suivant l'usage auquel il est destiné, et d'une épaisseur telle qu'écroui jusqu'au point où il a acquis une suffisante dureté, il se trouve à très peu près de l'épaisseur qui convient à l'objet parce qu'il faut enlever le moins possible sur cette épaisseur : une plaque se durcissant beaucoup plus à la superficie qu'à l'intérieur.

Il est difficile d'indiquer clairement dans un livre comment doit s'accomplir le travail de l'écrouissage, la présence d'un bon maître est nécessaire pour les premières fois au moins. Qu'il suffise de dire que le tas, à surface légèrement convexe, et le marteau, suffisamment lourd, doivent être en parfait état et, s'il est possible, polis sur les surfaces qui opèrent le martelage, la tête du dernier un peu bombée et la panne un peu épaisse et légèrement arrondie, en tous sens, car elle doit refouler le métal en lui présentant partout une courbe suffisamment adoucie, pour qu'il n'en puisse pas résulter un commencement de rupture, ou des crevasses, etc. Nous nous sommes déjà occupé au 63, de ces deux outils ; ajoutons seulement qu'on place un paillasson épais sous le billot du tas, afin d'amortir le bruit et l'ébranlement du plancher.

Quand on est obligé d'employer un laiton beaucoup trop épais, pour qu'on puisse l'amener à l'épaisseur convenable avec la tête du marteau, on l'allonge d'abord en le frappant avec la panne par coups parallèles et dirigés dans le sens de l'allongement cherché ; quand il est arrivé à une épaisseur du tiers au double, environ, de celle qu'il devra avoir en définitive, on le plane pour l'égaliser avec la tête du marteau et on le recuit (**78**) ; puis ensuite on ramène à l'épaisseur voulue par un nouveau martelage, comme il est indiqué ci-après, mais il est mieux d'employer tout de suite un laiton d'épaisseur convenable, car le martelage trop prolongé nuit à la qualité.

76. Avant d'écrouir une plaque on *l'ébarbe*, opération qui consiste à abattre et à arrondir très fortement les angles des bords, pour les empêcher de se gercer, et arrondir le fond et les bords des angles rentrants qui, sans cette précaution, occasionneraient un commencement de rupture ; cela fait on passe à l'écrouissage qui se pratique avec un marteau assez lourd et à petits coups se suivant par rangées parallèles à chacun des bords de la plaque, en partant de l'un des coins quand elle est carrée, et par rangées circulaires quand elle est ronde.

Dans ce cas on part du bord pour se rapprocher insensiblement du centre, et en augmentant légèrement et progressivement la puissance des coups, parce que le métal résiste davantage vers le milieu. Si le travail est fait avec régularité et sans précipitation, la surface de la plaque reste suffisamment droite, ce dont on s'assure de temps en temps avec une règle de métal.

On écrouit parfois les plaques rondes en partant du centre pour aller à la circonférence et suivant deux rayons opposés, c'est-à-dire formant diamètre. Puis on croise, à angle droit, ce premier diamètre par un second, on en forme d'autres dans les intervalles, non touchés, et l'on bat les derniers restant en allant toujours du milieu vers la circonférence.

Quand le métal est mince on ne se sert que de la tête du marteau, mais quand il a une certaine épaisseur on l'écrouit d'abord avec la panne afin de le resserrer jusqu'au milieu de l'épaisseur, puis on le plane et on achève de le durcir avec la tête.

Les coups irréguliers, trop forts, ou trop brusques, font fendre la pièce qui se crevasse.

Le travail précipité corrompt l'ordre moléculaire, échauffe le laiton, le ramollit, par conséquent fait perdre les avantages qu'on attend de l'écrouissage qui doit donner au métal plus de corps et d'élasticité. C'est pour éviter cet échauffement que les anciens horlogers battaient leur laiton *à l'eau froide*, méthode excellente et trop négligée.

Le laiton mal écroui, ou battu à coups violents et irréguliers, se tourmente après coup et quelquefois se fend à la dorure.

Lorsque dans le cours du battage la pièce se fendille sur les bords on enlève ces gerçures avec un coup de queue-de-rat et l'on abat les angles vifs des bords ; si de nouvelles fentes se produisent c'est que le laiton ne peut pas supporter un plus long écrouissage.

Le laiton bien forgé, c'est-à-dire compact, doit mieux conserver l'huile, puisque celle-ci se décompose promptement en présence d'un métal très divisé.

77. *Écrouissage des tiges de laiton.* — Les tiges carrées selon leur section transversale s'écrouissent seulement sur deux faces opposées. Quant aux tiges rondes on emploie trois méthodes.

- Dans la première, on les forge sur leur contour en les tournant à la main sur le tas, mais on ne peut y faire que très peu, autrement le laiton se crevasse sur sa longueur.
- La seconde consiste à réduire à la moitié ou aux deux tiers de leur grosseur des tiges de laiton recuites, en les faisant passer successivement par un certain nombre de trous de la filière à étirer les métaux.
- La troisième, qui est due à MM. Brocot, consiste à pincer l'extrémité d'une tige de laiton entre les mâchoires d'un étau fixe, et à serrer l'autre extrémité dans un étau à main, auquel on donne un mouvement de rotation dont la tige serait l'axe. La torsion, poussée au point qui précède un commencement de rupture, écrouit très bien le métal. Cette méthode s'emploie avec succès pour durcir les tiges qui fournissent les goupilles et même les piliers des cages des mouvements des pendules.

On peut écrouir une tige de section carrée sur ses quatre faces, mais il faut qu'elle ait été limée bien carrément, qu'on ne pousse pas l'écrouissage trop loin et qu'il conserve l'égalité des angles. Si ces angles deviennent, les uns obtus, les autres aigus, le laiton se crevasse et devient pailleux suivant la diagonale du carré.

Recuire le laiton

78. Quand il doit être beaucoup réduit d'épaisseur au marteau, au laminoir, ou à la filière à étirer, il est nécessaire de le recuire de temps en temps.

On doit éviter de le chauffer au rouge, on présume, à tort ou à raison, que cette opération, surtout si elle est répétée, dégage partiellement le zinc, ou bien change, par endroits, son mode de combinaison avec le cuivre.

On recuit en échauffant également et lentement sur un feu doux, et jusqu'à ce que la surface ait acquis une température assez élevée pour renvoyer en vapeur les gouttelettes d'eau qu'on y projette, ou pour faire jaunir et fumer le papier qu'on y dépose. On retire du feu et on laisse refroidir.

A chaud le laiton est cassant, il ne faut le travailler qu'à froid.

Quand on recuit le laiton (comme quand on fait revenir l'acier), il ne faut pas le placer sur une substance mauvaise conductrice de la chaleur, par exemple, du grès en poudre ou en bloc, parce que la répartition de la chaleur se fait alors inégalement dans le métal.

Voici un exemple du danger qu'il y a à le surchauffer. Un même laiton était employé par un de nos artistes et par ses ouvriers pour la confection de balanciers compensateurs et autres pièces, et tandis qu'il donnait, dans les mains de l'artiste, des fontes franches, les fontes de ses ouvriers présentaient de temps en temps des cendrures. Elles sont attribuées généralement à du zinc brûlé par les chauffes mal conduites.

Laiton fondu. – Dérochage

79. Il est généralement aigre et pailleux, parce qu'il est le plus souvent le produit de rognures de toutes sortes de cuivres, bons ou mauvais; que par économie on y fait dominer le zinc, et qu'en le coulant on ne s'astreint pas aux précautions indispensables pour empêcher les effets de liquation, etc.

Il ne faut s'en servir que dans les moindres ouvrages, l'exclure de la montre, et dans la pendule n'y faire rouler que les pivots dont le travail est insignifiant.

Pour éviter de gâter les limes et ne pas risquer d'introduire dans le cuivre, mis à nu par la lime, des particules de la croûte dure oxydée qui recouvre les pièces venues brutes de la fonte, on *déroche* la surface de ces pièces avec de l'acide nitrique ou sulfurique affaibli (**64**).

Le nickel

80. Corps simple métallique d'un blanc gris approchant de la nuance du platine. En le travaillant à chaud, avec précaution, on peut, à la forge, le réduire en lame, il prend alors une structure fibreuse. Il a la dureté du fer et peut acquérir un beau poli. Lorsqu'il est fondu, sa densité est de 8,279.

Ce métal s'allie avec plusieurs autres, notamment le fer, le cobalt, le cuivre, le zinc, l'étain, l'antimoine.

Le nickel pur ne s'emploie pas en horlogerie, il y joue cependant un rôle important aujourd'hui, mais à l'état d'alliage avec d'autres métaux.

MAILLECHORT

Improprement appelé nickel par les horlogers

81. Quoique, dans cet alliage, la proportion du cuivre soit supérieure à celle du nickel, les horlogers le désignent cependant sous ce dernier nom, sans doute parce que ce composé doit la belle nuance qu'il prend au polissage, et sa propriété d'être relativement peu oxydable, à la présence du nickel qui, lorsqu'il est pur, ne s'oxyde pas à l'air.

Le maillechort, qui a été aussi appelé *Cuivre blanc*, *Packfong*, *Argenton*, est un alliage de cuivre, nickel, zinc et quelquefois d'une faible portion de fer. Quand il doit être soudé, on y ajoute 2 % de plomb.

L'alliage qui se lamine le mieux est précisément celui qu'emploient les horlogers, il est généralement composé de :

Cuivre .... 60 parties.
Nickel .... 20 —
Zinc .... 20 —

Les meilleurs maillechorts en usage en horlogerie se trouvent à Paris et à Berlin. Nous ignorons de quelles usines les marchands de ces deux villes les tirent.

Nous devons à l'obligeance de l'un des premiers fabricants d'horlogerie de la Suisse, M. C. E. Jacot, les utiles renseignements qui suivent :

« Depuis vingt-cinq ans on fabrique des mouvements de montres de ce métal ; on a cru longtemps que la mode en passerait, mais, bien au contraire, le goût des montres dites en nickel n'a fait qu'augmenter d'année en année.

Aujourd'hui, on réussit mieux sa composition qu'autrefois, sa couleur est d'un beau gris blanc, il est plus malléable et se laisse mieux travailler, cependant, pas encore aussi facilement que le laiton. Ce dernier use un peu moins les limes, et il faut un peu plus de temps pour percer et tourner le nouvel alliage.

« Nous ne l'employons que pour les platines et les ponts. Nos barillets et nos roues sont en laiton, et nous garnissons également de laiton les parties frottantes, comme les trous des pivots de la roue du centre (les autres trous sont garnis de pierres), parce que nous avons remarqué que l'huile, en présence du nickel, devient plus promptement noire et que les pivots sont attaqués plus vite que lorsqu'ils roulent dans du bon laiton.

« Sa couleur se soutient bien, si l'on a eu soin de lui donner un adouci fin et brillant, et on peut le savonner au rhabillage, il reprend assez de fraîcheur. Quelques rhabilleurs se servent de compositions chimiques pour le nettoyer.

L'étain

82. Corps simple, d'un aspect blanc presque autant que l'argent, sa densité est de 7,291.

Les horlogers s'en servent comme soudure. Quelques-uns l'emploient en plaques et en tiges pour polir avec du rouge et s'en trouvent bien, disent-ils, quand l'étain est très pur.

Lorsque l'on plie une baguette d'étain pur, elle fait entendre un petit craquement qu'on appelle le cri de l'étain. Elle cesse de le produire quand elle a été pliée plusieurs fois.

On apprécie la pureté de ce métal :

1°. A l'intensité du cri, qui est d'autant plus grande que l'étain est plus pur ;

2°. Au poids comparatif de deux balles de même grosseur, celle qui sert de vérificateur étant de l'étain fin ;

3°. En coulant le métal, fondu à une basse température, dans une cavité de 1 à 2 centimètres de diamètre. L'étain, s'il est pur, lorsqu'on le coule en feuilles ou en lingots, présente, au moment où il se solidifie, une surface parfaitement lisse, sur laquelle on n'aperçoit aucun indice de cristallisation, tandis que de petites quantités de métaux étrangers le font se couvrir de ramifications aiguillées ou étoilées, d'autant plus étendues que l'étain est plus impur.

On cite comme très purs les étains venant d'Angleterre, les autres contiennent presque toujours un peu de cuivre, de plomb, de fer ou d'arsenic.

Le bronze ordinaire

83. Le bronze est un composé, en proportions variables, de cuivre et d'étain, auquel on ajoute, suivant le cas, une minime fraction de plomb ou de zinc, et même de fer, quand on veut augmenter sa dureté et sa ténacité.

En général, le bronze est sec et dur à travailler : on l'utilise plus particulièrement pour garnir les surfaces qui supportent de fortes pressions dans les machines un peu grandes.

La mise en fusion et le coulage du bronze exigent de grands soins, autrement, la proportion des métaux alliés change par l'effet de l'oxydation de l'étain qui passe dans les scories, et cette proportion peut varier d'un endroit à un autre. Il en résulte que souvent le bronze, avec lequel on fait les paliers où roulent les pivots des grandes horloges, ne vaut pas même du laiton passable et usera plus vite les pivots.

On utilise encore le bronze en horlogerie pour en faire des plaques et des tiges méplates dites zinc à polir au rouge (il vaudrait mieux dire bronzes à polir), et pour les timbres de sonnerie. Le bronze de cloche, composé, sur 100 parties, de 78 de cuivre et 22 d'étain, présente un beau grain et est très fusible et très sonore. Les autres métaux qu'on y ajoute, dit Laboulaye, sont plutôt préjudiciables qu'avantageux et n'ont d'autre résultat que d'augmenter les produits des fondeurs ; ceci nous expliquerait pourquoi un si grand nombre de timbres de pendules ont si peu de sonorité.

L'or

84. Corps simple, le plus tenace, le plus beau et le plus cher de tous les métaux usuels. Sa densité est, lorsqu'il est fondu, de 19,258.

Il ne se dissout que dans l'eau régale ou sous l'action des persulfures alcalins. Le chlore, le phosphore et l'arsenic se combinent avec lui à l'aide de la chaleur.

C'est comme préservateur, c'est-à-dire appliqué en couche, dite dorure, que son emploi est très répandu dans la petite horlogerie. Trop mou lorsqu'il est pur, on lui donne une plus grande fermeté en l'additionnant d'un peu de cuivre : c'est ce qui a lieu pour les monnaies.

On forme avec de l'or, plus ou moins allié de cuivre ou d'argent, etc., des roues de rouages de montres qui se comportent bien à l'usage et qui peuvent recevoir un beau poli, qu'elles conservent plus longtemps que les roues de laiton.

On a fait aussi, avec de l'or allié à du cuivre rouge pur, laminé et durci encore ensuite par un recuit approprié, des spiraux de chronomètres et des lames de suspension pour les pendules de régulateurs astronomiques, etc. Quand ces lames sont convenablement préparées, elles conservent très bien leur élasticité.

Leur dilatation, pour un même écart de température, est plus considérable que celle de l'acier et, par suite, nécessite une compensation un peu plus forte ; mais ces lames ne sont pas sujettes à l'oxydation et ne peuvent devenir magnétiques, du moins au même degré que l'acier. Ce sont là deux sérieux avantages.

L'or allié au platine et à l'argent, s'en sépare si on maintient un peu de temps le mélange à l'état de fusion.

Le platine

85. Son nom vient de l'espagnol *platina*, petit argent. Corps simple, le moins dilatable et le plus lourd des métaux, puisque sa densité est de 21,50.

Il possède le précieux avantage de ne s'oxyder à l'air à aucune température, et de n'être attaqué que par l'eau régale.

Chauffé au rouge blanc, il se ramollit et se laisse forger et souder comme le fer.

On le met en usage dans la fabrication des instruments de précision, et pour certaines dispositions de cadrans solaires qui sont exposés à l'air libre.

On en fait également des creusets, à raison de ses propriétés d'être inattaquable aux acides et de ne fondre qu'à une température extrêmement élevée.

Quelques horlogers ont recommandé l'usage de ces creusets pour la trempe des spiraux de chronomètres, mais ceux de leurs confrères qui les ont employés en ont été médiocrement satisfaits. La raison en est simple : ces creusets étaient remplis de poussier de charbon et chauffés sur un feu de charbon : or, le carbone attaque le platine chauffé à la nuance rouge et le rend rugueux et cassant.

On a employé le platine et le platine allié à l'argent, soit en fils, pour reboucher les trous des pivots des montres, soit en plaques, pour y tailler les ponts et les roues : les résultats ont été inférieurs à ce que l'on obtient du bon laiton ordinaire.

La plupart des roues de montres de ce platine plus ou moins bien allié attaquaient promptement les pignons.

On a également essayé de faire des spiraux en platine, ils se rompaient d'eux-mêmes après quelques mois de marche, nous a-t-on assuré.

On chauffe le platine à la lampe à esprit-de-vin ou au gaz ; le gaz d'éclairage n'est peut-être pas très bon, puisqu'il est chargé d'une certaine quantité de carbone.

L'argent

86. Ce métal est trop mou quand il n'est pas allié et, dans les usages de l'horlogerie, son rôle principal est parmi les soudures. Sa densité est de 10,474.

Frédéric Houriet a fait des roues de montres d'un alliage de 2/3 argent pur et 1/3 or à 18 carats. Il avait remarqué, prétendait-il, que cette composition se polissait sur la menée des dents. Jurgensen affirme que les roues d'échappement à détente, faites de cette composition bien écrouie, pouvaient marcher sans huile aux pointes des dents.

L'argent allié à l'aluminium donne un composé doué de précieuses propriétés (voir à l'article suivant).

L'alliage platine-argent aurait été employé à la fabrique d'horlogerie de Versailles (Girardin). Nous n'avons pas de données précises sur les résultats.

M. Dumesnil a proposé, dans la *Revue chronométrique*, un alliage composé, pour 1/2 de cuivre, 1/4 zinc et un 1/4 argent, ces métaux obtenus très purs par des procédés qu'il indique. Il pense que la présence de l'argent produit une union plus intime du cuivre et du zinc. M. Lecocq a construit des balanciers de chronomètres où le laiton était remplacé par de l'argent déposé directement sur l'acier sans l'intermédiaire du feu, c'est-à-dire à l'aide de la pile. Les effets de compensation se faisaient très bien.

L'aluminium

Bronze d'aluminium. – Argent d'aluminium

87. L'aluminium est un corps simple d'une très grande légèreté relative, puisque sa densité n'est que de 2,56 ; il pèse donc environ quatre fois moins que l'argent. C'est le meilleur conducteur métallique de l'électricité, et comme sa capacité pour la chaleur est très grande, il s'échauffe et se refroidit plus lentement que les autres métaux.

Pur ou faiblement allié, on n'a guère pu l'utiliser en horlogerie que pour des tiges de lentilles de pendules et de grandes aiguilles de régulateurs, enfin, pour en fabriquer des objets dont la principale qualité doit être la légèreté.

On est parvenu à l'étirer en fil de la grosseur d'un cheveu et d'un certain nombre de kilomètres de longueur. Son coefficient d'élasticité est très inférieur à celui de l'acier.

La présence d'un millième de bismuth aigrit l'aluminium et le fait se gercer sous le marteau. Des traces de fer nuisent à sa malléabilité.

L'alliage de 5 parties d'argent et 95 d'aluminium se travaille comme l'aluminium pur, mais il est plus dur et prend un plus beau poli.

On ne peut actuellement prévoir si un rôle important est réservé, en horlogerie, à ce nouveau métal.

Bronze d'aluminium. — Le bronze d'aluminium est un alliage de cuivre rouge et d'aluminium.

L'ensemble de 5 parties d'aluminium pour 95 de cuivre constitue un composé d'une belle couleur d'or, mais l'alliage de 40 parties d'aluminium pour 90 de cuivre est celui qui paraît appelé à rendre le plus de services et qui se travaille le plus facilement.

Un auteur anglais le croyait très propre à fournir de bonnes lames de suspension pour les balanciers des pendules, mais des expériences faites en France ont démenti ses prévisions.

Ce bronze se forge au rouge cerise, et même près de son point de fusion, et peut, sous le marteau, être amené à une très faible épaisseur. Il se lime et se tourne aisément, mais sans offrir un avantage sur le bon laiton, qui use moins les limes, et la qualité de légèreté est devenue peu de chose ici, puisque la densité de ce bronze est 7,7 et celle du laiton 8,4.

D'après d'assez nombreuses expériences, son emploi serait très avantageux pour y faire rouler les axes animés de grandes vitesses. Il résiste mieux que tout autre métal. (Voir au mot **Aluminium**, dans le *Recueil des procédés pratiques*).

Dans les expériences que M. Foucault a faites pour démontrer la rotation de la terre à l'aide du pendule, c'est le fil de bronze d'aluminium qui aurait résisté le plus longtemps. La ténacité de ce fil est égale à celle du fer.

D'après l'auteur anglais que nous avons cité, le bronze d'aluminium possède de sérieuses qualités, mais à la condition que le cuivre de l'alliage soit absolument pur et que, dans la fabrication, il y ait eu deux ou trois refontes et martelages successifs, ce qui donne au composé plus de force et de ténacité et le rend plus maniable.

La belle couleur d'or que présentent certains bronzes d'aluminium lorsqu'ils sont polis les a fait employer à la confection de boîtes de montres, mais elles se ternissent aux endroits qui ne subissent pas le frottement de l'usage journalier.

Argent d'aluminium. On obtient ce métal en fondant une partie d'argent avec trois ou quatre parties d'aluminium. Cet alliage est précieux par sa légèreté. On l'a fait entrer dans la construction des octants, des sextants ; les parties de ces instruments faites de cet alliage, pesant par exemple 1 kg, en eussent pesé 4, faites avec un autre métal. Il se laisse facilement tourner et limer, ce qui n'est pas le cas de l'aluminium pur qui encrasse les limes.

Rapportons une curieuse observation de M. Redier : ayant tiré de l'aluminium à la filière, il remarqua que l'allongement se faisait par la surface ; son fil coupé sur plusieurs points, il constata que, sur une partie de sa longueur, le fil était creux et formait à son centre un petit tube capillaire.

Palladium, Iridium, Rhodium, Sterro

87 bis. PALLADIUM. — Métal blanc découvert par Wolaston en 1803 ; inaltérable à l'air et formant avec divers métaux (étain, platine, etc.) des alliages très durs et quelques-uns (d'après M. Paillard) pouvant être trempés :

Dilatation du palladium pur........................ 0,00001
forgé et recuit 0,01176

Sa ténacité est considérable et il est aussi élastique que l'acier trempé et revenu à la couleur bleue. Rougi au feu il ne se déforme pas et garde son élasticité.

M, Paillard, de Genève, a composé un alliage au palladium, dont il n'a pas fait connaître les éléments. Il a constaté qu'il n'est pas magnétique et qu'il ne s'oxyde ni dans l'air, ni dans l'eau de mer, ni dans l'acide sulfurique, et qu'enfin sa dilatation est peu différente de celle de l'acier. Les spiraux faits de cette matière jouiraient ainsi de plusieurs propriétés remarquables.

IRIDIUM. — Ce métal découvert par Descotils et Smithson-Tennant, en 1803, est peut-être le plus réfractaire des métaux. Il ne donne pas d'indice de fusion à la température où fond le platine. Sa dureté est peu inférieure à celle du rubis d'Orient ; il est donc plus dur que l'acier, n'est pas oxydable et résiste aux acides, mais s'il est allié au platine l'eau régale le dissout. C'est avec ce métal que sont garnis les becs des plumes dites à pointes de diamants.

Vu sa dureté, lorsqu'on veut le tourner, l'user, le percer, on le travaille, comme le diamant ou le rubis employés en horlogerie.

Sa dureté étant peu inférieure à celle du rubis, s'il pouvait être livré à bas prix, peut-être remplacerait-il avec avantage cette multitude de mauvaises pierres tendres de l'horlogerie courante.

On a obtenu des alliages de platine et d'iridium. Ceux ainsi composés :

Platine	80	90	95
Iridium	20	10	5
	100	100	100

ont été laminés à froid, sans recuit, avec facilité. La dureté dans le premier alliage est supérieure à celle de l'or à 916. Cette dureté est proportionnelle à la quantité d'iridium. Il en est de même pour la résistance à l'eau régale, résistance qui devient presque complète dans l'alliage à 20 % d'iridium.

Rhodium. — Découvert par Wolaston en 1803. Allié au platine le rhodium forme un alliage (Girardin) qui peut être martelé et laminé sans difficulté, et qui a la propriété d'être complètement inattaquable par l'eau régale.

Le Sterro, — Ce composé est formé sur 100 parties, de 56 cuivre, 41 zinc, 2 étain, 1 fer. Il a l'apparence d'un laiton rougeâtre et a été employé à Vienne, en Autriche, où on le regardait comme supérieur au laiton sous le rapport de la ductilité, ténacité et malléabilité.

Un habile artiste, M. Grossmann de Glashütte, en a fait des roues d'échappement à ancre dont il a été satisfait, et il regarde ce nouveau métal comme supérieur au meilleur laiton en densité et élasticité. Il reconnaît toutefois qu'il présente l'inconvénient d'empâter les fraises et qu'il a moins de lustre que le laiton bien écroui.

Nous n'avons pas appris que des horlogers français s'en soient servis, et nous ignorons même s'il en existe des échantillons en France.

Alliages

88. On appelle alliage un composé de deux ou plusieurs métaux, constituant un métal nouveau qui possède des propriétés particulières.

On pourrait en faire deux classes, au point de vue de l'horlogerie, puisque les uns comme le laiton, le bronze fournissent la matière première des montres, pendules, horloges, et les autres désignés sous le nom de soudures, ne servent qu'à unir entre elles des pièces métalliques.

Propriétés principales des alliages. — Leur *densité* est tantôt moindre, tantôt plus grande que celle qui serait déduite des densités des métaux dont ils sont formés. Aucune loi n'a été reconnue à cet égard.

Dureté, ductilité, ténacité. — Les alliages sont en général plus durs, plus aigres et ont moins de ductilité et de ténacité que celui des métaux constituants le plus ductile et le plus tenace.

Élasticité. — Les coefficients d'élasticité des alliages s'accordent assez bien, avec la moyenne des coefficients d'élasticité des métaux constituants.

Fusibilité. — Les alliages sont toujours plus fusibles que le moins fusible des métaux composants et souvent plus que chacun d'eux pris séparément.

Oxydation. — L'action de l'air est en général moindre sur les alliages que sur les métaux qui les composent. Il y a cependant quelques cas où elle est plus grande.

Action des acides. — Ils agissent en général sur l'alliage comme sur le métal prédominant.

Observation. — Les alliages, formés avec des métaux de densités fort différentes sont rarement homogènes, surtout si leur refroidissement a été lent. Il est donc nécessaire qu'ils soient fortement brassés et vivement refroidis (balanciers compensateurs). C'est pour cette raison qu'on coule les alliages sur de grandes dalles ou qu'on les soumet après le coulage à une compression qui empêche les cristallisations de se former.

Plus on emploiera un alliage dont le point de fusion sera voisin de celui des pièces métalliques à unir, plus il y aura danger de déformation, parce qu'il faudra chauffer jusque tout près du point de fusion de ces pièces.

Par contre, la ligne de jonction aura une grande solidité, puisque la soudure qui la formera offrira une résistance presque égale à celle des métaux unis, et leur ensemble pourra être limé, forgé, tourné.

Les soudures *fortes* sont celles à l'or, à l'argent, au laiton.

Les soudures *faibles* sont généralement celles à l'étain. Elles fondent et coulent avec facilité, mais comme il a été dit elles ne présentent pas autant de ténacité que les soudures fortes. C'est du reste à l'horloger à choisir celle qui convient aux objets qu'il veut unir et en rapport du degré de chauffe qu'ils peuvent supporter sans inconvénient.

La composition d'un certain nombre de soudures est donnée dans le *Recueil des procédés pratiques*, et d'ailleurs on trouve chez les marchands de fournitures d'horlogerie des soudures toutes préparées.

En règle générale la non réussite d'une soudure tient à l'une ou à plusieurs des causes ci-après :

- Fondant impur ou mal préparé ;
- Soudure trop forte pour le degré de chauffe que, au moins pour l'une des pièces, il ne faut pas dépasser ;
- Surfaces à souder mal décapées ;
- Chauffe mal conduite et insuffisante. Ainsi, par exemple, si deux pièces en or doivent être soudées, le degré de chauffe ne doit pas être le même si les pièces sont au même titre que si les titres sont fort différents.

Les soudures au zinc ne doivent pas être portées à une trop haute température, parce que le zinc s'élimine et la soudure devient cassante.

Alliages pour soudures

89. On sait qu'on désigne sous le nom de soudure un alliage destiné à réunir sous l'action du feu deux parties métalliques qu'on met en contact. Par conséquent, les soudures doivent être beaucoup plus fusibles que les métaux qu'elles doivent unir, afin d'éviter que ceux-ci ne soient détériorés par le feu. Une soudure est d'autant moins tenace et fond d'autant plus facilement que le métal le plus fusible y domine davantage.

On utilise cette remarque quand plusieurs soudures doivent être faites sur une même pièce. Les dernières doivent être beaucoup plus fusibles que les premières, autrement la chauffe amènerait le ramollissement ou la fusion de celles-ci.

Procédés de soudures

Décapage. Chauffe

90. Le décapage consiste à nettoyer parfaitement, à mettre à vif les surfaces que l'on veut faire adhérer, soit en les raclant, avec un burin tranchant, un racloir, etc., soit en les trempant dans un acide. Un bon décapage est tout à fait nécessaire pour la réussite des soudures. Il ne faut pas toucher avec les doigts les surfaces décapées, et souder immédiatement après le décapage. Quand on a affaire aux acides, il faut, après le soudage des pièces, les laver à grande eau, pour éviter la rouille qui résulterait de l'usage d'un acide et après les avoir essuyés rapidement, les mettre dans un bain d'alcool.

Les pièces à souder sont maintenues au contact l'une de l'autre, soit avec des crampons, des pinces, des goupilles, du fil de fer. Ce dernier, employé pour des pièces délicates, doit être recuit et très souple. Quand le feu doit être violent, on évite que le fil de fer ne se soude à l'or en mêlant au borax un peu de sel de verre (*Manuel du bijoutier*).

Pour la *mise au feu*, s'il y a sur les pièces à réunir des parties soudées, il est bon de garnir ces soudures de borax afin d'éviter leur ramollissement.

Les pièces à souder sont d'abord exposées à un feu peu violent, c'est-à-dire propre à sécher sur place le borax ou le sel ammoniac. On évite ainsi qu'il se boursoufle brusquement, ce qui peut déranger les pièces ou les paillons de soudure. La flamme de la lampe, employée directement, ou dirigée par le chalumeau, doit généralement être, en termes d'atelier, large et molle, et c'est quand on voit que la soudure s'apprête à couler qu'on darde directement le jet de flamme sur les points à souder. Dans la soudure du laiton sur l'acier, il est parfois nécessaire de ne mettre que le laiton au contact de la chaleur, afin de ne pas faire trop revenir l'acier. Les soudures fortes, or, argent, etc., exigent un feu vif, les pièces devant être chauffées jusqu'au rouge.

91. Souder à l'or (pour unir l'or à l'or, le platine au platine). — Sur un corps dur mouillé, du marbre, par exemple, on frotte un morceau de borax jusqu'à ce qu'on obtienne une matière blanchâtre à l'état presque liquide (on peut délayer simplement du borax en poudre qu'on trouve chez les pharmaciens, etc.).

Le borax préparé, et les surfaces à souder étant décapées (au grattoir, ou à l'eau seconde qu'on met au feu si on veut aller plus vite jusqu'à ce qu'elle soit en ébullition, et on gratte ensuite légèrement les surfaces), on enduit ces surfaces d'une couche de borax au moyen d'un pinceau. On joint les pièces et l'on pose avec le pinceau les paillons de soudure.

La chauffe se fait d'abord lentement pour ne pas faire boursoufler l'enduit comme il a été dit.

92. Souder à l'argent (unir l'or à l'argent et à lui-même, l'argent, le laiton, l'acier) — On agit de même pour souder à l'argent, avec cette différence que le borax doit être sensiblement plus épais.

93. Souder à l'étain (quand une grande solidité n'est pas nécessaire, l'or, l'argent, le laiton, à lui-même ou à d'autres métaux). On décape les surfaces préférablement au burin, au grattoir, on peut se servir pour cela de l'acide sulfurique ou chlorhydrique, mais il ne faudra pas oublier de laver les aciers après la soudure faite.

L'opération se conduit, quant à la chauffe, comme il a été indiqué pour l'or, sauf lorsque l'on se sert d'un fer à souder. Les indications pour ce cas se trouvent plus loin.

On peut employer plusieurs sortes de fondants :

- Du *sel ammoniac* en poudre délayé dans de l'huile fine très propre, ou simplement dissous dans de l'eau pure.
- Une bouillie de *sel ammoniac* et de *résine* en poudre avec de l'eau ou de l'huile. — La résine seule suffit pour de fortes pièces de cuivre rouge ou de laiton.
- De la *térébenthine liquide* qu'on trouve chez les pharmaciens, et qui présente cet avantage de ne pas faire rouiller les aciers. Elle encrasse, il est vrai, les objets qu'il faut ensuite nettoyer en les mettant tremper dans l'alcool ou dans l'essence de térébenthine.

94. Enfin, de l'*acide chlorhydrique* saturé de zinc, qu'on prépare de la manière suivante. C'est le fondant avec lequel on travaille le plus proprement : on met de cet acide (qui a porté successivement les noms d'*esprit de sel*, d'*acide marin*, d'*acide muriatique* et enfin d'*acide hydrochlorique*) dans un flacon de verre, puis on introduit, de temps en temps, des morceaux de zinc dans le flacon, qu'on laisse débouché, en ayant soin de n'en pas mettre trop à la fois, l'effervescence du liquide pouvant déterminer la rupture du vase. On reconnaît que le liquide est saturé de zinc quand il ne dissout plus rien des derniers morceaux qu'on a introduits dans le flacon.

On met ce liquide dans un flacon bouché à l'émeri ou même avec un bouchon de liège. Pour s'en servir on l'étend, avec un pinceau ou une tige terminée en spatule, sur les parties à souder et sur la soudure, qui coulera avec une grande facilité (quelques praticiens ajoutent à cette composition du sel ammoniac dans la proportion du 1/4 du poids de l'acide). Il ne faut pas oublier, nous le répétons, de laver les pièces soudées à grande eau, après le soudage, parce qu'elles feraient rouiller les outils d'acier avec lesquels on les toucherait, et que si elles portaient elles-mêmes du fer ou de l'acier, ces métaux, faute de cette précaution, se rouilleraient également. *Le flacon doit être éloigné de l'établi de l'horloger.*

Le liquide étant préparé comme il vient d'être dit, sert tel quel, mais on peut le débarrasser de toute réaction acide, en le faisant évaporer à une douce chaleur jusqu'à ce qu'il ait acquis une consistance huileuse ; on le laisse refroidir et on le met en flacon. C'est probablement de cette manière que sont obtenues les eaux à souder qu'on vend dans le commerce.

95. Le fer à souder, dont la tête est en cuivre rouge, en usage chez les ferblantiers, est connu de tout le monde ; il peut, mais sur de moindres dimensions, être utilisé par l'horloger. L'une de ses extrémités sera terminée en spatule, l'autre sera laissée assez forte et longue, afin que lorsque l'on tiendra cette partie dans la flamme d'une lampe, elle emmagasine suffisamment de chaleur. Ce fer échauffé, on mouille de liquide son bout mince que l'on prend avec un peu de soudure qui s'y fond et reste en gouttelette.

La pièce à souder étant échauffée, même légèrement, mais bien garnie de liquide au point convenable, on lui présente la partie du fer chargée de soudure, en tenant la tête de celui-ci dans la flamme d'une lampe, et la soudure coulera sans qu'il soit nécessaire, le plus souvent, de chauffer de nouveau la pièce que l'on soude, ce que l'on pourrait faire cependant sans déranger le fer à souder. Le fer pourrait être à poste fixe, la lampe placée sous sa tête. Les deux mains étant libres, l'une présenterait l'objet au fer et l'autre, avec une petite spatule, mettrait du fondant sur la soudure.

Il est quelquefois nécessaire d'étamer préalablement les surfaces qu'on veut joindre ; pour cela il suffit de les mouiller fortement du liquide parsemé de paillons de soudure et de promener dessus, après avoir chauffé le fer à souder chargé de soudure, ou bien simplement d'étendre la soudure lorsqu'elle commence à fondre, avec une tige métallique chargée de liquide.

96. Braser (ou soudage au laiton). — L'opération du brasage consiste à souder entre eux les fers ou les aciers, avec du laiton en grenailles ou du laiton découpé proprement en minces rubans. On pose la pièce au milieu de charbons bien allumés quand elle est un peu forte.

Le *borax* est employé comme fondant. On peut décaper avec l'acide chlorhydrique, mais vu les dangers de la rouille, si le lavage n'était pas suffisant, il vaut mieux nettoyer les surfaces par les moyens ordinaires. Consulter, au mot **Braser**, le *Recueil des procédés*.

97. Soudure de l'aluminium. — L'aluminium était jusqu'à présent d'un usage limité, par suite de l'impossibilité de le souder à lui-même, ainsi qu'à d'autres métaux.

M. Mourey avait le premier réussi à mener à bien cette opération, mais son procédé était délicat et un peu compliqué. M. Bourbouze l'a simplifié. Sa nouvelle méthode consiste à faire subir aux parties des différentes pièces que l'on veut réunir, l'opération ordinaire de l'étamage, seulement, au lieu d'employer de l'étain pur, on devra faire cette opération avec des alliages tels que étain et zinc, ou bien étain, bismuth et aluminium, etc.

On arrive à de bons résultats avec tous ces alliages mais ceux auxquels on doit donner la préférence sont ceux d'étain et d'aluminium. Ils devront être préparés en différentes proportions, suivant le travail que l'on devra faire subir aux pièces à souder.

Pour celles qui devront être façonnées après soudure, on devra prendre un alliage composé de 45 parties d'étain et 10 d'aluminium.

Ce dernier est suffisamment malléable pour résister au martelage. Les pièces ainsi soudées peuvent être emmandrinées et tournées. Les pièces qui n'auront à subir aucun travail après le soudage peuvent, quel que soit le métal à souder à l'aluminium, être solidement réunies avec la soudure tendre d'étain contenant moins d'aluminium. Cette dernière soudure peut être appliquée avec un fer à souder (en aluminium préférablement), en opérant comme on opère pour souder le fer blanc, ou bien encore dans une flamme.

L'une comme l'autre de ces soudures n'exige aucune préparation préalable des pièces ; il suffit d'appliquer la soudure, de l'étendre à l'aide du fer à souder sur les parties qui devront être réunies.

Enfin, quand on veut souder certains métaux avec l'aluminium, il est bien d'étamer la partie à souder du métal avec l'étain pur. Il suffit alors d'appliquer sur cette partie l'aluminium étamé avec l'alliage et de terminer l'opération à la manière ordinaire.

– II –

Direction du travail de main-d'oeuvre

Usage de la lime et du burin

Les premières aptitudes que doit acquérir l'horloger consistent à limer plat et carrément tourner rond, forger et écrouir un métal sans le détériorer. Ces aptitudes ne s'acquièrent pas facilement dans les apprentissages modernes, faute souvent d'une bonne direction, et souvent aussi par suite de l'insuffisance du temps que l'on consacre à apprendre un métier.

Limer plat et carrément des deux mains

98. Le plus ordinairement, on met une vieille lime entre les mains de l'apprenti, aux mâchoires de l'étau un morceau de métal, laiton, fer ou acier, et l'apprenti s'exerce à tour de bras à frotter, user ou gratter difficilement le morceau de métal qui sort de là complètement défiguré et tout brillanté par places.

Cette méthode est mauvaise.

L'action de la lime est une action mécanique, le problème à résoudre est celui-ci : produire un bon travail dans le temps le plus court et avec la moindre dépense de force. C'est à quoi on n'arrivera que bien lentement, en faisant simplement dégrossir et ébaucher des pièces d'un métal résistant à l'apprenti, avant qu'il soit capable de conserver la rectitude des lignes et des surfaces. Ne sachant pas encore proportionner l'effort à la résistance et sa lime glissant par bonds, il contracte tout de suite, dans la translation de la lime menée à deux mains, ce mouvement de bascule qui arrondit la surface limée, et dont il ne se défait ensuite qu'avec peine. Il convient de le faire débuter sur des morceaux ronds de bois ordinaire, qu'il limera à la lime-râpe rude et demi-rude, en la faisant mordre modérément. Il s'exercera à limer carrément et plat, plutôt au coup d'oeil qu'à l'équerre.

Quand il façonnera proprement le bois ordinaire, on le mettra au bois dur, du buis, par exemple, ébauché à la râpe et terminé à la lime neuve bâtarde. Il ne quittera le bois dur que quand il dressera assez bien une surface pour qu'en y promenant une règle de métal, on trouve que cette surface est parfaitement plate en tous sens.

99. On le fera passer au laiton, qu'on aura soin de dérocher, si c'est du laiton fondu, pour enlever son coup de feu ; il ne faut pas faire enlever à la lime cette croûte dure et rugueuse. Elle résiste trop à la lime et lui occasionne des soubresauts qui gâtent le peu de fermeté de main que l'apprenti a déjà acquise.

Le laiton offrant à la lime une assez grande résistance, il faut surveiller l'élève avec soin, afin d'empêcher la précipitation des mouvements, l'excès inutile de pression, sous le prétexte d'avancer la besogne, et le traînage, qui ne doit être qu'un effleurement sur la pièce limée, de la lime ramenée en arrière. Le maître doit bien s'attacher à faire comprendre, par le précepte et par l'exemple, que le succès tient au parfait équilibre des deux efforts que font en même temps les deux mains : l'un doit augmenter comme l'autre diminue, dans le mouvement de translation horizontale, puisque les deux leviers en action, en deçà et au-delà du contact de la lime avec le métal, vont constamment, l'un en croissant, l'autre en décroissant de la même quantité.

En limant posément et avec attention, la main de l'élève acquiert ce que nous appellerons le *sentiment* ou la *sensitivité* de la pression que chaque main doit exercer, et la puissance de l'élan qui imprime et conserve la bonne direction horizontale de la lime. Il faut surtout éviter les mouvements courts, brusques et nerveux.

L'expérience d'un maître doit compléter ces indications, un livre ne peut le remplacer.

On aura dû employer, dans les travaux précédents, des limes neuves ou presque neuves ; l'usage les aura amenées à l'état convenable pour le travail du fer et de l'acier.

On agira avec ces deux métaux comme on l'a fait pour le laiton, mais en prêtant une attention soutenue dans le but d'empêcher toute précipitation dans le travail de l'élève. Les limes enlevant moins de matière à chaque coup et exigeant une plus forte pression, le travail marche moins vite qu'avec le laiton, et l'élève a une tendance, ou à employer des limes toutes neuves, et par conséquent tout de suite gâtées, ou à précipiter son coup de lime en pressant fortement, surtout au retour. Il échauffe trop sa lime, brise les crêtes des tailles qui s'incrustent dans le métal, et ces fragments détériorent les limes. En outre, l'élève perd une partie de cette sensitivité de la main qu'il possède déjà à un certain degré.

100. Il serait bien, pendant un temps suffisamment long, de diviser sa journée en trois parts : l'une consacrée au travail à la lime, l'autre au travail au burin, et enfin, durant la troisième, il pratiquerait le forgeage et l'écrouissage.

Cette méthode lui fera acquérir plus promptement la sûreté de la main et du coup d'oeil, et quand il les possédera à un degré suffisant, le moment sera venu de le stimuler dans le maniement de plus en plus actif des outils. Assez sûr de lui, il parviendra vite alors à acquérir la diligence dans le travail..

Avant que l'élève soit à ce point, on commet une erreur préjudiciable à son instruction et on fait une fausse économie de temps et d'argent, si on lui fait commencer, soit une pendule, soit une montre. Il confectionne difficilement les moindres pièces qui, très mal exécutées, lui demandent un temps énorme ; il oublie à mesure qu'il avance, parce que la lenteur de son exécution est cause qu'il lui faut des mois et même des années pour construire un mécanisme qui lui demanderait à peine quelques semaines ou quelques mois, si sa main était suffisamment exercée, c'est-à-dire assez habile au maniement correct de la lime et du burin.

Nous insistons beaucoup sur ces débuts de l'instruction chronométrique parce que, sauf de rares exceptions, l'élève que l'on met à des travaux délicats avant qu'il soit maître de ses outils, exécute presque toujours avec appréhension et, par conséquent, avec difficulté. Il restera le plus ordinairement un médiocre praticien, précocement dégoûté de son métier, parce qu'il l'exercera sans facilité.

Le temps est un élément de succès, aussi les apprentissages à court terme et gratis, c'est-à-dire onéreux au maître s'il n'utilise promptement les services de l'élève, ne feront que bien rarement de bons horlogers.

Limer plat d'une main

101. Lorsqu'une pièce, tenue d'une main sur un liège ou un bois serré à l'étau, doit être limée de l'autre main, il faut surtout s'attacher à poser la lime d'aplomb et sans hésitation à chaque retour, jusqu'à ce que cette main sente si la lime porte à faux et sache reprendre l'aplomb. Le tact suffisamment développé sur ce point, elle acquiert vite le sentiment ou l'habitude de la pression qu'il faut exercer et la fermeté nécessaire au coup de lime donné horizontalement, pour que cette lime enlève une couche égale sur toute la surface à diminuer ou à dresser.

Moyen mécanique pour limer plat. – Le Pradel

102. Un auteur enseigne que ce moyen consiste à placer derrière l'ouvrier, un peu à droite, un support horizontal sur lequel repose le manche de la lime prolongé de un mètre et plus, ce manche ayant été bien dressé par dessous et dans le prolongement de la face de la lime. Le support est élevé à la hauteur de la pièce à limer.

Ce procédé, bon pour un amateur, pourrait être utilisé dans l'apprentissage, en se servant d'un support mobile à charnière par une extrémité, et appuyé par l'autre extrémité sur un index à ressort assez résistant, et prolongé jusque sous la vue de l'apprenti.

Le déplacement de l'index lui ferait connaître les faux mouvements de ses mains et lui apprendrait à les régulariser. Il serait bon que le prolongement du manche, aussi léger que possible, quoique ferme, fût disposé de façon à permettre aux mains de tenir la lime comme à l'ordinaire. Si la pression sur le support n'était pas toujours égale, on s'en apercevrait tout de suite.

Ce procédé est employé dans des ateliers de mécaniciens. Il porte le nom de son inventeur.

Tourner rond les tiges et carrément les portées

103. Autant au moins que pour le travail à la lime, la surveillance et l'exemple d'un bon maître sont ici indispensables.

On suivra, pour le choix des matériaux à mettre en oeuvre, le même ordre que précédemment, c'est-à-dire bois, laiton, fer, acier, acier trempé et revenu, en ne quittant l'un que lorsque l'on est parvenu à le tourner parfaitement rond sur la convexité, plat sur les faces et très lisse partout.

On tournera fort longtemps, ou du moins un temps suffisant (à la roue et à l'archet) uniquement avec la pointe d'un burin à face allongée, c'est la seule méthode qui apprenne à *tourner rond* et qui fasse acquérir une grande délicatesse de main.

Par paresse, ou parce qu'on leur donne au début un métal trop dur ou trop rugueux, la plupart des élèves tournent avec des burins *camards*, c'est-à-dire à face courte ; le burin mordant de moins en moins, ils appuient de plus en plus et ne réussissent qu'à ronger le métal tout en le laminant, et ils se rendent ainsi la main lourde. Tout élève qui ne s'exerce pas à tourner de la pointe du burin, de façon à conserver celle-ci intacte plus ou moins de temps, suivant le métal en oeuvre, *ne saura jamais tourner parfaitement rond.*

L'archet doit être mené de toute sa longueur et d'un mouvement progressif, mais sans brusquerie. Le talent du tourneur réside dans la simultanéité du mouvement des deux mains, l'une tirant en bas l'archet, quand l'autre abaisse la pointe du burin posé sur le support du tour, double mouvement que les mains doivent accomplir en même temps, mais chacune dans la complète indépendance de l'autre.

C'est dans un abaissement irrégulier et brusque de la pointe du burin, engagée trop vivement ou trop profondément, que se trouve la cause de la fréquente rupture de cette pointe. Cela provient aussi parfois de ce que cette pointe n'ayant pas été assez rapidement relevée, est heurtée ou entraînée par la pièce de métal qu'on tourne lorsque l'archet remonte, ce qui fait avancer le burin sur le support, et sa pointe se trouve trop fortement engagée quand l'archet redescend.

Comme il a été dit, l'archet, plutôt long que court, doit être mené de toute sa longueur, selon une progression régulière mais pas trop rapide. Plus tard, quand la main possédera à fond le maniement du burin, on augmentera l'activité du travail et progressivement. Il y aurait à craindre une perte de temps, d'instruction et par conséquent d'argent, à précipiter les débuts. Avant de vouloir faire vite, il faut au moins savoir déjà exécuter passablement.

Les coups d'archet courts et brusques font tressauter l'objet que l'on tourne, échauffent la matière, occasionnent l'égrènement des angles tranchants du burin, en somme, font moins de besogne, avec plus de bruit il est vrai, et la font mauvaise.

104. Lorsque l'on sera suffisamment exercé au tournage par la pointe du burin et qu'on se servira du tranchant, il ne faudra pas chercher à enlever beaucoup de matière à la fois en appuyant fortement, mais prendre le métal en écharpe de façon à enlever la matière sans discontinuité, successivement sur toute la longueur du tranchant et de toute la hauteur de l'archet. La matière s'enlève alors en un mince ruban métallique qu'en terme de métier en appelle copeau. Quand la main est exercée, elle enlève avec facilité de longs rubans, et le travail se fait vite quoique sans précipitation dans le mouvement de l'archet. (Ces dernières observations s'appliquent également au tournage à la roue.)

105. L'acier trempé et revenu bleu demande quelques précautions. Si le burin ne coupe pas franchement, il faut l'aiguiser immédiatement et ne pas chercher à enlever la matière en augmentant la pression de la main, parce que l'acier se brunit et se durcit sous une pointe ou un tranchant émoussés, et les parties ainsi *brillantées* sont parfois si dures qu'elles résistent à l'action des meilleurs burins. On ne peut souvent les enlever qu'en les attaquant de côté, peu à peu, avec une fine pointe de burin qu'on aiguise à chaque coup ; quelquefois même, il faut de nouveau faire revenir l'acier pour pouvoir les faire disparaître.

Nous avons vu fréquemment des apprentis, et même des horlogers faits, par suite de leur paresse à aiguiser convenablement leur burin, et croyant expédier plus promptement leur besogne en appuyant lourdement dessus, donner naissance à des *brillants* qui exigeaient ensuite plusieurs heures de travail pour être enlevés.

Une condition absolue pour faire un bon travail de tour consiste dans la parfaite rondeur des trous des broches et des pointes qu'elles reçoivent, parfaite rondeur qu'on rencontre assez rarement, car, il faut bien le dire, à peine deux horlogers sur dix savent aujourd'hui convenablement exécuter une pointe d'axe. Nous indiquerons plus loin les précautions qu'il convient de prendre si l'on veut les obtenir justes.

Le diamètre du cuivrot joue aussi un rôle assez important ; si le cuivrot est trop petit, l'archet glisse et la pièce tourne par saccades, s'il est trop gros, il charge trop la pièce qu'il alourdit, et on perd beaucoup sur la vitesse de rotation puisque, pour le même coup d'archet, on fait faire un moins grand nombre de tours au cuivrot. En outre, s'il a un grand diamètre, on ne peut employer qu'un archet relativement faible, parce qu'autrement on mènerait avec trop de force.

Les ouvriers horlogers suisses, le plus grand nombre du moins, tournent indifféremment de la main droite et de la main gauche. C'est une bonne habitude et qu'on prend facilement quand on s'y met jeune.

Le maniement des outils, tels que le tour à pied, le tour universel, est très propre à développer la sensibilité de la main et à donner la sûreté du tact. Mais on ne doit pas oublier que, pour tourner convenablement, il faut un tour bien organisé, sans cela, pas de travail précis. Le tour est le premier et le plus essentiel des outils, il comporte de nombreux et très utiles accessoires que, malheureusement, peu d'horlogers savent établir comme il convient. Ils se contentent pour la plupart, du simple tour à finir sur lequel on ne fait qu'une pauvre besogne.

Sans tomber dans l'exagération quant à la perfection et à la multiplicité des outils, que l'élève soit persuadé qu'un outillage bien agencé et en bon état, facilite et abrège le travail en le rendant plus parfait.

– III –

Organisation de l'outillage

Menus outils dits de fournitures

Appropriation des principaux

106. Avant de passer à l'organisation des différents tours et des petits outils que l'horloger doit exécuter lui-même dès l'apprentissage, ce qui développe son adresse manuelle et son intelligence, il est utile qu'il se rende compte des conditions principales auxquelles doivent satisfaire les outils usuels qu'on se procure chez les marchands de fournitures d'horlogerie, et qu'il sache quels sont les soins qu'on doit apporter à leur maniement et les améliorations qu'ils peuvent ou doivent recevoir.

107. L'établi. — Il doit être éclairé par un jour franc. Ses accessoires pour suspendre les archets, limes, marteaux, ses différents tiroirs, etc., doivent être disposés en vue, non seulement de mettre à la portée de la main les outils d'un usage assez fréquent, mais aussi de donner la possibilité de les remettre immédiatement à leur place après chaque service. Cette méthode d'arrangement permet de ne conserver sur l'établi que ceux qu'il faut avoir ou longtemps ou constamment sous la main.

Une habitude extrêmement favorable à la bonne direction et à la promptitude du travail, et qui est prise avec facilité par l'élève qui s'observe un peu durant l'apprentissage, consiste à poser toujours les mêmes outils aux mêmes endroits de l'établi qui, alors, n'est jamais encombré. On évite ainsi de perdre du temps à débrouiller à tout instant un amas d'objets où s'égarent bien souvent de petites pièces.

Cette observation a peu d'importance pour le spécialiste dont le nombre des outils est borné, elle en a beaucoup pour l'horloger qui s'occupe de la réparation des montres.

L'horloger qui est chef de maison, qui peut s'organiser comme il l'entend fait bien d'avoir deux établis de hauteurs différentes et à l'un desquels il pourra travailler debout. Il est bon de varier de temps en temps la position du corps.

108. Le tabouret. — On donnera la préférence à ceux qui sont garnis en joncs à claire-voie. Les hauteurs relatives de l'établi et du tabouret doivent être combinées de façon à éviter à l'ouvrier une trop grande compression des muscles pectoraux, surtout dans les travaux de longue haleine et qui obligent à conserver durant un certain temps une position très courbée. Le tabouret monté sur une vis est avantageux à ce point de vue.

Le marteau, le tas. – Voir aux n^os **63** et **75**.

109. La lampe. — On la munit d'un abat-jour en carton opaque surmonté d'un tube de même matière qui enveloppe le verre à distance. L'abat-jour en métal s'échauffe beaucoup et rayonne fortement sa chaleur contre la tête de l'ouvrier. C'est toujours une utile précaution de diminuer par l'interposition d'une feuille ou plaque, mauvaise conductrice de la chaleur, le rayonnement d'un foyer contre la tête et surtout contre les yeux.

110. Les archets. — On diminue ou régularise les tiges de baleine avec l'aide d'une râpe douce ou en raclant avec l'angle d'un fragment de vitre cassée. Quant on ne veut pas ajuster à leur extrémité une virole de laiton portant un crochet, on maintient quelques instants cette extrémité dans de l'huile bouillante, où la baleine se ramollit, puis on façonne le bout en crochet, et on l'assujettit à garder cette forme jusqu'à un certain degré de refroidissement.

111. Pierres à aiguiser. — Il n'est guère possible d'avoir des faces de burins en bon état, si l'on n'a pas la précaution de maintenir plane et de nettoyer assez fréquemment la pierre sur laquelle on les aiguise, en la passant sur une forte planche dure, bien plate, saupoudrée de grès pilé ou de sable fin, et abondamment arrosée d'eau. La plupart des huiles encrassent très vite les pierres, et alors le burin glisse sans

Fig. 1.

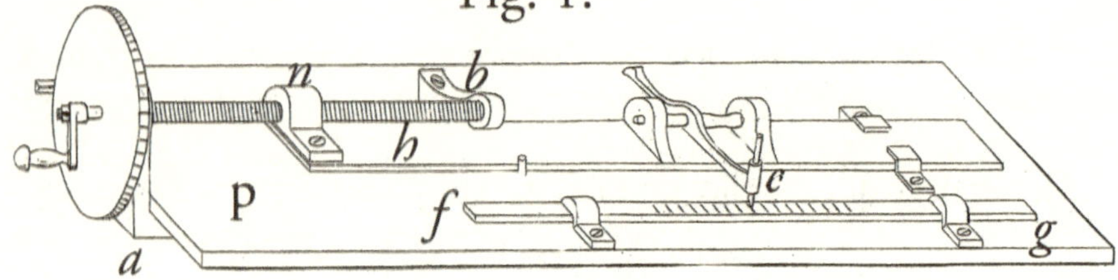

Fig. 2.

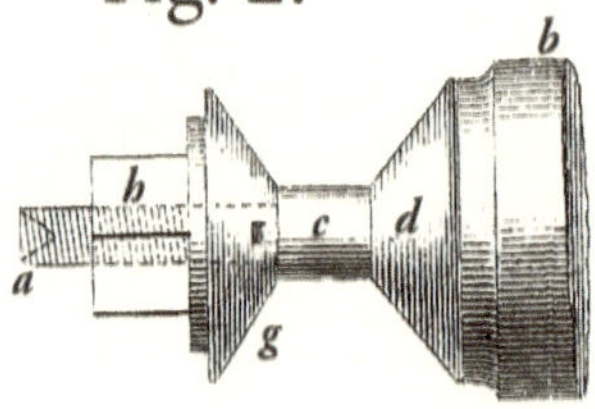

Fig. 3.

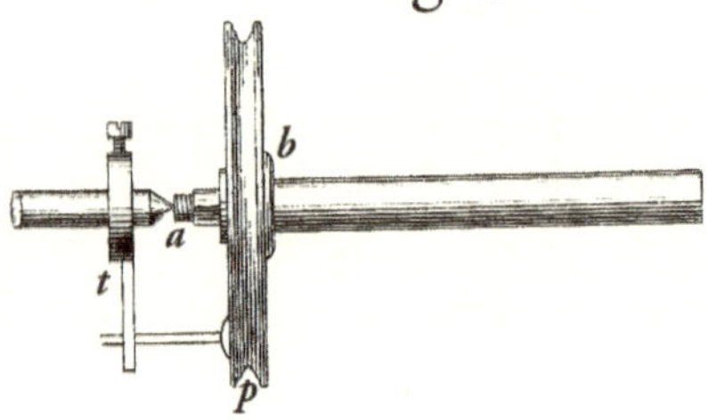

Fig. 4.

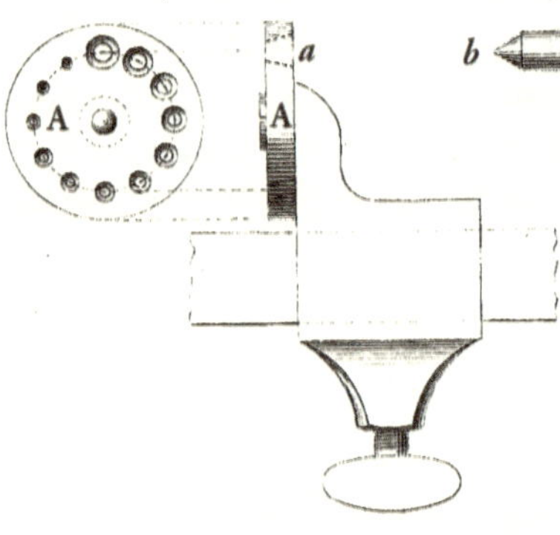

Fig. 5.

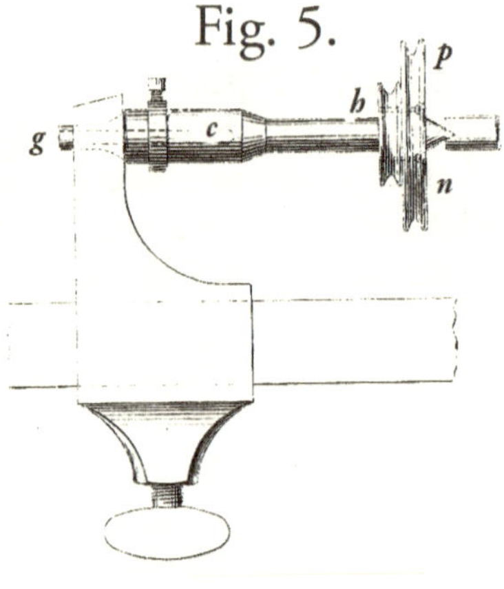

Fig. 6.

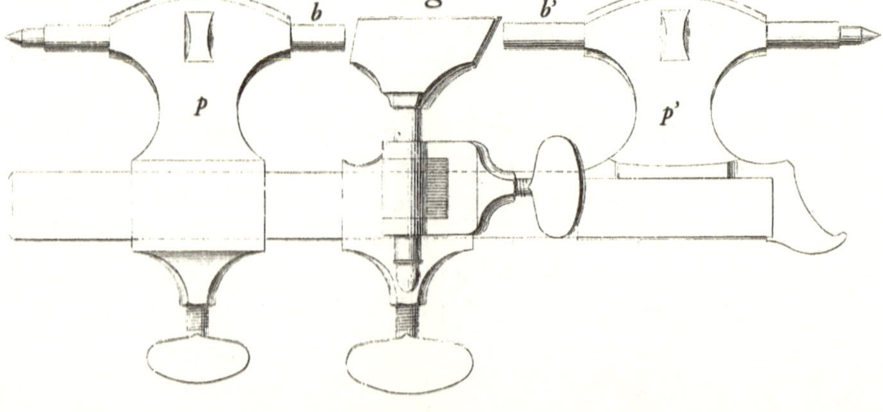

Fig. 7.

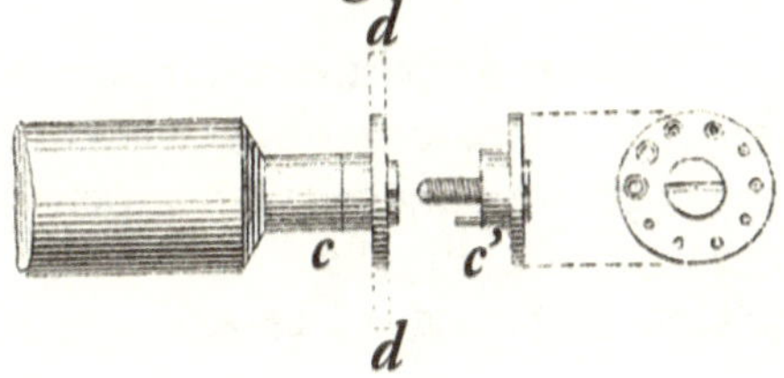

Fig. 9.

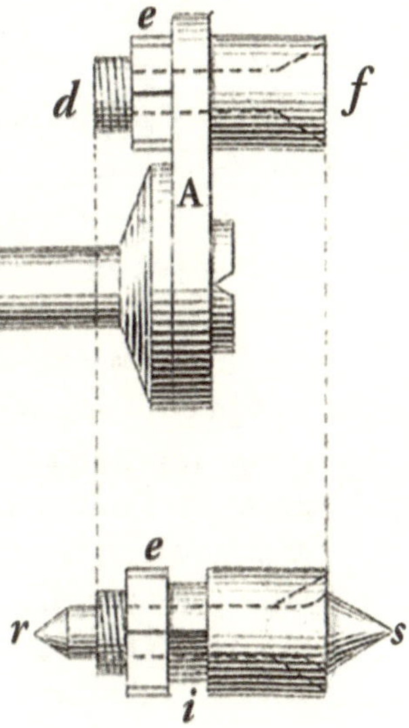

Fig. 8.

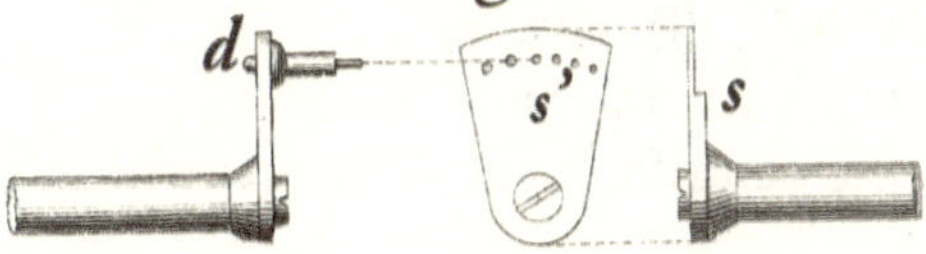

Fig. 10.

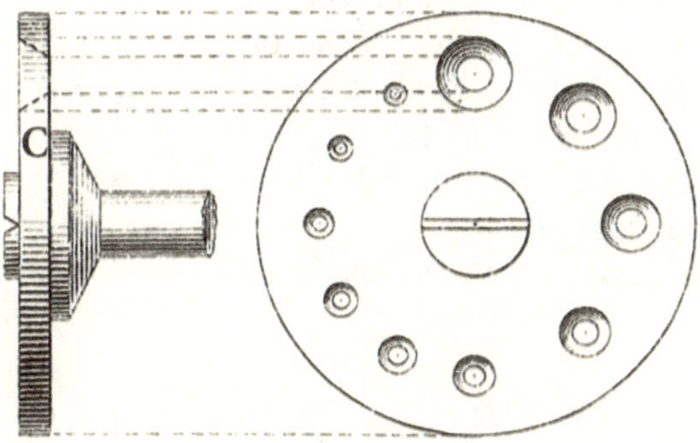

Fig. 11.

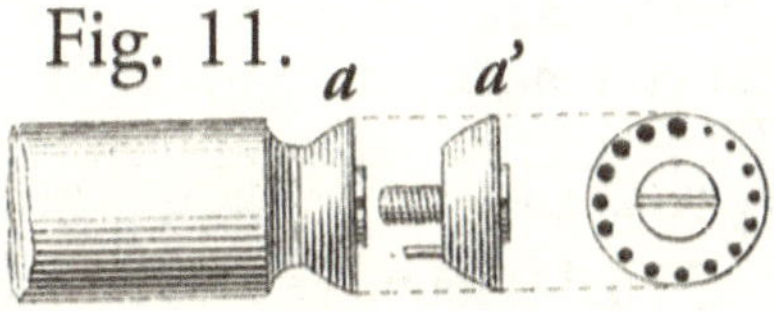

Fig. 12.

Fig. 13.

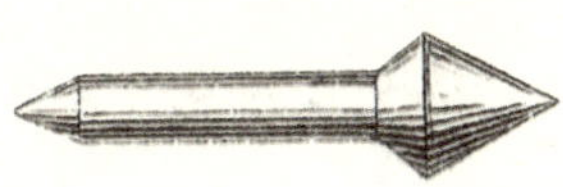

Fig. 14.

s'user, tourne dans la main, entame les parties tendres de la pierre et la rend de plus en plus raboteuse. La paresse qui fait laisser en mauvais état les pierres à l'huile reçoit promptement sa récompense, car elle est cause que le travail est plus lent, plus difficile et plus médiocre. (*Recueil de procédés* aux mots **Aiguisage**, **Nettoyage** et **Pierres**).

112. Petite meule. — Quand il y a beaucoup à faire pour redresser une face de burin, ce travail exécuté sur la pierre à aiguiser étant long, on a recours à la petite meule de grès mais, disons-le tout de suite, il ne faut pas en abuser. La meule doit toujours largement tremper dans l'eau afin d'éviter le trop grand échauffement du burin, échauffement qui lui fait perdre de ses qualités.

Quand la surface circulaire de la meule est déformée par l'usage, on prend un morceau de tôle de fer ou une queue de vieille lime, on la présente d'une main, en choisissant un point d'appui au contour du grès qu'on lui fait mordre, tandis que l'autre main conduit la manivelle. La surface redevient ronde et lisse pourvu qu'on n'attaque pas trop de matière à la fois et qu'on tourne la manivelle plutôt lentement que vite. Un excès de vitesse échauffe le fer, qui alors fait peu de besogne et se détruit rapidement, tandis que, dans le cas contraire, le fer s'use peu et le grès proportionnellement davantage.

On peut aussi employer la petite meule en émeri. (Voir à ce mot dans le *Recueil de procédés.*)

113. Loupes. — Il ne faut pas débuter par des loupes d'un trop fort grossissement; elles fatiguent la vue sans nécessité. Il en est de même de l'habitude de maintenir la loupe à l'oeil, durant un certain temps, par la simple contraction de l'arcade sourcillière. L'usage d'un porte-loupe, bien disposé pour un maniement commode, vaut mieux parce qu'il supprime l'effort musculaire de l'oeil. Des horlogers arrivent au même résultat en maintenant la loupe à l'oeil à l'aide d'un trois quarts de cercle élastique, contournant la tête. Quand la loupe devient inutile ils n'ont qu'à la repousser un peu sur le front.

En perçant deux ou trois trous sur le contour de la loupe, on diminue l'inconvénient de l'échauffement de l'air emprisonné entre l'oeil et le verre.

On ne devrait faire usage que des loupes *véritablement achromatiques*, un peu plus lourdes et un peu plus chères, il est vrai, mais bien supérieures aux loupes communes dites microscopes. Pour l'emploi ordinaire de ces microscopes, on mettra à leur intérieur un anneau de papier noir qui diminuera le champ de la vision et par suite l'inconvénient qui résulte de l'aberration de sphéricité.

114. Limes. — Une lime ne se met pas immédiatement sur l'acier, on l'emploie quelque temps sur le cuivre et en la menant en commençant sans brusquerie. Débuter sur l'acier, ou mener une lime neuve par coups prompts et secs, a pour effet que les tranchants des tailles s'écrêtent et que les particules dures qui s'en détachent, s'incrustent dans le métal limé ; le travail est mauvais et la lime elle-même se détériore. Une lime maniée avec quelque soin, et passant à propos du laiton à l'acier durera quatre ou cinq fois plus de temps tout en faisant un bon service.

Beaucoup d'horlogers emmanchent les limes en les chassant fortement dans un manche percé d'un trou rond, la virole s'ovalise et le manche se fend plus ou moins. Il vaut mieux employer le moyen suivant : on prend une vieille lime hors de service ou un morceau de fer dans la forme de la queue de la lime à emmancher, on fait chauffer ce fer à plusieurs reprises jusqu'au rouge blanc et on l'enfonce chaque fois bien perpendiculairement dans le manche. On arrive ainsi à y former un trou dans la forme convenable et où la lime tiendra bien sans qu'il soit besoin de la chasser trop fortement.

115. Pinces, brucelles, etc. — Il faut en avoir un assez grand nombre afin que suivant le genre de travail on puisse toujours proportionner l'instrument à l'effort qu'il aura à subir. En se servant, par exemple, d'une pince à boucle dans le cas où un étau à main est nécessaire, on fait dépasser à cette pince sa limite d'élasticité, et elle est promptement hors de service. Il en est de même de toutes les autres sortes de pinces et tenaillettes. Entre les mains des bons ouvriers, elles durent fort longtemps, tandis qu'entre les mains des ouvriers peu intelligents, qui ne prennent pas l'habitude de proportionner l'effort à la résistance de l'instrument, ou qui se servent sans choix du premier qui leur tombe sous la main, tous les outils deviennent mauvais en peu de temps et l'ouvrage s'en ressent.

116. Compas d'épaisseur, micromètres. — Le compas d'épaisseur, communément appelé *outil-aux-douzièmes*, n'est pas très exact dans ses mesures. Nous en avons indiqué la cause et donné les moyens de rectification dans notre *Traité d'Horlogerie moderne*.

Il en est de même des *Micromètres*.

Nous renvoyons à ce Traité, ne pouvant pas nous répéter, ce qui grossirait trop ce volume ; recommandons seulement ici les outils à vernier (**28**).

Huit-chiffre. — Pour le travail courant, le huit chiffre tel qu'on l'achète dans le commerce est suffisant, mais lorsqu'on veut y vérifier, pour les redresser, les roues d'échappement, les balanciers, on a à craindre les accidents par suite des résistances variables de son frottement trop souvent inégal et saccadé. Pour lui ôter ce défaut dangereux, on met très plates, sur le tour universel, les surfaces frottantes, et l'on remplace les rondelles de laiton par des rondelles plates d'acier. On rabat ensuite avec précaution le rivet formant axe, après avoir enduit toutes les surfaces frottantes de plombagine délayée dans de l'huile. Le mouvement des branches s'accomplira alors par un frottement ferme, gras, très régulier, c'est-à-dire sans secousse.

117. Banc et poinçon à river. — Les trous du banc à river les roues, dit *outil à trous*, s'évasent en dessous, afin d'éviter les accidents qui pourraient résulter du vacillement de l'axe.

Les *rivoirs*, ou poinçons à river, faits d'une tige d'acier pleine, sauf un trou percé à une extrémité suivant la longueur de l'axe, sont les meilleurs. Ceux ouverts transversalement, comme les lanternes aux vis, ne font pas d'aussi bonnes rivures, les parties de l'extrémité du rivoir qui répondent à l'entaille de la lanterne étant plus élastiques que celles qui répondent aux deux bras de cette lanterne.

118. Brunissoirs. — Les grands brunissoirs plats et les petits brunissoirs ovales ne restent en bon état que si on les passe fréquemment; les brunissoirs destinés aux pièces délicates, sur un cabron imprégné de rouge à polir ou d'émeri très fin, et les autres sur un bois émeri d'un numéro plus ou moins fin, suivant le degré de mordant que doit avoir le brunissoir.

Équarrissoirs. — Beaucoup de soin est nécessaire dans l'emmanchement des équarrissoirs. En appuyant la pointe contre un doigt d'une main et en faisant tourner le manche entre deux doigts de l'autre main, l'équarrissoir doit tourner suffisamment droit.

C'est une bonne précaution, indiquée par M. H. Robert, de tirer *de long* délicatement avec un fer et du rouge les équarrissoirs à pivots, afin d'enlever le morfil de leurs angles. Des parcelles de ce morfil restées dans les trous peuvent amener la piqûre des pivots.

Ces petits équarrissoirs ne s'emmanchent pas mais se garnissent à leur partie brute simplement de cire à cacheter, puis on présente cette garniture de cire, l'équarrissoir renversé étant tenu entre deux doigts qui le font tourner au-dessus d'une flamme, et l'on façonne la cire ramollie en rouleau oblong régulier, en la faisant circuler entre les doigts.

Polissage (*substances et instruments de*).— Le rouge à polir, la terre-pourrie, les potées, la corne de cerf, etc., doivent être tenus dans un grand état de propreté. Quelques grains de poussière ou de corps étrangers peuvent suffire pour empêcher la réussite du polissage. Les *limes à polir*, dites communément *fers* ou *zincs* à polir, doivent être limées très franchement et avec une lime parfaitement nettoyée, mais pas tout à fait neuve. Les limes malpropres ou neuves laissent dans le métal limé des particules étrangères ou de petits fragments des crêtes des dents de la lime.

La diamantine polit rapidement l'acier, mais le rouge est préférable pour les surfaces frottantes qui se détruisent plus vite par l'usage de la diamantine.

119. Huile. — Celle qui est destinée aux montres, etc., se tient à l'abri du jour, qui la décolore, c'est pourquoi on enveloppe quelquefois les flacons avec du papier noir. On en prend dans le flacon la quantité nécessaire, pour le travail du moment, et on le rebouche avec soin pour le remettre à l'abri.

Deux essais préalables peuvent fournir un indice propre à faire préjuger les qualités d'une huile. On en met une forte couche sur un point d'un carreau de vitre exposé à l'air, et à côté une couche égale d'une autre huile de comparaison. On les laissera quelque temps sans les toucher. En général, il y aura des probabilités de supériorité en faveur de celle qui poissera encore sous le doigt quand l'autre sera tout à fait desséchée. La deuxième épreuve se fait sur la pierre à aiguiser : l'huile qui s'y épaissit et s'y durcit le moins vite est le plus souvent de meilleure qualité que l'autre.

Il est bien entendu que ces essais ne donnent qu'une première indication courante, et non un résultat absolument concluant. Nous reviendrons sur ce sujet dans le *Recueil des procédés pratiques*.

Les huiles minérales ne peuvent servir pour la trempe, parce qu'au contact d'un corps en ignition, elles s'enflamment et font explosion.

120. Alcool rectifié. — Est le seul qu'on doive employer dans le nettoyage des pièces d'horlogerie. Il ne faut pas que la cassolette en cuivre rouge dans laquelle on le fait bouillir soit trop mince. Son manche ou appendice se fait d'une bande droite de tôle placée de champ, et de façon qu'en la serrant dans l'étau, on puisse présenter la lampe sous la cassolette.

Lorsque l'alcool bouillant s'enflamme, il ne faut pas souffler pour l'éteindre ; on appuie le vase contre le dessous de l'établi qui étouffe le feu, ou bien on pose simplement sur la cassolette un morceau de tissu métallique ou une plaque, le feu s'éteint immédiatement. On pourrait prévenir l'inflammation en munissant la cassolette d'un couvercle en toile métallique, qu'on rabat pendant l'ébullition.

L'éther et tous les liquides très volatils sont d'un usage dangereux, leurs vapeurs s'enflammant facilement à distance, même sans courant d'air.

Les acides, les chlorures de zinc, ou eaux à souder doivent être tenus éloignés de l'établi (**64**).

121. Chalumeaux. — Il faut qu'à celui qui est destiné à darder une flamme longue, le trou ne soit pas trop grand et qu'il soit parfaitement net sur son contour ; on n'obtiendra qu'à cette condition un jet plein, aigu et direct. L'emploi du chalumeau est toujours délicat pour l'horloger qui ne s'habitue pas de bonne heure à savoir reprendre respiration sans interrompre le jet dardé sur l'objet à échauffer.

Chalumeau américain. Voir au *Recueil des procédés*.

122. Petit fourneau à tirage. — L'ouvrier se voit fréquemment dans la nécessité de recuire des morceaux d'acier, ou de faire rougir des pièces trop grosses pour le chalumeau, il a recours alors au foyer qu'il allume au soufflet. Il s'évitera cette peine s'il a à sa portée un petit fourneau portatif quelconque, auquel il aura fait adapter à simple frottement un tuyau le fermant complètement, et montant, en diminuant de diamètre, à trois ou quatre décimètres de hauteur. Ce fourneau étant placé au grand air ou plutôt sous une cheminée, on en garnit le fond de quelques papiers et copeaux qu'on recouvre de morceaux de charbon, puis on ajuste le tuyau, et on allume par la petite porte du bas laissée ouverte. Au bout de peu de minutes, le foyer est incandescent.

Fourneau à réverbère. Ce fourneau, qui n'est nécessaire que dans les cas qui exigent une chauffe d'une grande régularité, est représenté vu

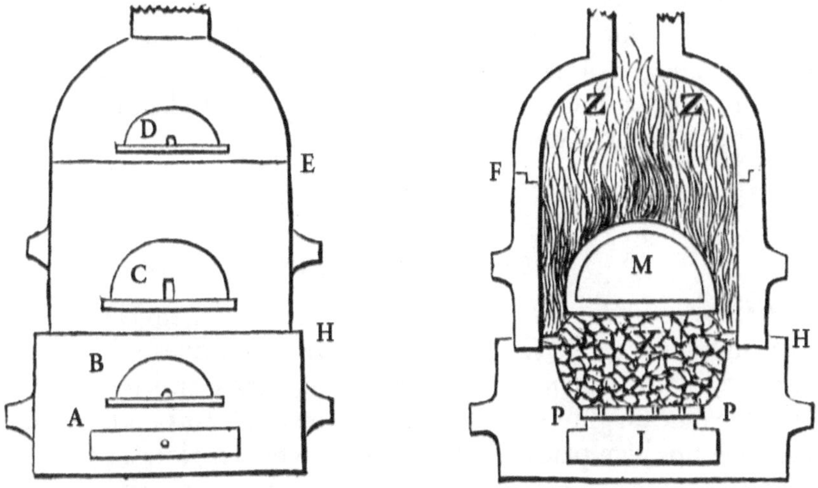

de face à gauche de la page ci-après, et coupé par une section verticale à droite.

Il est ordinairement composé de plusieurs pièces ajustées les unes dans les autres, et dont les points de jonction sont en F et en H.

X est le foyer dont on aperçoit en PP la grille destinée à porter le combustible. J est le cendrier, M la moufle ou four. Ce four, que le combustible enveloppe entièrement, n'a pas de communication ouverte avec le foyer, Z Z est le dôme ou réverbère servant à réfléchir la chaleur sur la moufle.

Ce dôme est terminé par une cheminée qu'on allonge et qu'on raccourcit, au moyen d'un tuyau en tôle, et selon qu'on veut augmenter ou ralentir l'intensité du tirage.

A est la porte du cendrier, B la porte du foyer, C la porte de la moufle, D la porte du gueulard, ouverture pratiquée dans le dôme et qui sert à introduire le combustible par petits fragments.

On nomme registres de petites ouvertures par lesquelles on passe une tige de fer pour éparpiller le charbon.

L'ensemble du fourneau est relié par des cercles de fer qui en assurent la solidité. Les oreilles ou anses, qu'on aperçoit de chaque côté, sont utiles pour le démontage ou le transport de l'appareil. A droite et à gauche du foyer existent des prises d'air qu'on ouvre ou qu'on ferme à volonté pour régler le tirage.

Les fourneaux à réverbère sont de plusieurs espèces : les uns n'ont pas de moufle, et le gueulard est remplacé par une ouverture laissant passer l'objet qu'on veut placer sur le foyer. Ceux semblables à celui représenté ici sont dit fourneaux de *coupelle* ; dans quelques-uns, le four peut s'ôter et se remettre en place à volonté. L'usage du four a, entre autres, cet avantage que l'objet qu'on y place s'y chauffe ou rougit sans contact avec la flamme ou les courants d'air.

Les Tours

Tour ordinaire à pointes

123. Nous avons pris pour type celui de M. Parent, l'un de nos plus habiles horlogers. Ce tour, qui est représenté avec ses différents accessoires dans la planche II, nécessite un assez grand travail et des Soins d'exécution pour quelques-uns d'entre eux. Dans notre opinion, c'est du temps bien placé que celui que l'ouvrier emploie à se créer un bel et bon outillage, mais dans tous les cas, il reste à chacun la faculté de le simplifier, de le modifier suivant ses besoins, ou de choisir tout ou partie des tours qui seront décrits plus loin.

On achètera de préférence un tour un peu fort; du double de grandeur de celui représenté sur la planche, par exemple, et il sera dans de bonnes dimensions ordinaires. Il vaut mieux que les broches soient serrées par des écrous à oreille ou à petit levier, comme l'étau d'établi.

La vis de serrage du support doit être portée par une garniture tournante, comme dans la figure 6, planche II, qui permet de lui faire prendre la position qui facilite le mieux le maniement de l'archet et du burin.

La perche sur laquelle coulisse la poupée mobile *p* doit être parfaitement droite et parallèle au prolongement de la broche *b'*. Les poupées doivent toujours être garnies d'un lardon qui empêche le serrage direct de la vis sur la perche.

Dans les dimensions indiquées, on aura des broches de tour un peu fortes ; elles n'en valent que mieux pour tourner bien rond car elles présentent plus de solidité et ne fléchissent pas sous la vis de pression, comme le font parfois les broches des petits tours-à-finir usuels. Des broches suffisamment fortes, quand les ajustements sont bons, se manient avec autant d'aisance et glissent souvent avec plus de facilité que les broches des petits tours. Elles offrent encore sur ces derniers l'avantage qu'on peut les disposer comme le montrent les figures 7 et 11 (planche II) .

L'achat du tour étant fait, après avoir donné la préférence à celui pourvu d'une ou deux poupées de rechange, comme celles des figures

4 et 5 (on verra plus loin comment on peut au besoin les exécuter soi-même), on alèse les deux trous des broches et, s'il est nécessaire celui du support, afin d'obtenir sur les broches et le support un serrage étendu et solide.

124. Broches ordinaires. — Une excellente disposition des têtes des broches est représentée en *a*, figure 11. On y voit que cette tête, vue séparément en *a'* est formée d'un disque rapporté à vis à l'extrémité de la broche, où un pied l'empêche de tourner. On rencontre ici plusieurs avantages : le disque seul a besoin d'être trempé, on peut faire, dès l'apprentissage, un certain nombre de disques de rechange ; enfin, en tenant d'abord le disque plus grand que le nécessaire, et en ne le diminuant que lorsque sa garniture de trous est achevée, on aura les trous fins (qui d'ordinaire se frappent au pointeau), aussi ronds et aussi près du bord qu'on voudra.

Dans les broches, comme on les fait d'habitude, et où on pointe les trous près du bord, le métal cédant plus facilement vers le bord, les trous fins sont toujours en cône creux irrégulier.

Les autres trous sont percés assez profondément au foret, et ensuite ébiselés avec soin, afin que leur entrée forme un cône creux parfait.

Pour les gros et rudes ouvrages, il serait bon d'avoir une paire de broches d'une seule pièce et, comme à l'ordinaire, les disques rapportés pouvant être ébranlés à la longue.

Broches à rouler les pointes. Faire une pointe. — D'ordinaire la broche à rouler est une tige ronde entaillée à moitié de son diamètre et dont l'extrémité en saillie est évidée par une coche semi-circulaire, comme en A, figure 5, planche III. Cette forme est mauvaise, le bout de tige à rouler posé dans l'encoche ressaute, fait tressauter la lime, et la pointe roulée est à peu près toujours très mal ronde. Il vaut mieux disposer la broche en broche à lunette, comme celle décrite ci-dessous. La tige entrant presque juste dans un des trous, et la lime, qu'on a eu soin d'arrondir sur la meule en *c*, figure 5, planche III, pour l'empêcher d'entamer le corps de la broche, étant posée comme on le voit en *cd*, on obtiendra toujours une pointe d'une plus exacte rondeur que par l'autre procédé.

Il est bien entendu que lorsque l'on veut avoir une pointe d'une rondeur parfaite (neuf fois sur dix, la section en est ovale), il faut terminer le roulage avec une lime excessivement douce, placer ensuite la pointe de la tige dans un trou où elle ne puisse ballotter, tourner à l'archet à crin avec infiniment de délicatesse une portion du cône, et, ce cône roulant dans un trou bien fait d'une broche à lunette, tourner la pointe en l'air, puis la rouler avec une lime à pivot très douce. Il faut quelquefois recommencer l'opération en variant les longueurs des coups d'archet, car une pointe mal roulée se met très difficilement ronde, et l'on n'y parvient même jamais si le trou qui reçoit la pointe a été inégalement ébiselé sur le bord, ou si la pointe touche au fond du trou.

Cette pointe éprouve, dans certaines positions, un petit déplacement, qui nuit à l'exactitude du tournage.

125. Broches à lunette. — Elles sont disposées avec têtes de rapport, comme le montre la figure 7, planche II. Cette figure dispense de toute explication, et l'on a compris que les lignes pointillées *dd* ne sont là que comme extension, au besoin, du disque *c*.

Broches à rapporter les pivots à la main. —L'examen de la figure 8 fait comprendre tout de suite en quoi elles consistent. L'une des broches porte un secteur S, vue de face en S' ; des trous coniques y reçoivent l'extrémité de la tige où doit être rapporté le pivot, l'autre bout de cette tige est reçu dans le trou ou sur la pointe qui termine la petite broche ajustée *d*. Si ce bout était par exemple un pivot fragile, il faudrait appuyer en *d* pour en faire sortir cette petite broche, qu'on remplacerait par une autre terminée en *garde-pivot*.

Comme on l'a compris, le foret tenu entre les doigts est introduit par le côté S, et l'on peut, suivant sa commodité, laisser debout, comme dans la figure, ou ramener en avant les pièces S et d d'un quart de tour et même plus. (Voir au **194**.)

Broches, garde ou conserve-pivots. — La portion *nm*, figure 12, planche II, est ajustée à frottement ferme dans le corps de la broche. Les entailles ombrées en *n*, servent à la faire tourner avec des pinces, ou bien à faire levier avec les becs des pinces, quand on veut que *nm* sorte de son ajustement. Avec une vis en *n*, on peut se contenter de bien ajuster sans chasser, ce qui permet de changer plus facilement *nm*.

La figure 13 est la représentation amplifiée de l'extrémité *m*, quand cette extrémité a reçu dans son trou conique le bout d'une tige pivotée. Cette figure ne demande pas d'explication.

126. Broches à pointe excentrique. — Elles servent à tourner de grands objets sur un tour ordinaire, ou à ramener ces objets en avant. La pointe excentrique et la lunette de grande dimension qui lui fait face sont dessinées en regard l'une de l'autre, figures 9 et 10, planche II.

Un cylindre creux *df*, évasé en *f* à l'intérieur, et taraudé sur sa portion diminuée en *d*, est ajusté à carré, *i*, dans le bras A, sur lequel il est fixé solidement par l'écrou *e*.

Une grosse pointe d'un arbre, d'une tige qu'on tourne, etc., peut être reçue dans l'évasement *f* de l'ouverture indiquée au pointillé de *f* en *d*, mais l'objet principal de cette disposition consiste à ajuster dans la partie cylindrique de cette ouverture une petite broche comme celle de la figure 14. Elle est représentée tout ajustée en *r s*, figure 9. Son extrémité *s* se termine en pointe ou bien est percée d'un trou suivant le besoin. On a compris qu'il suffit d'appuyer fortement la pointe *r* sur un corps résistant pour faire sortir la petite broche, quand il est utile qu'elle soit remplacée par une autre.

Il n'est pas nécessaire que la petite broche de rapport (fig. 14) soit très fortement ajustée, mais il est essentiel qu'à son collet, qui fait intersection avec le cône rabattu, l'ajustement soit parfait et qu'elle tienne suffisamment par son autre extrémité. Dans ces conditions, cette broche offrira toute la sécurité désirable.

127. Broche à poulie folle. — Cette broche garnie de sa poulie est représentée figure 3, planche II, et la figure 2, en regard, indique les détails des ajustements de la poulie.

Ces ajustements sont faits ici avec soin et même luxe, c'est à l'usage des artistes qui veulent des fonctionnements sûrs et délicats, mais un seul examen de la figure 3 fait voir que pour l'usage courant, il est facile d'établir cette broche et sa poulie ou cuivrot, dans des conditions de grande simplicité.

Quand la poulie est grande, on la fait en bois de buis ordinairement avec une garniture métallique à son centre, quand elle est petite on se sert d'un cuivrot de laiton ou d'acier.

La poulie roule dans l'ajustement *g c d*. Le côté *d* a été formé sur la broche même, diminuée cylindriquement de *d* en *a*, et percée en *a* d'un trou destiné à recevoir la pointe de l'axe de la pièce à tourner.

Le cône de rapport *g*, ajusté à frottement, est maintenu en place par l'écrou *h*, taraudé sur l'extrémité de la broche, et un prisonnier assure ce cône *g* contre tout dérangement circulaire.

On a compris le reste : la broche étant placée à l'une des poupées du tour, et un petit taquet, vu de profil en *t* (et de face en T, entre les figures 11 et 12) adapté à l'arbre que l'on veut tourner, l'entraînement circulaire de cet arbre a lieu par la poulie commandée par un archet ou une roue, puisque la cheville passe entre les branches du taquet.

Les broches à poulies folles rendent des services, parce qu'elles font éviter de nombreuses et souvent ennuyeuses adaptations de cuivrots, et qu'ensuite, si la place manque, le taquet peut être aussi mince qu'on veut, mais leur usage est moins avantageux, quand on se sert de l'archet (l'on a toujours un petit temps perdu de l'aller au retour) que lorsque l'on tourne à la roue, c'est-à-dire d'un mouvement continu dans le même sens.

Tour en l'air

Faire des poupées.

128. Il est préférable de se procurer tout de suite un tour muni d'arbres et de poupées tels qu'en montrent les figures 4 et 5 de la planche II, pour tourner en l'air, mais dans l'outillage moderne, on ne trouve généralement ces accessoires que joints à des tours de fortes dimensions et ils sont lourdement construits. La plupart d'entre eux serviraient difficilement pour les travaux d'horlogerie, aussi le praticien se verra peut-être encore longtemps dans la nécessité de les faire lui-même et de les ajuster sur un tour ordinaire. Dans ce cas, voici comment il pourra s'y prendre.

Faire une poupée. Premier procédé. — On fera un modèle en bois (du poirier bien choisi et bon pour cela) en y laissant le trou où devra passer la perche du tour, un peu plus étroit qu'il ne faut en largeur, la place du lardon réservée sur la hauteur. On envoie ce modèle à un fondeur, il y a aujourd'hui peu de villes où il ne s'en trouve quelques-uns, en lui recommandant d'employer un laiton doux et susceptible d'être un peu resserré au marteau. La poupée fondue, on dresse aussi bien que possible les quatre faces intérieures du trou. Pour les rendre bien plates, on prend une lime qu'on passe dans le trou, puis on la fixe par ses extrémités, et l'on promène sur sa longueur la poupée maintenue bien à plat et successivement sur les deux faces opposées du trou. On peut encore, en l'appropriant à la circonstance, utiliser le moyen indiqué au **102**.

L'ajustement important est celui des deux faces qui coulissent sur les côtés les plus larges de la perche, si le parallélisme de ces faces laisse à désirer, on écrouit en frappant avec précaution au haut et au bas de l'ouverture, sur les parties pleines de la poupée et du côté où elle est trop large. L'on arrive ainsi, sans trop de difficulté, à un ajustage satisfaisant des deux faces latérales.

Quant à l'ajustement en hauteur de la perche, il est facile, puisque l'on peut remédier à quelques coups de lime donnés en trop par un lardon plus ou moins épais.

L'ajustement terminé et la vis de pression ainsi que son lardon mis en place, la poupée est ajustée à la perche du tour en remplacement de la poupée *p* (figure 6, planche II). Une broche portant un foret court et bien centré est substituée à la broche *b'* et l'on pointe et perce assez profondément, c'est-à-dire successivement des deux côtés et à moitié de son épaisseur, le nez de la nouvelle poupée. On l'enlève du tour pour donner un coup d'équarrissoir au trou, puis on la remet en place et l'on agrandit un peu ce trou avec une broche bien ajustée dans la poupée *p'* du tour. Cette broche, terminée en foret semi-cylindrique qui alèse en agrandissant, est menée par une poulie adaptée à son extrémité et qui laisse déborder la pointe contre laquelle on appuie avec un bois.

Si l'on suit cette petite instruction, on sera certain d'avoir le trou de la poupée exactement dans le prolongement de la broche du tour. On peut agir de même lorsqu'il faut évaser le bord de ce trou avec une fraise conique.

129. Deuxième procédé. — Si l'horloger ne peut facilement se procurer l'ébauche en laiton fondu, il préparera simplement deux fortes plaques en bon laiton (*cc* figure 8, planche III) et bien planées, puis un autre morceau de section rectangulaire qui, bien dressé sur ses deux faces, soit exactement de l'épaisseur de la perche du tour (*b* même figure) ; enfin il disposera la base de la tête de la poupée en forme de tenon, ayant juste la même épaisseur que la perche. Cela fait on traverse le tenon et les deux plaques latérales, réunis comme le montre la figure 8, par deux ou trois trous, suivant la largeur, et dans lesquels on introduit de fortes chevilles en bon fer. On met cet ensemble sur la perche, on ajuste le lardon et la pièce *b*, de façon que le tout étant maintenu fermement, on puisse rectifier, si besoin était, les trous, qu'on a pu percer d'avance, traversant de part en part les trois épaisseurs *c b c* et dans lesquels on ajuste, comme dans les autres, des chevilles en bon fer.

La perche enlevée, on enfonce avec une certaine force les chevilles qu'on lime ensuite à peu de distance des surfaces et qu'on rabat en rivets dans les ébiselures ménagées à l'entrée des trous. Il ne restera plus qu'à donner un dernier coup pour le passage de la perche.

Planche III

Fig. 1.

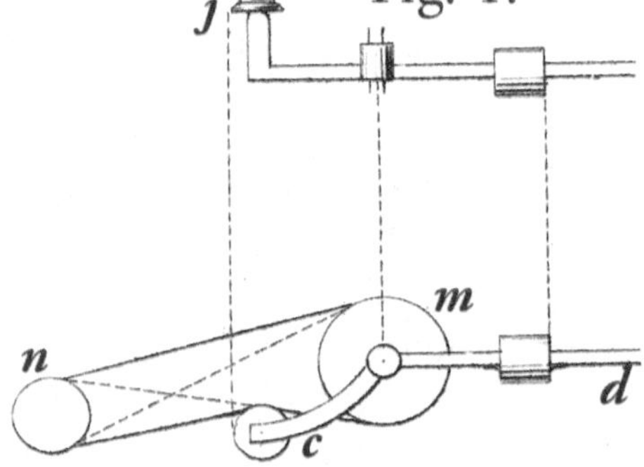

Fig. 3.

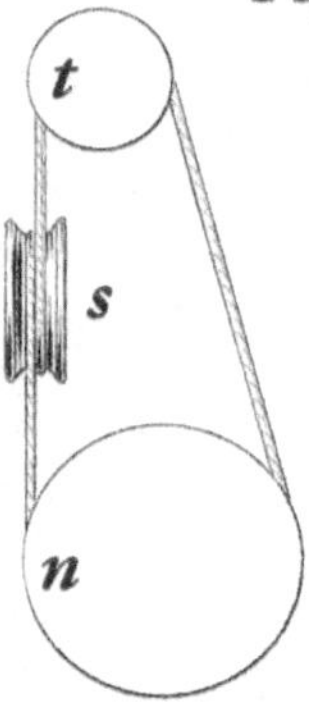

Fig. 2.

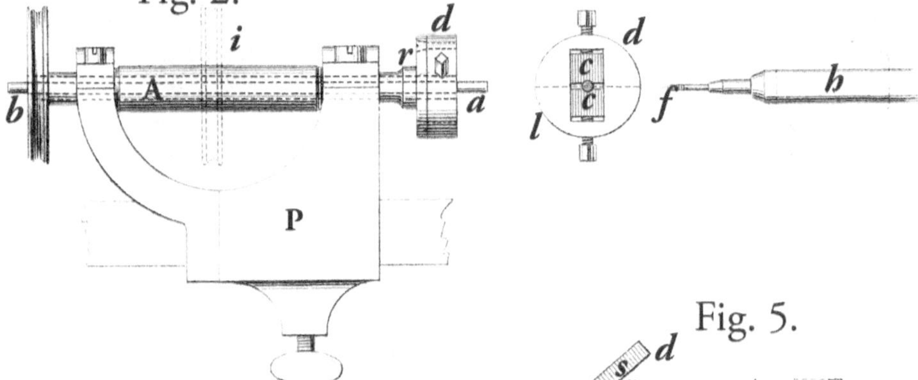

Fig. 5.

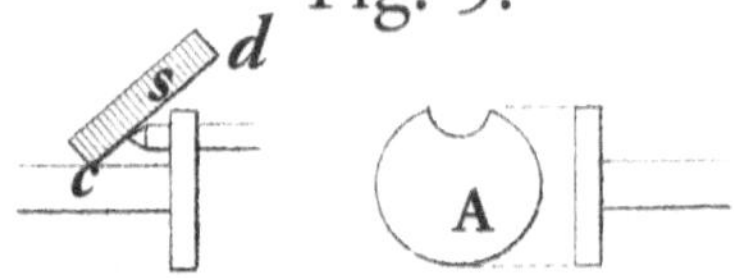

Fig. 4.

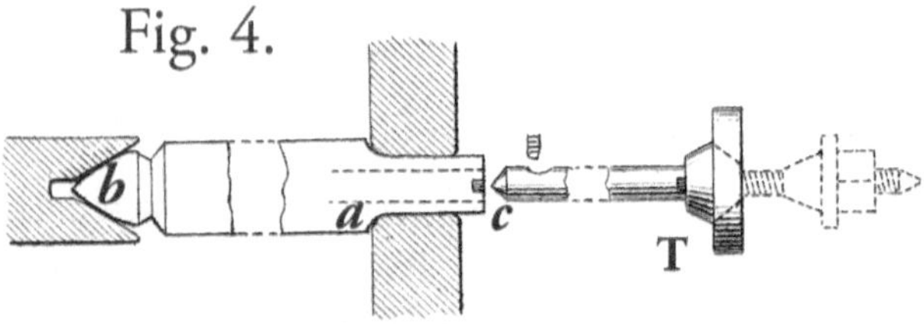

Fig. 6.

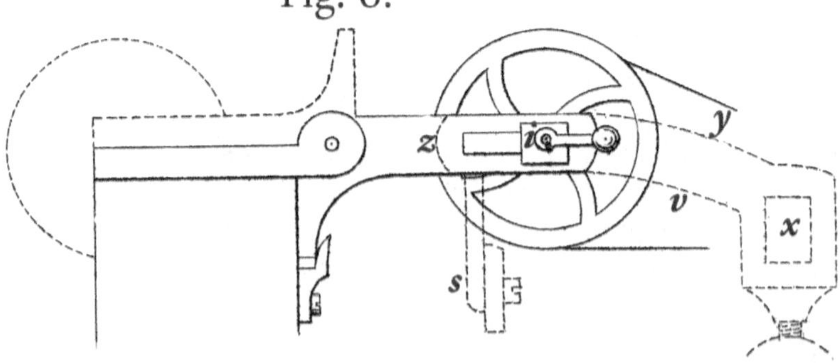

Fig. 7.

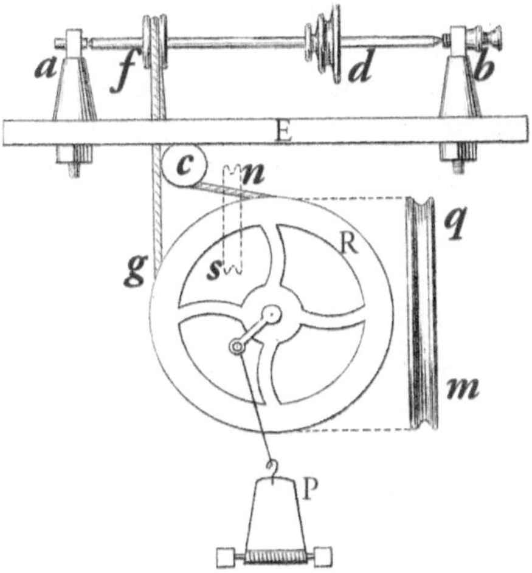

Fig. 8.

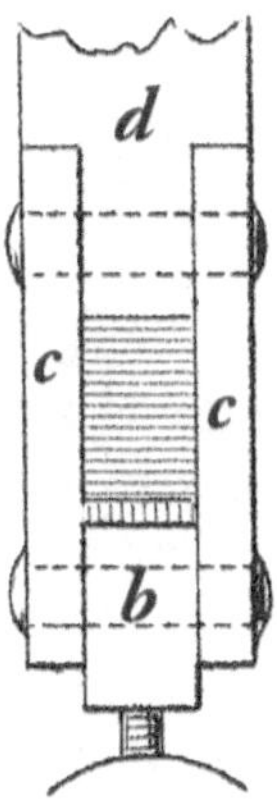

Fig. 9.

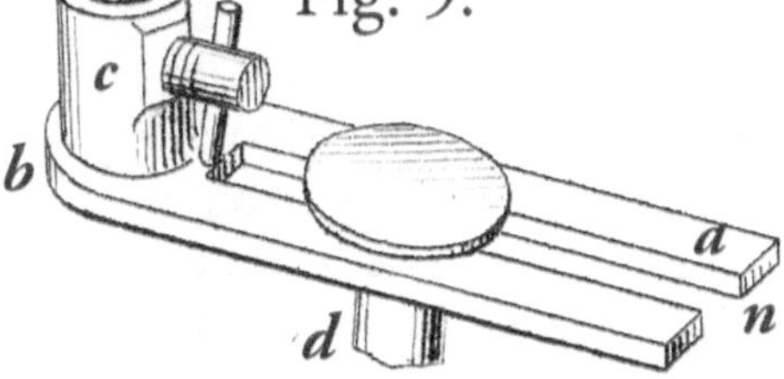

Fig. 10.

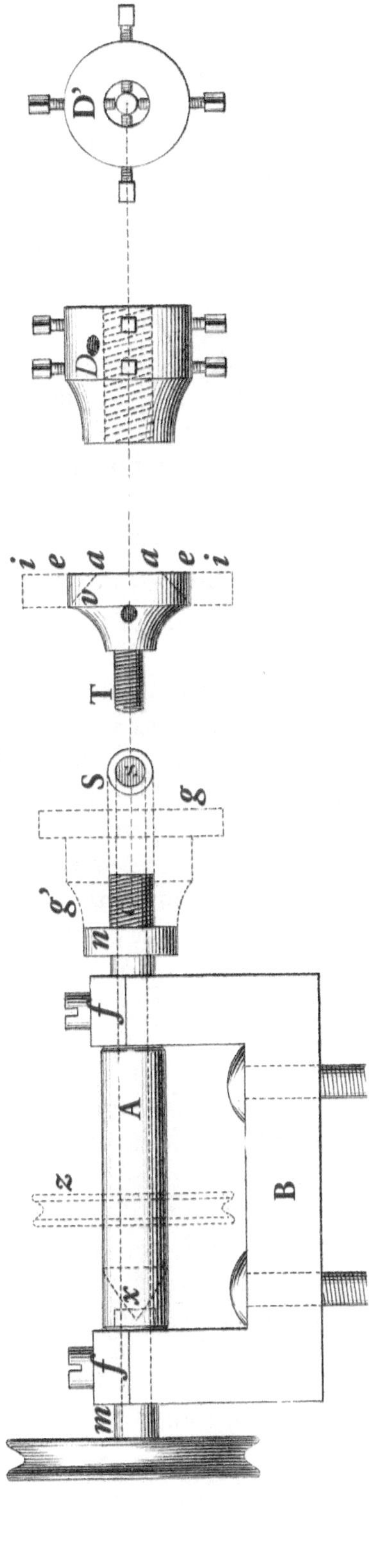

Les chevilles doivent être ajustées à force mais sans brutalité, autrement on pourrait altérer la forme rectangulaire de l'ouverture de la poupée. Celle-ci, pour offrir la même résistance doit être un peu plus massive qu'elle ne serait si elle était fondue d'un seul bloc. Sa partie supérieure s'achève comme il a été dit un peu plus haut.

Arbres de tour percés pour tasseaux

130. La difficulté sérieuse contre laquelle échoue le plus grand nombre des praticiens consiste dans la perforation longitudinale de l'arbre, c'est-à-dire dans le percement du canon destiné à recevoir la queue des tasseaux. Qu'on perce sur le tour ou à la main, il est difficile, lorsque l'on veut aller à une certaine profondeur, d'obtenir un tube intérieurement rond et droit.

Voici comment on pourra surmonter cette difficulté.

Premier procédé. — On ébauche l'arbre qu'on laisse plus gros qu'il ne faut de partout, on y adapte un cuivrot et on le met au tour (fig. 5, planche II), en faisant recevoir sa tête par un trou conique d'une poupée à lunette (figure 4), lequel trou doit se trouver bien directement dans le prolongement des broches du tour. On remet en place la poupée *p* (figure 6) et on remplace sa broche *b* par une broche porte-foret dont le foret est plus petit que le trou ne devra être en définitive. On perce ce trou en vérifiant de temps en temps s'il ne se forme pas de *tétine* au fond. S'il s'en forme, on l'enlève avec une tige arrondie sur son extrémité taillé en lime (voir l'article des chanfreins) et l'on reprend l'opération. Si la tétine se reforme de nouveau, on l'enlève et l'on ôte l'arbre du tour pour achever de le percer avec un foret tourné et en tenant l'arbre entre les doigts.

Quand on sera parvenu à la profondeur voulue, on agrandit le trou de l'arbre, tenu à la main, en le présentant à un foret à mèche semi-cylindrique d'un tour en l'air. Puis on unit l'intérieur du trou en se servant d'un équarrissoir qui y entre sans ébat jusqu'au fond du trou, et dont on a cassé une petite portion de l'extrémité qu'on a aiguisée en angle obtus. On agit de même chaque fois qu'il atteint le fond, et jusqu'à ce que le trou soit suffisamment lisse.

On prend un arbre tournant très fidèlement rond ainsi que son cuivrot, et on ajuste cet arbre dans le trou jusqu'au fond avec beaucoup de soin. Il doit tenir, surtout à l'entrée et au fond. Si le canon ou tube a été percé selon le centre, c'est-à-dire dans la direction de la pointe sur laquelle il tournait, l'arbre ajusté dans le tube, ainsi que son cuivrot, tournera très rond. Si les choses ne se passent ainsi, il faut déjeter et reformer la pointe de l'arbre percé (*n* figure 5), jusqu'à ce qu'on obtienne ce résultat. Quand on l'a obtenu, on donne avec beaucoup d'attention la forme définitive à la pointe *n* et au collet qu'on tourne sur cette pointe et sur le trou *g*.

131. Deuxième procédé. — On prend un morceau d'acier rond plus gros qu'il ne faut et d'un tiers ou de moitié plus long que ne sera le canon percé de l'arbre. On le perfore par les deux bouts et jusqu'à rencontre des deux parts. On alèse le trou à l'équarrissoir et ensuite on tourne l'acier parfaitement rond sur son contour et très plat sur ses faces des extrémités.

On prend un second morceau d'acier fidèlement tourné, on y lève une portée, formant à l'un de ses bouts comme un gros pivot, ayant de longueur celle de l'ajustement qu'on veut avoir dans le tube et y pénétrant de 1/3 à 2/3 environ, et plus s'il est très long.

On chauffe le tube jusqu'au bleu passé ou au rouge sombre à peine visible, puis on le met debout sur le tas de l'étau, le côté où est entré l'équarrissoir est placé en dessus, et par en haut on chasse dans le trou, le pivot (dont la pointe a été enlevée) de l'autre morceau d'acier qui n'a pas été chauffé. Quand le tout se sera refroidi, l'adhérence sera telle que l'arbre formé de deux morceaux (comme *c* et *h*, figure 5) aura, si la partie *c* a été laissée suffisamment forte, autant de solidité qu'un arbre fait d'un morceau unique d'acier.

Il faut que le canon ait une certaine épaisseur et qu'il ne soit pas échauffé à un trop haut degré afin d'éviter sa déformation quand on y chasse la tige d'acier. Il sera facile, l'arbre étant amené à ce point, de le terminer comme il a été indiqué à propos du premier procédé.

Formes des collets et des pointes

132. Quand le nez de l'arbre se termine en portion cylindrique, une bonne forme à lui donner est celle dessinée en *a* figure 4, planche III. Quelques mécaniciens font conique toute la partie *a c*, mais alors il faut, pour éviter l'engagement du cône dans la gorge de la poupée, que la partie courbe *a* soit suffisamment prononcée pour jouer le rôle de portée.

Du reste, quelques essais, avec pression exercée contre la pointe *b*, feront aisément trouver la forme qui convient au collet, pour que l'arbre tourne sans jeu, facilement, c'est-à-dire avec la moindre résistance, et sans usure rapide.

La forme de la pointe et la forme du trou qui la reçoit sont indiquées en *b*, même figure. Elles ont été expérimentées par M. Deshays, habile mécanicien, qui les signale comme les plus propres à garder l'huile aux surfaces frottantes par les mouvements rapides de l'arbre.

Des tasseaux. – Leur ajustement

133. Les figures 4 et 10, planche III, représentent en T, les tasseaux les plus fréquemment employés pour tourner des pièces fixées à la gomme laque, ou à la cire d'Espagne, sur leur plateau. On en fait où le plateau porte deux ou trois vis, à l'aide desquelles on peut y fixer une fraise circulaire, une roue, une raquette, etc. (fig. 4, pl. VI). D'autres n'ont pas de plateau et se terminent en cône tronqué percé d'un trou taraudé dans le sens de l'axe (T, fig. 9, pl. VII). Ils remplacent l'outil à vis, puisqu'une vis y étant fixée au tournevis, on peut tourner, diminuer sa tête, l'adoucir, la polir, etc. Enfin on en fait encore de deux sortes : les uns servant de porte-foret, les autres pourvus d'un prolongement en avant ou arbre à cône mobile et à écrou, remplaçant les arbres dits à rebours (fig. 4, pl. III), avec cette différence que si le tour est disposé pour tourner de la main droite, il faut tarauder ce prolongement à droite, et non à rebours.

Si un tasseau est enlevé du tour et remis en place, on trouve presque toujours dans la rondeur ou le tourné plat de la pièce fixée dessus, quelques différences plus ou moins légères. On les évite, ou, à très peu près, quand on a besoin d'une certaine précision aux conditions suivantes :

1°. Que l'ajustement dans l'arbre soit assez long.

2°. Qu'un prisonnier s'encastrant dans le nez de l'arbre remette toujours le tasseau dans la même position.

3°. Que sa portée coïncide exactement sur tout le contour du nez de l'arbre.

4°. Et (cette condition est tout à fait essentielle) qu'il ne soit assez fortement engagé qu'à son collet, sur un ou deux millimètres, et que sur le reste, et surtout à l'endroit où la vis qui le fixe prend son point d'appui, qu'il ne force pas mais soit sans ébat.

Tournage à la roue

134. On peut en se servant du tour et des différents accessoires qui viennent d'être décrits, si l'on veut, n'employer que l'archet, mais avec ce tour et ceux dont il va être question plus loin, il y a, dans nombre de cas, un avantage extrêmement grand à remplacer l'archet par la roue, et cet avantage est si palpable qu'il est bien étonnant que les horlogers, ne s'aperçoivent pas du bon parti que les mécaniciens tirent de l'usage de la roue. Tandis que ceux-ci mettent à profit tous les progrès accomplis, les horlogers en général en sont encore à leur vieil archet, qui pour certains travaux donne beaucoup de peine et fait peu de besogne. *Exemple* : un arbre de barillet, tiré d'une branche d'acier, exigera par les moyens ordinaires une journée de travail, et il ne demandera que deux heures à l'ouvrier pourvu d'un tour bien agencé et marchant au pied.

On objecte contre l'usage de ce dernier :

- La dépense un peu plus forte,
- le manque d'espace pour le loger, n
- et qu'enfin la main n'y acquiert pas une grande délicatesse.

Le premier reproche est sans aucune valeur en présence de la grande économie de temps réalisée.

Le second n'en a pas davantage, comme on le verra en étudiant les différentes dispositions de roues indiquées ci-après.

Le troisième, pour la généralité des cas (nous faisons quelques exceptions), n'est pas plus fondé. Pendant quatre ans nous avons eu pour voisin de travail un planteur d'échappements, suisse, qui tournait et polissait tous ses pivots sur un tour marchant au pied, et nous n'avons pas constaté que les accidents fussent plus fréquents chez lui que chez ses confrères.

C'est une simple habitude à prendre et elle se prend plus vite que celle de l'archet.

Nous conseillons à l'horloger de s'organiser si cela lui est possible une grande roue à pédale, mais s'il n'est pas dans des conditions qui permettent à son établi de recevoir cette utile adjonction, qu'il se contente d'y adapter une roue à main, elle lui rendra encore de nombreux services.

135. *Roue à tourner à la main.* — On la fixe sur l'établi ou par dessous.

La figure 6, planche III, qui représente une roue à main portée par l'établi, n'a pas besoin d'explication. On y voit que l'axe de la roue est adapté à un coulisseau qui peut être un peu avancé ou reculé, de la quantité utile pour la tension de la corde, et que tout le système se renverse en arrière pour dégager le devant de l'établi, lorsqu'il n'est plus nécessaire de se servir de la roue.

La disposition qui met la roue sur l'établi est commode pour mener une fraise, fendre des vis, etc., mais elle offre pour le tournage au burin, et par la nécessité de tenir le bras gauche en l'air, moins de facilité que celle qui met la roue sous l'établi et, par exemple, dans la situation indiquée au pointillé en *s n*, figure 7, planche III.

Nous ne donnerons pas d'autres dessins, il n'est pas un horloger qui ne sache adapter cette roue à une coulisse sous la table de l'établi, et trouver la place qu'elle doit occuper, pour que la main droite tournant au burin sans gène, et la loupe étant à l'oeil, la main gauche ait bien à sa disposition la manivelle de la roue.

Ce système est depuis longtemps généralement adopté dans la manufacture d'horlogerie de Saxe, et voici ce que nous écrit à son occasion M. M. Grossmann, très habile horloger de ce pays.

> « Je trouvais à chaque établi une petite roue à main d'environ 22 centimètres de diamètre, et fixée par rapport à l'étau à une profondeur et à une hauteur convenables (le centre de la roue à environ 40 centimètres au-dessous du tour), pour que le bouton de manivelle fût aisément mené par la main gauche. »

On nous affirme que la disposition suivante est aussi employée : on adapte dessous ou dessus l'établi, une petite pédale sur laquelle la main gauche repose et donne le mouvement à la roue. Le travail fait, la pédale si elle est dessus est dégraffée de ses tenons et repoussée au fond de l'établi.

Un horloger de Paris, M. Chatain, a fait des tours pour les horlogers où la roue est portée par le tour lui-même. Nous n'avons pas sa disposition sous les yeux, mais nous croyons qu'elle est analogue à celle représentée au pointillé en *z v x y*, figure 6, planche III, c'est-à-dire que la roue est fixée à une poupée, ou à la poupée même qui porte la broche à poulie folle. On peut enlever du tour ou y remettre à volonté et suivant le besoin la poupée et sa roue. Si l'on craignait que le tour vibrât sous la charge de la roue, soit à l'aide d'une grande vis ou comme le montre en *s* la figure 6, on prendrait un point d'appui sur l'établi.

Cette disposition, on le sait, demande une certaine légèreté et délicatesse d'exécution, et il est bon que le coulisseau *i*, qui porte la roue, se manoeuvre à l'aide d'une vis, afin d'éviter toute brusquerie quand on fait glisser ce coulisseau pour tendre la corde.

136. On a compris également que dans les travaux délicats la corde doit être très faiblement tendue ; ainsi pour les menus ouvrages son frôlement sans roideur sur le cuivrot, c'est-à-dire avec une tension presque nulle, suffit dans beaucoup de cas à produire l'entraînement de la pièce que l'on veut tourner.

En résumé l'horloger devra, avant de prendre une décision, faire différents essais avec la roue placée sous l'établi et placée dessus. Il n'est pas indifférent de choisir un diamètre de roue ou de manivelle quelconque, il faut que le tout soit approprié à la main de l'ouvrier. N'oublions pas que la dextérité, la souplesse, la promptitude du doigté, comme on dit en termes de musique, varient d'un individu à un autre, et tandis que tel trouvera une plus grande facilité à son travail si le coude du bras qui mène la petite manivelle est appuyé sur l'établi ou sur un appendice de l'établi, tel autre, de ses collègues, aura plus de commodité en maintenant ce coude en l'air.

En un mot, il faut que l'ensemble soit disposé de façon que le corps et les bras n'éprouvent non seulement aucune gêne, mais soient fermement posés ; le travail du burin en acquerra une sûreté, une certitude extrêmes.

Ces recommandations sont également bonnes à mettre en pratique avec la grande roue menée au pied, par l'intermédiaire d'une pédale.

Petite roue à main : diamètre de 16 à 22 centimètres, grande, donne (pour un de ses tours) plus de vitesse, petite, moins de vitesse, mais a plus de force d'entraînement. C'est l'inverse pour la poulie du renvoi.

137. *Roue à tourner au pied ou roue à pédale.* — Elle est représentée figure 7, planche III.

Avant d'aller plus loin, et pour n'avoir plus à faire cette remarque, disons tout de suite que dans la généralité des appareils décrits, nous choisissons celui qui nous paraît offrir à l'horloger les meilleures conditions comme économie de frais d'établissement et facilités d'exécution loin des grands centres industriels ; nous donnons des spécimens que chacun peut facilement construire et modifier selon ses besoins ou son goût.

La grande roue motrice R, figure 7, planche III, a d'ordinaire son plan perpendiculaire au mur contre lequel l'établi est appuyé, c'est-à-dire est placée dans la position *qm*. C'est la plus favorable pour le travail, parce qu'il suffit que le genou du pied qui conduit la pédale P appuie contre le flanc de la roue pour l'arrêter instantanément.

Lorsque l'espace manque on met la roue parallèle au mur, et on fait passer sa corde sur la petite poulie *c*, adaptée sous l'établi E. On obtient ainsi que le mouvement de l'arbre de renvoi *f d* se fasse dans les mêmes conditions que s'il était mené par la roue *q m*. Il va de soi que lorsque c'est cette roue *q m* qui mène la poulie *f*, cette poulie est placée sur l'arbre de renvoi, au-dessus de cette roue *q m*.

La roue peut être simplement montée sur un fort boulon, fixé dans un montant de l'établi.

Pour les travaux qui n'exigent pas de force, cette roue ne devra pas être trop lourde, mais pour l'usage du tour destiné, par exemple, à l'exécution des pièces des pendules, une certaine puissance d'inertie lui est nécessaire. On choisit alors une de ces roues en fonte comme on en trouve chez les marchands quincailliers.

138. Dans l'usage de la roue à pédale, les uns mettent leur roue en parfait équilibre sur son axe, et la lancent avec la main, les autres la chargent sur un point, mais choisi de telle sorte que la roue, au repos, maintienne sa manivelle aussi éloignée que possible de son point mort. Il en résulte que par un simple balancement du pied on peut lancer la roue sans y mettre la main. (En moyenne, poids de la roue 5 à 6 kilogs, diamètre 40 à 50 centimètres).

La pédale, comme le montre la figure 7, est un simple morceau de planche, dans l'arrière duquel sont plantées deux tiges de fer formant pivots, et qui sont reçues dans les trous de deux petits cubes ou tenons de bois cloués sur le plancher.

139. *Établissement de l'arbre de renvoi.* — L'arbre de renvoi *f d*, figure 7, planche III, ne doit pas être trop mince, car alors il vibre et ondule, ni trop épais, parce qu'il donnerait par son excès de poids, un surcroît de résistance inutile. (En moyenne : longueur 30 centimètres, grosseur 12 millimètres.) Il est bon que la poulie triple *d*, sur laquelle passe la corde qui met le cuivrot du tour en mouvement, ait son plus fort diamètre assez grand pour qu'au besoin on puisse, en posant la main dessus, arrêter instantanément le mouvement de l'arbre de renvoi. On a compris que dans ce cas, la grande roue B continuant un instant de tourner en vertu de sa force acquise, la corde glisse sur la poulie *f*, mais sans l'entraîner.

Les supports *a, b,* de l'arbre de renvoi se font ordinairement en métal mais, à moins qu'ils ne soient très épais ou qu'ils ne se présentent de champ, ou plutôt sur leur plus grande largeur dans le sens de la longueur de l'arbre, ils sont doués d'une élasticité fort nuisible.

Une disposition très simple, très économique, que nous avons vu pratiquer avec succès par l'un de nos habiles confrères, M. Balliman, est celle dessinée par la figure 7. Sur l'établi E, deux cônes en bois *a* et *b*, percés longitudinalement, sont fixés par deux de ces longues vis, employées pour assembler les montants des lits, elles sont serrées sous l'établi par deux forts écrous. Dans la tête de l'une d'elles est chassée une broche dont le trou s'adapte à une pointe de l'arbre de renvoi, tandis que l'autre pointe de cet arbre est reçue dans le trou d'une vis à poulet, et contre poulet, taraudée dans la tête de l'autre longue vis traversant le cône *b*.

Le bois, posé debout et fortement fixé, n'offrant presque aucune élasticité, cet agencement des supports du renvoi est ferme et solide.

Le tendeur

140. La corde qui transmet à l'arbre de renvoi le mouvement de la roue à pédale a une tension déterminée et constamment la même, on peut donc donner tout de suite à cette corde la longueur convenable pour que l'entraînement se fasse dans de bonnes conditions. Il n'en est pas de même de la corde qui va de la poulie *d*, figure 7, planche III, au tour. Cette corde, selon les objets que l'on tourne, doit être plus ou moins tendue ; ensuite si le cuivrot qui mène l'objet, placé aux broches du tour, ne tourne pas parfaitement rond ainsi que la poulie *d*, on court le risque de voir par instant la corde glisser sur le cuivrot du tour.

On évite cet inconvénient, et l'on maintient la corde à un état constant de tension suffisante, par l'emploi d'un tendeur.

On en a construit de plusieurs sortes : celui de la figure 1, planche III, suffira à donner une idée exacte de cet accessoire du tour, de ses fonctions, et des modifications de formes qu'on peut lui faire subir au besoin.

Assez près de l'arbre de renvoi, ou sur la ligne de son prolongement comme dans la figure 1, on place le centre d'un levier à deux bras, mobile sur pivots. Le bras coudé *c*, sert d'axe à une petite poulie *j*, assez légère et tournant avec une grande facilité ; l'autre bras *d* reçoit une masse, ajustée à frottement assez ferme, mais pouvant glisser dans le sens de la longueur du bras.

On a saisi le reste : la corde qui va du renvoi au tour, passant sur la petite poulie, vue en *c* et en *j*, cette poulie, sous l'action du poids *d*, tendra la corde et maintiendra cette corde constamment tendue au degré de force qu'on voudra avoir, puisqu'il suffira pour faire varier cette force, de rapprocher ou d'éloigner du centre de mouvement du levier, le poids *d*. Les petites inégalités qui pourraient se rencontrer sur la rondeur du cuivrot *n* du tour, ou de la poulie *m* du renvoi, ne produiraient alors aucun mauvais effet. En outre la tension de la corde pourra toujours être proportionnée à la délicatesse de l'objet à entraîner.

141. Dans les tours d'assez fort volume on fait souvent passer la corde tout autour de la poulie du tendeur, ce qui donne un peu plus de résistance sur ce tendeur, mais dans sa disposition générale, il ne faut pas oublier de faire entrer en considération le sens dans lequel a lieu l'entraînement.

S'il se fait de *n* vers *m*, figure 1, planche III, et ensuite en sens contraire ou de *m* vers *n*, on remarquera que dans le premier cas, l'action de la corde est plus rigide que dans l'autre. Là, sous une résistance augmentant subitement, le tendeur cédera un peu. C'est à l'horloger à voir, et suivant le cas, s'il y a avantage pour lui à placer le tendeur sur le cordon supérieur ou inférieur, ou s'il doit, soit pour changer la direction du mouvement, soit pour obtenir une adhérence plus grande de la corde sur les poulies, croiser les fils, ainsi que la chose est indiquée au pointillé dans la même figure 1.

Petit tour dit à décolleter

Fait avec le tour ordinaire

142. Les tours dits à décolleter sont plus particulièrement employés à la fabrication des vis et sont compliqués de pièces de détails dont l'horloger n'a pas besoin. Il lui suffit d'emprunter à ce genre de tour une de ses dispositions principales et de l'appliquer à un tour ordinaire, ce n'est donc ici qu'un nouvel accessoire du tour de la planche II.

Soit P (fig. 2, planche III), une poupée à deux branches, faite d'un seul bloc ou de pièces maintenues par des rivets ou des vis ; elle est adaptée à la perche du tour ordinaire, où elle remplace en ce moment la poupée mobile *p* de la planche II. La poupée fixe du tour indiquée ici seulement au pointillé, porte la broche *h* dont nous verrons l'usage tout à l'heure.

Les deux branches formant arc de cercle de la poupée P, planche III, se terminent par des coussinets et des chapeaux, fixés à vis et entre lesquels roule l'arbre A.

Cet arbre est creux sur toute sa longueur, ainsi que l'indiquent les deux lignes pointillées les plus écartées. Au tourillon de gauche est ajusté le cuivrot, ou la poulie, qui recevra la corde motrice. Celui de droite porte un disque ou plateau *r d*, vu de face en *l d*, un peu massif et formé de deux parties, *r* et *d*, réunies à vis. La plus épaisse ici est ouverte rectangulairement en son milieu et les deux flancs les plus longs de cette ouverture sont inclinés du dehors en dedans, de sorte que par une section perpendiculaire au plan de *l d*, la coupe de l'ouverture aurait la forme dite queue d'aronde.

Deux coussinets *c c*, s'y adaptant parfaitement, y sont maintenus à frottement ferme et encastrés, par la plaque *r* ; ils peuvent glisser en avant ou en arrière d'une certaine quantité, et un objet placé entre les deux peut être solidement fixé à l'aide des deux vis de pression qui agissent sur les coussinets.

143. Voici comment on s'y prend pour que le trou qui partage par son milieu la ligne de jonction des coussinets, lorsqu'ils sont serrés l'un sur l'autre, corresponde exactement au centre de l'axe A. La broche *h* (portée par la poupée fixe du tour ordinaire), qui lui fait vis-à-vis, et dont l'ajustement doit être excellent, est armé d'un foret semi-cylindrique, comme *f*, mais un peu plus gros. Ce foret ayant été tourné avec la broche et, par conséquent, étant très bien centré, il percera le trou du centre des coussinets bien selon la ligne centrale de l'arbre A.

Le trou ayant été ainsi percé, ou alésé avec soin après perforation, il en résultera qu'une tige quelconque pincée entre les coussinets, ne pouvant s'éloigner du centre que dans le sens de la plus grande longueur du rectangle *cc*, il sera facile, à l'aide des vis de pression, de l'amener au point convenable.

Le cuivrot de l'arbre peut se mettre en *i*, mais seulement lorsqu'on ne se sert que de l'archet ; pour tourner à la roue, il est préférable qu'il soit en *b*, cet arrangement donne toute facilité pour enlever ou remettre la corde.

144. L'ensemble du mécanisme qui vient d'être décrit peut rendre de nombreux services : une tige *ba*, par exemple, y étant ajustée, on en laisse déborder en *a* la quantité utile et sur laquelle on ébauche très rapidement, si le mouvement de l'arbre est continu, des vis, des forets, des tarauds, des carrés de rapport, des pieds de détente, etc. La partie *a* pouvant être amenée vivement à une grosseur voulue, on peut y ajuster une aiguille de montre dont il faut diminuer le canon inférieur, une roue de minuterie dont on veut baisser la hauteur, friser la denture, etc.

Enfin sur cet outil on ébauche en un clin d'oeil des canons, gouttes-de-suif, cylindres et tampons. *Exemples* : le foret *f* étant présenté au centre de la tige *a*, qui ne doit déborder que de la quantité nécessaire, si on perfore cette tige sur une certaine profondeur, qu'ensuite le support du burin étant remis en place, on tourne par devant, par dessus, et que l'on coupe à la longueur voulue, on a une écorce de cylindre très vivement et très proprement faite. On en exécutera des quantités en un temps très court.

Il a été dit qu'il ne faut pas que la tige *a* déborde sur une trop grande longueur, parce qu'alors sa flexibilité serait cause qu'on ne pourrait la tourner bien ronde. Pour certains cas obligés on peut pointer assez fortement l'extrémité de la tige avec le foret *f*, et remplacer la broche porte-foret *h*, par une broche ordinaire tournant rigoureusement rond, surtout à sa pointe qui soutiendrait l'extrémité de la tige. On comprend sans peine que si les deux broches à foret et à pointe, n'étaient pas d'une exécution parfaite on ne ferait rien de bon.

Ces explications suffiront à tout horloger pour qu'il sache tirer un excellent parti de l'outil dont il vient d'être question.

Tour en l'air de fort volume

145. Le tour ordinaire muni des différents accessoires décrits ci-devant, et représentés dans les figures 2, 4, 5, etc., de la planche II, et figures 2, 4, 6, 7, etc., de la planche Ill, constitue un tour en l'air pour petit volume (c'est-à-dire pour les menus ouvrages), suffisamment complet, mais il n'offrait ni assez de force, ni assez de masse pour qu'on pût y exécuter convenablement soit une platine de montre, soit la plupart des organes de la pendule.

Un tour en l'air du double des dimensions de celui que montre la figure 10, planche III, peut suffire dans presque tous les cas. Étant apte à recevoir des tasseaux de toutes grandeurs, des tiges d'assez fort diamètre, des lapidaires, de grandes fraises circulaires, de petites meules, etc., on comprend la multiplicité des services qu'on aura à lui demander.

Pour l'établir on peut utiliser, sinon l'arbre, au moins le corps de ces outils qu'on trouve chez tous les quincailliers sous le nom de tours à percer. En dehors de cette ressource il est facile, à l'aide d'un modèle en bois, de faire couler chez un fondeur en cuivre un corps de tour comme B, figure 10, planche III.

Après l'avoir limé bien carrément dans tous les sens, on marque extérieurement les trous où rouleront les collets de l'arbre, et on les perce suffisamment profonds d'abord avec un petit foret, pour n'avoir pas à craindre leur déplacement, puis on achève en perçant d'outre en outre par les moyens indiqués un peu plus loin.

146. Si l'on ne possédait qu'un simple tour ordinaire, voici comment on pourrait exécuter cette dernière opération. On place le bâti B entre les broches du tour, les pointes entrant dans les trous commencés au petit foret, puis on remplace une des broches par une broche porte-foret (comme *h* de la figure 2, planche III), menée par un cuivrot placé à l'arrière. Tandis que la personne qui conduit l'archet, ou la roue motrice, appuie fortement sur la pointe du talon de la broche pour faire mordre le foret qu'il faut assez gros, afin d'éviter toute flexion, l'autre personne maintient le bâti, tout en lui faisant faire des quarts de révolution. Un trou étant percé on retourne l'appareil et l'on agit de même pour l'autre côté.

On peut corriger les différences à l'aide de deux broches taillées en alésoirs coupant sur une partie de leur circonférence, et fonctionnant simultanément. Enfin, si ce moyen ne suffisait pas complètement, avant de terminer l'ajustement des chapeaux à pieds et à vis *f f* qui serrent les collets de l'arbre, on aurait recours, pour faire disparaître les petites différences existantes, à un arbre provisoire, formé d'une tige bien cylindrique et un peu plus grosse que le diamètre des trous, et qu'on rayerait sur sa longueur aux extrémités avec l'angle d'une lime. Cet arbre étant mis en place, on le ferait fonctionner, tout en serrant peu à peu les vis jusqu'à ce que les chapeaux fussent complètement serrés.

On peut aussi employer une tige bien cylindrique et unie et avec laquelle en se servant de pierre broyée à l'huile ou d'émeri très fin, on roderait les deux trous.

Ces indications sont, nous l'espérons, plus que suffisantes.

Exécuter l'arbre et ses accessoires

147. Percer dans toute sa longueur un arbre d'acier du double, au moins, plus gros et grand, que *m*AC, figure 10, planche III, est un travail long et difficile pour l'horloger, aussi pourra-t-il, en lui donnant des dimensions plus fortes proportionnellement, faire cet arbre en bon fer creux, dit fer Gandillot, et qu'on trouve chez tous les quincailliers.

Il est préférable que l'arbre soit foré sur sa longueur d'outre en outre, mais si l'ouvrier ne tenait pas à cette condition, il pourrait employer seulement le fer creux pour le corps A de l'arbre et le choisirait à écorce épaisse. Il y chasserait profondément la pointe d'acier en *x*, et par l'autre bout un tube d'acier *n*C, taraudé intérieurement et extérieurement en C, et portant en *n* un épaulement qui a été réservé lorsque l'acier a été diminué de grosseur sur le tour.

L'ajustement se ferait conformément aux indications du numéro **131** ; les deux pièces formant les extrémités s'adapteraient froides dans le corps A, chauffé à un certain degré.

La partie extérieure de C se taraude (en prenant beaucoup de soin) avec une bonne filière à coussinets. On exécute immédiatement après, quelques tarauds, exactement semblables au taraud C, sauf qu'on les aiguise sur quatre faces, et sur une bonne partie de leur longueur, afin de les rendre bien coupants. Ils serviront à tarauder l'intérieur des tasseaux qu'on aura à ajuster sur l'arbre.

Quant à l'intérieur de C, qu'on voit de face et en coupe verticale en S, on le taraude (en prenant également de grands soins) avec un taraud parfaitement net et tranchant, un peu conique, et plus long que d'ordinaire. C'est-à-dire qu'il se prolonge en avant d'une certaine longueur non taraudée, allant en diminuant de grosseur pour se terminer par un petit bourrelet un peu moins gros que n'est large l'intérieur du tube A. A l'aide de cette précaution la direction de la marche du taraud, selon la longueur de l'axe, étant assurée, le taraudage se fera plus vite et mieux.

Le taraud doit répondre exactement à l'un des trous de ces fortes filières à main, ouvertes sur le côté par une mince fente allant du trou au rebord. Plus tard on y taraudera la queue T des tasseaux destinés à être adaptés en S. (Consulter les articles sur les tarauds et les filières).

148. *Les tasseaux* — seront de deux sortes :

1°. Ceux s'ajustant à l'intérieur de C (en S) ; ils sont pleins intérieurement et prennent d'habitude l'une des trois formes qu'indiquent en T, figure 10, planche III, *aa, ee, ii.* Ils peuvent porter à leur centre un arbre taraudé ou lisse, qui, nécessairement, doit être assez court ;

2°. Ceux qui s'adaptent extérieurement au nez de l'arbre sur C, et qui sont creux au centre. On en voit deux spécimens, l'un figuré au pointillé en *gg'*, l'autre au trait plein en D. Ce dernier est vu de face en D'. Le plateau *g* peut avoir un diamètre variant entre celui de l'épaulement *n*, et presque le double de la hauteur de l'arbre au-dessus de l'établi.

Chaque tasseau est percé en travers, ou perpendiculairement à l'axe, d'un trou indiqué en *v* et en D. Il sert au passage d'une tige ou broche métallique, formant un double levier à l'aide duquel la main peut serrer fortement le tasseau sur le nez de l'arbre, ou bien le desserrer au besoin.

Il n'est pas nécessaire d'expliquer l'usage du tasseau D, vu de face en D' ; il serait difficile, après avoir lu les articles du numéro **142** et suite, de ne pas comprendre à quoi il sert et les nombreuses commodités qu'il offre au travail journalier. En A figure 1, planche V, est dessiné un mandrin s'ajustant à vis extérieurement sur le nez taraudé de l'arbre du tour en l'air. Ce mandrin porte à son centre, et en saillie, une vis à bois *x*, qu'il convient de ne pas faire trop longue. On y visse des cylindres de bois qui servent, par exemple, à porter un anneau qu'on veut tourner ou polir, une virole quelconque soit entre autres, une virole de barillet de pendule qu'on tourne extérieurement ou sur laquelle on veut former la retranche de l'épaulement circulaire qui s'ajuste et se soude dans la rainure du fond du barillet, etc.

149. Le tour étant terminé et fixé solidement sur l'établi par de fortes vis, il reste à le pourvoir d'un support mobile. Aucun horloger, nous le supposons, ne serait embarrassé pour l'établir, néanmoins quelques indications ne déplairont pas au plus grand nombre.

Un tube *c*, épais et haut, dans lequel s'ajustera le support du burin, figure 9, planche III, est solidement rivé ou brasé dans une forte plaque métallique *b a*, ouverte d'une rainure longitudinale *n*. Par cette ouverture et par une seconde pratiquée dans la table de l'établi et que recouvre la plaque, passe un boulon dont la large tête presse la plaque sous l'effort d'un écrou à levier ayant son point d'appui sous l'établi.

La plaque, portant le canon du support, étant ouverte sur toute sa longueur, il ne sera pas nécessaire de donner beaucoup d'étendue à l'ouverture de l'établi où passe le boulon, pour obtenir des déplacements variés et considérables du support.

Le canon *c* doit être assez haut pour permettre l'abaissement ou l'élévation nécessaire du support, et la plaque *ba* peut-être élevée sur un disque traversé par le boulon.

Observations sur les mots tasseau, mandrin, toc et taquet.

150. Le nom de tasseau, généralisé par les horlogers, est appliqué par eux à toutes pièces de rapport telles que T, figure 4, planche III, et T, *g g'*, D, figure 10. Les mécaniciens emploient les trois désignations

Planche IV

Fig. 1.

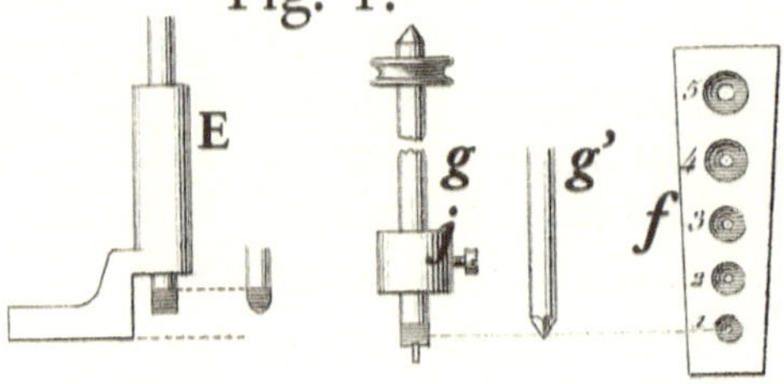

Fig. 2.

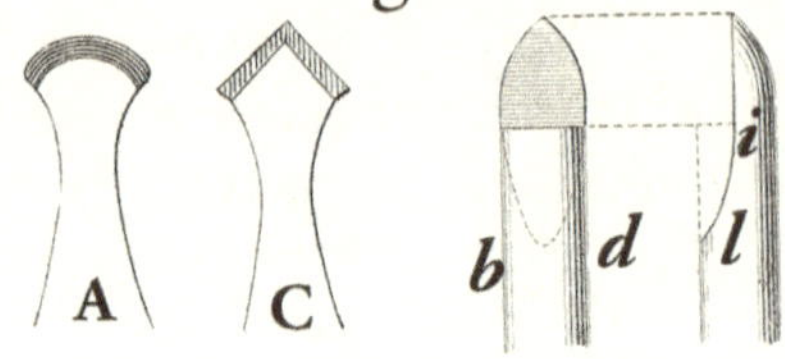

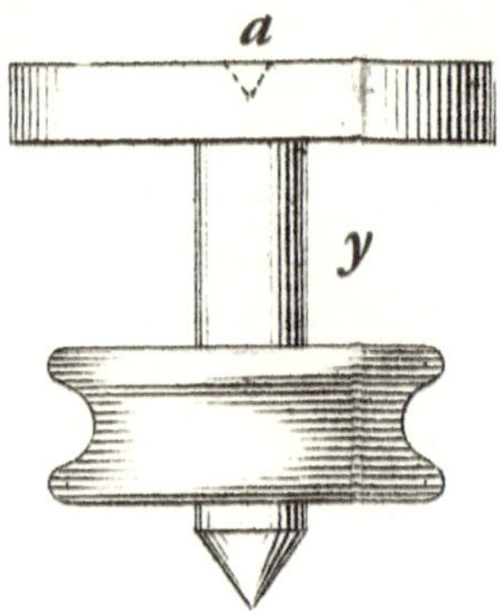

Fig. 3.

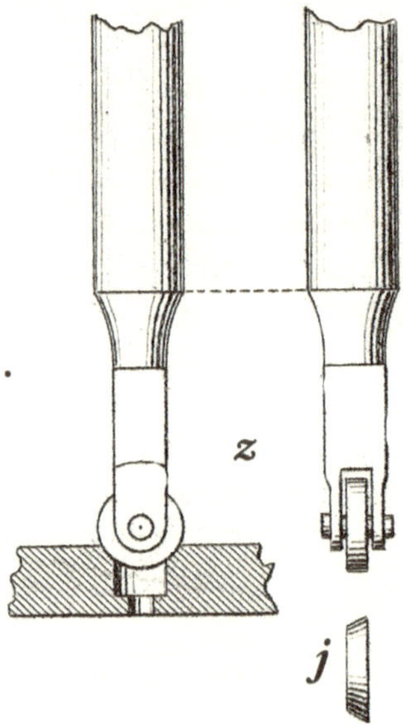

Fig. 4.

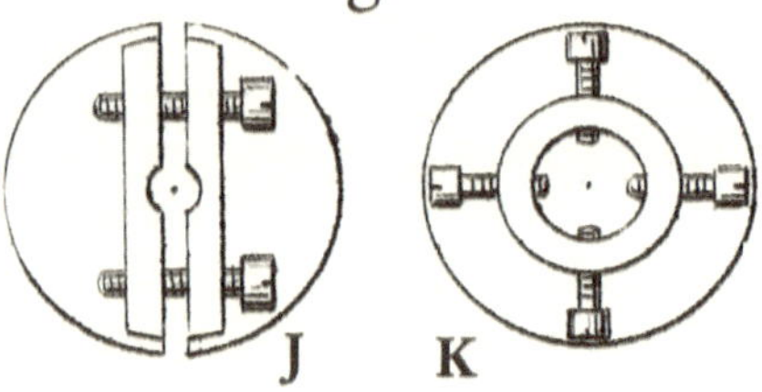

Fig. 5.

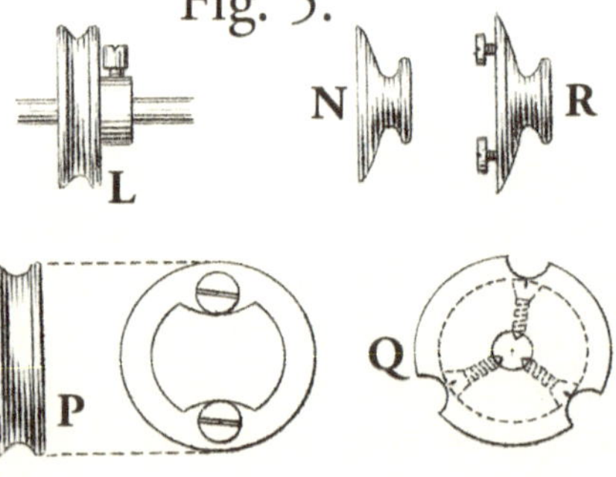

Fig. 7.

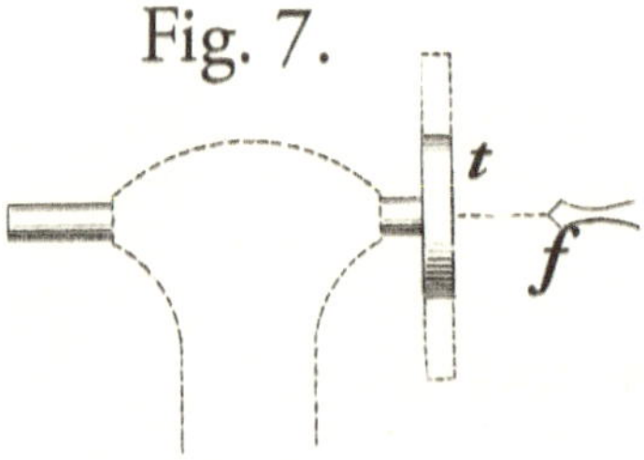

Fig. 6.

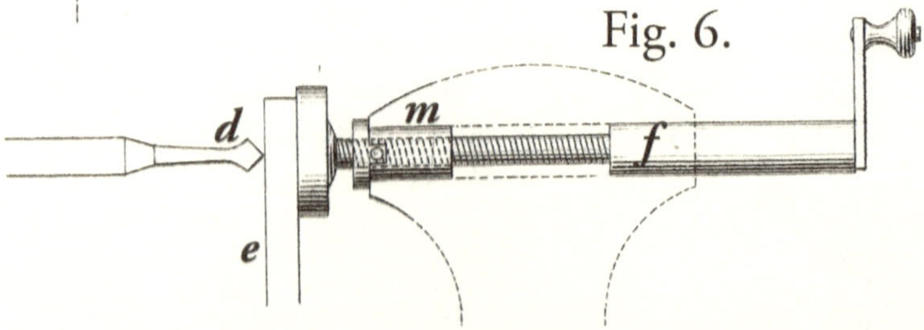

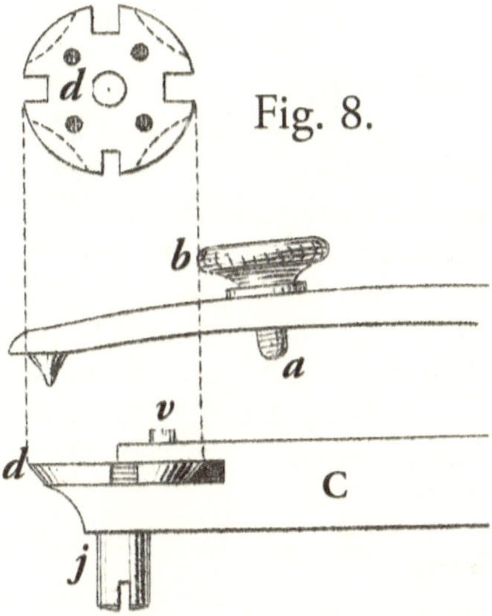

Fig. 8.

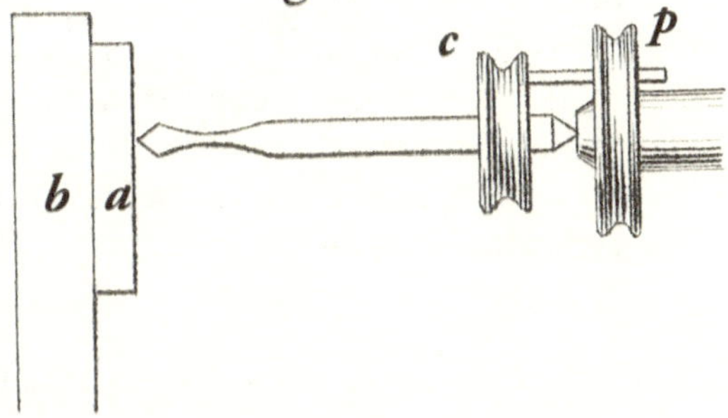

Fig. 9.

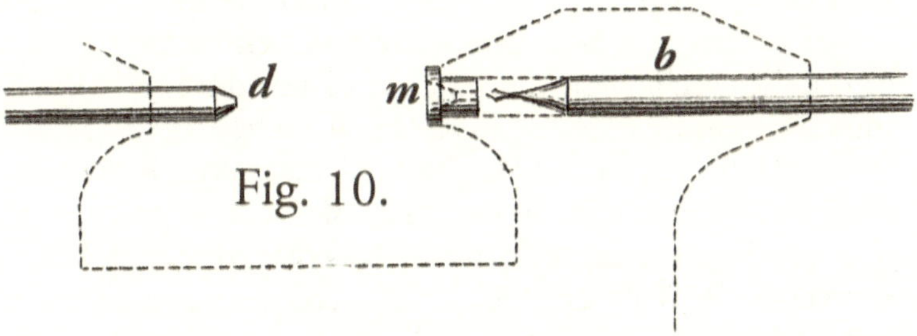

Fig. 10.

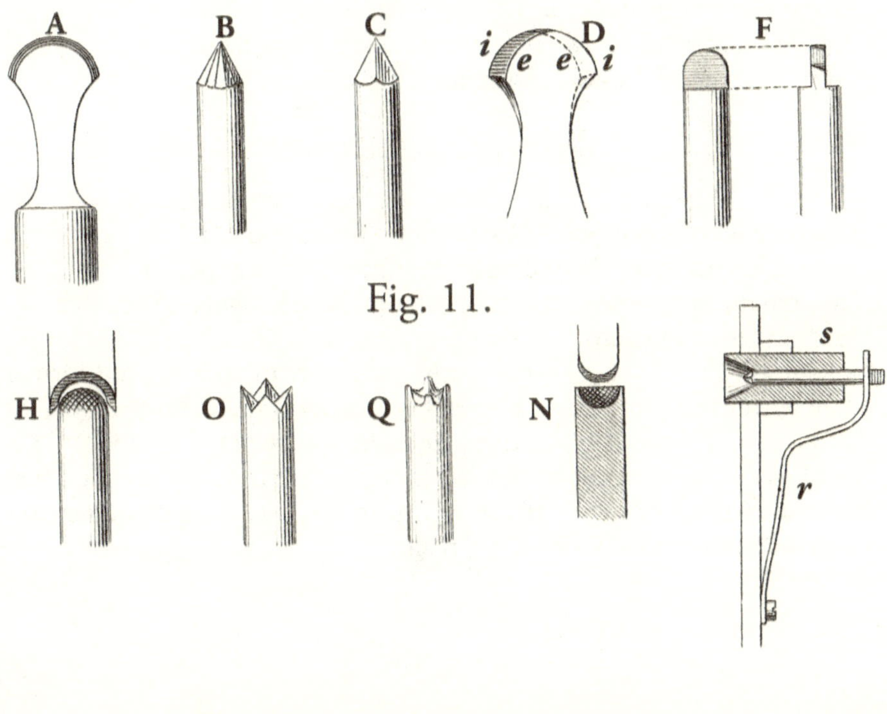

Fig. 11.

suivantes : tasseaux, mandrins et emprunts. Nous pensons qu'il serait mieux de conserver le nom de tasseaux aux pièces qui s'ajustent à l'intérieur de l'arbre du tour par un appendice lisse ou taraudé, comme ceux vus en T, figures 4 et 10, et de réserver les deux autres désignations pour les pièces qui, comme *g' g* et D, figure 10, s'adaptent par leur intérieur creux sur la portion saillante C de l'arbre.

Il y a également confusion entre les deux mots taquet et toc. Le taquet remplace le cuivrot, il est représenté en *t*, figure 3, et en T, entre les figures 11 et 12, de la planche II. Le toc est la pièce qui sert à l'entraînement du taquet. Dans la même figure 3, le toc, fixé à la poulie folle, est en P.

Glissière portant le tour

151. Lorsque l'on tourne avec la roue à pédale, il est commode, pour certaines opérations, de placer le tour ordinaire sur l'établi même, ce qui permet aux deux bras de se poser en même temps sur l'établi. On obtient facilement cet avantage à l'aide d'une glissière à mâchoires mobiles, comme celle vue figure 10, planche V.

La plaque *a b*, fendue longitudinalement pour le passage de la vis de serrage *v*, peut avancer ou reculer à volonté. Elle porte la mâchoire fixe *d*, à laquelle est rattachée par une vis la mâchoire mobile *c* ; le rectangle serré entre les deux est une section verticale du talon de la perche du tour. Le dessin, du reste, s'explique de lui-même et sa vue dispense d'une plus ample description.

On a compris que si l'on peut disposer d'une hauteur suffisante, il suffit de fixer un étau à l'extrémité d'une glissière ordinaire.

Coulant pour supports divers

152. Quelques outils particuliers, qui seront décrits en lieu convenable, nécessitent l'ajustement d'un support sur la perche du tour. L'agencement d'un coulant de support quelconque est très facile, en prenant pour base la construction représentée figure 11, planche V, et dont les détails seront saisis à première vue.

Un bloc de laiton *r s t*, qui a été fendu de haut en bas, pour former l'ouverture qui livre passage à la perche, est traversé perpendiculairement d'un trou rond, dans ce trou passe le coulisseau du support. Ce coulisseau reposant sur la perche, le serrage de la vis *z*, immobilisera tout le système *r c s z*. La partie *r s t* peut être faite de deux ou de trois pièces réunies par des vis ou des rivets.

Le coulisseau est formé, comme on le voit, par une tige semi-cylindrique, adaptée ici exactement comme le porte-support du burin du tour ordinaire. S'il était nécessaire que l'outil qu'il doit porter reçut des inclinaisons différentes, à droite ou à gauche, on laisserait *c r* entièrement cylindrique, et l'on percerait un peu plus haut le trou qui le reçoit, c'est-à-dire de façon que vers le bas il affleurât le dessus de la perche.

Patin à vis de serrage

Pour tourner de fortes pièces sur un tour ordinaire

153. Rarement l'horloger a à sa disposition l'emplacement nécessaire à l'installation d'un gros tour de mécanicien, et s'il a cet emplacement, comme ce genre de tour ne peut lui être utile qu'accidentellement, il recule devant l'achat de la pièce en question. Voici comment il peut suppléer à son absence.

Après avoir fait remarquer que l'assujettissement de l'extrémité libre d'un tour par la méthode de serrage de M. Villermoz, indiquée ci-après, offre une très grande solidité et permet de tourner sur le tour ordinaire de très lourdes pièces, ajoutons que ceux qui n'auront pas besoin de cette grande solidité pourront établir le tout plus simplement. Ils en trouveront facilement les moyens et d'eux-mêmes.

On prend un tour ordinaire qu'on fixe à demeure avec des boulons, ou en le serrant dans une mâchoire d'étau, au-dessus de la table de l'établi. Sur celle-ci, parallèlement à la perche et au-dessous, on visse fortement un coulisseau, sa section verticale est représentée en AA, figure 6, planche V. Sur ce coulisseau on introduit le patin P, de dimension convenable pour qu'il reçoive en *g* l'extrémité de la perche du tour, qui y sera serrée par la vis *f*. Cette perche aura toute la solidité désirable quand le patin sera fermement assujetti par sa base, et c'est ce qu'on obtient ici par l'application du système de serrage Villermoz.

Le patin est traversé verticalement, sur une part de sa hauteur, par une sorte de clavette ou boulon *c d*, dont la tête conique *c*, prend ses points d'appui : à gauche contre le coulisseau A, et à droite contre le patin même. La partie supérieure *d*, du corps du boulon, est traversée par une vis conique *n j*, lisse de *n* en *i* et taraudée de *i* en *j*. Il résulte de cette disposition que lorsqu'on serre la vis *n*, le patin est fortement assujetti, il fait corps, pour ainsi dire, avec le coulisseau AA et que lorsqu'on la desserre, ce patin cesse d'être maintenu à sa base, peut glisser le long du coulisseau et être ôté.

Pour le travail ordinaire, c'est-à-dire lorsqu'il ne sera pas nécessaire d'assurer une grande stabilité à la perche, on enlèvera le patin, ce qui dégagera le dessus de l'établi.

Tournage au crochet ou au burin fixe

154. Le tournage du laiton se fait très facilement avec un burin fixe plat porté par un chariot, et sur un tour ordinaire disposé *ad hoc*, c'est-à-dire dans les conditions réalisées par le tour universel, mais le tournage de l'acier demande un peu plus de soin dans l'exécution du burin ou crochet, et dans le choix de la forme et de l'acuité de son angle tranchant, ainsi que dans le choix du point d'attaque sur la pièce que l'on tourne.

Il faut faire quelques essais préalables en se guidant sur les remarques suivantes.

155. Dans la grosse mécanique on emploie le crochet pour raboter et pour tourner. L'observation et le raisonnement théorique ont conduit à conclure (*Dictionnaire* de Laboulaye) qu'un outil de la forme représentée en *b* et *d*, figure 9, planche V, réunit les meilleures conditions, comme position du crochet, relativement à la surface qu'il doit raboter ou tourner, et surtout parce qu'il offre un tranchant coupant et solide tout à la fois. On voit qu'il y a un rapport avantageux à déterminer entre l'angle du tranchant et le choix du point d'attaque sur la circonférence d'un cylindre qu'on tourne à l'aide d'un crochet. Avec le crochet, comme avec le burin fixe ordinaire du tour universel, l'angle tranchant trop aigu s'écrête et se détériore promptement ; l'angle trop obtus écorche, lamine et n'agit qu'avec un excès de pression.

En résumé, on a reconnu que :

> « En formant ou dressant un outil pour couper toute surface, il est nécessaire de le disposer de façon à ce que son extrémité forme l'angle le plus petit possible avec la surface qu'on attaque, en lui laissant une résistance suffisante eu égard à la cohésion, la dureté de la manière à travailler ou, en d'autres termes, que la face voisine à la matière à travailler doit être presque parallèle à la surface de celle-ci, et que le degré d'acuité de tranchant convenable doit être obtenu en creusant la face antérieure, sur laquelle se forment et glissent les copeaux.
>
> Ces principes s'appliquent à tous les outils, aussi bien aux mèches des outils à percer qu'aux burins qui servent à tourner, etc.»

156. Chariot ordinaire de burin fixe. — L'adaptation du burin fixe au tour ordinaire se fait habituellement en employant la disposition indiquée figure 7, planche V. Un coulant de poupée C, ajusté à la perche du tour, porte perpendiculairement au tour, un système de coulisse *a a h*. Sur le coulisseau *h* est montée, en croix, une seconde coulisse parallèle au tour (on en voit la section verticale en *npn*). Elle est destinée à recevoir le porte-burin *b d*, qui peut ainsi exécuter des mouvements en avant ou en arrière, et se déplacer latéralement, puisque le coulisseau *p* est mené par une manivelle, non représentée sur la figure.

157. Autre système. — On peut arriver au même résultat à l'aide de l'appareil suivant, assez simple et de construction facile : deux équerres massives E E, figure 12, planche V, limées bien carrément, sont préalablement fixées l'une sur l'autre et percées de trous identiques deux à deux, en *a, c*, E, *d*. Les trous en *a, a* doivent avoir exactement en largeur le diamètre des broches du tour.

Ce travail fait avec précision, on assemble les deux montants E, E, sur une base B, et l'on cheville les tiges cylindriques *c c* et *d d* sur lesquelles on fait coulisser le chariot porte-burin *p b*, mené par la vis *v*. Le trou B a ici exactement le diamètre de la tige de support du tour.

L'examen de la figure suffit à expliquer l'usage de ce petit appareil; on le met en place en faisant passer : 1° par les deux trous *a* et *a*, les broches du tour ; 2° par le trou B une broche remplaçant le support ordinaire du burin. La vis *z* étant alors serrée, l'appareil se trouve fixé solidement. On peut au besoin augmenter cette solidité par des vis de serrage comme celles dont il a été question ci-dessus. Leur place est indiquée par deux petits cercles pointillés. La vis y produira le mouvement latéral et la vis *s* le mouvement perpendiculaire.

158. Pour qu'il ne soit pas nécessaire de donner à ce dernier mouvement trop d'étendue, on prolonge au-dessus de *a a*, les extrémités du bâti E E, et ces extrémités étant percées de trous *x, x*, qui se correspondent deux à deux, permettent de faire reculer au besoin et d'une quantité connue tout le système.

La vis *v* doit être plutôt un peu libre que trop juste et les deux tiges ou tringles *c c, d d*, plutôt fortes que faibles, afin d'éviter toute flexion.

Dans le cas où l'on aurait besoin d'un mouvement latéral de translation du burin un peu plus étendu, ou si l'on voulait un chariot plus large, ce qui rendrait son ajustement meilleur, on élargirait le cadre du bâti de façon que l'un des bras E fût enfilé sur la broche en dehors de l'une des poupées du tour.

En ne fixant pas l'appareil en B, lorsque l'on aurait affaire à du bois ou à des métaux peu résistants, on pourrait faire mordre le burin par la simple pression de la main, faisant glisser l'ensemble du petit appareil sur les broches *a, a*, etc.

159. Chariot circulaire à serrage latéral. — Si l'on désirait que le burin pût prendre à volonté des inclinaisons différentes sur la perpendiculaire à l'axe de rotation de la pièce tournée, il faudrait monter le porte-burin sur un chariot, tournant sur un centre de rotation (qui est ordinairement une vis à collet) et se fixant par une vis de pression. Lorsque l'on a besoin d'un solide agencement, on peut adopter celui de la figure 13, planche V.

Le burin est vu sous deux aspects en *d* et *d'*.

D est un disque conique fixé par des vis ; il sert à maintenir la couronne ou coulisse circulaire *b b*, qui tourne à frottement autour de lui. Elle porte deux saillies ou plots *a, a*, correspondant à la rainure circulaire *c c*, pratiquée par dessous le porte-burin P. L'ensemble de *ab*D*ba* et le porte-burin, s'ajustent l'un sur l'autre et, quand ils sont réunis, la vis T (représentée une seconde fois au pointillé en *t*), traverse les deux plots et le porte-burin.

Lorsqu'on la serre, cette vis, qui est conique, prend appui par en haut contre les plots et par en bas contre le porte-burin. On voit tout de suite qu'en la serrant on fixera fermement ce porte-burin, qui tournait avec facilité lorsqu'elle était desserrée.

Tour en l'air de simple construction

160. Cette très économique disposition, que nous avons vu pratiquer pour la première fois par M. Millet, de Paris, peut dans bien des occasions rendre de véritables services aux ouvriers horlogers, surtout à ceux dont l'outillage, malheureusement, ne va pas au-delà du tour à finir courant.

A l'extrémité de chaque broche est rivée, en retour d'équerre, une petite plaque (figure 5, planche V). Les deux broches, qui forment ainsi deux équerres, étant enfilées, et dans le même sens, dans les poupées du tour, l'un des retours d'équerre *c*, comme on le voit, reçoit le collet de l'arbre et l'autre *b* la pointe de son talon. La poupée mobile se trouvant ainsi en retraite sur le nez de l'arbre, elle laisse libre toute la partie de la perche du tour qui le dépasse vers la droite. On y installe le support du burin.

L'arbre est plein et se termine par un taraud *a*, auquel on adapte de petits mandrins en laiton. On met bien plate par devant la surface du mandrin chaque fois qu'on veut y mettre en cire un objet (balancier, roue, barillet, etc.) destiné à être creusé ou tourné.

Tours divers

161. Le tour universel est décrit au **223**, et le tour Boley un peu plus loin. Un tour américain et le tour à pivoter genre Poultier, n'ayant pu être insérés dans cette 3e édition, se trouveront au *Recueil des procédés pratiques*, sous presse, et que suivra une publication spéciale du Tour aux pierres et de ses usages.

Observations concernant les usages du tour en l'air

162. Mettre en cire. — On pique avec la pointe du burin des sillons circulaires sur la face du tasseau, préalablement tournée plate, la cire y tiendra mieux. Puis la lampe à alcool allumée est placée sous le corps du tasseau en mouvement, et lorsqu'il est suffisamment échauffé, on garnit sa face d'une couche de gomme laque ou de cire d'Espagne, sur laquelle on applique la pièce que l'on doit travailler.

On la maintient avec un bois appuyé sur le support du tour, après avoir retiré la lampe et tout en entretenant le mouvement du tasseau, jusqu'à refroidissement.

On peut activer ce refroidissement à l'aide d'une petite éponge mouillée, mais il ne faut pas cependant refroidir trop brusquement.

Si la pièce collée doit être bien centrée, on l'amène au point pendant que la cire est chaude, par son trou central et avec la pointe d'une assez longue broche de fusain appuyée au support. Jusqu'à refroidissement on maintient la broche dans sa position, en la tenant entre deux doigts assez près du tasseau. Le moindre dérangement sera accusé par la déviation de l'extrémité libre de la broche de fusain.

Si la pièce est ronde et n'a pas de trou à son milieu, on fait le centrage par son contour tout en la maintenant par devant, ou bien en appuyant le bois à l'angle d'une saillie circulaire comme, par exemple, celle formée par l'assiette d'une roue, par l'assiette d'un cylindre rivé à un balancier, etc.

On devra faire un certain nombre d'essais ; ils rendront la main légère et permettront de mieux apprécier le degré de ramollissement de la cire qui convient pour le centrage et sa ténacité.

Lorsque l'on tient à ce que la surface collée de l'objet reste bien parallèle à la surface que l'on va tourner, une précaution est nécessaire : elle consiste à réserver, au-dessus du plan général du tasseau, une saillie circulaire presque tranchante mais sans bavures, et d'un diamètre plus petit que celui de la pièce à travailler. En faisant un peu aller et venir cette pièce au début de sa mise en cire, et en la maintenant après, elle reposera bien exactement sur la saillie circulaire.

163. Les mandrins, ôtés et remis en place, ne reprennent pas toujours la même position.

Les pièces qui exigent, une fois mises en cire, un achèvement complet avant le décollage, doivent être faites préférablement sur le tour aux pierres, c'est-à-dire sur un tour où le collet de l'arbre est maintenu par des coussinets à charnières. Ils permettent d'enlever l'arbre muni de son tasseau et de remettre ce dernier toujours rigoureusement dans la même position, ce qui n'a pas lieu lorsque, par suite des nécessités du travail, on enlève seulement le tasseau et qu'ensuite on le remet en place. Il présente souvent quelques différences de position dues à la plus ou moins grande pression exercée dans le serrage des vis, aux malpropretés inaperçues qui se sont glissées au collet ou ailleurs. Cet inconvénient se fait surtout sentir aux tasseaux ou mandrins ajustés à vis; aussi est-il nécessaire, lorsque l'on a besoin de précision, de donner un coup de burin sur leur face à cire chaque fois qu'on les remet sur l'arbre.

Les tasseaux dont la tige d'ajustement est lisse, lorsque l'ajustement en a été fait avec les attentions recommandées page 102, sont un peu plus précis que ceux à vis et reprennent plus exactement leur position.

Perçage à la roue

Différents procédés

164. La perforation du métal, quand le foret est conduit par un archet, est souvent longue et difficile ; dans le plus grand nombre de cas elle deviendrait rapide et aisée si l'on substituait la roue à l'archet, et si l'on faisait usage du foret semi-cylindrique qui sera décrit un peu plus loin.

On peut percer à la roue avec le simple foret ordinaire comme le montre la figure 9, planche IV.

Une poulie folle *p* montée sur la broche de la poupée fixe du tour, reçoit dans une rainure ouverte d'outre en outre l'extrémité de la goupille implantée, dans le cuivrot *c*, d'un foret ordinaire. La main de l'ouvrier, appuyée à la perche du tour, tient sous ses doigts repliés la pièce à percer *a*, appliquée contre un bois *b*, et présente cette pièce *a*, en maintenant le tout dans la direction convenable, contre la pointe du foret mis en mouvement par la poulie *p*.

La figure 2, planche III, nous fait voir un autre mode de perçage. Ici la pièce à perforer *a* est entraînée dans un mouvement de rotation et le foret *f*, porté par la broche de tour *h* qui est libre dans sa poupée, reçoit de la main, la direction et la force de pénétration nécessaire.

Dans la figure 7, planche IV, c'est le foret emmanché dans un tasseau porte-foret qui est en mouvement. A l'intérieur de la poupée qui lui fait face glisse une broche terminée en avant par un plan tourné bien carrément.

La pièce que l'on veut percer étant présentée au foret, on appuie contre elle le plateau, amené en avant avec les doigts, lesquels continuent à maintenir en même temps le plateau et la pièce en position. On peut, après que les premiers tours du foret l'ont centrée, la fixer par des vis, préalablement ajustées au plateau, mais le plus souvent les doigts suffisent à assurer sa position (**186**).

Une assez grande force de pression est parfois nécessaire pour faire pénétrer le foret, on l'obtiendra à l'aide de la construction dessinée figure 6, planche IV.

Un manchon *m*, taraudé intérieurement, est ajusté dans le trou de broche de la poupée qui fait face au foret ; on peut l'ôter et le remettre à volonté, mais un solide prisonnier l'empêche de tourner. Une broche *f*, diminuée et taraudée sur une part de sa longueur, se visse dans le manchon et se termine à une extrémité par un plateau libre *v*, et à l'autre extrémité par une manivelle.

On voit qu'en tournant cette manivelle, la pièce à percer *e* sera poussée par le plateau contre la mèche du foret avec une grande force.

L'ajustement de la manivelle doit être tel que son enlèvement soit facile, afin qu'il n'y ait qu'à faire glisser en dehors de la poupée le manchon et la broche *m f*, lorsque l'on a besoin du tour pour une autre opération.

Il y aurait avantage, lorsqu'on emploierait le procédé de perçage de la figure 7, à placer le tour verticalement, la mèche du foret tournée vers le bas.

D'ordinaire, la disposition de la corde d'entraînement n'y met pas obstacle.

Résumé des avantages qu'offre la substitution de la roue à l'archet

165. Nous sommes obligé d'insister sur ce sujet et d'y revenir une seconde fois, vu sa grande importance, car c'est par l'emploi d'un outillage mieux approprié aux exigences de la pratique actuelle, que l'industrie de l'horlogerie se tirera de la triste ornière où ses praticiens végètent. Or, la base d'un outillage et l'instrument le plus puissant pour le compléter est certainement le tour mené à la roue, tour ordinaire et tour en l'air.

La pièce à travailler s'y met plus promptement en place. Le taquet s'adapte avec plus de facilité que le cuivrot et occupe presque toujours moins d'espace. Par l'effet du mouvement continu la matière se débite plus rapidement sous le burin, et la rondeur est plus parfaite ; ce burin n'ayant pas à varier perpétuellement, sa position se brise moins souvent à la pointe.

La perforation des trous est prompte et plus sûre par l'usage des forets semi-cylindriques. Le poli s'obtient plus vite et mieux. Une corde remplace plusieurs archets assez embarrassants. Enfin, le tour à roue ayant au besoin une grande puissance, comporte l'installation de bon nombre de tasseaux porte-vis ou porte-forets, etc., de mandrins à meules diverses, lapidaires, fraises et scies circulaires, etc., qui tiennent peu de place dans les tiroirs et rendent d'innombrables services dans le travail journalier.

L'habitude du tour à roue se prend assez vite, et l'on peut y faire tout ce qui se fait à l'archet. A l'exemple cité page 103, ajoutons celui de plusieurs de nos bons horlogers : MM. Balliman et Chatain de Paris, Barral de Crémieu et Oulivet de Rabastens, qui n'emploient plus que la roue.

> « Voilà quatorze ans, nous écrit le dernier, que je me sers du tour à pédale ; je pensais d'abord n'y faire que le gros de l'outillage, mais insensiblement je suis arrivé à pouvoir exécuter facilement dessus les opérations les plus délicates de l'horlogerie. » (Voir le *Recueil des procédés* au mot **Tourner**.)

Les petits outils usuels

166. Nous en négligerons plusieurs de ceux qui sont trop connus pour qu'il soit nécessaire d'en parler, et ne reviendrons pas sur ceux, dits de fournitures, dont il a été question de la page 82 à la page 91.

Après la série des petits outils, qu'il est bon de faire exécuter aux jeunes praticiens avec un peu de luxe parce qu'il développe l'adresse manuelle et le goût des choses bien faites, viendra la série des outils de fort volume : tour universel, outil aux dentures, etc., et le chapitre qui suivra s'occupera des détails d'exécution de différentes pièces détachées d'horlogerie.

Nous tiendrons compte de toutes les communications utiles qui nous seraient adressées, et les ferons paraître dans la nouvelle édition du *Recueil des procédés pratiques.*

Établir les forets, tarauds, équarrissoirs d'après un rapport connu

Calibre à tarauds

167. Dans l'organisation de l'outillage, la première condition d'un travail rapide et sûr consiste à établir entre les séries des équarrissoirs, tarauds, forets, un rapport connu, ou plutôt une mesure commune, et on y parvient aisément en suivant la méthode, que nous complétons par quelques détails, de M. Oulivet.

On se procure d'abord une excellente filière aux vis et une filière dite de bijoutier qui sert à étirer des fils métalliques et à en réduire le diamètre en passant d'un trou au suivant.

On étire du fil de laiton ou de bon fer qu'on amène à une grosseur telle que ce fil, rendu un peu conique au bout pour faciliter son entrée, donne dans le premier trou de la filière aux vis, sans excès de bavures et sans déformer la tige, un taraud à filet plein et net. On détache ce taraud de sa tige, à huit ou dix millimètres au-dessus du dernier filet, c'est-à-dire en laissant adhérente à ce taraud une portion lisse de la tige qui a servi à le former. Le taraudage gonflant le plus ordinairement la portion taraudée, l'autre est presque toujours un peu moins forte.

On étire de nouveau son fil pour l'amener à la grosseur qui convient pour le deuxième numéro de la filière aux vis, on le taraude comme précédemment, et ainsi de suite pour tous les trous.

168. La série des tarauds étant prête, on dispose un calibre à tarauds, formé par une plaque mince, carrée ou circulaire, sur le contour de laquelle on pratique des entailles rectangulaires, de largeurs décroissantes, et telles qu'elles répondent aux diamètres des parties lisses cylindriques réservées au-dessus du taraud (J, fig. 4, planche V).

Les entailles numérotées dans l'ordre des numéros de la filière aux vis, on perce en face de chacune d'elles un trou rond, ayant exactement le même diamètre que cette entaille. Les coches rectangulaires serviront à mesurer, sans les ôter du tour si l'on veut, les tiges destinées à être taraudées, et les trous ronds fourniront la mesure des grosseurs d'équarrissoirs ou de forets, devant agrandir ou former les trous qui recevront les vis.

Si le calibre est établi avec soin, les forets cylindriques (tournant bien rond) qui y passeront juste foreront des trous très nets, et de diamètre assez exact pour qu'on puisse les tarauder sans qu'il soit nécessaire d'y passer l'équarrissoir. Le rapport convenable entre le diamètre du trou et la grosseur du taraud étant ainsi trouvé, on pourra tarauder à l'archet ou avec le petit appareil qui sera décrit plus loin.

On se servira du calibre pour établir trois séries graduées de tarauds, équarrissoirs et forets, se répondant dans l'ordre des numéros (les équarrissoirs portant au besoin un bourrelet de laiton au point où leur pénétration doit s'arrêter). Ce triple assortiment, étant entretenu toujours au complet et en bon état, procurera à l'horloger de grandes facilités pour son travail et une très notable économie de temps, et lui évitera des pertes de filières forcées et de tarauds cassés.

On trouvera quelques autres détails ci-après, aux articles des forets et du taraudage (**177-265**), et aussi au *Recueil des procédés pratiques.*

Cuivrots

169. Nous rappellerons que dans la plupart des cas on les remplace avantageusement par le taquet. Du reste, ils peuvent servir indifféremment avec l'archet ou la roue à corde et il suffit pour cela qu'ils soient ouverts, dans le sens de leur rayon, d'une percée ou rainure dans laquelle puisse pénétrer le toc de la poulie folle.

Les deux sortes de cuivrots à vis représentés en J et K, figure 4, planche IV, sont trop connues pour que nous ayons à dire quelque chose à leur sujet. On verra plus loin comment le cuivrot J a été modifié par Dumontier.

La figure 5 nous montre en L, N, R, P, Q, cinq espèces de cuivrots. Celui vu en Q n'est qu'une variété du genre dont un spécimen est donné en K, figure 4.

Quant au cuivrot R, figure 5, il ne vaut pas grand-chose ; si la pièce serrée sous les vis est épaisse, les vis tiennent peu ; si cette pièce est mince, l'extrémité des vis déborde et accroche la corde de l'archet. Il faudrait que le rebord fût très épais, alors le cuivrot deviendrait lourd et très embarrassant. Reste les trois cuivrots L, N et P, qui sont fréquemment utiles dans la pratique ordinaire.

170. Une série bien graduée de cuivrots comme L, rend de très nombreux services. On peut les monter très vite sur une tige à tourner, sur un foret, un arbre, etc. On évite avec eux l'inconvénient du cuivrot simple qui exige que la tige qu'on y met soit conique, et fréquemment il faut agrandir son trou d'un coup d'équarrissoir. Tout apprenti devra se faire un assortiment complet, ce qui demande peu de temps, puisqu'on trouve chez tous les marchands de fournitures des vis de toutes grosseurs très bien faites.

171. Le cuivrot P, représenté de face et de profil, est un simple cuivrot ordinaire, portant sur sa face deux ou trois vis, à large tête mince, suivant qu'on veut l'employer pour des roues ou des balanciers. Sauf la couronne et les deux saillies où sont taraudées les vis, tout l'intérieur est évidé. Ainsi débarrassé de toute matière inutile, il devient assez léger. Le dessous de la tête des vis doit être poli, ou au moins adouci, et l'angle doit être arrondi afin qu'aucune marque ne soit laissée sur les croisées des roues, etc., qui seront serrées sous ces vis.

172. Le cuivrot N, dit *cuivrot-à-cire* est un des plus utiles. Fortement évasé à l'intérieur du côté opposé à N, il présente de ce côté N une zone assez large qu'on recouvre, en le chauffant, d'une couche de cire d'Espagne. Quand on veut l'employer on le tient un instant renversé au-dessus d'une lampe allumée, et la cire suffisamment ramollie, on l'applique sur la roue ou le balancier qu'il doit conduire. Pour le détacher, il suffit d'opérer une petite pression avec une lame tranchante, entre son rebord et la pièce sur laquelle il est collé; mais si cette pièce est fragile, ou que l'on craigne de la rayer, on saisit le cuivrot dans de fortes brucelles qu'on échauffe en les tenant dans la flamme à quelque distance du cuivrot. La cire se ramollissant, la pièce collée se détache d'elle-même. On fait tomber de cette pièce avec un bois les morceaux de cire peu adhérents et l'on achève de la nettoyer dans de l'esprit de vin rectifié, qu'on fait bouillir pour aller plus vite (**120**) ; on l'en sort de temps en temps et on la nettoie avec une brosse qu'on trempe dans l'alcool.

Pour les travaux très délicats, exigeant peu de force, il suffit d'enduire la face du cuivrot d'une assez forte couche de cire vierge ou de cire jaune.

173. *Cuivrot-Durnontier*[3]. — V. figure 3, planche V. Il diffère du cuivrot à vis ordinaire en ce qu'il n'est pas formé de deux moitiés de cuivrot réunies par des vis ; sa couronne est faite d'un seul morceau. Les deux petites barres *ab* et *de* sont fixées en *a* et en *c* par de petites vis à collet sur lesquelles ces barres peuvent tourner. Les avantages de cette disposition sont : que la couronne reste toujours parfaitement ronde parce qu'elle est faite d'un morceau, et que les vis *b, d* qui réunissent les deux barres, les rapprochent en les maintenant parallèles.

174. *Cuivrot universel et toc-manivelle Chatain.* — En G, figure 4, planche V, on voit un des spécimens du cuivrot universel.

Sur une plaque ouverte au centre et assez mince, pour qu'elle soit légère, est montée à vis une sorte d'étoile en laiton, dentelée sur son contour d'entailles, en angle obtus ou bien en demi-cercle, mais de grandeurs qui vont en décroissant. Au-dessus de l'étoile un petit coussinet descend sous la pression d'une vis. La vue de la figure fait comprendre l'usage de l'instrument ; on voit lorsqu'on a amené au centre de l'outil l'entaille de l'étoile qui répond au diamètre de la tige que l'on veut tourner, et quand cette étoile a été immobilisée par sa vis, on place dans l'entaille, répondant au centre, la tige que l'on y fixe en serrant le coussinet.

Un autre spécimen, non représenté sur notre planche, porte au lieu de l'étoile un second coussinet. Les coussinets sont percés d'un trou où l'on introduit une pointe lorsqu'il faut les faire reculer.

Les trous 1, 2, 3, 4, sont destinés à recevoir le toc d'entraînement de la poulie folle quand on voudra tourner à la roue, et le cuivrot *c*, adossé à la plaque, servira quand on fera usage de l'archet.

175. Le *cuivrot*, ou *poulie à toc-manivelle*, est dessiné en H, figure 3.

Sur un petit pied de détente, implanté sur la face de la poulie, est chaussée à canon la petite manivelle, vue de face en *s*, et de profil en *m a*. C'est par sa cheville *a*, introduite dans l'un des trous 1, 2, etc., du cuivrot universel, que l'entraînement de ce cuivrot, par la poulie folle du tour, a lieu. On voit tout de suite que la cheville *a*, pouvant parcourir l'arc de cercle *r s*, le toc-manivelle servira pour tous les cuivrots ou taquets d'un rayon ne dépassant pas celui de la poulie folle.

M. Chatain fait remarquer que lorsque l'on agit par un court rayon sur des objets menus, délicats, le toc-manivelle doit être très libre.

[3] Nous avons appris que ce cuivrot était déjà employé chez L. Berthoud.

176. *Cuivrot-alidade.* — Sous ce nom nous avons donné, dans la *Revue chronométrique*, la description d'une espèce de cuivrot qui se compose d'une petite poulie folle tournant sur un canon, entre une portée et un anneau élastique chaussé sur le canon ; l'anneau est noyé dans une creusure faite à la poulie.

Le canon sur sa partie la plus forte, et extérieurement à la poulie, est muni d'une vis de pression à l'aide de laquelle on le fixe, après l'y avoir ajusté, sur l'extrémité suffisamment diminuée d'une broche de tour quelconque. Sur la face de la poulie est maintenu par une vis un petit toc en retour d'équerre qui peut monter, descendre, ou se fixer en desserrant ou serrant la vis. Son retour d'équerre est à simple ou double bras. S'il est double il reçoit entre les branches de sa fourchette le taquet, ou bien simplement la barrette d'une roue, d'un balancier, etc.

Nous avions adapté sur l'extrémité de la broche à pointe d'un tour à pivoter, de ceux dits tours Jacot, un cuivrot de ce genre. Les ajustements étaient faits avec soin et la fourchette était formée de laiton assez mou pour qu'on pût l'ouvrir et la fermer un peu au besoin.

Une fois l'habitude prise, nous avons trouvé à cette disposition des avantages sérieux : le cuivrot restant à poste fixe, l'archet y demeurait suspendu, et il n'était plus nécessaire d'adapter un cuivrot à la pièce à travailler.

En outre, elle se mettait en place ou s'enlevait plus facilement du tour, puisqu'elle se trouvait débarrassée du poids et de l'encombrement d'un cuivrot et d'un archet, qu'on est ordinairement obligé d'enlever chaque fois avec elle.

Nous le répétons, l'ajustement de cette petite poulie doit être fait avec soin, sur le plus court rayon possible ; les parties frottantes tenues très propres se lubrifient d'huile d'horlogerie fine. On a compris que si le frottement du cuivrot offrait de la résistance, on pourrait la confondre avec la résistance que le pivot présente au travail de la lime et du brunissoir, et la main perdrait de sa sensibilité.

On trouvera la description de plusieurs autres cuivrots au *Recueil des procédés.*

Forets

177. En A et en C (figure 2, planche IV) sont indiquées les formes qu'on donne le plus habituellement aux mèches des forets. Le foret dans la forme C, dite en langue de serpent, sert à la perforation des laitons et des métaux qui présentent peu de dureté. Sa mèche ne doit pas être trop épaisse afin que l'angle soit bien tranchant.

A mesure que la matière en oeuvre est plus résistante, on augmente proportionnellement l'épaisseur de la mèche, ou, ce qui revient au même, on donne une moindre inclinaison au double biseau qui forme le tranchant.

S'il satisfait à cette dernière condition d'une suffisante épaisseur, le foret C percera très bien l'acier, mais sa pointe s'émoussera très vite.

Quand on a affaire à ce dernier métal, la forme A est celle qui convient le mieux, surtout à l'acier un peu dur ; ce genre de mèche avec ses coins arrondis et aiguisés, quand le tranchant n'est pas trop aigu, résiste longtemps.

Si l'acier était plutôt mou que dur, on irait plus vite en besogne en donnant à la mèche une forme moins surbaissée que A, c'est-à-dire intermédiaire entre A et C.

Un foret est excellent s'il réunit les conditions suivantes : avoir sa pointe bien au centre de la mèche, être de bon acier et bien trempé, c'est-à-dire sans qu'on ait dépassé à la chauffe le degré de chaleur qui convient à cet acier, enfin être bien droit, c'est-à-dire tourner suffisamment rond sur toute sa longueur pour qu'il puisse, sans se fausser, supporter la forte pression nécessaire au forage.

178. Il ne faut pas oublier :

1°. que le foret mené trop vite s'échauffe, se ramollit à un certain degré de revenu ; c'est pour éviter cet effet, en travaillant l'acier et le fer, que des ouvriers trempent de temps en temps ce foret dans un liquide froid (quelques-uns emploient l'essence de térébenthine), l'essuient et le remettent à l'oeuvre dans son trou abondamment fourni d'huile ;

2°. qu'une mèche d'une trempe trop forte, d'un tranchant trop aigu ou bien si l'aiguisage a laissé du morfil, surtout si elle est menée par secousses ou brutalement, s'écrête et incruste dans le fond du trou des particules dures, détachées de cette mèche ; elles rendront le perçage difficile et laborieux ;

3°. que, pour une même longueur d'archet, la vitesse croît en raison de la diminution de diamètre du cuivrot, et la force en raison de son augmentation et de la tension de la corde.

On trouvera à l'article *Percer l'acier dur*, du *Recueil des procédés,* quelques détails utiles.

Forets semi-cylindriques

179. Ces forets d'un excellent usage quand ils sont conduits à la roue, et quoique employés depuis assez longtemps par les mécaniciens, sont à peine connus de la généralité des horlogers.

Le plus simple est formé par une tige cylindrique arrondie à son extrémité, laquelle est ensuite limée sur son épaisseur, jusqu'à très peu moins de la moitié du diamètre, comme on le voit en *b d* (vu de profil à droite), figure 2, planche IV.

La pointe est plus ou moins allongée, en raison de la matière à percer, mais sans être absolument aiguë. Avec la forme représentée en *b d*, il faudrait dégager un peu le contour de la partie restée cylindrique ; il vaut mieux adopter la forme qu'indique le pointillé, c'est-à-dire enlever la matière selon *i l*.

Alors le foret, tout en perçant son trou, l'alèse avec le tranchant de celui des côtés de l'entaille (*i l*) qui marche en avant dans le mouvement de rotation.

La mèche s'aiguise sur sa partie arrondie et très peu sur le plat, parce qu'on le ferait bientôt descendre au-dessous du centre, ce qui rétrécirait la mèche.

On peut pour le cas où elle ne tourne pas absolument rond, dégager un peu le dessous de la mèche en partant de son angle tranchant, puisqu'un seul côté travaille dans le mouvement continu. Après quelques essais on se servira facilement de cette espèce de foret.

Il présente ce grand avantage qu'étant monté à demeure sur un tasseau porte-foret, on peut l'y tourner parfaitement rond de la grosseur voulue, le terminer complètement, de telle sorte que chaque fois qu'on remettra le porte-foret au tour, on sera certain d'avance de forer un tour rigoureusement d'un diamètre connu.

180. La figure 2, planche V, offre la représentation d'une autre sorte de foret semi-cylindrique : C est une vue de face, et D de profil. L'angle *a*, formant demi-cercle, doit être abattu, et la mèche un peu dégagée par dessous, en *j*. L'angle *tsr*, et l'angle formé avec la face D par le plan *ba*, ne doivent pas être trop aigus.

Ce foret perfore avec régularité, mais à deux conditions : qu'il soit emmanché bien droit et qu'au début la mèche soit engagée des deux côtés dans le cône creux formant le commencement du trou que l'on veut agrandir.

181. La figure 2, planche V, nous montre encore en F et N M une vue de profil et de face d'une mèche du foret dit à goujon. Tout en fonctionnant comme les derniers que nous venons d'examiner, il offre avec eux cette différence qu'ici la mèche coupe par ses deux côtés à droite et à gauche, la portion de matière qui continue par dessous les angles *p,j,i,o,* étant abattue pour former des biseaux tranchants. On les voit indiqués sur la droite de M, cette partie étant exactement la représentation du dessous de N et réciproquement.

Comme pour les forets précédents quelques essais préalables sont nécessaires, et feront connaître quelle est la meilleure inclinaison pour les plans formant les tranchants, selon le métal à travailler. On conserve telles que le tour les a faites, ou l'on dégage, mais de très peu, les portions de surfaces cylindriques latérales qui sont terminées par les lignes *p* et *i.*

Tous ces forets demandent à être montés de façon à tourner droit et rond. La pointe *o* doit être exactement centrée.

On agrandit rapidement un trou, préalablement percé petit, avec un foret de cette dernière espèce, où le goujon, conservé rond, a pour diamètre celui du trou déjà percé (*Recueil,* au mot *Foret*).

182. *Trempe des forets.*— Elle doit être en raison de la dureté de la matière à perforer. (Voir les articles sur l'acier, la trempe, etc., du **45** au **70**, et au mot *Trempe*, du *Recueil de procédés.*

Outils divers

183. Fraises aux noyures de vis. — Elles sont formées par une tige cylindrique munie d'un cuivrot et se terminant au bout opposé en mèche tranchante de tournevis, portant un petit goujon saillant au centre. Sur la tige peut glisser, et se fixer à volonté par une vis, une virole large et épaisse qui limite la pénétration de la mèche (*g j,* figure 1, planche IV).

On exécute un certain nombre de ces fraises de diamètres croissants et gradués au micromètre, puis sur une filière de laiton, où les goujons entrent libres mais sans jeu, on fait une série de noyures numérotées comme les cuivrots des fraises (*f,* figure 1). Cette filière servira à prendre les mesures des têtes des vis.

Il est bon d'avoir un second jeu de fraises terminées par des pans à angles tranchants, comme en *g'*, elles serviront quand on aura affaire à l'acier.

La fraise *g j* peut s'employer contre ce dernier métal mais alors elle se détériore vite.

184. Fraises aux noyures avec botte. — Cet outil est connu de tous les horlogers. Il se compose d'un canon E, figure 1, planche IV, monté sur une patte en retour d'équerre. Une broche à pointe, introduite dans le canon, et qu'on fait répondre au trou de la pièce où se pratiquera la noyure, sert à centrer cette pièce pendant qu'à l'aide d'un étau à main elle est fixée contre la patte. La broche à pointe est alors remplacée par une fraise tranchante qu'on conduit à l'archet, en appuyant le talon de cette fraise dans l'un des trous ménagés au revers de l'étau d'établi, pour recevoir la queue des forets qu'on mène à l'archet.

La tige est chaussée au-dessus du canon d'un anneau comme *j*, même figure, qui permet de limiter la pénétration de la creusure.

Quand on se sert de cet outil pour former les réservoirs à l'huile, l'extrémité de la mèche, vue à droite, doit prendre l'une des formes qui seront indiquées à l'article suivant, mais disons tout de suite qu'on fait mieux et plus vite ces réservoirs sur le tour qu'avec la fraise à botte.

185. Forets ou fraises aux réservoirs. — Les huiliers, ou réservoirs à huile des trous des pivots, se font sur le tour avec un foret demi-cylindrique, et aussi à la main avec une fraise rayée en lime ou à plusieurs pans formant des arêtes, comme en B et en C, figure 11, planche IV. Le foret coupe net, mais nécessite le polissage de l'intérieur du réservoir ; quant aux fraises à pans, l'emploi en est difficile, elles ressautent et produisent souvent des cannelures, des ondulations, qu'on a beaucoup de peine à faire disparaître.

Les meilleures dispositions des mèches pour forets à faire, ou du moins à retoucher ou à terminer les réservoirs, sont indiquées en D et F, figure 11 et figure 3, planche IV.

D et F sont deux mèches de forets se terminant en arc de cercle non tranchants. A partir du sommet, on incline de chaque côté la bande plate circulaire, c'est-à-dire de *i* vers *e*. Les angles i deviendront plus aigus et tranchants, et les angles *e* au contraire seront plus obtus. Le foret ne coupera qu'en tournant dans un sens. Dans le sens opposé l'angle obtus et le revers de l'angle tranchant agiront un peu comme des brunissoirs ; aussi, si les angles des arêtes sont bien ceux qui conviennent et que la mèche ait été polie, l'intérieur des réservoirs présentera une surface nettement coupée et brunie.

Planche V

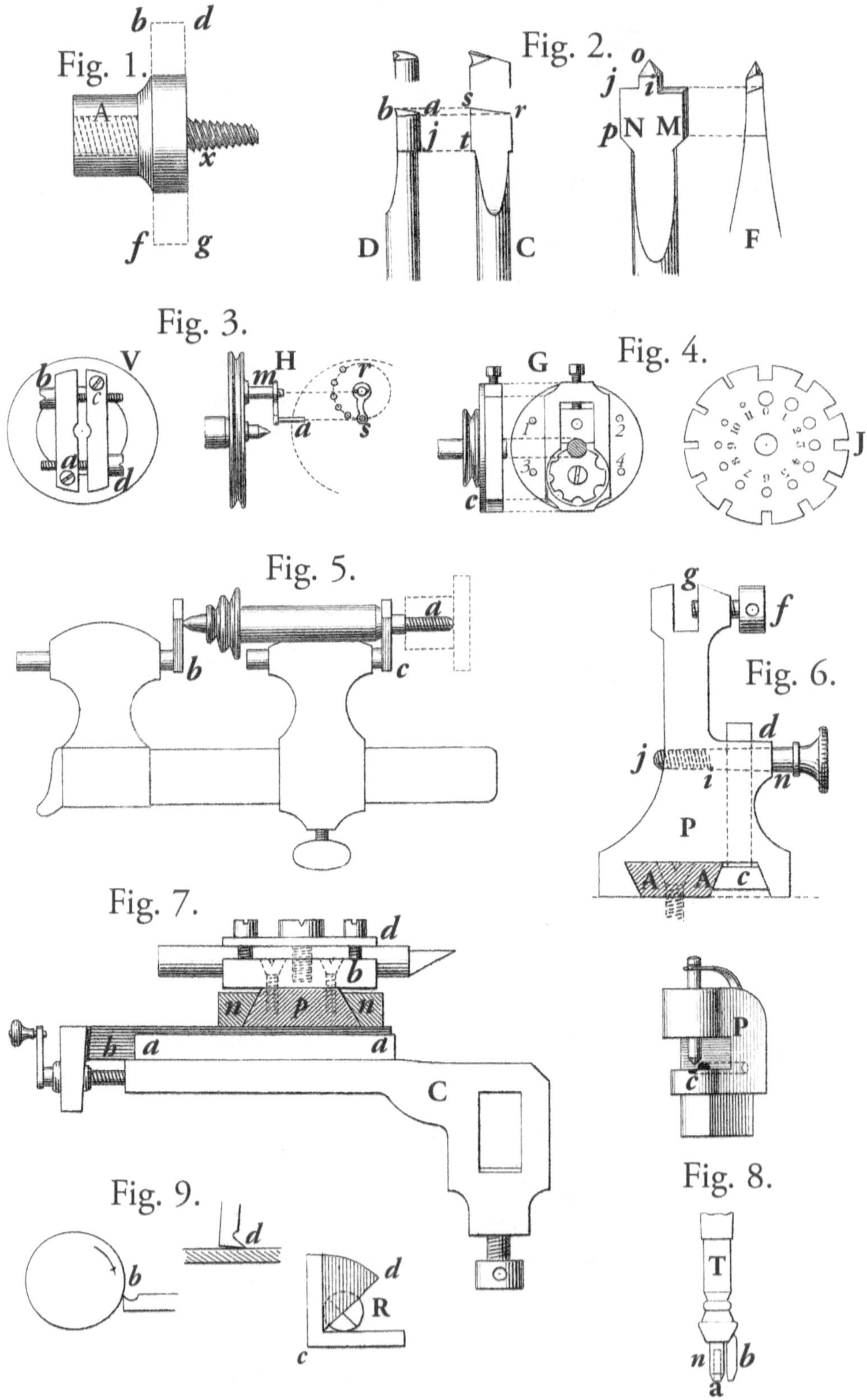
Fig. 1.
b d A x f g
Fig. 2.
b a s r j t D C o j i p N M F
Fig. 3.
V b c a d H m r a s
Fig. 4.
G 1 2 3 4 c J
Fig. 5.
a b c
Fig. 6.
g f d j i n P A A c
Fig. 7.
d b n p n h a a C
P c
Fig. 8.
T n b a
Fig. 9.
b d d R c

Fig. 10.

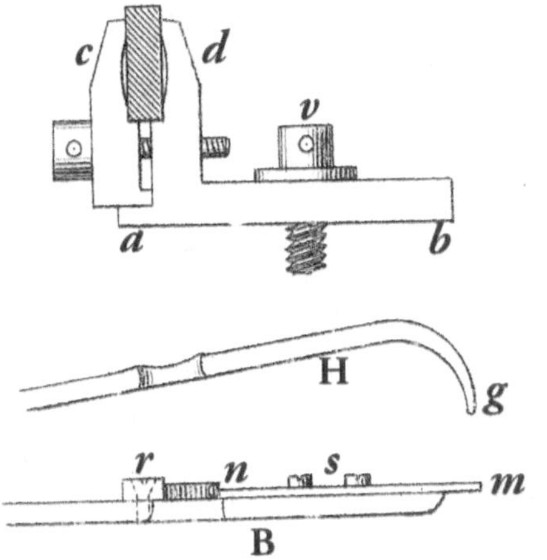

Fig. 11.

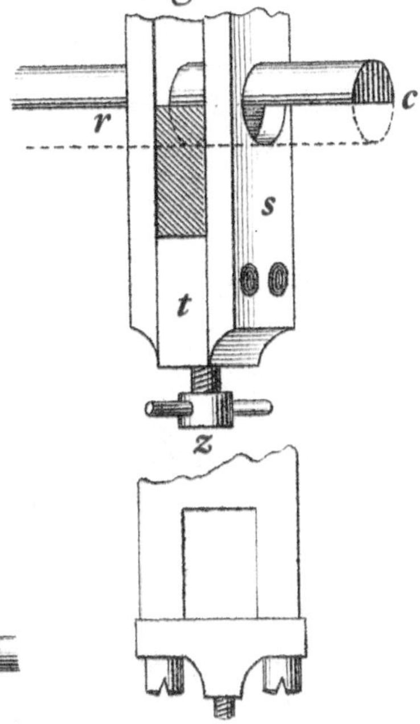

Fig. 12.

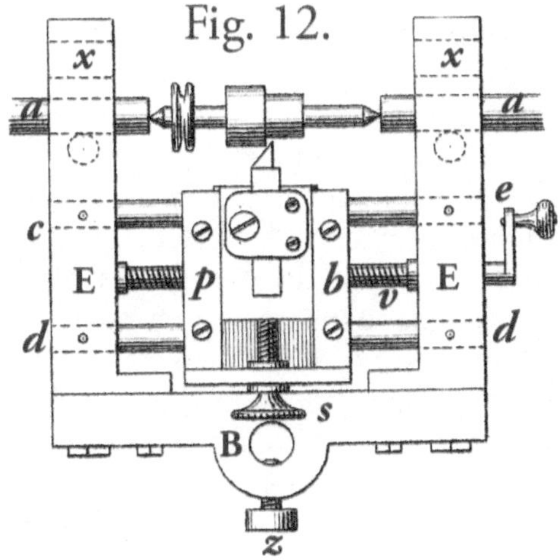

Fig. 13.

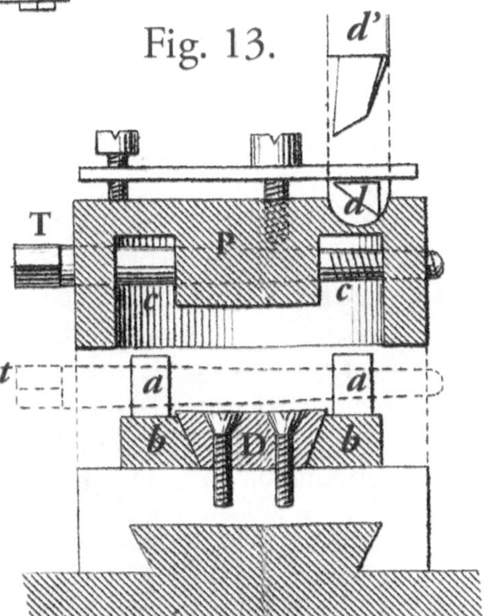

Fig. 14.

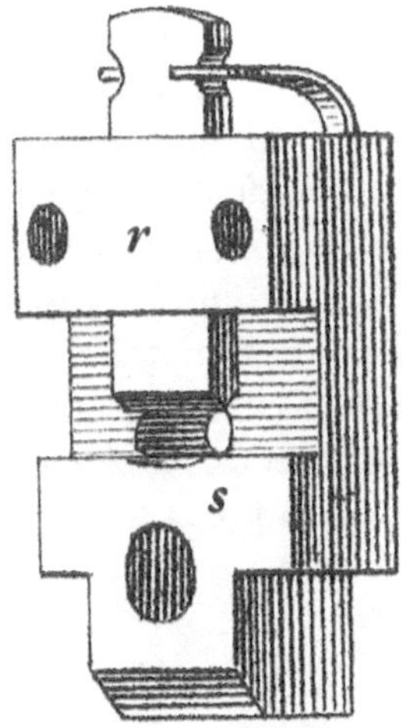

F, figure 11, est un foret de même espèce fait d'une simple tige d'acier. Une erreur de gravure a fait cette mèche trop épaisse, surtout vers le sommet où il est bon qu'elle arrive un peu diminuée sur son épaisseur.

On trouvera la description du troisième foret aux réservoirs, celui de la figure 3, à l'article suivant.

186. *Observations sur l'exécution des réservoirs.* — Les réservoirs faits à l'archet avec le foret à cuivrot ou à la main avec un outil aux chanfreins, se jettent assez souvent de côté. En outre, quand on rebouche et reperce un trou de pivot, il ne se trouve pas toujours au centre de l'huilier. Nous avons vu, dans de pareils cas, des horlogers se donner un mal infini, sans pouvoir réussir à obtenir un réservoir nettement fait et centré. On évite ces inconvénients en montant l'outil à creuser le réservoir sur le tour marchant au pied, puis une main tient la platine (de pendule par exemple) droite et centrée contre la broche opposée au foret, tandis que l'autre main maintient et pousse cette broche, de façon à amener la platine au contact du foret.

Si l'on ne possède qu'un tour à archet, on dispose une broche à plateau, comme celle de la figure 7, planche IV, sur laquelle on maintient à la main, ou pour plus grande sûreté l'on fixe avec des vis, disposées *ad hoc*, le pont de montre, par exemple, dont on veut ou rectifier ou faire l'huilier. Cet huilier peut-être centré de deux manières : par derrière au moyen d'une petite pompe glissant dans le corps de *t*, ou bien par devant à l'aide de la broche à pointe ajustée dans la poupée opposée à *t*. Cela fait, on remplace la broche à pointe par une broche porte-foret, comme *h f*, figure 2, planche III, et avec son aide la rectification se fait aisément, surtout si l'on a placé sur *h* un anneau, mobile à volonté, pour limiter la pénétration de *h f*.

187. On peut, pour une simple rectification de forme, armer la broche d'une tige taillée en lime sur son extrémité arrondie (H, figure 11, planche IV). L'horloger peut très bien y faire lui-même la taille, en se servant d'une lime qu'il traîne circulairement à deux mains, selon la longueur de ses tailles, et comme s'il tirait de long, toujours dans le même sens, la petite calotte sphérique. On lui fait faire demi-tour ensuite pour croiser les tailles. Ou bien il se servira d'un ciseau comme, celui dessiné en H ; on fait quelques tailles droites et parallèles et ensuite en tournant le ciseau que l'on incline plus ou moins. On peut encore employer un autre moyen plus précis que nous indiquerons à l'article du taillage des fraises circulaires.

188. Ébiseloirs ou outils aux chanfreins. — Ils servent, comme on le sait, à enlever les bavures que le foret laisse au rebord des trous, ou à abattre l'angle vif du contour des noyures des têtes de vis, etc., pour y former un biseau ou chanfrein. Le plus habituellement ils sont terminés par une mèche plate finissant en demi-cercle, de rayon plus ou moins court, lequel demi-cercle est aiguisé en tranchant de foret, comme A, figure 11, planche IV. On les fait encore en forme de pyramide à pans coupés, dont les intersections forment des angles saillants comme B ou C ; la pyramide est plus ou moins aiguë suivant le plus ou moins de profondeur qu'on veut donner au biseau, relativement à sa largeur.

Les forets aux réservoirs, vus même figure, en D et F, servent également à chanfreiner.

Un cône formé au bout d'une tige d'acier aux pignons, quand les extrémités des ailes appartenant au cône sont rendues tranchantes, est également très bon pour cet usage.

189. Fait avec les deux premières espèces d'ébiseloirs le biseau ou chanfrein est parfois *tremblé*, c'est-à-dire qu'il présente des ondulations, ou même des côtes assez prononcées. On évite cet inconvénient en faisant usage de la fraise à ébiseler dessinée en Z, figure 3, planche IV.

A l'extrémité d'une tige ronde ou carrée, et dans une fente ouverte dans le sens de la longueur de la tige, est logée une petite molette d'acier trempé, mobile sur la cheville qui lui sert d'axe, et qui traverse la tige. Cette molette, dont la section verticale, dans le dessin à la droite de Z, présenterait un rectangle, se polit avec soin, afin que ses angles soient extrêmement nets.

On la fait fonctionner à la main ou avec l'archet. Son usage est suffisamment expliqué par la figure 3.

Les penduliers se servent, pour rectifier les réservoirs des trous des pivots des pendules, de fraises qui ne diffèrent de celles ci-dessus que sous deux points :

- la molette est fixée dans la tige ;
- sa face circulaire, au lieu d'être tournée carrément relativement aux faces plates latérales, est inclinée sur l'axe et un peu arrondie en travers (*j*).

On fera quelques essais préalables, car il n'est pas indifférent de donner plus ou moins d'épaisseur à la molette et d'inclinaison à sa face circulaire.

190. Ébiseloirs creux. — Ils servent, comme on sait, ou à abattre les angles des extrémités des tiges rondes, des pieds, etc. ou bien à les arrondir. On en voit trois échantillons en O, Q, N, figure 11, planche IV.

O est une tige ronde dont le bout plat est découpé en croix avec l'angle d'une lime triangulaire dite tiers-point. Il en résulte quatre arêtes vives qui abattront l'angle du contour de tout bout de tige qui tournera entre elles, ou vice versa. Si l'on veut que l'espèce d'entonnoir formé par les arêtes soit très aigu, on fait deux fentes en croix avec la lime à fendre et on en incline les parois avec une lime barrette à bords tranchants.

Cet outil peut servir à deux fins :

1°. à chanfreiner le bout d'une tige ;

2°. en prolongeant l'opération, à former ce bout de tige en pointe. F. Berthoud appelait ce petit instrument *foret à tenons*, parce qu'il désignait sous ce dernier nom les pieds des ponts.

Ordinairement lorsque l'on veut arrondir, soit par exemple le bout d'un pilier de pendule, parce qu'on a dû diminuer sa longueur, ou souvent parce qu'il n'est pas nettement terminé, on se sert d'un ébiseloir creux à angle très ouvert et auquel on donne un balancement autour de la verticale ; il vaudrait mieux se servir d'ébiseloirs comme Q ou N. Le premier, Q, est simplement formé par deux coups de queue-de-rat en croix ; nous l'avons vu employé pour la première fois par M. Deloris. Le second, N, a reçu une taille intérieure avec le ciseau ou avec une petite fraise circulaire à laquelle on a donné, comme au ciseau, des inclinaisons différentes durant l'opération de la taille.

191. Le foret à tenons de Berthoud, qui vient d'être décrit, a reçu de M. Rozé les modifications suivantes.

Les deux fentes en croix sont remplacées par trois fentes également distantes et d'égale profondeur. Pour effectuer ces trois fentes dans l'acier rond, on le divise en six parties égales, puis on le fend, en maintenant les trois fentes également éloignées et chacune occupant les milieux entre les divisions marquées sur le contour de l'acier, D, A,

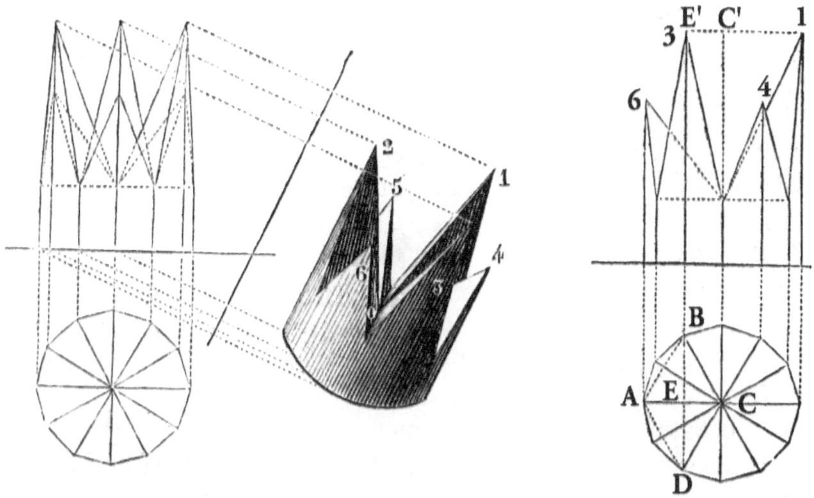

B, etc. (en employant de l'acier tiré pour pignons de 6 ailes, la division est alors toute faite).

Dans ce genre d'ébiseloir, les grandes arêtes travaillent seules, les petites se trouvent en retrait entre deux grandes, mais dans de telles conditions que lorsque l'on pose à plat une lime sur les grandes faces 1 et 3 pour les aiguiser, l'arête 2 sera préservée de tout accident par les parties 5 et 6 qui font saillie au-delà de cette arête.

192. Petite presse à ôter les pitons. — La petite presse aux pitons que nous avons construite pour notre usage est partiellement représentée figure 8, planche IV.

Elle est formée d'une plaque épaisse et suffisamment longue, C, élargie en croix à son talon non représenté pour qu'elle repose bien d'aplomb sur l'établi par ce talon et par la vis *j*.

Dans une entaille horizontale de C, tourne, sur la vis *j*, le disque *d*, qu'on voit en plan et de profil. Il est chancré sur son contour d'un certain nombre d'encoches rectangulaires et de largeur décroissante. Les trous indiqués en face des portions pleines du contour reçoivent le bout de la vis *v*, qui immobilise le disque lorsque l'on a amené l'entaille en rapport avec la largeur du piton, juste au-dessous du petit cône saillant de la branche *b*. Cette branche fait ressort et est fixée par son autre extrémité au talon de C.

A l'inspection de la figure on aura compris l'usage de ce petit instrument. Le bras droit étant posé sur l'établi, pendant que la main gauche présente l'oreille du coq au-dessus de l'entaille du disque, la main droite saisit entre ses doigts le bouton moleté *b* et faisant presser la saillie conique de la branche *ab* sur le pivot du piton du spiral, le chasse de l'oreille du coq.

L'avantage qu'offre la presse aux pitons est celui-ci : la course de la branche *b* étant bornée par la longueur de la vis *a*, on peut presser sur *b* avec une très grande puissance et sans avoir à redouter un accident.

193. Brucelle à ôter les pitons. — L'invention de cette nouvelle espèce de brucelle appartient à M. A. Levy, de Paris.

La branche supérieure H (fig. 10, planche V) se recourbe en bec suffisamment aigu, *g*. La branche inférieure B, plus courte que l'autre, se prolonge en avant par un appendice *n m*, coulissant sous deux têtes de vis *s* ; cet appendice est constamment poussé en avant par un ressort *r*. On comprend le fonctionnement de l'ensemble : l'extrémité *m* de l'appendice s'appuie contre le piton du coq et recule jusqu'à ce que le bec *g* frappe exactement sur le bout du pivot du piton. Une simple pression des doigts qui tiennent la brucelle suffit alors pour faire sortir le piton du coq.

194. Tour à rapporter les pivots. — Le spécimen qui nous a servi de modèle et qui est dessiné figure 10, planche IV, a été fait avec une moitié d'un compas aux engrenages, par M. Moreau, horloger à Paris.

La poupée de gauche reçoit une broche dont l'extrémité *d* est pointée d'un trou, ou terminée en garde-pivot, selon qu'elle doit supporter l'axe, auquel on veut remettre un pivot, sur la pointe du pivot restant ou sur le cône qu'on pratique d'habitude au collet de ce pivot.

Dans l'autre poupée est ajusté en *m* un petit manchon percé d'un trou fin dans toute sa longueur : seulement ce trou est évasé en entonnoir à son entrée *m*, et c'est dans ce cône creux que vient aboutir le cône du collet du pivot cassé, dont l'axe tournera ainsi entre *m* et *d*. La seconde broche *b* étant armée d'un petit foret tournant bien rond et entrant juste dans le trou cylindrique du manchon, on n'aura qu'à pousser, en la maintenant entre les doigts, la broche *b* pour obtenir la perforation de l'axe tournant sous l'action d'un archet entre *d* et *m*.

Ce tour à rapporter les pivots présente deux avantages : l'ajustement des petits manchons est facile, et si le foret tourne droit et rond, sa direction étant parfaitement assurée, il ne déviera pas et pourra supporter de la main une assez forte pression longitudinale, nécessaire lorsqu'on a affaire à de l'acier un peu dur.

195. *Girouette à rapporter les pivots.* — Est-il nécessaire de rappeler qu'elle consiste en une petite barre rivée en équerre à une tige ronde qu'on met à la place du support du burin du tour ordinaire ? La petite barre est percée sur sa longueur de trous qui se suivent en progression décroissante, et dont l'entrée, évasée en entonnoir, reçoit l'extrémité de la tige où l'on doit rapporter le pivot, l'autre extrémité étant reçue dans le trou de la broche de la poupée fixe du tour. Le foret, on le sait, tenu à la main, est introduit dans le trou de la girouette dont le cône porte le bout de l'axe à percer, lequel axe est mené par un archet.

Nous préférons à ce système ceux indiqués ci-dessus et page 94, mais à cette occasion nous donnerons place à une remarque de M. Th. Leroy. Il a observé que le succès de ses perçages d'axes, lorsqu'il y rapportait des pivots, était d'autant mieux assuré que le foret avait moins d'ébat dans le trou cylindrique de la girouette, d'où résulterait qu'il ne faudrait pas la tremper ou bien la faire en laiton. On pourrait donner au besoin un coup d'équarrissoir dans le trou, afin que le foret n'y pénétrât qu'à frottement un peu ferme et absolument sans aucun ébat.

196. Pince-aiguille. — Cet outil d'un usage très commode est dû à M. Collon, l'un des rhabilleurs soigneux de Paris.

Deux plaques de laiton *f, g* (fig. 15, planche VI) sont assemblées en *m* et s'ouvrent sur ce point à charnière, comme le fait un compas de proportion. Une bride *a b*, pivotant sur *a*, porte à son autre bout une vis de pression *b*, destinée à opérer le rapprochement des deux branches. Des creusures circulaires, assez nombreuses, pour ne pas trop différer de grandeur de l'une à l'autre, et empiétant également à droite et à gauche sur les deux branches, sont pratiquées sur la longueur de l'outil, à une profondeur allant de la moitié aux deux tiers de l'épaisseur des plaques. Ces petites creusures s'élargissent à leur fond, c'est-à-dire que leur contour intérieur figure exactement, en petit, un drageoir de barillet. La plaque *g* est creusée sur toute la surface *c d*, et des creusures droites ouvrent des passages entre cette surface *dc* et le fond des drageoirs, qui doivent être à niveau.

Veut-on agrandir le trou d'ajustement d'une aiguille de montre, on la renverse dans la creusure en rapport de grandeur, comme on le voit en *c* sur la figure, et l'on fait marcher la vis *h*. L'aiguille, si elle est embrassée sur tout son contour, est maintenue avec une grande solidité, ce qui permet d'agrandir, sans courir de risques, le trou de l'aiguille soit au foret, soit à l'équarrissoir, et cette aiguille ne portera aucune trace de la pression qu'elle aura subi. Un autre pince-aiguille est décrit au *Recueil des procédés* (Voir au mot *Aiguilles*).

197. *Pinces ordinaires aux aiguilles.* — Les pinces à coulant et à large tête plate percée de trous, et dans lesquelles on serre les têtes d'aiguille pour en agrandir les trous d'ajustement, rendent des services, mais leur usage nous paraît moins avantageux que celui du pince-aiguille bien fait. Il serait bon que l'intérieur des mâchoires, presque toujours très brut dans ces sortes de pinces, fût au moins proprement adouci.

198. *Équilibre à faire les faces des rochets et des pignons.* — Il est simplement formé d'un anneau A, figure 14, planche VI, muni en *d*, *d* de deux petites broches se fixant par des vis, et en *n n*, de pointes ajustées dans le corps de l'anneau.

L'arbre dont on veut adoucir ou polir les faces du rochet, étant placé entre les petites broches *d d* et y tournant librement sous l'action d'un archet (ou d'une roue plus tard), on met l'outil par ses pointes *n n* entre les broches d'un tour à finir.

Le tout ainsi disposé, il ne reste plus qu'à faire fonctionner le fer à adoucir P et l'archet ; par suite des divers mouvements que peut recevoir l'anneau A, l'aplomb du fer se maintient constamment, et sans qu'on ait de précautions à prendre. La face adoucie est très plate.

199. En faisant subir quelques modifications à ce petit outil, on le rend propre à polir les faces des pignons. Ces modifications sont indiquées en S, figure 14, planche VI.

Au lieu d'un anneau étroit de serge, on emploie un plateau épais percé d'une ouverture circulaire dans laquelle on introduit des bouts de tiges cylindriques, ou plutôt de petits disques qui y sont fixés par les vis *a a*. Ces portions de cylindres ou disques sont percées au centre d'un trou évasé par dessous, et par lequel passera la tige du pignon dont on veut polir la face.

Le plateau principal est monté librement, soit à pivots, soit sur deux vis *r* à l'extrémité d'un manche terminé en fourche et dont les branches remplacent ici les broches du tour à finir. L'ouvrier tenant entre les doigts le petit manche, applique la face de l'outil contre la face du pignon que l'archet fait tourner. Cette face se polit aisément, puisque le disque conserve de lui-même son aplomb, c'est-à-dire qu'il reste toujours bien appliqué sur cette face.

On pourrait encore utiliser ce petit instrument pour le polissage de quelques pièces plates, d'un coqueret par exemple, qu'on aurait mis en cire sur le disque central.

On ferait le polissage soit sur le lapidaire, en tenant le manche de très court, soit après avoir mis ce manche à l'étau, avec une lime ou glace à polir. Elle conserverait son aplomb par suite de la mobilité du disque.

200. Autre outil aux faces de rochets et de pignons. — Un vieux compas aux engrenages se convertit très facilement en outil à adoucir et à polir les faces. Il suffit pour cela de mettre le pignon ou le rochet entre deux broches du compas aux engrenages comme le montre la figure 18, planche VI, et de placer entre les deux autres broches un arbre portant une petite meule (en acier pour adoucir, en cuivre pour polir), dont le bord opposé à la face du pignon ou du rochet est abattu en biseau. La face plate de la meule, préalablement chargée de pierre broyée à l'huile, et la face du pignon étant mises en contact, on les fait tourner et se frotter (en sens contraire de l'entraînement de l'un par l'autre) en menant simultanément deux archets montés sur les cuivrots que portent l'axe de la meule et celui du pignon.

201. Compas à polir les forts pivots. — C'est toujours le même compas aux engrenages (fig. 18, planche VI), mais ayant subi deux modifications.

1°. La meule n'a pas de biseau ; elle est au contraire épaisse du bord et tournée bien carrément par devant.
2°. Un arc métallique *b d* saisit les deux broches qui portent l'arbre de la meule, et ces broches étant libres dans leurs poupées, deviennent ainsi solidaires et reçoivent de la main qui les pousse vers la droite et les laisse revenir sous l'action du ressort en hélice *h*, un mouvement latéral de va-et-vient. Ce continuel déplacement promène la meule, en mouvement de rotation, le long du pivot depuis la naissance de ce pivot jusqu'à sa portée.

Sur cet outil on polit commodément et très bien des arbres de barillets, des pivots de roues de centre, etc.

Les deux archets doivent être disposés de façon à faire tourner les arbres en sens contraire.

Un compas aux engrenages neuf employé à polir perdrait de sa justesse, tandis qu'un compas déjà fatigué serait très bon pour cet usage. Du reste, depuis quelques années, les marchands de fournitures ont fait établir des outils spéciaux que l'horloger peut approprier à ses besoins.

Un autre outil est décrit au *Recueil des procédés.*

202. Outils à centrer les tiges. — Ces outils sont connus de tous les horlogers qui s'en servent pour pointer le trou du bout des petites tiges de laiton aux extrémités desquelles ils forment les *rebouchons percés* pour trous de pivots, il est utile d'avoir un outil de cette espèce d'assez fort volume, un quart ou un tiers à peu près plus fort que celui dessiné en *s r*, figure 11, planche IV.

L'arrière du foret pointeur est limé plat et passe par cette partie plate, dans une fente du ressort qui le maintient en position et l'empêche de tourner quand la mèche triangulaire est en prise avec le bout de tige tournant dans le cône creux.

Au lieu d'un ressort comme *r* on se sert assez souvent d'un ressort en hélice, mais il est nécessaire alors qu'une goupille jouant dans une rainure faite à *s*, traverse le corps du foret pointeur et l'empêche de tourner.

203. *Centrage à l'équerre.* — Nous avons vu l'équerre appliquée avec succès au centrage des tiges rondes, entre autres chez M. Bocquet de Paris, et voici la disposition très simple de son appareil.

Sur l'une des branches d'une équerre (R, figure 9, planche V) on fixe à vis, ou avec des rivets, une petite plaque triangulaire dont l'arête *c d* partage bien exactement en deux angles égaux l'angle droit intérieur de l'équerre. On a compris le reste : une extrémité plate de tige ronde étant présentée et appuyée à l'intérieur de l'équerre, est marquée d'un trait suivant *cd* ; on lui fait faire demi-tour pour la marquer d'un second trait, et l'intersection de ces deux traits donne la position du centre.

204. Outil ou foret à ébaucher les pointes. — Ce n'est autre chose que l'ébiseloir à angles intérieurs tranchants représenté sous deux formes en O, figure 11, planche IV, et page 139. On comprend aisément qu'un bout de tige en mouvement de rotation dans le cône creux y prendra la forme de ce cône.

On pourrait dans certains cas utiliser ce foret en le mettant, par exemple, en lieu et place de la broche *h*, figure 2, planche III, pour ébaucher une pointe à la tige *a*. Il est bien entendu que si l'on a besoin de précision, il faut rectifier cette pointe sur le tour.

Si le fond des angles creux de O, figure 11, planche IV, était descendu un peu plus bas que sur la figure, avec une lime à égalir, le bout de la tige travaillée par O prendrait alors la forme qu'a, avant le taraudage, une vis à tête conique.

205. Tourne-virole. — Comme le fait remarquer son auteur, M. Leroy de Caen, le tourne-virole se recommande par sa simplicité et le peu de difficulté que présente son exécution.

Une tige d'acier emmanchée *n* (figure 8, en T, planche V), terminée en cône en *a* et percée intérieurement comme l'indiquent les lignes pointillées, porte, adaptée latéralement, une oreille *b,* suffisamment effilée à son extrémité.

Un balancier de montre étant tenu entre les doigts de la main gauche, et l'outil entre ceux de la main droite, si l'oreille *b* est présentée à la fente de la virole du spiral, en appuyant l'outil sur l'assiette par sa partie *a* (le tigeron et son pivot sont ainsi logés dans la cavité de *n*), on peut alors faire tourner cette virole d'un côté ou d'un autre, pour amener le piton en face du repère et sans danger si l'outil est tenu fermement et bien droit.

206. Resserre-chaussée. — Sur un petit bloc de laiton de la forme indiquée figure 14, planche V, coulisse sous une plaque *r* une petite barre méplate terminée en bas en mèche de tourne-vis non tranchante, c'est-à-dire un peu épaisse et arrondie en travers. Un support *s* en acier, fortement rivé au bloc de laiton, et un peu évidé à son milieu, fait face à l'extrémité de la petite barre et de telle sorte que l'outil mis à l'étau par sa patte si un canon de chaussée est introduit entre le support et la barre, un petit coup de marteau appliqué sur la tête de celle-ci suffit pour resserrer la chaussée.

Quand on n'est pas sûr de son coup de marteau, on maintient un arbre, y ballottant largement, dans le trou de la chaussée, afin d'éviter son écrasement.

Les outils ordinairement désignés sous le nom d'outils à resserrer les chaussées et dont les deux mâchoires sont tenues par les extrémités d'un ressort replié, offrent parfois l'inconvénient d'un ressort trop fort ou trop faible.

S'il est trop fort, la main ne mesure pas bien la puissance du coup de marteau, et s'il est trop faible, la mâchoire supérieure tend, sous un coup de marteau mal dirigé, à prendre une direction oblique.

207. Pointeur de chevillot. — Les rhabilleurs se servent assez souvent du marteau ou du précédent outil pour marteler les tiges des carrés de rapport ou chevillots qui sont trop libres dans leur pignon de chaussée. Par cette méthode on fausse presque toujours la tige, et l'aiguille des minutes montée sur cette tige passe plus près du cadran sur un point que sur un autre.

Nous avons employé avec succès le moyen suivant : on introduit dans le trou *c* du petit outil représenté en P, figure 8, planche V, et dont un coup d'oeil fera comprendre les fonctions, la tige trop libre, et l'on pointe au haut et au bas de la partie de la tige trop libre deux points à l'opposé l'un de l'autre. Le pointeau, à pointe ronde ou triangulaire étant un peu obtus, il se forme un renflement autour de chaque point, et en passant légèrement une lime barrette fine on enlève la bavure qui ne résisterait pas, tout en laissant assez de la matière renflée pour assurer un bon et durable frottement à la tige de chaussée, légèrement huilée.

Si le point d'appui est bien dans la direction de pointeau, on ne fausse jamais de tige, à moins de coups de marteau trop violents. Il est bon, avant de frapper, de s'assurer du degré de dureté de la tige.

208. Outil à river les pignons. — Le plus simple est celui de la figure 16, planche VI. Le pignon muni de sa roue est placé sur le tasseau en acier trempé *d*, la rivure en dessus. Cette rivure est abattue ou aplatie par l'extrémité polie du rivoir ou poinçon creux *a*. Si l'on veut d'abord renverser un peu la rivure, il faut employer un poinçon dont la face soit un peu arrondie du dedans au dehors, et terminer avec le poinçon très plat. Du reste l'usage apprend très vite à choisir le ou les rivoirs qui conviennent. Les tasseaux mobiles *d* doivent être très durs, polis sur la face, évasés par dessous et parfaitement ajustés, c'est-à-dire reposant bien d'aplomb et fermement sur le corps de l'outil. Si cette condition n'est pas remplie, le pignon ressaute et se rive mal.

Au lieu d'employer des tasseaux se remplaçant à volonté, quelques horlogers ont ajusté à coulisse et dans le corps de l'outil un banc à river que l'on fait glisser, et que l'on fixe après avoir amené sous le poinçon le trou qui convient. D'autres préfèrent une forte plaque ronde d'acier trempé et un peu revenu, percée de trous selon une circonférence dont tous les points peuvent passer sous le centre du poinçon.

Ces outils sont bons, mais toujours à la condition que la portion du banc ou de la plaque qui reçoit le contrecoup du marteau soit fermement assise, soutenue. S'il y a vibration, réaction élastique, le travail se fait mal.

209. Outil à resserrer les trous de vis. — On peut utiliser pour ce second usage l'outil de la figure 16, planche VI. Dans la réparation des montres on rencontre fréquemment des vis qui tiennent peu ou même pas du tout, entre autres des vis des chapeaux des ponts de barillets, et il n'est souvent guère possible de reboucher solidement les trous de ces ponts. Il y a avantage dans ce cas à les resserrer ; l'ouvrier intelligent peut le faire très proprement de la manière suivante : on remplace le tasseau d, figure 16, planche VI, par un tasseau légèrement arrondi par dessus et portant au centre une petite pompe. C'est tout simplement une tige pointue (entrant à frottement doux dans le tasseau par dessous) et qui est poussée en haut par un ressort adapté au pied de l'outil au moyen d'une vis ; son desserrage permet d'écarter le ressort pour retirer la pompe à volonté. Les tasseaux étant évasés par dessous, on voit que la même pompe peut servir à peu près pour tous.

Les choses ainsi disposées, on appuie sur la petite pompe qui centre le trou à resserrer ; on abaisse le poinçon creux *a*, qui maintient la pièce appliquée sur le tasseau, et l'on resserre le trou en frappant sur le poinçon comme on le fait pour river un pignon. Il se forme autour du trou une petite moulure circulaire, très propre si le poinçon est en bon état.

210. La forme de la couronne du poinçon qui opère le refoulement a de l'importance. L'horloger ne s'en rendra bien compte qu'en essayant lui-même des poinçons de formes diverses : c'est-à-dire ayant la couronne, plus ou moins épaisse, arrondie en simple demi-cercle chez les uns, en courbe se redressant de l'intérieur à l'extérieur ou vice-versa chez les autres.

Au lieu de placer une petite pompe à centrer dans le corps *d* de l'outil, nous avons souvent employé des poinçons portant eux-mêmes une petite pompe à ressort en hélice. Les deux moyens nous ont réussi.

211. On peut resserrer des trous de barillet en employant un poinçon *a*, plein sauf un coup de foret au centre, pour loger juste ce qui dépassera de la pointe de la pompe du tasseau de l'outil. La face du poinçon plus ou moins arrondie resserrera le trou en formant une creusure comme l'aurait fait un coup d'ébiseloir. On agrandit ensuite le trou à l'aide d'un alésoir ou d'un arbre graissé de cire vierge. L'intérieur du trou se durcit et la petite creusure formée par ce poinçon y conservant l'huile, la paroi de ce trou résistera au frottement de l'arbre au moins aussi longtemps que lorsqu'il avait un peu plus de hauteur de surface frottante.

Avec une médiocre hauteur de trous et quand il y a peu à faire, ce moyen réussit très bien ; des barillets ainsi disposés ont marché dix ans sans usure sensible.

Avec une épaisseur un peu considérable le refoulement est très faible vers le centre, et comme il ne faut pas se servir de l'équarrissoir on risque, en essayant de lisser le trou à l'alésoir, d'engager ce dernier si fortement qu'il fausse la pièce ou fasse sauter la rondelle formant le centre du barillet, de même pour son couvercle.

Le moyen qui vient d'être indiqué, et qui ne vaut absolument rien, ainsi que le précédent, pour les trous des pivots, n'est qu'un en cas de nécessité, car on trouvera plus loin l'indication de procédés pour reboucher et recentrer à nouveau et rapidement un barillet.

212. Outil à resserrer les canons d'aiguilles. — Il ne diffère de celui de la figure 16, planche VI, qu'en ceci : au lieu des tasseaux mobiles, on ajuste dans l'outil un banc à river ou une plaque circulaire en acier, dont chaque trou, parfaitement cylindrique et ayant seulement l'angle supérieur arrondi assez fortement, peut être amené sous le poinçon riveur (AA, figure 17, planche VI, est la section verticale du banc, suivant l'axe de l'un des trous).

Dans le poinçon s'ajuste grassement un petit mandrin figuré au pointillé, et dont la partie saillante a un diamètre un peu moindre que celui que devra avoir, après l'opération, le canon d'aiguille qu'on veut resserrer.

Ce canon préalablement un peu recuit d'un coup de chalumeau, on amène sous le poinçon le trou convenable AA, figure 17. On huile ou graisse l'intérieur du trou, et l'aiguille placée, comme le montre la figure, on donne un coup de marteau sur la tête du poinçon.

Pour ne pas écraser la tête de l'aiguille, il est bon qu'un fort arrêt à vis borne la descente de *p*, en réservant un intervalle égal à l'épaisseur de cette tête.

213. Outils à polir plat. — Le plus simple est sans contredit le suivant : on fait traverser une plaque de laiton assez épaisse par trois fortes vis disposées en triangle et assez écartées les une des autres pour qu'en renversant la plaque et la posant sur les bouts des vis, elle conserve bien son aplomb quand on la fait aller et venir sur une surface avec les doigts (G, figure 17, planche VI).

L'ajustement des vis doit être dur, autrement il faut les munir de contre-poulets.

Tous les horlogers connaissent, nous le pensons du moins, l'usage de ce petit appareil. On colle à la gomme laque ou à la cire d'Espagne, au milieu du triangle formé par les bouts des vis, la pièce que l'on veut polir ou adoucir, puis on renverse l'outil sur une surface bien plane, et l'on fait marcher les vis jusqu'à ce que la pièce que l'on veut polir coïncide exactement avec cette surface.

Il suffit ensuite de charger cette dernière de pierre broyée à l'huile ou de rouge à polir, et d'y promener l'outil pour que la pièce qui y est fixée ait sa face adoucie ou polie très plat.

214. Pour adoucir, on emploie de préférence un large disque de fer ou d'acier. Pour polir on se sert de cuivre rouge ou plutôt du bronze vulgairement appelé zinc à polir.

On peut également utiliser pour l'une et l'autre opération une glace dépolie, pas trop tendre, mais bien plate.

Le disque peut être porté par un tour en l'air, par un tour universel.

On peut encore immobiliser le petit outil en le renversant sur un liège, et opérer le polissage en conduisant à la main le disque, la lime dite zinc, ou la glace, appuyé sur les trois vis.

On nettoie de préférence avec du bois mort tendre ; à son défaut savonner, laver et sécher avec un linge fin. On détache la pièce en chauffant l'outil, et on la nettoie dans de l'esprit-de-vin qu'on fait bouillir, puis on la passe dans de l'esprit de vin froid très pur et on l'essuie.

215. On peut se servir du petit outil ci-dessus non seulement pour des pièces présentant une certaine surface, mais pour de simples bouts de tiges, des extrémités d'arbres de barillets, des têtes de vis, par exemple. De plus amples explications nous paraissent superflues.

Au lieu de trois vis, quelques ouvriers se contentent d'en placer deux assez écartées, à l'une des extrémités du plateau triangulaire de laiton. La pièce à polir se colle alors à l'autre extrémité et sert de troisième point d'appui.

Enfin, par l'adjonction à cette même extrémité du plateau d'une bande latérale *b*, tenue par deux vis, il se trouve alors terminé par une sorte de pince dans laquelle on peut serrer l'objet comme *s*.

216. *Note sur le polissage.* — Les pièces plates peuvent être polies sur le lapidaire, marchant au pied, simplement maintenues avec les doigts nus ou un morceau de cuir souple interposé, mais on ne réussit qu'à la condition de s'être préalablement suffisamment exercé.

On peut se servir également, pour maintenir l'objet bien plat contre le disque, du petit équilibre décrit page 142 et représenté en S, figure 14, planche VI.

217. Presse à river les rebouchons. — L'un de nos plus habiles horlogers modernes, M. Vissière, a trouvé un sérieux avantage à river les rebouchons par pression, c'est-à-dire en substituant à la percussion brusque et irrégulière opérée par le marteau, l'action sans choc et progressive d'un petit balancier à découper (dépourvu de ses masses), conduit à la main.

Avec un rebouchon bien fait, portant d'aplomb sur sa tête légèrement arrondie, les crans du rebord du trou du côté de la rivure, exécutés à la queue-de-rat et non à la feuille-de-sauge, il a toujours constaté que la rivure était parfaite.

Dans la réparation courante des montres, on obtiendrait sans aucun doute une plus grande perfection et plus de célérité dans le travail, en substituant au bourreau ou poinçon en usage, une petite presse à levier, ou formée d'une forte vis traversée en tête d'un levier, dont la longueur serait proportionnée à l'effort exigé pour le genre de rebouchon à refouler. Le levier trop long aurait un excès de puissance, le levier trop court exigerait de la main trop d'effort, ce qui serait cause qu'elle ne serait plus maîtresse de son effet.

L'usage de la presse formée par une forte vis (la hauteur du pas de cette vis étant connue) offrirait cet avantage qu'on pourrait d'avance fixer la hauteur de descente du poinçon-riveur.

Avec les explications qui précèdent, tout horloger intelligent doit être à même de se tirer d'affaire quant à la construction d'une petite presse à river.

218. Dispositions de poupées à lunettes permettant d'ébaucher rapidement les pointes d'une tige, une vis, etc.

Cette communication qui nous vient du même artiste, se trouve un peu plus loin à l'article spécialement consacré à l'exécution des vis et sous le titre : *Exécution rapide d'une vis.*

Nous bornerons ici ce chapitre, négligeant les différentes sortes d'arbres dits : à cire, à rebours, excentrique, aux balanciers, etc. Ils sont connus de tout le monde et on les achète tout terminés. Néanmoins nous n'oublierons pas les indications utiles à leur sujet, quand se présenteront les cas où ces arbres peuvent rendre des services à l'horloger dont l'outillage est incomplet.

Vérifier la justesse des outils

à percer droit, à planter aux engrenages

219. *Outil à percer droit.* — Vérification faite de la justesse de la broche et celle-ci ayant été trouvée sur le tour, droite, ronde, bien centrée, on la chausse d'un anneau assez haut glissant à frottement élastique sur sa longueur et avec lequel on réglera sa descente dans le canon de son support. (La portée inférieure de l'anneau est tournée au burin sur la broche même.)

Après l'avoir remise en place, on ajuste à son extrémité inférieure une virole portant une longue aiguille de laiton recuit qu'on recourbe de façon que le bout aille effleurer le plateau près du bord. On fait tourner la broche, et l'on est assuré qu'elle est perpendiculaire au plan du plateau si le bout de l'aiguille reste partout à fleur de ce plateau.

On renouvelle l'épreuve en variant par l'anneau la descente de la broche, ce qui oblige à recourber ou à relever l'aiguille.

220. *Outil à planter.* — Si les deux canons ou tubes qui reçoivent les broches sont bien dans le prolongement l'un de l'autre, une broche engagée dans les deux doit y glisser en montant ou descendant avec facilité.

Les pointes des broches mises bout à bout, en plusieurs endroits sur la hauteur intérieure du bâti, doivent rigoureusement se correspondre, soit à l'état d'immobilité, soit lorsqu'on les fait tourner sur elles-mêmes.

On vérifie d'abord la perpendicularité du plan du plateau à l'axe des broches, et pour chacune d'elles, comme il vient d'être enseigné pour le perce-droit. On termine en plaçant entre les pointes des broches un axe porteur d'une aiguille de fil de laiton mou. La pénétration de la broche inférieure bornée par un anneau à vis de côté, on maintient cette broche en même temps que l'on fait tourner l'autre entre les doigts ; cette dernière par simple frottement entraîne l'axe dans son mouvement de rotation et fait décrire à la pointe de l'aiguille un cercle effleurant le plateau. On répète l'opération en élevant les pointes et en abaissant le bout de l'aiguille.

Si dans ces diverses épreuves la pointe de l'aiguille est restée pendant son tour entier à la même distance du plateau, c'est que l'instrument est juste.

L'outil à planter est composé de deux pièces : le plateau portant le tube de la broche inférieure et le bâti recevant dans son canon la broche supérieure. La base de ce dernier, formée d'un anneau tournant plat et rond suivant l'axe de sa broche, s'ajuste exactement dans la retranche ou drageoir, pratiquée bien carré sur le contour du plateau, et s'y fixe par des vis.

L'horloger qui connaît cette construction s'apercevra promptement, après avoir fait les vérifications indiquées, des défauts de l'outil et saura entre quelles limites il peut l'améliorer s'il est défectueux.

221. *Compas aux engrenages.* — La bonté d'un engrenage tenant essentiellement à ce que la pénétration des dentures s'arrête au point précis fixé par les lois de la théorie, il est particulièrement important que l'outil qui sert à déterminer la distance des centres de deux mobiles engrenant, soit d'une extrême justesse.

On s'assure d'abord que la broche qui sert d'axe à la charnière des deux moitiés du compas ne change pas de position quand on ouvre et qu'on ferme à plusieurs reprises le compas. Cela arrivant, il pourrait en résulter, dans le double cas d'une broche irrégulière ou d'un trou de charnière mal alésé, que le parallélisme des deux moitiés soit un peu altéré.

Les broches, d'égale épaisseur partout, doivent passer sans difficulté d'une poupée dans la poupée qui fait face. Ces broches, dont les trous, les pointes, ont été reconnus en parfait état, sont mises au tour pour s'assurer qu'elles tournent rigoureusement droit et rond. On les remet en place, et les deux, en vis-à-vis, sont amenées pointes à pointes, d'abord presque au niveau d'une poupée, puis en s'en éloignant un peu, c'est-à-dire en faisant reculer une broche et avancer l'autre. Dans toutes ces positions successives, les pointes doivent rigoureusement se répondre, non seulement quand les broches sont libres, mais encore lorsqu'elles sont fixées par leurs vis de pression. Avec des ajustements mal faits les broches peuvent fléchir sous la pression, et alors les pointes se déplacent.

On termine en traçant, avec les deux pointes parallèles mises à niveau, sur une plaque de laiton adoucie, et en prenant pour centre des points fixes, des portions d'arcs de cercle, d'abord les deux pointes débordant à peine leurs poupées, puis ensuite la débordant de plus en plus. L'opération se répète de l'intérieur à l'extérieur des poupées, c'est donc quatre séries d'épreuve.

Il est d'une grande importance, dans ce dernier travail de vérification, que le compas soit maintenu perpendiculairement à la plaque sur laquelle on trace des arcs, ce qu'on peut obtenir par une disposition mécanique appropriée, ou en le faisant simplement glisser le long d'une équerre. On a compris que les portions de cercle se tracent bout à bout, afin d'en saisir plus facilement à la loupe la concordance ou la différence.

222. Ce travail de vérification achevé, et si l'on a eu soin de s'assurer que les pointes sont franches, c'est-à-dire ne se terminent pas en bavure qui fléchit en traçant les arcs, on est fixé sur la valeur du compas; on sait s'il est ou s'il n'est pas parfait, et quelles sont les corrections qu'il demande. Le plus ordinairement elles portent sur deux points principaux : des trous à aléser et à remettre dans le prolongement l'un de l'autre et des broches à refaire. Les horlogers soigneux, intelligents et convenablement outillés, pourront, à l'aide des renseignements contenus dans ce livre, réussir à améliorer un compas défectueux, mais, pour le plus grand nombre, ils feraient mieux de l'envoyer au fabricant.

Tour universel

223. L'horloger qui possède un tour en l'air bien agencé et suffisamment complet n'a pas besoin du tour universel. Quant à l'ouvrier médiocrement outillé, ou qui change de maison de temps à autre, ce qui ne lui permet pas d'avoir beaucoup d'outils, le tour universel lui rendra de très grands services. Son maniement n'est pas difficile à acquérir, et quoique son plateau soit un peu lourd, on arrive assez vite, c'est-à-dire par un usage un peu prolongé, à y faire des ouvrages délicats.

Quoique cet outil soit aujourd'hui déjà fort répandu, un petit nombre d'horlogers savent en tirer parti ; huit sur dix au moins de ceux qui en possèdent n'en font autre chose, après deux ou trois essais mal conduits et infructueux, qu'un ornement de leur devanture, où il s'étale complètement inutile et immaculé.

224. L'ensemble du tour universel est représenté figure 2, planche VI. La partie principale du tour proprement dit est un arbre creux H, portant un plateau *p* ; cet arbre et son plateau tournent par engrenage sous l'action de la manivelle *m*. (Dans quelques tours, l'engrenage est remplacé par une corde et des poulies. Afin d'éviter les trop grandes saillies en avant, on les dispose comme dans la figure 3, planche III ; *s* est la poulie de l'arbre, *t* un renvoi, et *n* la poulie conduite à la main par une manivelle.) L'intérieur de l'arbre est muni d'une pompe à centrer, poussée en avant par un ressort en hélice. La baïonnette, petite tige plantée dans le corps de la pompe et terminée par le bouton moleté *b*, sert à faire rentrer la pompe dans le corps de l'arbre. Alors on la fixe en serrant ce bouton, ou bien en faisant entrer la baïonnette dans un retour d'équerre qui termine la rainure longitudinale où le mouvement de la pompe fait jouer la tige de *b*.

225. Le plateau est pourvu de trois paires de griffes vues en *g*, *g*. Entre leurs becs est serré par les poulets *l*, *l*, *l*, l'objet que l'on veut creuser, préalablement centré par la pompe à ressort.

Deux systèmes de griffes sont usitées : la griffe double, comme en *g g*, qui tient l'objet en l'air et parallèlement au plateau, et la griffe simple dont un échantillon, dépourvu de son poulet de serrage, est représenté en S, figure 1 ; elle fixe l'objet sur la face même du plateau.

Sur la perche A du tour glisse et se fixe par une vis de serrage, le coulant B supportant la double coulisse qui fait mouvoir le porte-burin. Le mouvement en avant lui est donné par la coulisse que mène la vis D, et le mouvement latéral ou parallèle au plateau, par la petite manivelle dont on aperçoit partiellement le bouton en C.

On voit en *f* une vis, à écrou fendu, se resserrant par des vis. Cet écrou sert à limiter le mouvement du burin parallèle au plateau. Avec un peu d'habitude on se passe très bien de ce système d'arrêt.

226. En E, figure 1, est dessinée la poupée à centrer extérieurement et à percer droit (on centre intérieurement par la pompe du corps de l'arbre), et dans la figure 3, les deux broches de cette poupée. La broche a est la broche à centrer, et la broche *p* celle à percer. On limite le mouvement en avant de celle-ci par l'écrou *e*.

Le support pour les usages du burin ordinaire à main est vu en T, figure 1.

Il nous paraît inutile d'étendre cette description ; l'outil placé sous les yeux du lecteur et manœuvré cinq minutes par un horloger en ayant quelque habitude, ou par le fournisseur, remplacera avantageusement des explications qui ne peuvent être que longues et obscures dans un livre.

226 bis. Justifier le plateau d'un tour universel. — Avant d'aller plus loin, indiquons comment se fait cette opération : on enlève la pompe que l'on fixe avec précaution à l'étau, garni de deux mâchoires en plomb.

Puis on enfile dessus le plateau, et en deux ou trois coups d'archet on voit :

- si la face du plateau tourne bien droit ou plat ;
- si la pointe de l'arbre de ce plateau est immobile.

Si elle décrit un petit cercle excentrique, cela prouverait qu'il n'y a pas concordance entre l'axe idéal et l'axe réel ou matériel.

227. On ne se sert aisément du tour universel qu'à deux conditions :

1°. Savoir aiguiser convenablement l'échoppe ou burin ;

2°. Avoir acquis, par un exercice suffisamment répété, l'indépendance et la sensibilité individuelle des deux mains. En d'autres termes, il faut que tandis qu'une main conduit régulièrement le plateau par la manivelle *m*, l'autre main ne subisse aucun effet sympathique, et fasse marcher le burin avec la vitesse qui convient à la matière travaillée et sans que cette vitesse subisse l'influence du mouvement plus ou moins rapide de l'autre main. En un mot, il faut que l'ouvrier soit entièrement maître de ses deux mains, dont les mouvements restent indépendants ; s'il en est autrement, le burin marche par saccades et se brise souvent ou gâte l'ouvrage. En s'exerçant sur des plaques de laiton on arrive vite à faire mordre progressivement le burin et seulement de la quantité qu'on veut.

228. Plaque à cire et viroles. — Une creusure se fait sur le tour universel en fixant préalablement la pièce, quand sa forme le permet, entre les griffes, ce qui a lieu pour la plaque que nous montre à droite de *g g*, la figure 2, planche VI. Mais le plus habituellement, la pièce à creuser serait ou mal tenue, ou détériorée par les griffes; on la met en cire alors sur une plaque, ouverte au centre afin de laisser arriver à la pièce la pointe de la pompe, et la plaque seule est serrée par les griffes.

Pour retoucher les creusures, par exemple d'une platine, d'un barillet, etc., on peut se dispenser de mettre en cire si l'on a un assortiment de viroles plates, aux faces bien parallèles et creusées d'une rainure intérieure sur chaque face (on voit en R, figure 1, planche VI, la section verticale d'une virole de ce genre). Quand les griffes sont simples, la virole repose sur le plateau, et la griffe presse sur la platine même, placée dans la rainure circulaire de la virole.

Fig. 1.

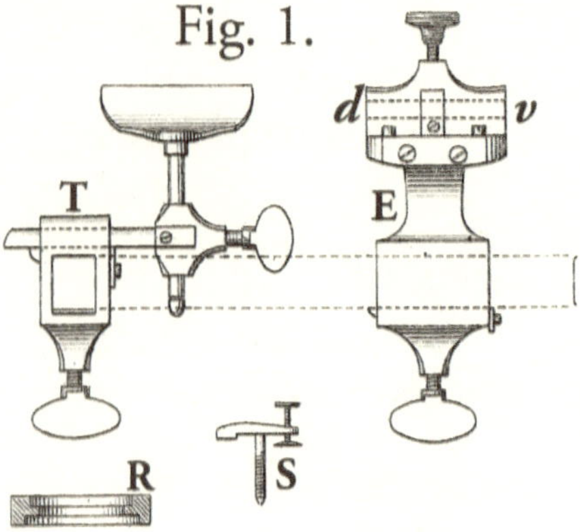

Fig. 3.

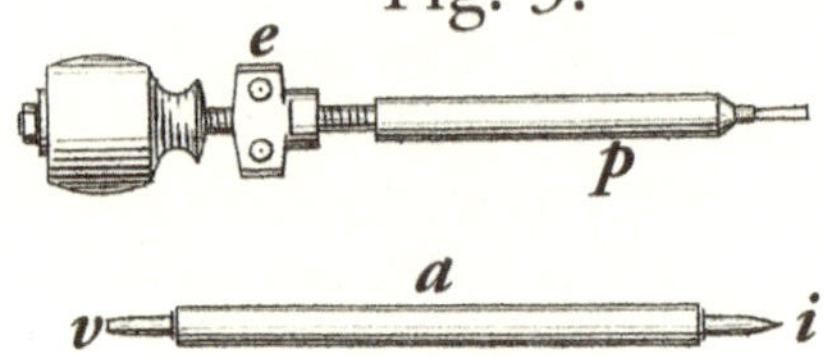

Fig. 2.

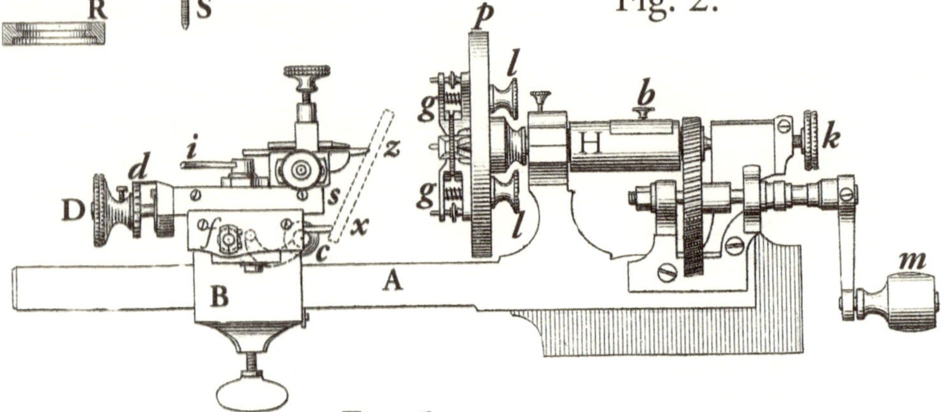

Fig. 5.

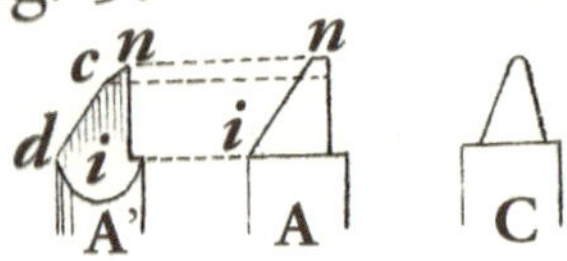

Fig. 4.

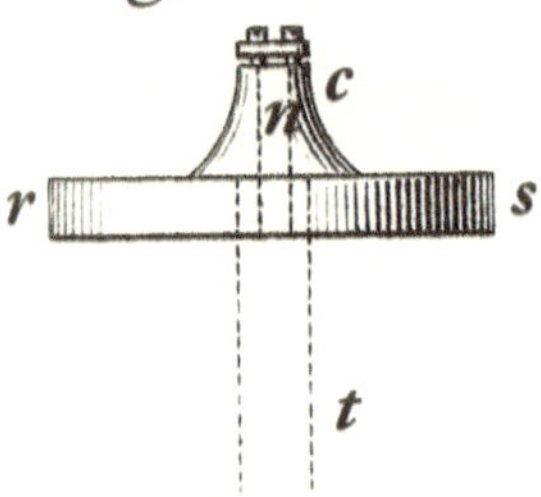

Fig. 6.

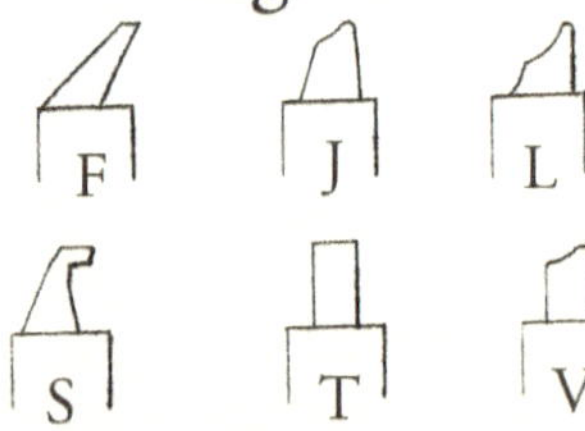

Fig. 7.

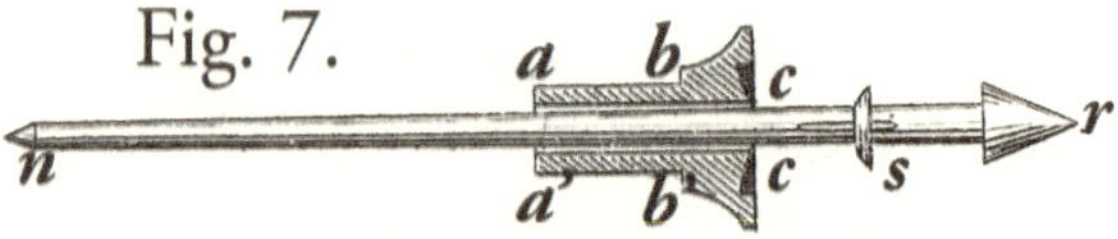

Fig. 8.

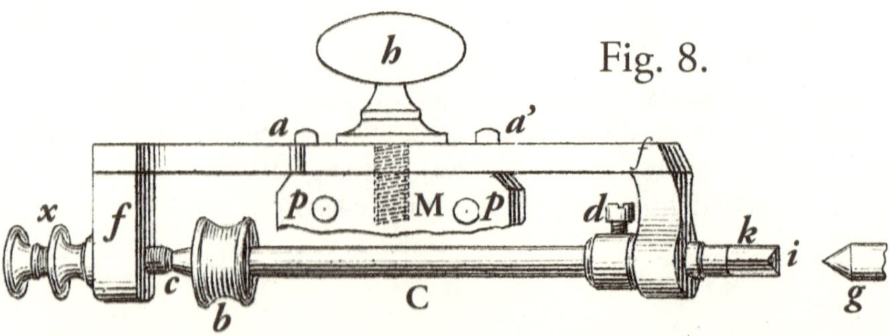

Fig. 9.

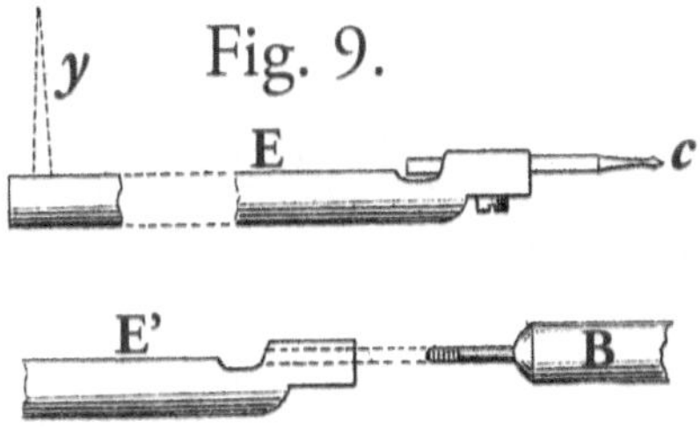

Fig. 10.

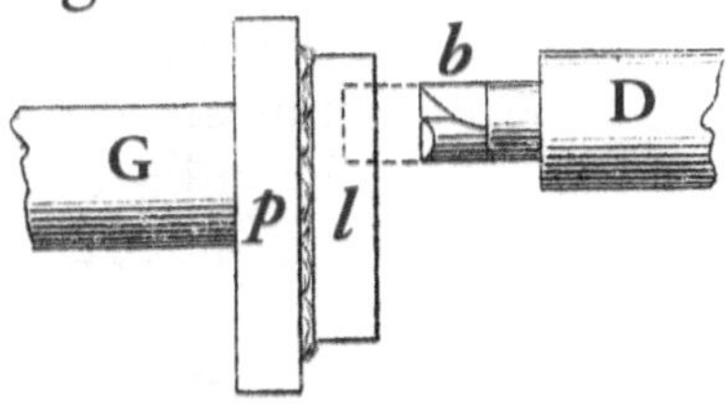

Fig. 11.

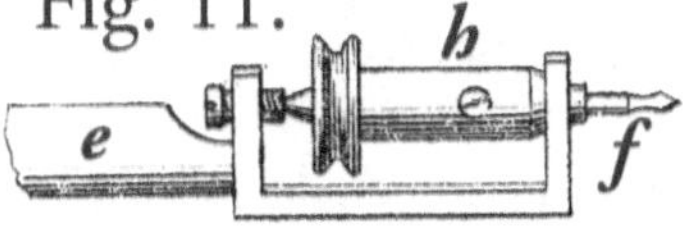

Fig. 13.

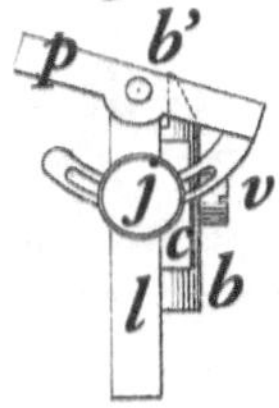

Fig. 12.

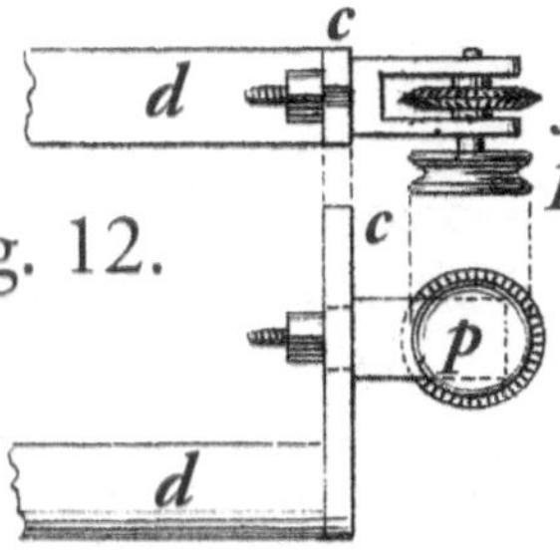

Fig. 14.

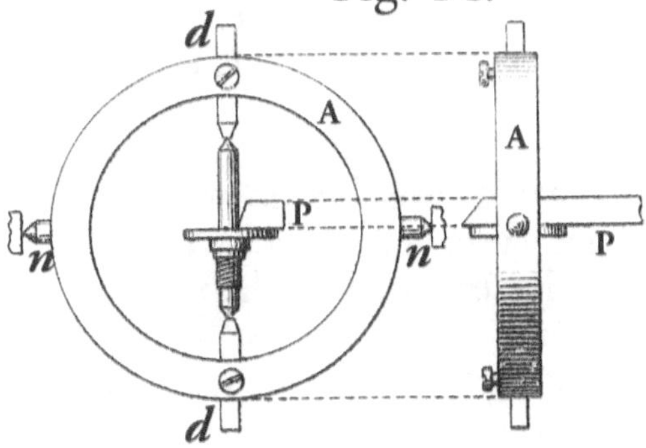

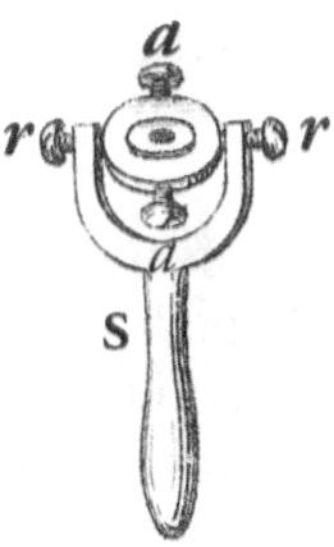

Fig. 15.

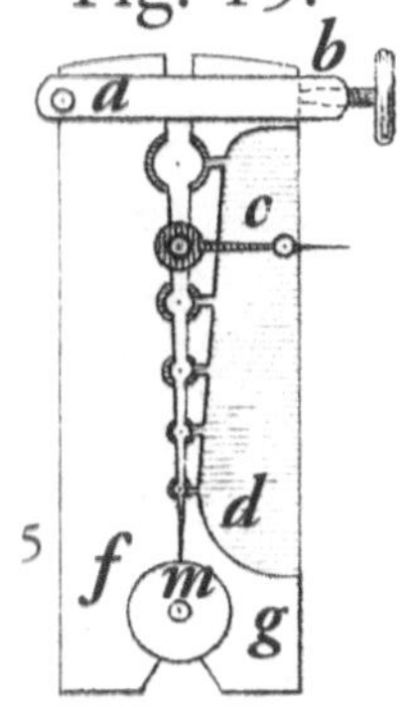

Fig. 16.

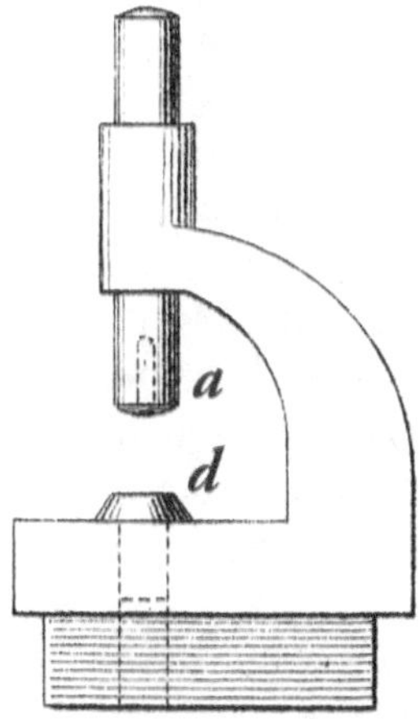

Fig. 18.

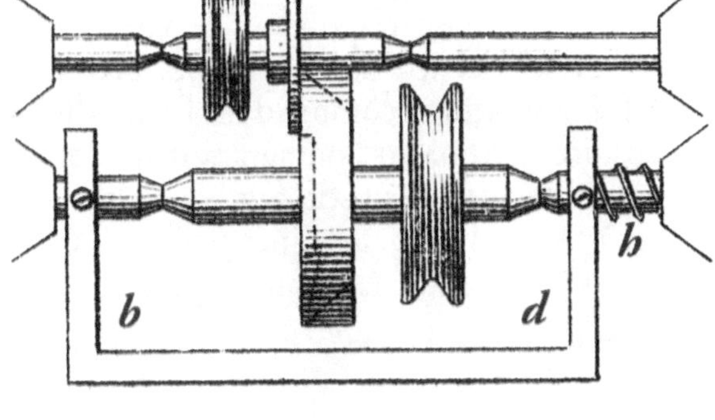

Avec des griffes doubles, la virole repose sur les supports des griffes, et ces griffes appuient sur la platine.

Si l'on ne veut utiliser qu'un côté des viroles, on peut les munir de vis qui permettent d'y fixer une platine, un barillet, etc.

229. Centrage intérieur. — Quand par la nature ou par l'épaisseur de l'objet à travailler, son trou central ne peut être gâté par la pompe, on présente simplement ce trou à la pointe de la pompe en faisant reculer celle-ci sous la pression, et l'on serre les griffes avec précaution afin de ne rien déranger. L'objet étant alors fixé et centré, on rentre la pompe.

On peut centrer un objet fragile en soutenant, tout en la faisant reculer délicatement, la pompe et jusqu'à ce que l'objet soit bien d'aplomb et fermement appuyé sur les sabots des griffes, et l'on serre avec précaution ces griffes après avoir fait rentrer la pompe. Quoique sous une main exercée cette opération réussisse, elle est dangereuse, surtout pour les rubis, quand elle est faite par un horloger d'une médiocre habileté ; en outre, les griffes se dérangent facilement, et il faut s'y reprendre à plusieurs fois. On trouvera plus loin de meilleurs moyens à employer.

230. Centrer par devant avec les broches. — La poupée E, figure 1, planche VI, étant ajustée sur la perche du tour, habituellement on centre l'objet par devant à l'aide de la broche de cette poupée (*a*, figure 3).

Ce mode de centrage ne vaut pas grand-chose. La pièce est presque toujours excentrée, et les bords de son trou sont fréquemment détériorés par la pression qu'il a fallu exercer.

On fera bien d'abandonner cette méthode vicieuse et de ne se servir de la broche a que comme broche à planter et à percer droit.

On trouvera indiquées plus loin les bonnes méthodes de centrage.

231. Pointage et perforation des trous. — On pointe un trou de pont correspondant à celui qui lui est opposé sur la platine (ce dernier centré sur la pompe) avec la broche *a*, figure 3, planche VI, fonctionnant comme dans l'outil dit à planter ordinaire. On perce ensuite le trou, ou l'on agrandit un trou déjà percé pour le remettre concentrique, en substituant à la broche à planter *a*, la broche à manche ou à percer droit *p*, terminée par un foret. Cette broche doit être placée rigoureusement dans le prolongement de la pompe, et le foret doit être très bien centré, ce à quoi on parvient aisément en se conformant aux instructions données un peu plus loin à propos des échoppes porte-foret.

Il y a avantage dans le cas, qui n'est pas rare, où la mèche du foret ne serait pas rigoureusement au centre, de ne se servir de la broche à percer que pour agrandir ou rectifier un trou préalablement percé, tel qu'un rebouchon de trou de barillet, de trou du pont de roue de centre, etc.

Perforer un trou de petit pivot avec la broche à planter offrirait des difficultés par l'effet du poids, et des frottements de cette broche, sans compter le peu de chance qu'on a d'obtenir une mèche de foret tournant rond ; il vaut mieux, après le pointage, percer le trou avec un foret ordinaire à pivot, dont le talon serait reçu par l'extrémité creuse *v* de la broche *a*, figure 3. On agirait absolument comme avec l'outil à percer droit.

232. Formes des échoppes ou burins. — Les principales sont dessinées dans les figures 5 et 6 de la planche VI.

Le burin le plus employé est vu de face en A, et vu de côté en A'. Deux plans inclinés *i n* et *d c* le dégagent en pointe par son côté gauche et par-dessous. Cette pointe est coupée carrément, et le tranchant, qui est plus ou moins aigu suivant la matière en oeuvre, est formé par le petit plan incliné *n c*. L'acuité de ce tranchant, comme sa largeur, varie suivant cette matière. Il faut posséder au moins une demi-douzaine de burins de cette sorte, de largeur et de tranchants différents, et ce nombre même est presque toujours insuffisant, car il ne faut pas mettre sur l'acier les échoppes au laiton sous peine de les gâter.

Le burin aiguisé à l'ordinaire suffit pour le travail courant; mais si l'on veut des surfaces de creusures bien nettes, on termine ces creusures avec un burin poli avec soin.

L'échoppe doit trancher des deux côtés : le côté rectiligne fait les angles droits, et le côté incliné les bords abattus en biseau. Est-il nécessaire d'ajouter que lorsque l'on veut faire travailler le côté incliné pour abattre un angle fait par la face droite, on fait tourner le plateau à rebours, et passer l'échoppe de l'autre côté du centre ?

233. C (même figure), burin arrondi par le bout pour faire des *moulures*. F (figure 6), burin à former les *drageoirs* des barillets.

J et V (id.), burin à faire les *tétines* ou *gouttes de suif* des trous de pivots, etc.

On a compris sans doute que ces deux burins donneront des tétines un peu en dôme et relativement élevées, et que pour les petits trous de pivots il faudra des becs d'échoppe plus étroits et formés par une courbe de plus en plus surbaissée à mesure qu'on voudra une goutte de suif plus aplatie.

L (figure 6), burin à abattre les angles en *biseaux* arrondis.

S (*id.*). Ce genre d'échoppe sert à lisser le fond d'un barillet sans enlever le crochet.

T (*id.*) est un burin carré à son extrémité ; on en fait d'étroits pour approfondir les passages des ponts de roues, cylindres, etc., et de larges pour faire le logement des rubis. Pour ce dernier usage ils sont, et suivant le besoin, coupés carrément à leur extrémité, ou bien un peu arrondis sur les bords.

V (*id.*) est un burin avec lequel on lève la sertissure d'un rubis. Cette sertissure se rabat ensuite comme il sera indiqué en son lieu.

Nous ferons remarquer, à propos de ce dernier burin, que le tour en l'air est préférable au tour universel quand on veut placer un rubis de pivot, mais pour l'horloger qui ne possède pas le premier de ces tours et qui a sous la main le second, il est bon qu'il puisse, dans un cas obligé, en tirer parti, ce à quoi on parvient avec quelque précaution.

234. Aiguisage des burins ordinaires. — La surface du fond d'une creusure faite au tour universel ne sera nette qu'à la condition non seulement que la petite face tranchante *n* de A, figure 5, planche VI, soit très bien adoucie et même polie, mais que son angle tranchant soit parallèle au plateau. Cette extrémité du burin exige donc quelques soins dans l'aiguisage.

On obtient à coup sûr le parallélisme voulu par l'un des deux moyens pratiques suivants :

235. *Premier procédé.* — On affûte le burin sur un outil comme celui représenté figure 13, planche VI.

Sur une épaisse plaque de laiton l, et perpendiculairement à son plan, est monté sur un pivot à l'une des extrémités un plateau *p*. Son inclinaison avec la face de la plaque est réglée à l'aide d'un arc de cercle glissant sous le poulet à vis *j*.

Une petite barre *c* est fixée sur la grande plaque, de façon que son flanc de droite fasse rigoureusement un angle droit avec la ligne traversant la surface du plateau suivant son axe *b'*. Ceci entendu, l'examen de la figure 13 fait aisément comprendre le reste : le plateau ayant reçu une inclinaison en rapport avec l'angle que l'on veut avoir au tranchant, on applique le burin *b* contre la petite barre *c*, et on le fixe à l'aide de la vis *v*, ou par tout autre moyen, après avoir fait déborder au-dessus du plateau l'extrémité du burin et, comme on le voit en *b'*, de toute la quantité qu'il faut enlever pour l'aiguisage.

Cela fait, on promène sur le plateau *p* un large morceau de pierre du Levant bien dressé ou un disque d'acier chargé de pierre broyée à l'huile, qu'on remplace après nettoyage, si l'on veut un tranchant poli, par un disque de bronze, de glace ou aussi d'acier, chargé de rouge à polir.

Si le plateau est d'assez grandes dimensions, il ne se déformera pas, même s'il est simplement en laiton bien écroui, mais il le vaudrait mieux en acier et surtout en acier trempé.

Quelques horlogers procèdent d'une autre manière : ils établissent une seconde barre semblable et parallèle à *c*, et de façon que le burin puisse glisser, sous la pression du doigt, grassement, mais sans aucun jeu, entre les deux petites barres formant coulisse. Tout en promenant le disque sur le plateau d'une main, ils poussent doucement en haut le burin tenu très fermement appliqué sur *l* par l'autre main.

Tout ceci est affaire d'habitude ou de tact.

236. *Deuxième procédé.* — Figure 2, planche VI. On plante dans la bande de droite de la coulisse du grand chariot (dont le mouvement est perpendiculaire à la perche), deux fortes chevilles en acier trempé et un peu revenu. Elles doivent être aussi écartées que possible, mais bien à la même hauteur relativement à la perche, et leurs têtes doivent être rigoureusement à la même distance du plan du plateau *p*.

Une seule des chevilles est aperçue en *x* ; la seconde étant cachée par la première.

Cette disposition étant achevée, on prend, par exemple, une glace parfaitement plate et pas trop tendre, elle est représentée de profil au pointillé de *x* en *z* ; on la charge intérieurement vers *z* de pierre broyée à l'huile ou de rouge à polir, etc., et on la promène, ainsi appuyée sur les deux chevilles et sur l'extrémité du burin. Cette glace ayant une certaine inclinaison sur la verticale, formera le tranchant selon cette inclinaison et celle-ci varie à volonté selon que l'on fait avancer ou reculer le porte-burin par la vis D.

Au lieu de deux chevilles on peut mettre deux larges plots arrondis en dos d'âne, si l'on redoute quelque usure sur la tête des chevilles, mais la plaque ou la glace devant être sèche aux places où elle est en contact avec ces têtes, il n'y a guère de crainte à avoir lorsque ces chevilles sont suffisamment dures et larges.

Perfectionnements à apporter au tour universel et accessoires nouveaux

Perfectionnements

237. Le tour universel, figure 2 planche VI, et ses accessoires ordinaires, figures 1 et 3, est celui qu'on trouve communément dans le commerce de la fourniture d'horlogerie, sauf les burins, que l'horloger doit toujours terminer, aiguiser et polir lui-même. Il faut que ce tour soit accompagné d'un support (T, figure 1), mais la poupée à centrer (E, même figure), est moins nécessaire, on peut très bien s'en passer, comme on va le voir. Du reste les moyens indiqués pour pointer et percer un trou avec des échoppes appropriées, sont applicables également aux broches de la poupée à centrer.

238. Deux améliorations qu'on devrait apporter à chaque tour universel, consisteraient :

La *première*, à piquer et percer deux ou trois rangées de trous sur le contour du plateau. Il est d'ordinaire assez épais pour que l'on puisse en avoir trois rangées. En choisissant des nombres renfermant beaucoup de multiples, on aurait un petit outil à fendre qui rendrait de fréquents services. Il est facile de pointer et de percer ces rangées de trous sur un outil à fendre muni d'un petit accessoire porte-foret, et que tout horloger saurait construire au besoin. Il en est de même de l'alidade, en tout point conforme à celle des outils à diviser, qui assurerait l'immobilité du plateau. Prenons par exemple les trois nombres 56, 60, 80 ; on y trouverait les diviseurs :

56 — 7, 8, 44, 28, 56.
60 — 2, 3, 4, 5, 6, 10, 12, 15, 20, 30, 60.
80 — 8, 10, 16, 20, 40, 80.

et si l'on remarque qu'on trouvera plus loin des procédés pour diviser une roue avec une dent de moins ou une dent de plus que le nombre indiqué par une plateforme, on voit qu'on a déjà à sa disposition une assez grande quantité de nombres.

Du reste, à l'horloger de choisir ces nombres selon ses besoins.

Nous préférons des rangées de trous plutôt qu'une denture sur le contour du plateau, parce qu'avec cette dernière on ne peut avoir qu'un seul nombre, et qu'un choc, un frottement violent peut la détériorer.

239. La *seconde amélioration* qu'on devrait apporter au tour universel serait de choisir des hauteurs de pas de vis pour la vis qui conduit le porte-burin, telles que ce pas fût exactement une unité, ou un nombre entier de millimètres. On connaîtrait ainsi par l'index *d* et la division du contour du poulet D (figure 2) la profondeur de l'engagement du burin en millimètres et fractions de millimètre (*la vis étant supposée bien faite et fonctionnant dans le même sens quand on voudrait éviter les temps perdus*).

Le même perfectionnement appliqué au chariot conduit par la manivelle *c*, donnerait en millimètres la largeur des creusures et offrirait l'avantage qu'on pourrait, comme on le verra plus loin, diviser une ligne droite sur le tour universel.

Accessoires. – Leurs usages

240. Pour simplifier ce travail nous allons passer en revue et décrire une suite d'opérations qu'on peut faire avec le tour universel (l'horloger y distinguera sans peine ce qui est applicable également au tour en l'air, et vice versa), et décrire en même temps un certain nombre de petits accessoires que doit construire l'ouvrier, s'il veut étendre le cercle des usages de son tour universel.

Les tasseaux

241. On prépare à l'avance quelques tasseaux comme le spécimen de la figure 4, planche VI. Il y en a qui sont terminés par un petit chapeau à vis, sous lequel on peut serrer l'objet ; les uns sont ouverts perpendiculairement d'un trou au centre, d'autres portent un petit arbre à rebours ou autrement. On en fait aussi qui se terminent par une face pleine sur laquelle on peut coller un objet à la cire par les procédés ordinaires.

Comme il est souvent nécessaire d'avoir une grande surface, pour y mettre en cire, par exemple, une platine de montre, on en fait encore dans la forme vue en T, figure 1, planche VII. La base étant serrée entre les griffes, le disque *e* est en l'air. Si ce disque est en bronze ou en acier, il servira de lapidaire, s'il est en laiton, on peut le tourner plat, y mettre en cire, etc.

Ces tasseaux doivent, s'il est possible, être assez bien faits, pour se centrer exactement au besoin sur la pompe de l'arbre du tour.

On en fait aussi un ou deux dans la forme *x d b f g*, figure 1, planche V, portant au centre une grosse vis à bois, sur laquelle on taraude un morceau de bois dur, dont nous verrons l'usage quand nous aurons à nous occuper du barillet de la pendule.

Centrer une pièce

242. Quand le trou formant le centre de la pièce à mettre sur le tour, est du côté du plateau, ce qui est le cas le plus général, il suffit, comme on l'a vu, de chausser ce trou sur la pompe qu'on fait reculer sous la pression et de serrer les griffes. Assez fréquemment la pièce n'a pas de point indiquant le centre, ou bien a ce point du côté du burin-fixe ; alors il faut centrer la pièce par devant ou par son contour.

243. Centrer par devant. — Si la pièce a été mise en cire sur une plaque chaude, on la centre comme on le fait sur le tour-en-l'air avec une pointe de fusain appuyée sur le support du tour.

La plaque étant refroidie, on vérifie l'exactitude du centrage à l'aide d'une longue tige de fusain, qu'on tient très court, parallèlement à la perche, appuyée dans le trou par sa pointe, et sur le support, placé près de celle-ci. Si le trou est bien centré, l'autre extrémité de la longue tige ne bouge pas.

Au contraire, si elle fait des écarts, c'est que le centrage est imparfait; on le rectifie comme il va être indiqué ci-après.

244. *Méthode de centrage de Perrelet.* — C'est dans le fond le même procédé que celui qui vient d'être indiqué, mais avec cette différence que la tige de fusain est remplacée par un petit appareil. Il est représenté figure 7, planche VI.

Un manchon creux, dont on voit la section verticale en *a c c a'*, s'ajuste à frottement ferme, par sa portion cylindrique *a b b' a'*, dans le trou de broche de la poupée à centrer (en *v* de la poupée E, figure 1, planche VI). Dans le devant du manchon est incrusté un anneau d'acier assez épais sur son contour et allant en s'amincissant jusqu'au bord de son ouverture. Les deux triangles noircis *c c* en sont la section verticale. Dans le trou de cet anneau s'ajuste sans jeu la tige *r n*, portant en *s* un renflement arrondi pour borner la pénétration dans *c c*, et un petit prisonnier qui, répondant à une échancrure de l'anneau, empêche la tige *r n* de tourner sur elle-même.

On voit au simple examen de la figure que lorsque *s* sera appuyé contre *c c*, si l'on pose un doigt sur la pointe *r*, on fera vaciller la tige dans tous les sens et suivant la largeur de l'intérieur creux du manchon.

(Par suite d'une erreur de gravure, le manchon n'est pas assez évidé et ne laisse pas une assez grande latitude aux vacillements de la tige.)

L'écart de centrage de la pointe *r* sera multiplié par *n,* c'est-à-dire que si la longueur *s r* est le dixième de *s n*, l'erreur accusée en *n* sera dix fois plus forte que l'erreur réelle.

245. Voici maintenant l'usage de l'instrument : la pièce dont on veut vérifier l'exactitude du centrage est vue dans les griffes *g g* (figure 2) ; on remplace le coulant B par la poupée à centrer E (figure 1), garnie en *v* du petit appareil. On fait glisser la poupée jusqu'à ce que la pointe *r* de la longue tige soit entrée dans le trou de la pièce tenue par les griffes, et le support étant placé à proximité de l'autre pointe *n*, on fait tourner le plateau. Si le centrage est exact, la pointe *n* demeure immobile.

Si elle va s'éloignant et se rapprochant du support, on frappe délicatement sur le flanc de la pièce, qui ne doit pas être trop fortement serrée dans les griffes, et du côté opposé au plus grand éloignement de *n* du support. On renouvelle l'opération jusqu'à ce que l'on juge que le centrage est suffisamment exact, sinon parfait, puis l'on serre fortement, mais avec précaution, les griffes et sans rien déranger.

Pour les trous percés dans les rubis, on pourrait employer une tige en aluminium de *n* en *s*, ce qui la rendrait relativement légère, et la terminer en *r* par un cône en ivoire.

246. Une précaution est à prendre si l'on veut se servir facilement de cet outil : il faut que l'ajustement *a b b' a'* soit assez long et bien fait pour que le manchon, d'abord enfoncé complètement, puisse être retiré en avant de 1 à 2 millimètres, mais sans cesser d'être bien ajusté et de tenir suffisamment.

Voici la raison pourquoi, lorsque l'on pousse la poupée sur la perche du tour, la résistance du frottement étant considérable, la main n'est pas toujours maîtresse de la poupée, et il peut en résulter une trop forte pression, même un choc, entre la pointe *r* et le trou. Pour l'éviter, il suffit d'amener la pointe à proximité du trou, et alors on l'y fait pénétrer en tournant le manchon entre les doigts, de manière à le faire avancer un peu.

Le manchon peut encore se fixer par une petite vis de pression, après qu'on a mis la pointe *r* en prise. De même qu'on peut aussi faire porter ce manchon par une broche analogue aux broches porte-foret qui sont décrites un peu plus loin.

247. Centrer par le contour. — Deux cas se présenteront : dans l'un, le contour de la pièce reste à découvert ; c'est, par exemple, une roue que l'on veut denturer; dans l'autre, ce contour ne sert qu'à retrouver un centre, ce qui a lieu pour un barillet dont le trou du centre a été rebouché avec rebouchon *plein.* On emploiera, suivant le cas, et le plus ou moins de commodité qu'on y trouvera, l'un des moyens suivants :

248. *Premier moyen.* — Pour l'employer, un petit appareil comme celui représenté en *d b* S, figure 2, planche VII, est nécessaire. Il se compose d'une aiguille longue et légère *b d*, montée sur pivots, et dont l'extrémité *d* parcourt un arc de cercle gradué quand on abaisse le bras *b*. On s'en sert communément sur le tour ordinaire en mettant le pied S à la place du support du tour, et de façon que le petit bras *b* soit appuyé par-dessous contre une tige (*t*, par exemple), dont on veut vérifier la parfaite rondeur.

Une roue que l'on veut denturer étant montée à la cire ou à vis sur un tasseau comme *r n s*, figure 4, planche VI, on met le tasseau aux griffes du tour, et la pompe étant renfoncée, on fait toucher le contour de la roue par le petit bras *b* de l'aiguille *b d* ; tout l'appareil étant fixé par son pied S (figure 2, planche VII) dans le canon C, rivé lui-même à la broche A, que l'on a mise en lieu et place du burin. Quand on fera tourner le plateau du tour, les écarts de la pointe de l'aiguille indiqueront le défaut du centrage ; on le corrigera en frappant doucement du côté convenable du tasseau, c'est-à-dire en agissant ici comme il a été dit au n° **245**.

249. *Deuxième moyen.* — Lorsque l'on veut percer ou seulement rectifier le trou du centre d'une roue, d'un barillet, etc., tournant mal rond, on met aux griffes du tour une plaque de laiton dans laquelle on pratique une creusure circulaire où entre exactement, mais en débordant un peu par-dessus, la roue ou le barillet. On desserre une griffe que l'on avance un peu, de façon qu'elle tienne en même temps la plaque et le barillet ; successivement, on agit de même pour les autres griffes, et il ne reste plus qu'à percer ou à rectifier avec les forets préparés *ad hoc* le trou du centre de la roue ou du barillet, etc.

Planter et percer droit

250. *Avec le tour ayant une poupée à centrer.* — Veut-on, par exemple, pointer et percer le trou de pivot d'un pont dont le trou correspondant dans la platine est bien centré sur la pompe de l'arbre du tour ? On met en place sur la perche la poupée E (figure 1, planche VI), et l'on marque le trou avec la pointe *i* de la broche *a* (figure 3) comme on le fait sur l'outil dit à planter ; puis, si le trou doit être très fin, on le perce avec un foret à pivot ordinaire, dont le talon est reçu par le côté creux *v* de la broche *a* retournée.

On a plus de commodité pour faire ce travail en serrant la patte du tour universel dans les mâchoires de l'étau, de façon que la perche soit perpendiculaire à l'établi.

Si le trou à percer doit être un peu fort, on le perfore, le tour ayant conservé sa position ordinaire horizontale, avec la broche à manche *p*, figure 3, garnie d'un foret demi-cylindrique.

251. *Avec le tour dépourvu de poupée à centrer.* — A défaut de poupée, on peut planter et percer avec des burins fixes suffisamment effilés ou disposés pour recevoir un pointeau, un foret, etc.

(Faisons remarquer tout de suite qu'ils peuvent également recevoir des mèches arrondies pour faire les réservoirs, ou des mèches carrées et tranchantes comme celle vue en *k*, figure 8, planche VI, pour exécuter les noyures des têtes de vis.)

Ce burin fixe, devenu porte-pointeau ou porte-foret, est représenté figure 9, planche VI. L'examen de E *c* suffit et explique sa forme et ses usages, au nombre de trois, puisqu'il peut recevoir un foret, une pointe à marquer un trou, une petite broche percée au bout pour soutenir le talon d'un foret à pivot.

Voici comment on peut donner à cette pièce la justesse qui lui est tout à fait indispensable.

L'ajustement du burin fixe sur le porte-burin ne doit être susceptible d'aucun dérangement, surtout en serrant la plaque qui l'immobilise. Si l'on avait des craintes à ce sujet, on percerait un trou dans le talon du burin, où une tige *y* (figure 9), introduite momentanément et répondant à un index à patte fixe, ferait connaître s'il y a eu déviation. Généralement, on n'a pas à la redouter quand on a soin de maintenir la plaque qui serre le burin bien parallèle à la face plate du porte-burin.

On remplace donc le burin ordinaire par une broche de la forme E', figure 9, et dans laquelle on a percé le trou qui doit recevoir le foret, etc., d'un diamètre plus petit qu'il ne doit être en définitive. Cela fait, on installe à la place de la pompe du corps de l'outil une broche B, y entrant fort juste, et se terminant en avant par un foret demi-cylindrique.

On voit qu'en faisant simultanément tourner le plateau et avancer le porte-burin, le trou de la broche E' sera grandi et alésé rigoureusement dans l'axe de la broche B, et qu'un foret, un pointeau (une fraise à faire les réservoirs ou les noyures des têtes de vis), tournés préalablement bien ronds, y étant insérés, pointeront et perceront un trou, etc., en concordance parfaite avec le centre du plateau du tour.

Percer une série de trous

252. On monte, au bout d'une broche analogue à celle dont il vient d'être question, un petit bâti, dans lequel s'ajuste, entre ses deux retours d'équerre, un porte-foret (*h*, figure 11, planche VI).

Ce petit appareil mis par la broche *e* à la place du burin, ou pourra percer un trou ou (selon une ligne droite horizontale) une série de trous marqués à l'avance, ou bien encore, si l'on connaît exactement la quantité de déplacement de la coulisse du grand chariot, parallèle au plateau, pour un tour de sa vis, une série de trous équidistants (**239**).

Lorsque l'on veut percer une série de trous sur une circonférence, comme ceux d'une roue d'échappement à chevilles, il suffit d'amener la pointe du foret sur la circonférence, après avoir assuré la fixité du plateau du tour avec une alidade, et l'on agit ensuite comme on le fait avec les outils à diviser, muni d'un porte-foret vertical.

253. L'alidade, comme celle des outils à fendre, doit être susceptible d'un petit mouvement d'allongement ou de retour sur elle-même par son écrou, afin qu'on puisse toujours amener la pointe du foret en concordance parfaite avec l'un des points qui auraient été marqués à l'avance. On voit que si l'on remplaçait le foret par une petite fraise ronde, on pourrait polir, et même au besoin tailler complètement, les U d'une roue de cylindre, rectifier les concavités des dents d'une croix de Malte, etc. Nous n'insistons pas davantage sur les applications que peut recevoir cet outil.

Fendre un rochet, une roue de minuterie

254. On peut facilement, sur un tour universel dont le contour du plateau est divisé, faire la denture d'une roue, d'un rochet d'échappement de pendule, d'un rochet de barillet, fendre ou rectifier une croix de Malte, etc. Il suffit, après avoir monté la pièce sur un tasseau où elle est bien centrée, de remplacer le burin par un petit porte-fraise semblable ou analogue à celui de la figure 12, planche VI.

La broche *d*, vue de face et de profil, est terminée par un retour d'équerre *c*. Il est ouvert sur sa longueur d'une rainure dans laquelle peut monter ou descendre et se fixer au point convenable par un écrou, le talon d'une petite chape portant la fraise qui convient à l'objet : soit ici *f*. L'axe de la fraise déborde suffisamment en dehors de la chape pour qu'on puisse y ajuster un cuivrot *p* et conduire la fraise avec l'archet.

Est-il nécessaire d'expliquer qu'à l'aide de cette disposition, on peut amener la fraise à la hauteur où doit être pratiquée la denture et qu'il suffit ensuite, tout en la faisant tourner avec un archet, de faire avancer cette fraise par la vis D du chariot porte-burin (figure 2) ?

Faire une creusure courbe ou elliptique

255. Un accessoire n'est pas ici nécessaire, un simple burin ordinaire ou rectangulaire suffit.

Soit *a b c d*, figure 3, planche VII, la forme que doit avoir la creusure. On pointe un certain nombre de centres dont les circonférences, empiétant latéralement les unes sur les autres, effleurent les deux bords ou l'un des bords de la creusure. Puis on exécute toutes ces petites creusures circulaires, ombrées sur la figure, à la profondeur voulue.

On centre la platine sur le centre *o* de la courbe *a b* ; cela fait, on amène le burin au point convenable pour que son angle tranchant supérieur décrive l'arc *a b*, on fait pénétrer un peu ce burin dans la creusure *b*, puis on fait parcourir au plateau, non pas en se servant de la manivelle, mais avec la main posée sur le contour de ce plateau, l'arc *b a*, après quoi on ramène le burin en arrière, puis on recommence après avoir un peu enfoncé le burin. Ce burin enlèvera les angles pleins, vus en blanc sur le dessin et laissés par les creusures circulaires, et il nivellera tout sur son passage.

Ce genre d'opération n'offrant aucune difficulté, il nous paraît inutile d'en dire plus long car avec ces explications, tout horloger doit savoir exécuter des creusures courbes ou elliptiques.

Si l'on veut adoucir la creusure, on met à la place du burin, mais pouvant y tourner grassement, une broche de fusain, entrant juste dans la creusure garnie de pierre-ponce, ou autre, broyée à l'huile. Une main fait aller et venir le plateau et l'autre tourner la broche.

Faire une creusure droite

256. *Premier procédé.* — On se sert de l'outil de M. Chopart, décrit dans la *Revue chronométrique* et représenté figure 8, planche VI.

Il consiste, comme on le voit, en une espèce de petit tour en l'air, adapté de la manière suivante au flanc du coulisseau porte-burin M du tour universel : sur deux pieds *a a'* plantés dans ce porte-burin (préalablement débarrassé de son burin et de la plaque qui le serre), s'emboîtent exactement deux entailles pratiquées à la base du corps *ff.* Une troisième entaille, intermédiaire, livre passage à la vis *h*, et c'est en serrant celle-ci qu'on fixe solidement le petit appareil contre M.

Les dispositions de cet outil doivent être telles, qu'elles satisfassent à la triple condition : que son arbre C occupe, sans y toucher nulle part, la rainure longitudinale où logeait le burin, qu'il soit parallèle à la perche du tour universel sur laquelle devra se mouvoir le chariot qui porte M et, en outre, que le centre de rotation de cet arbre soit le prolongement de celui de la pompe *g* de l'arbre de la plateforme ou plateau.

257. L'outil supposé en place et prêt à fonctionner, on prend la platine de montre dans laquelle on veut creuser un passage ou rainure rectiligne, et l'on trace dessus les deux lignes de direction des deux côtés du passage, ainsi que celles qui fixent son étendue. On met la platine aux grilles du tour, en faisant répondre la pointe de la pompe en un point quelconque d'une ligne qui partagerait en deux parts égales le passage sur sa longueur.

L'on fait tourner le plateau jusqu'à ce que les lignes de direction soient horizontales, et l'on immobilise ce plateau par un moyen quelconque.

L'arbre C porte une fraise coupante *k*, qu'on peut changer à volonté, et que maintient en place la vis de pression *d*. Supposons que le diamètre de cette fraise réponde exactement à la largeur du passage à creuser et qu'on la fasse, avec une main, avancer contre la platine au moyen de la vis d'engagement du tour à burin fixe, tandis que l'autre main conduit rapidement un archet dont la corde est enroulée sur le cuivrot *b*, la fraise formera dans la platine une creusure circulaire du même diamètre que *k*.

Quand la platine sera entamée assez profondément, la main gauche abandonnera la vis d'engagement, dont le fonctionnement se fait dans le sens *x i*, pour mener la vis ou manivelle du chariot qui coulisse parallèlement au plan de la plateforme, et la fraise *k*, continuant son rapide mouvement de rotation travaillera, non plus avec son extrémité *i*, mais avec ses arêtes latérales tranchantes. Elle ouvrira ainsi une creusure en ligne droite sur une longueur quelconque.

258. La fraise *k* est de forme prismatique, soit à quatre pans et quatre arêtes coupantes sur le contour et une arête tranchante *i*, par devant. Si l'on ne veut conserver que les deux arêtes coupantes qui se raccordent aux extrémités de l'arête *i*, ou les rendre plus aiguës, on abat les deux autres d'un coup de lime.

259. *Deuxième procédé.* — Il est encore plus simple que le précédent.

A l'extrémité d'une broche G, figure 10, planche VI, qu'on peut mettre à la place du burin du tour universel, est rivée une plaque *p*. Cette plaque est rayée en travers d'un trait fortement marqué, et de telle façon que lorsque la broche G est en lieu et place du burin, ce trait est horizontal, c'est-à-dire se trouve rigoureusement sur un plan horizontal passant par la pointe de la pompe de l'arbre du tour universel.

Veut-on-faire une creusure droite dans le morceau de laiton *f* par exemple ? On met en cire ce morceau de laiton sur la plaque *p*, et de telle sorte que la longueur de la creusure indiquée soit dirigée dans le sens du trait tiré sur cette plaque, et que ce trait partage bien par son milieu la future creusure.

Cela fait, on met la broche G à la place du burin ordinaire, l'on substitue à la pompe une broche D, façonnée à son extrémité qui fait saillie, en fraise coupante, d'un diamètre égal à celui de la creusure à exécuter, et l'on immobilise cette broche dans l'arbre par une vis comme *b*, figure 2.

Il ne reste plus qu'à donner, avec la main droite, un mouvement de rotation à la fraise par la manivelle du plateau, tandis que la main gauche, par la vis d'engagement du tour, presse la pièce *l* contre la fraise en mouvement, jusqu'à ce qu'elle ait pénétré à la profondeur voulue. Alors, en manœuvrant la manivelle qui conduit le chariot parallèle à la plateforme, on élargit la creusure à droite et à gauche, jusqu'à l'étendue indiquée pour sa longueur.

260. La mèche de la fraise coupante peut avoir la forme de celle de M. Chopart, ou plutôt, puisque le mouvement se fait dans le même sens, la forme indiquée en *b*, figure 10, planche VI. Les angles tranchants sont formés par les deux petits plans inclinés vus en *b* ; ils occupent la moitié du diamètre de la fraise. Le revers de ces deux petits plans est la reproduction de la partie de la mèche vue au-dessous des deux petits plans dans la figure, et réciproquement.

On voit que les deux moitiés de cette mèche sont disposées pour travailler également selon le même mouvement de rotation.

Note. — En outre des nombreuses opérations qui peuvent être faites sur le tour universel et que nous venons d'indiquer, il peut servir, s'il est divisé sur son contour, pour tracer des angles, la serge et les barrettes d'une roue, d'un balancier, etc., et pour exécuter encore d'autres travaux, comme on le verra en son lieu.

- IV -

Tours aux vis et exécution des vis

Filières, tarauds, taraudages

Filières

Les tours ou outils aux vis, sont de deux sortes : tours à polir et au besoin à modifier les têtes de vis, en usage dans le repassage et la réparation des montres, et tours à fileter dont se servent les mécaniciens.

Avant de nous occuper de ces tours, disons quelques mots des filières aux vis et du taraudage.

261. Filières ordinaires à main. — Pour en obtenir un bon service, il faudrait avoir d'autres filières à trous lisses, dont chaque numéro correspondant au même chiffre de la filière en acier donnerait la grosseur de la tige qu'on peut y tarauder.

Nous nous sommes servis longtemps de deux filières Latard, faites de telle façon qu'une tige passant sans jeu dans l'un des trous avait juste la grosseur nécessaire pour être taraudée au deuxième numéro plus bas. (On peut remplacer les filières à trous lisses par un calibre à tarauds.)

262. Pour qu'un taraud fût net, égal, et avec le moindre gonflement de l'acier, il faudrait exécuter le taraudage de la vis dans un trou de filière fendue par côté (F, figure 3, planche VII), bien trempée et parfaitement polie de chaque côté des entailles, mais on sent que ce système ne peut s'appliquer aux petites vis.

263. Filière à coussinets. — La filière ordinaire non fendue sur le côté des trous, refoule et gonfle le métal. Cet effet est moins sensible avec la filière à coussinet, et disparaît même si l'on enlève peu de matière à la fois, et si les angles coupants des coussinets sont nets et tranchants. En autres avantages, cette filière a celui de donner à volonté des tarauds de même pas et de grosseurs différentes, ou de mêmes grosseurs et de pas dissemblables. L'ajustement des coussinets doit être très bon.

264. Filière à pas minces et serrés. — Aujourd'hui on trouve cette filière chez les marchands de fournitures ; il n'en était pas de même il y a une trentaine d'années, où l'horloger était dans l'obligation de la fabriquer lui-même, et voici la méthode qu'il suivait : on prend un taraud de filière ordinaire ayant le filet épais et par conséquent le vide étroit.

Si cette condition n'était pas remplie, voici comment on y remédierait : le taraud, plus gros qu'il ne faut, tournant rond sur ses pointes et muni d'un cuivrot, se place entre les broches du tour à finir. Le support du tour est surmonté d'une barre d'acier trempé dur.

En faisant tourner le taraud sous l'action d'un archet, on passe dans le vide une lime à fendre adoucie sur ses flancs, entrant juste, et ne mordant que par une arête taillée en lime.

La barre d'acier trempé règle le degré d'enfoncement du pas.

On obtient ainsi un taraud dont le filet est épais à sa base. On enlève à l'archet et au burin l'excès de saillie de ce filet, on arrondit ses angles et on trempe le taraud, que l'on affûte sur quatre faces à son extrémité.

Le taraud étant prêt, soit qu'il ait fallu le retoucher, ou qu'on l'ait laissé tel que la filière l'a formé, on prend une petite plaque d'acier doux bien recuit et pas trop épaisse, et l'on y perce un trou que l'on taraude avec le taraud préparé.

Dans ce trou taraudé, le filet est mince, tandis que le vide est large.

On écrouit avec soin la petite plaque, dont on diminue l'épaisseur jusqu'à ce que la largeur du vide et l'épaisseur du plein ne soient pas très sensiblement différentes.

On trempe cette plaque. On dégage l'entrée et la sortie du trou avec une pointe conique d'acier et de la pierre pilée. Puis, le trou bien nettoyé, on y forme un taraud d'acier.

Ce taraud, qui (si l'opération a été bien conduite) doit être dans les conditions voulues, sert, une fois trempé, à tarauder le trou d'une petite filière, celle qu'on emploiera définitivement à former d'autres tarauds, parce que la première filière, par l'effet de l'écrouissage, offrant des inégalités intérieures, ne peut guère servir que pour former avec précaution un ou deux tarauds. On ne pourrait y tarauder ni des vis ni du laiton.

Tarauds

265. Le mot taraudage a les deux significations suivantes : former le filet en saillie qui se contourne en spirale sur le corps d'une vis, ou tailler dans un trou cylindrique l'hélice creuse où se loge le filet saillant de la vis.

On fait les tarauds à la filière ou en taillant le filet sur le tour ; nous nous occuperons plus tard de ce dernier procédé. Tout horloger, même débutant, a reçu de son maître d'apprentissage les notions nécessaires pour savoir exécuter un taraud ordinaire convenablement et le redresser s'il est faussé. On doit apporter beaucoup de soin à la trempe des tarauds (**65** à **70**), car s'ils ne tournent pas droit ou si leur acier est brûlé, ils feront un mauvais service et se rompront facilement. On les blanchit sur le tour avec un bois, ou plus simplement en les tournant entre deux morceaux de moelle de sureau dure, chargée de pierre broyée à l'huile, et on les aiguise à trois ou quatre pans. Cet aiguisage ne doit pas laisser de bavure. Un fin adouci, et même un coup au gros rouge à polir ne les rendrait que meilleurs.

Le taraud à trois pans est celui qui coupe la matière le plus nettement et offre le plus de place pour loger la matière enlevée, mais celui à quatre pans conserve mieux la rondeur du trou.

266. *Exécuter un taraud d'une certaine longueur.* —Voici les précautions qu'il convient de prendre pour obtenir qu'une longue vis tourne rond et droit.

L'acier doit avoir été choisi avec soin d'abord, et il faut rejeter la filière dite à main, et choisir une bonne filière à coussinet pas trop lourde. Il serait bon d'avoir deux paires de coussinets (et même plus), celle à ébaucher la vis, et la laissant un peu plus forte de filets qu'il ne faut, et l'autre servant à la terminer après qu'on l'aurait au besoin bien redressée et même délicatement tournée par-dessus. Il faut enlever peu de matière à la fois, et avec des coussinets bien tranchants et portant un nombre assez grand de filets.

On pourrait aussi tarauder sur le tour ordinaire à l'aide d'une disposition analogue à celle vue figure 6, planche IV.

Une vis étant simplement faite à la filière, mais un peu plus forte qu'il ne faut, on pourrait, après l'avoir au besoin redressée et tournée au diamètre voulu, l'achever dans un trou de filière comme F, figure 3, planche VII, ou sur le tour à fileter, mais il ne faudrait pas que l'acier eût été trop tourmenté par la première filière, ce qui le ferait gauchir à la trempe.

Lorsque l'on veut une vis micrométrique, c'est-à-dire d'une rigoureuse précision, il faut s'adresser aux spécialistes du genre qui travaillent pour les constructeurs d'instruments astronomiques.

267. Faire un taraud de vis sur un pas donné, *et quelle que soit la grosseur de la vis.* — Supposons que l'on veuille fileter la tige B, figure 1, planche VII, selon le pas d'un trou de filière quelconque. On met cette tige en *d* à la grosseur convenable pour qu'on puisse la tarauder dans ce trou. Cela fait, on prépare et on ajuste au tour deux broches comme G et H. L'extrémité de H est percée et taraudée pour qu'on puisse y visser librement *d*, et l'extrémité de G est percée pour recevoir la tige B qui doit y tourner sans jeu.

Tout ceci bien compris, on voit que si l'on fait tourner le cuivrot r à l'aide d'un archet, en appuyant une petite scie ou une lime à fendre dans l'entaille *a*, on formera à l'extrémité gauche de la tige B, une vis de même pas que *d*, quoique d'un diamètre plus ou moins différent.

Ce procédé et le troisième de l'article suivant ont été employés avec succès par Perrelet, ainsi que nous le rappelle M. Redier, qui a été l'élève de cet excellent artiste.

268. Tarauds à gauche. — On verra plus loin comment on les exécute sur le tour à fileter ; à son défaut l'horloger pourra utiliser l'un des procédés suivants :

Premier procédé. — Si après avoir taraudé l'intérieur d'un trou au moyen d'un taraud à droite B, et que représente la figure 4, planche VII, on veut tarauder un autre trou, mais en sens inverse, voici comment il faut s'y prendre : on lime le taraud primitif B sur ses deux côtés opposés, de façon à lui faire prendre une forme aplatie analogue à la section horizontale vue en A.

Ainsi préparé, on introduit son extrémité dans le trou que l'on veut tarauder, et l'on tourne le taraud à gauche en le poussant assez fortement pour le faire pénétrer. L'opération achevée, le trou a son hélice creuse, destinée à recevoir le filet d'une vis, contournée à gauche. En effet, quand on tourne le taraud B à droite, c'est dans le premier sillon creusé par *a* que doit repasser *f*, etc. Si l'on tourne à gauche, c'est dans le sillon creusé par *f* que doit retomber *b*, mais par une marche inverse et qui se croise avec la précédente.

Plus le pas de la vis est serré, plus l'opération offre de chances de réussite. Avec des pas très écartés, il faut souvent recommencer une ou deux fois. Quand on a réussi à tarauder convenablement une plaque d'acier, ou des coussinets de filière, on peut, après les avoir trempés, s'en servir pour former un taraud à gauche plein et régulier.

Deuxième procédé. — On adapte un peigne d'un côté (ou de chaque côté) d'un cylindre, comme on le voit en F, figure 5, planche VII. Puis on taraudera, à volonté à gauche ou à droite, le trou du morceau de métal S, selon que l'on fera tourner à gauche ou à droite le cylindre en pressant dessus suffisamment pour le faire pénétrer dans S. La rapidité du pas est en rapport avec la pression exercée. Ce moyen n'est qu'une variante du précédent et, comme avec celui-ci, il n'y aurait certitude de réussir du premier coup que si l'on avait l'aide d'un outil qui fît avancer les deux pièces l'une sur l'autre selon une certaine progression.

Troisième procédé. — Un taraud d'acier non trempé, étant limé en triangle (C, figure 10, planche VII), on le tord de façon à amener les angles *b* et *f* vers *ad*, etc. ; on a alors un taraud qui, sur une partie de sa longueur, peut servir à tarauder à gauche, après qu'on l'aura trempé et suppression faite de ce qu'il faut en retrancher aux extrémités.

269. *Construire un taraud à gauche au moyen d'un taraud à droite.* — Une portion du taraud à droite, limée sur trois côtés de façon à présenter par exemple, la section *b*, figure 6, planche VII, est encastrée et solidement fixée dans le coussinet *d* d'une filière aux vis. Un autre coussinet en laiton *f* est creusé en gouttière demi-cylindrique, devant embrasser exactement la demi-circonférence de la tige d'acier dont on veut faire un taraud à gauche. Les choses en cet état, on serre par la vis *g* cette tige vue en *a*, entre le taraud encastré *b* et le coussinet *f*, et l'on fait tourner à la main la filière (ou bien la tige *a*), de telle sorte que la tige *a* soit cannelée en spirale à gauche, par le fait de la saillie que présente en avant le filet de la vis *b*. Cette saillie peut avoir une forme analogue à celle offerte en *b'*.

L'avantage que ce dernier procédé offre sur le premier, c'est qu'il permet de fileter des tiges de diamètre quelconque.

On pourrait encore serrer la tige à fileter entre deux portions du même taraud, un vide de l'une correspondant à un plein de l'autre, mais il serait nécessaire, dans ce cas, d'avoir sur les côtés deux pièces accessoires de cuivre servant à assurer la position de la tige *a*, ce qui compliquerait l'opération.

On voit, au seul examen des figures 4 et 6, qu'au moyen d'un simple peigne C D, fait avec soin à la main, et assujetti comme le taraud *b*, on peut arriver à canneler en hélice une tige quelconque (les dents du peigne assez épais devraient être inclinées sur l'axe, comme un filet de vis, autrement l'opération serait plus difficile et la réussite moins certaine).

270. On simplifie encore la précédente méthode en prenant une plaque de laiton suffisamment épaisse D, figure 10, planche VII, dans laquelle le taraud, trempé et seulement limé plat sur deux faces, est fortement encastré en *v*. Par un trou ménagé en *j*, on introduit à force, en tournant à gauche, une tige qui, se moulant sur la vis trempée, donnera par conséquent le même filet, mais contourné à gauche. Si la vis trempée avait à son milieu une petite fente sur sa longueur, le travail serait plus facile, parce qu'il se ferait en partie par coupage et non pas seulement par refoulement.

271. Grossir au taraud. — Il peut arriver qu'une vis ne pénètre pas suffisamment ou pénètre avec trop de peine dans le trou qui doit la recevoir, le taraud qui a servi à former l'intérieur du trou se trouvant par suite de la trempe, de l'adoucissage ou de l'usure, ou parce qu'il n'a pas été fait dans la même filière que la vis, un peu moins gros que cette vis. On peut dans ce cas avoir recours à l'expédient que voici : on refait un taraud d'acier doux, puis on le lime des deux côtés opposés, de sorte que sa section perpendiculaire ait la forme A ou B, figure 5, planche VII ; après l'avoir mesuré sur son plus grand diamètre et sur toute sa longueur, on l'écrouit avec précaution sur la partie plate ou renflée. Avec un peu d'adresse et à l'aide du micromètre comme vérificateur, on arrive très bien à ne lui donner que l'augmentation de diamètre nécessaire. On le trempe et on l'adoucit, etc. (mieux vaudrait refaire un taraud par la méthode indiquée au **267**).

Voir aux mots *Taraudage* et *Tarauds* du *Recueil des procédés.*

Procédés de taraudage des trous

Nous ne parlerons pas du taraudage ordinaire à la main, tout le monde le connaît.

272. Taraudage sur le tour universel. — La platine de la montre étant fixée sur le plateau et le trou à tarauder étant centré sur l'axe de la pompe qu'on a eu soin de retirer en arrière, on présente le taraud au trou en appuyant suffisamment et en menant le plateau, soit par saccades en avant, avec de petits retours en arrière, ou bien d'une seule volée ce plateau entraîné par sa manivelle, mais dans ce cas, il faut que le taraud tranche très nettement la matière et qu'il ne soit tenu entre les doigts que juste avec la force nécessaire, afin qu'il puisse tourner entre les doigts sans se briser, si l'entraînement du plateau va trop loin. On peut appuyer le taraud sur le support du tour, ou employer le procédé suivant, dont il est possible de faire également l'application avec un tour en l'air ou autre.

Le taraud monté au bout d'une tige, on le présente au trou à tarauder en faisant passer cette tige dans le trou *d* de la poupée à centrer (E figure 1, planche VI), dont on peut, au besoin, diminuer l'ouverture par un canon ajusté en *v* ou en *d*.

On voit qu'à l'aide de cette dernière disposition, on peut encore tarauder à la manière ordinaire, c'est-à-dire en faisant marcher le taraud d'une main, tandis que l'autre tient le plateau immobile. On peut même se dispenser de cette dernière précaution, le poids du plateau offrant souvent une suffisante résistance.

Comme pour les procédés qui vont suivre, un certain nombre d'essais préalables sont nécessaires.

273. Taraudage à l'estrapade. — Une estrapade à mettre les ressorts dans les barillets peut très bien, en la débarrassant de son encliquetage et en rendant son axe très libre, servir au taraudage des trous et même des vis. On ôte l'arbre sur lequel on roule les ressorts, et on monte solidement à sa place un taraud tournant bien droit, puis on appuie sur son extrémité conique le trou de la pièce qu'on pousse contre ce taraud tout en manœuvrant la manivelle par mouvements en avant suivis de retours en arrière. Quand le taraud est suffisamment engagé, il suffit de maintenir la pièce bien droite, il n'est presque plus nécessaire de la pousser.

274. Taraudage à l'archet. — Au lieu d'une estrapade on emploie un de ces petits tourets, qu'on trouve chez tous les quincailliers, et qui consistent en un arbre creux, porteur d'un gros cuivrot en buis, et monté sur un bâti dont la patte peut se serrer entre les mâchoires d'un étau d'établi.

L'archet mis en place sur le cuivrot et l'arbre garni de son taraud, on présente le trou et on fait fonctionner l'archet par mouvements combinés d'avance et de recul, comme on a fait avec la manivelle, lorsque l'on n'est pas assez sûr de l'action de son taraud, mais si celui-ci est bien tranchant et l'archet fort (en fer ou en jonc), on taraude d'un seul coup, allongé, de l'archet.

La chose est facile après expérimentation, et avec un peu d'intelligence on réussit infailliblement.

L'archet, qu'il faut mener d'un mouvement régulier, plutôt lent que trop vif, doit être long et fort. On s'assure du nombre des tours que fait le cuivrot pour une longueur de corde, afin d'être certain de ne pas engager trop profondément le taraud, qu'on fait aller et venir plusieurs fois, si toutefois cela est nécessaire pour que la vis entre sans forcer.

275. Ces petits tourets, du prix de deux à trois francs, dont nous venons de parler, et dont les uns ont l'arbre percé sur une partie de sa longueur, et d'autres percé d'outre en outre, peuvent rendre de grands services à l'horloger, puisque l'on peut y monter des forets, alésoirs, équarrissoirs pour charnières et autres, etc.

276. Taraudage au tour en l'air. — Dans quelques fabriques on taraude les trous des platines, etc. (et même les vis) sur le tour en l'air. Les outils affectés à cet usage sont généralement de deux espèces : dans les uns, quand le taraud est engagé à fond, un arrêt et un désembrayage ont lieu simultanément, et à la suite du désembrayage le taraud est ramené en arrière ; dans les autres il n'y a pas d'arrêt, le taraud s'avance d'une certaine quantité et recule immédiatement.

Nous ne pouvons décrire ces machines, que leurs possesseurs cachent avec soin, et bien à tort croyons-nous, car la mécanique moderne fournit tous les moyens pour produire les effets en question.

Exécution rapide d'une vis

277. Les moyens ordinairement employés par l'horloger sont trop connus pour que nous nous y arrêtions ; passons tout de suite à la méthode de M. Vissière, dont il a été question ci-devant page 150.

On organise sur son tour ordinaire une poupée à lunette excentrique (figure 8, planche VII), c'est-à-dire que la circonférence *a* y passe par la pointe de l'axe des broches du tour. Le trou conique *a* est ouvert par-devant sur un cinquième du contour du fond du trou conique. Son centre répond au centre des broches du tour et est placé sur l'intersection des lignes *d* et *t*, formant un angle d'environ 120° (*d* position de la fente). La position du support du burin est indiquée en *s*. En l'appuyant contre la lunette, on augmente sa stabilité.

A l'opposite de la poupée à lunette, la poupée fixe du tour reçoit une broche comme B (figure 7, planche VII), c'est-à-dire qu'elle se termine en pointe *m*, et à l'autre bout en cône creux ou entonnoir *n*.

Ceci compris, on prend une tige T quelconque, seulement assez bien redressée et carrément limée à ses extrémités, et on la met au tour (après l'avoir garnie d'un cuivrot) entre les deux cônes creux : *a* de la lunette excentrique et *n* de la broche. On lève près de a une retranche circulaire *r*, jusqu'à ce que la tige soit assez diminuée de grosseur pour pouvoir passer par l'échancrure ou l'ouverture latérale du trou conique *a* de la poupée. On engage alors cette partie diminuée dans ce trou conique, comme on le voit en H, et de sorte que le contour *e i* de la retranche appuie sans ébat à l'intérieur du cône creux de la poupée excentrique, comme en *a*.

On a compris le reste : on enlève avec le burin le petit chapeau *c g* et l'on tourne la pointe, qui est ici indiquée au pointillé en *p*.

Si c'est une vis que l'on veut exécuter, on fait deux retranches, la seconde en *oo'*, et il suffit d'enlever le petit chapeau de l'extrémité pour avoir sa vis ébauchée comme *c g p v*.

Si l'on veut avoir une pointe à l'autre extrémité de la tige, on la retourne après avoir remplacé la broche *m*B*n* par une broche ordinaire du tour et l'on recommence l'opération.

On voit qu'il serait difficile d'ébaucher une vis et de faire une pointe plus promptement que par cet ingénieux procédé.

Tours aux vis

Pour polir ou retoucher les têtes des vis

278. Ils sont de plusieurs espèces, se manœuvrant à l'archet ou à la main. Les pinces se serrent, les unes par un coulant, les autres par un poulet portant à droite et à gauche deux tiges filetées en sens contraire. Ces modes de serrage ne sont pas très bons, les vis tiennent assez mal et sont rarement bien centrées, parce que les pinces se dérangent.

Il vaudrait mieux organiser soit sur le tour en l'air, soit sur l'arbre, des pinces du tour aux vis, quant cet arbre peut être mené par un archet, une série de tasseaux comme T, figure 9, planche VII. Ils sont faciles à faire et aussi à tarauder, le trou *i* dégageant l'extrémité du tube fileté où l'on serre la vis ; ils tiennent peu de place dans les tiroirs, et, lorsqu'il sont numérotés, on trouve tout de suite celui qui convient. Quand, par un long usage, le trou qui reçoit la vis s'est un peu agrandi, on y passe un bon taraud un peu plus gros et il sert pour un autre numéro de vis.

279. Une série de petits tasseaux de ce genre est aujourd'hui absolument indispensable à l'horloger qui veut faire un peu proprement la réparation des montres, et en voici la raison. L'horloger exécute rarement des vis, parce qu'on en trouve de bien faites chez les marchands de fournitures d'horlogerie, et il y a une grande économie de temps à se servir de ces vis. La difficulté qu'on rencontre consiste en ce que leurs têtes s'adaptent rarement bien à la noyure de l'ancienne vis; mais cette difficulté n'existe pas pour celui qui est possesseur du petit assortiment de tasseaux en question, puisqu'il peut commodément tourner au burin toute tête de vis et lui donner la forme qui convient.

280. R, figure 9, planche VII, est la représentation d'une pince de tour aux vis pouvant marcher à l'archet, et disposée pour recevoir de petits tasseaux. On pourrait au besoin la mettre au tour en l'air : *d* serait reçu par une pointe de tour et le collet *g* par une poupée ou une broche à lunette (Voir au mot *Vis*, du *Recueil des procédés*, le *tour aux vis* de simple construction).

281. Dans le tour aux vis de M. Oulivet, dont nous avons déjà cité quelques outils, la partie A étant parfaitement cylindrique, on peut chausser dessus et fixer par le poulet *b* la pièce V, qui sert à fendre au milieu les têtes de vis, et dont voici la description.

Le tube creux V est fendu sur la moitié environ de sa hauteur, à partir du haut, de chaque côté de la fente descendent les plaques coudées en acier trempé *c* et *n*. Les vis à contre-poulet *h*, *f*, règlent le rapprochement des plaques. On a compris le reste : le tube V étant chaussé et fixé sur A, le bas des deux plaques effleure le dessus de la tête de la vis et ne laisse d'intervalle entre elles que juste ce qu'il faut à la lime qui servira à fendre la tête de la vis.

On pourrait également ajuster sur A des chapeaux comme M, fendus sur le côté, afin qu'on pût les fixer par le poulet *b* à l'enfoncement voulu. Avec leur aide, on limerait et polirait parfaitement plat les têtes de vis, les bouts d'arbre, on mettrait des vis d'égale hauteur, etc.

281 *bis*. L'outil à faire les U des roues de cylindre peut facilement être converti en tour aux vis avec lapidaire. Il suffit d'un coup d'oeil donné à la figure 11, planche VII, pour qu'on sache l'approprier à cet usage.

On ajuste à l'arbre A un nombre suffisant de tasseaux propres à recevoir des vis, et l'on voit que le canon *c c* peut porter à volonté un support pour tourner au burin, ou une tige sur laquelle roulera le lapidaire L.

On pourrait également en faire un outil à percer : l'arbre recevrait un porte-foret muni de son foret *f*, et l'objet à perforer *b* serait appuyé contre le bras d'équerre de la coulisse *d d*, que mène la vis *g*.

282. *Tour aux vis de M. Boley.* — Ce tour doit être classé au nombre des meilleurs. Voici en quoi il diffère de ceux les plus communément employés.

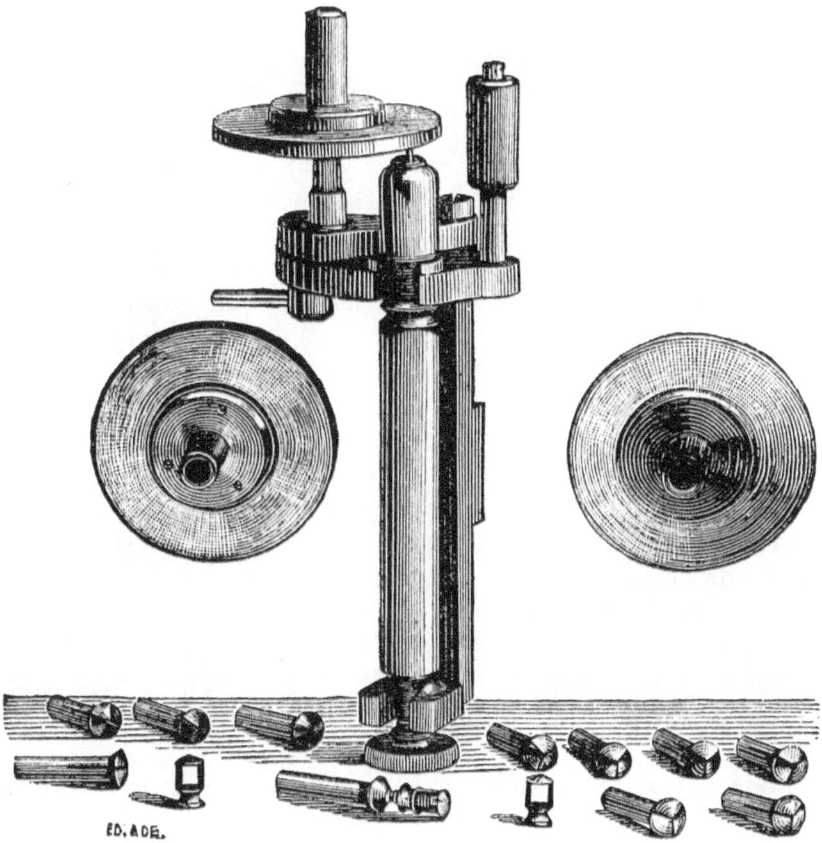

L'arbre d'acier est percé d'outre en outre sur toute sa longueur, il reçoit dans cette ouverture une tige à poulet moleté ; sur l'extrémité (supérieure) de la tige s'adapte une petite pince américaine, dont la tête est fendue par trois divisions. Dans le trou central de la pince, on introduit la vis à polir et, par le poulet, on fait descendre cette pince dans l'entonnoir de la tête de l'arbre qui la resserre. La vis étant alors solidement fixée, peut être polie ou retouchée selon les besoins. *Accessoires* : 3 lapidaires : fer, bronze, buis, 11 pinces et 2 lanternes aux vis.

Le tour aux vis de M. Boley offre cinq variétés qui le rendent accessible à toutes les bourses et permettent de satisfaire à tous les besoins.

Tours à fileter

283. Un spécimen du système moderne des tours à fileter les vis est représenté figure 14, planche VII.

Le mouvement est donné à la tige à fileter y par la poulie *p*. Cette tige porte une roue *m*, engrenant avec une seconde roue n fixée sur le corps de la vis qui mène le chariot du porte-burin.

On voit tout de suite que lorsque la tige y tourne, le chariot se déplace latéralement et que le burin trace ou creuse une hélice sur le contour de cette tige.

L'entraînement peut être produit par une manivelle adaptée au prolongement soit de la tige *v*, soit de la vis du chariot. Remarquons tout de suite que, pour produire un taraud à droite, la vis qui conduit le chariot doit être à gauche, et vice versa.

Il faut au préalable connaître bien exactement la hauteur du pas de la vis conductrice, ce à quoi on parvient en mesurant avec grand soin, à l'aide d'un micromètre à aiguille ou à vernier, sur la plus grande longueur possible de la vis, l'intervalle entre les milieux de deux filets, intervalle qu'on divise par le nombre des filets embrassés (même nombre de vides) ; le résultat est la hauteur du pas.

Supposons ici cette hauteur de 1 millimètre, il s'ensuivrait que, si les roues *m* et *n* étaient égales, le déplacement latéral du burin serait, pour un tour de la tige *v*, juste de 1 millimètre et qu'il irait à 2 millimètres, si *n* était moitié de *m*, et à 1/2 millimètre seulement si c'était *n* qui fût le double de *m*.

Donc la hauteur du pas de la vis *v* serait en millimètres : 1 dans le premier cas, 2 dans le second, 1/2 dans le troisième.

Représentons par :

R, le rayon primitif de la roue qui mène la tige ;
r, le rayon primitif de la roue de la vis du chariot ;
p, le pas de cette vis ;
P, le pas de la vis à faire ;

$$\text{on aura : } P = p\,r\,/\,R$$

$$\text{ou, ce qui est la même chose : } P : p :: r : R$$

C'est-à-dire que les pas seront en raison inverse des rayons.

On obtiendra donc le pas qu'on voudra par des séries convenables des rayons primitifs de l'engrenage, et la deuxième partie de notre grand *Traité d'horlogerie moderne* fournit tous les moyens d'établir les deux roues dans la proportion voulue.

Convertir un tour ordinaire en tour à fileter les vis ou les fusées

284. Examinons la figure 12 de la planche V, qui nous montre un appareil propre à tourner au burin fixe sur le tour ordinaire, et reportons-nous à la figure 13, planche VII, qui représente la section de E, et les modifications que devra subir l'appareil primitif pour devenir tour à fileter.

La vis *y* du chariot ne porte pas la manivelle, mais se termine vers *a* par un carré sur lequel est solidement ajustée la roue *c*.

La broche du tour *b*, qui reçoit l'extrémité de la tige *t* à fileter porte la deuxième roue *d*, également ajustée sur un carré qui fait corps avec la broche, et un manchon pourvu d'un appendice *j*, chevillé sur la broche et formant portée à l'intérieur du bâti E. Il entraînera, par l'intermédiaire d'un taquet, la tige à former en vis, *t*, car cette broche, qui se prolonge à droite au-delà de la poupée du tour (dont la naissance est indiquée au pointillé), est garnie d'une manivelle.

On voit que la hauteur du pas de la vis *y* étant connue, on tracera sur la tige *t* un pas ou égal, ou plus haut, ou plus bas que celui de *v*, c'est-à-dire qu'il sera en rapport des variations des diamètres des deux roues qu'on peut changer à volonté.

285. *Remarque.* — Le taraud *v* doit être à gauche pour donner un filetage à droite ; par suite la manivelle devrait être menée à rebours. Si ce taraud *v* est à droite, on filètera à gauche, la manivelle sera menée dans son sens habituel.

On peut fileter à droite et à gauche avec la même vis *v*, c'est-à-dire en employant d'abord deux roues comme *c* et *d* ou *g* et *h*, lesquelles deux

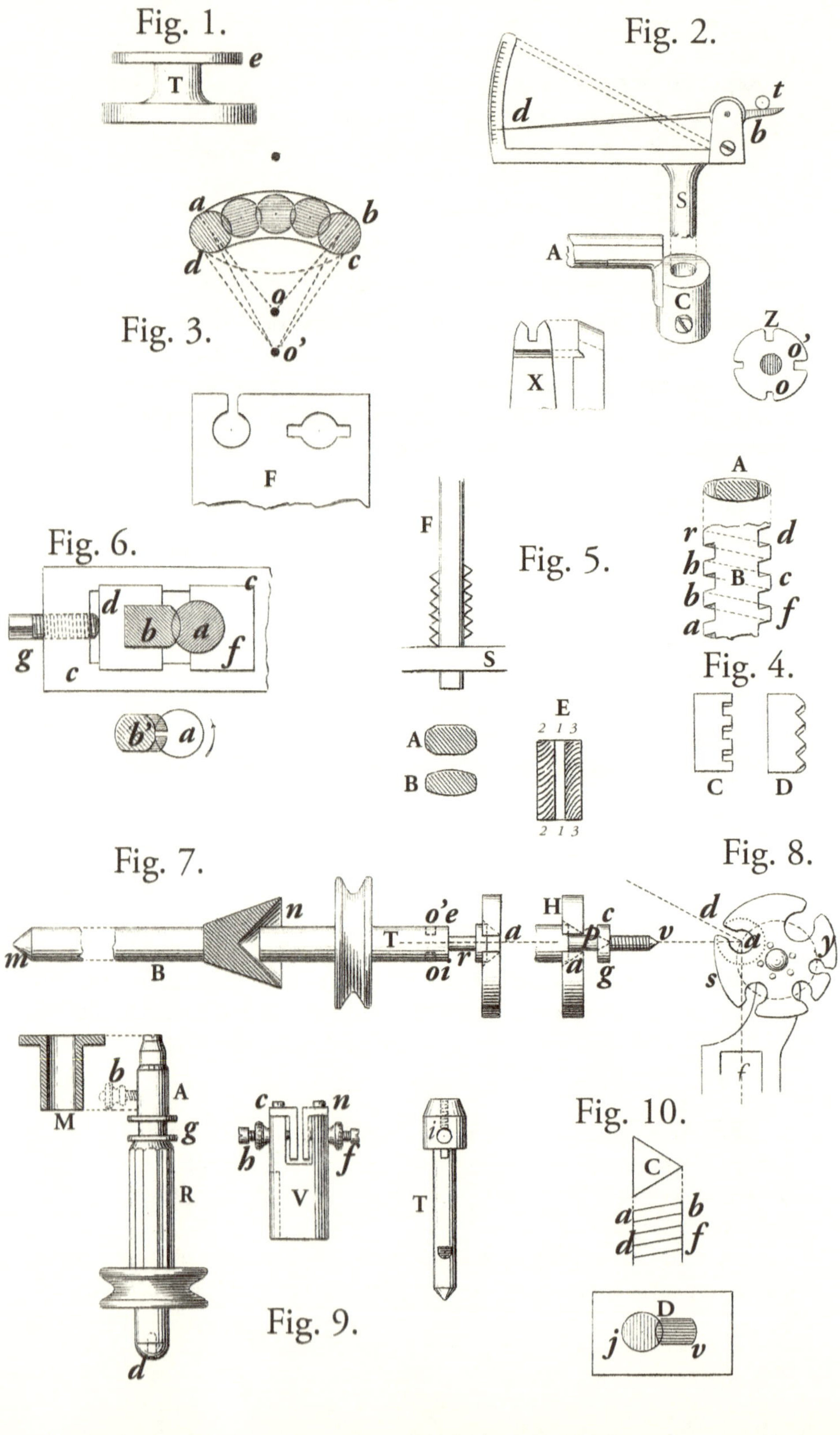
Fig. 1.
Fig. 2.
Fig. 3.
Fig. 4.
Fig. 5.
Fig. 6.
Fig. 7.
Fig. 8.
Fig. 9.
Fig. 10.

Fig. 11.

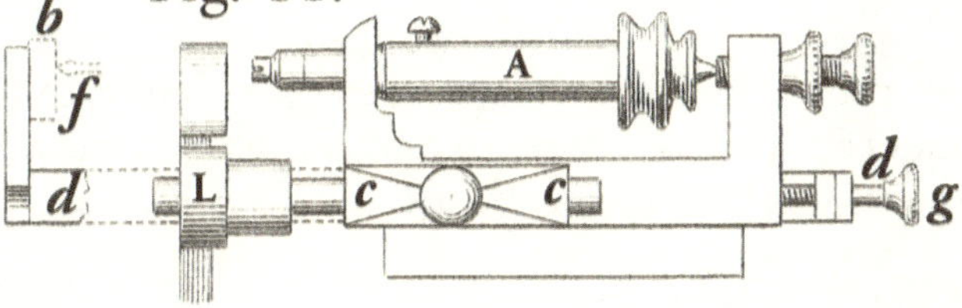

Fig. 12.

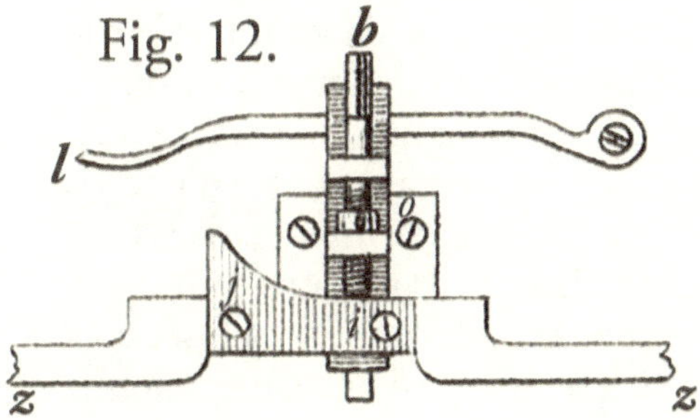

Fig. 13.

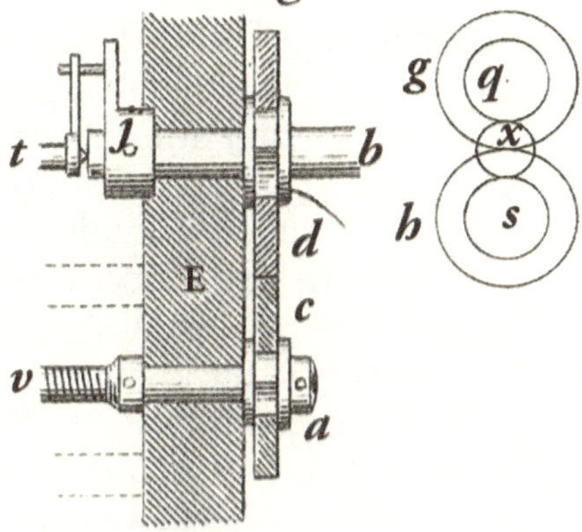

Fig. 14.

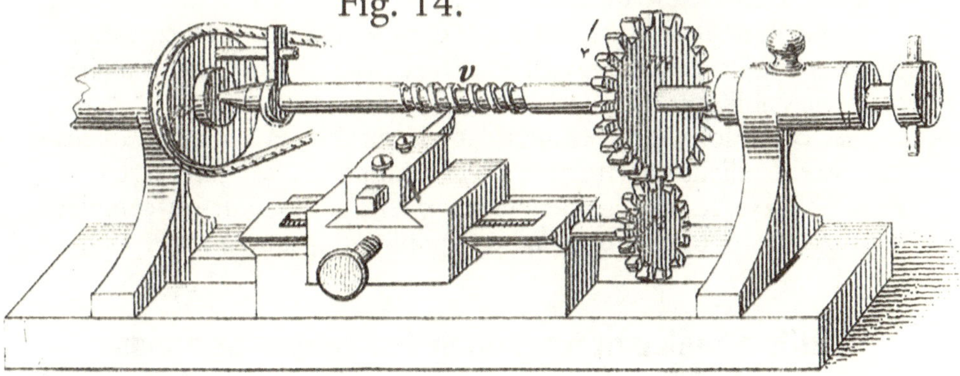

Fig. 15.

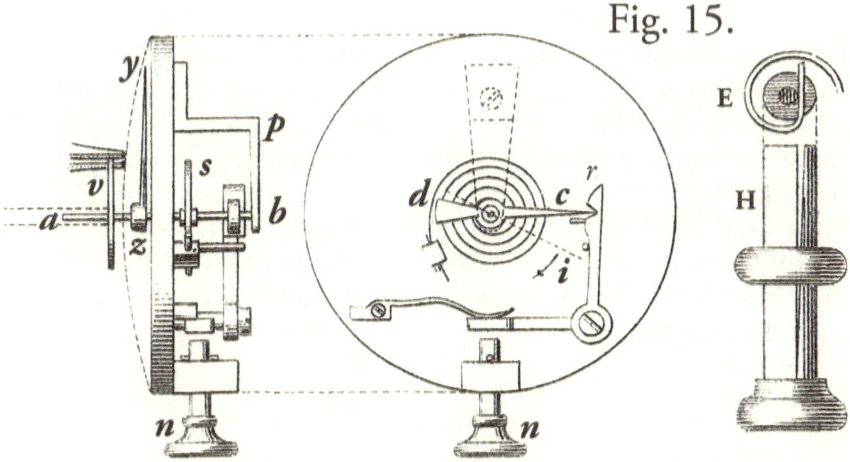

roues tournent en sens contraire l'une de l'autre, et en les remplaçant ensuite par deux roues comme *q* et *s*, avec un renvoi intermédiaire *x* ; ces deux roues tournent alors dans le même sens.

Outil à tailler les fusées, les vis

286. Pour faire de l'appareil dont il vient d'être question un outil à tailler ou rectifier les fusées, il suffit de supprimer la vis qui mène le coulisseau porte-burin *s*, figure 12, planche V, et de faire fonctionner ce coulisseau par un levier *l*, comme on le voit figure 12, planche VII. Le mouvement en avant du coulisseau est limité par la butée d'une vis *i b* (que porte ce coulisseau) sur une pièce d'acier trempé *j i*, fixée à vis sur une traverse *z z*, qui s'appuie sur les deux bras du bâti.

La pièce *j i*, dite le guide, est découpée selon le profil de la fusée et la pénétration du burin étant déterminée par la vis *i b* on assure la ferme position de cette vis en serrant le petit écrou vu en *o*. Si la face *i j* du guide était parallèle à l'axe du tour, on aurait une vis ordinaire, et si cette face était inclinée, une vis conique.

Le burin ne doit fonctionner que dans le sens où il tranche, on le relève au retour. Tout l'appareil doit être dans de bonnes conditions de force, de stabilité et de fonctionnement libre, mais sans jeu.

Ces conditions sont réalisées dans la machine à tailler les fusées de notre excellent constructeur de chronomètres, M. Jacob, et si le manque d'espace ne nous permet pas d'en donner le dessin complet dans ce livre, nous le ferons dans une publication subséquente.

Outils à tailler et à arrondir les dents des roues

Machine à fendre

287. L'outil à diviser le contour des roues, dit machine à fendre, est connu de tous les ouvriers, ils savent qu'on y monte une roue sur des tasseaux où on la fixe soit à la cire, soit par des vis, soit par la pression d'un champignon ou cône creux d'acier sur la pointe duquel appuie un fort levier coudé.

Cette roue est centrée soit par une pompe logée à l'intérieur et dans la longueur du corps de l'arbre, soit par un petit appareil comme celui de la figure 2, planche VII, sauf que *b* est plus recourbé et son aiguille beaucoup plus longue.

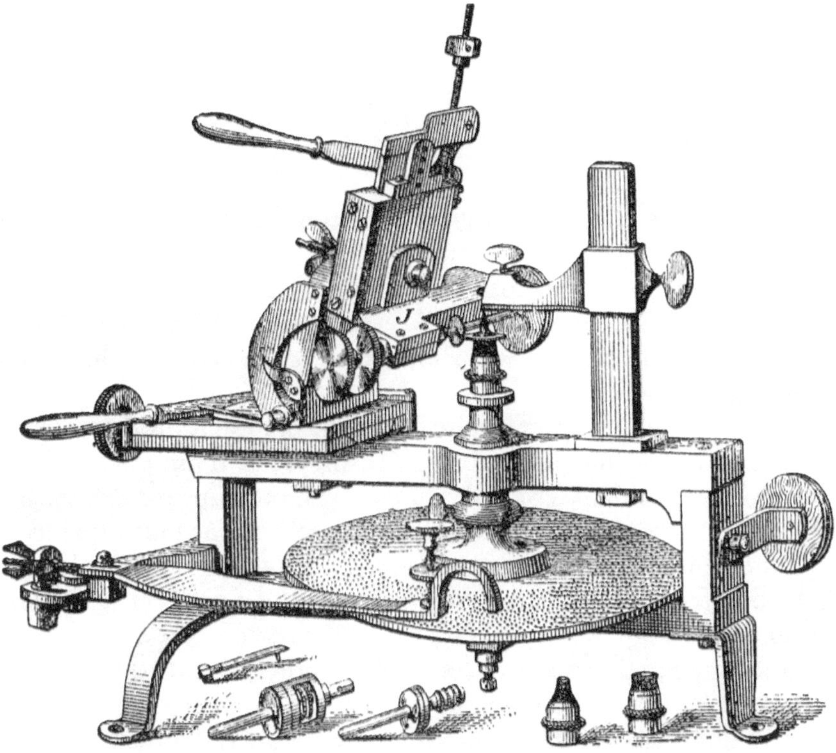

AA plateau diviseur monté sur l'axe tournant à l'intérieur du bâti. — B tasseau porté par l'axe où se fixe la roue par des vis ou un cône en acier (dit pain de sucre), sur lequel appuie le bras D ; C C alidade servant à immobiliser le plateau et changer de division ; J support de l'arbre porte-fraise, montant et descendant avec la coulisse menée par le levier E ; — K poulie d'entraînement du porte fraise ; — E, H, G, F ensemble des deux coulisses qui permettent de faire monter descendre, rapprocher ou éloigner la fraise, et de lui donner diverses inclinaisons.

Ce petit appareil s'adapte à volonté au bâti de la machine.

Les dents sont découpées par des fraises ou limes circulaires, ou par des burins, dits aussi crochets ou couteaux ; plusieurs sur le même disque constituent la fraise à couteaux.

Les horlogers possèdent rarement un nombre suffisant de fraises-limes propres à former les dentures fort diverses des pièces d'horlogerie, mais ils peuvent y suppléer en confectionnant eux-mêmes des couteaux. Nous allons leur fournir les indications nécessaires sur le sujet.

Quant à l'exécution des fraises circulaires, elle est fort difficile par les moyens ordinaires, mais nous faisons construire en ce moment un outil avec lequel chaque horloger pourra tailler lui-même les fraises-limes dont il aura besoin.

288. Observations. — La machine à fendre, dont la plateforme est conduite par une vis sans fin, est généralement la plus précise. Si le pas de la vis est fin elle donne tous les nombres dont on a ordinairement besoin, mais elle exige un bon système de compteur et quelques calculs dans l'usage.

La machine où la plateforme est piquée de trous est plus simple et d'un usage ordinaire plus rapide. Plus la plateforme est grande, plus on a de chance de justesse et en même temps on possède un plus grand nombre de diviseurs.

Il est mieux que le porte-fraise de ces machines monte et descende à coulisse verticalement, car lorsque l'arbre de la fraise est porté par l'H, pivotant sur deux vis, la denture est toujours un peu creuse. Il y a également avantage à ce que l'ensemble soit plutôt lourd que léger et fermement supporté sur une masse solide, afin que l'ébranlement de l'arbre de la fraise n'entretienne pas le tout dans un état vibratoire nuisible.

On agit de préférence avec les hauts nombres, afin de diminuer les chances d'erreur provenant de l'inégalité des divisions. Par exemple, pour 30 dents, on se servirait des nombres 90 ou 120 en sautant deux divisions sur 3, ou 3 sur 4.

Ces indications nous semblent suffisantes pour que tout horloger ayant l'instrument dans les mains, sache s'en servir ; nous nous contenterons donc de lui faire connaître quelques dispositions ou procédés utiles à l'occasion.

289. Tailler une roue avec une dent de plus ou de moins que le nombre inscrit sur la plateforme. — Il est bien entendu que ce moyen et le suivant ne sont pas mathématiquement exacts, mais si l'on opère avec soin et si l'on emploie des disques assez grands, les erreurs sont souvent négligeables.

Soit P une plateforme ne portant pas les nombres 31 et 29, mais portant le nombre 30, figure 1 planche VIII.

Divisons sur l'outil et sur un nombre assez grand (360 par exemple), un disque *d* qu'on fixe à l'écrou de l'alidade *a*, et armons le support *s*, d'une aiguille *i*. On fait ensuite marcher l'écrou pour un déplacement égal à l'angle *lk*, distance d'un point au suivant de la division 30. Pour mesurer cet angle, on a dû préalablement fixer au bâti de l'outil à fendre un index avançant sur la plate-forte et partageant bien par son milieu le premier point de 30. On arrête le mouvement de l'écrou quand cet index partage exactement le second point. Supposons que le déplacement a été obtenu par 3 tours d'écrou ; 1080 divisions ont donc passé devant l'aiguille *i* ; divisons ce nombre par 31 et nous aurons 34,83... Cela fait, et l'aiguille *i* arrêtée sur une division de *d*, on taille le premier vide de la roue, puis on fait passer devant l'aiguille *i* 34,83.. divisions : on met la pointe de l'alidade dans le trou suivant, l'on taille le second vide, etc.

Pour éviter les erreurs pouvant résulter des fractions, on multiplie l'angle un certain nombre de fois ; ainsi 34,83.. multiplié par 4, donnera 139,32, ce qui indiquera que le quatrième vide répond à 139 divisions plus 1/3.

Pour obtenir un résultat satisfaisant, il faut que l'alidade (au milieu de son déplacement par les tours d'écrou) soit perpendiculaire au rayon *r*P. Si elle doit aller en avant on la ramène en deçà de la ligne *k*, puis on la fait marcher pour le fendage à partir de cette ligne car, durant l'opération, la vis doit marcher dans le même sens pour éviter tout temps perdu. Si l'alidade doit revenir sur elle-même, on va au-delà de 1, et l'on commence le fendage quand on l'a ramenée sur 1. L'ajustement de la vis doit être ferme et sans ébat.

290. Tailler une roue sur un nombre quelconque. — Ce procédé a été utilisé avec succès par Perrelet.

Un chiffre donné pour le nombre des dents d'une roue et ce chiffre ne se trouvant pas sur la plateforme, voici comment on agit : on prend une bande de métal, par exemple en acier mince bien souple et bien recuit, et l'on y pratique des entailles successives et également espacées (B, figure 2, planche VIII). On coupe cette bande à la longueur qui donne exactement autant de pas (un vide et un plein réunis) que l'on veut avoir de dents à la roue. Cela fait, on tourne un disque de plomb (ce métal ayant peu de valeur) à un diamètre qui permette de l'envelopper exactement avec la lame divisée, et on la fixe sur son contour par des chevilles, des vis ou autrement (C, figure 2, planche VIII). On possède alors dans ce disque une plateforme qui, remplaçant l'autre ou s'adaptant par-dessus ou par-dessous et recevant l'extrémité d'une alidade dans ses encoches, fournit le moyen de diviser sur le nombre voulu. Si l'on a affaire à une machine à vis sans fin, on obtient facilement par ce procédé des cadrans diviseurs.

291. Pour arriver à une suffisante exactitude, il faut employer un grand disque afin de rendre très faibles les erreurs de division et de permettre à la lame de bien s'appliquer sur ce disque.

On divise la lame à l'aide du petit outil porte-scie représenté en fonction en H, figure 2, planche VIII ; les deux limes d'égale épaisseur ne doivent mordre que sur la tranche et non de côté. On pourrait aussi employer deux fraises circulaires accouplées comme en S, mais le procédé suivant nous paraît plus prompt et plus facilement exact.

Sur une machine à fendre, ou un tour universel pourvu d'un porte-foret perpendiculaire, on perce avec un foret semi-cylindrique un premier trou *a* dans la bande métallique, figure 3, planche VIII, puis au-dessous du foret on fixe un morceau de laiton portant aux points convenables deux chevilles à portée : sur l'une *b* on fera entrer la bande par le premier trou déjà percé, l'autre sert de point d'arrêt et de point d'appui à cette bande pendant que le foret perce le second trou et ainsi de suite.

A défaut d'outil convenable on peut se servir d'un mètre dont la division paraît assez juste pour marquer, la loupe à l'oeil, une série de points, etc.

292. Fendre une roue, un rochet, un pignon sur un tour ordinaire. — Lorsque l'on n'a besoin que d'une précision relativement suffisante, on peut, en construisant le petit accessoire qui va être décrit, approprier un simple tour ordinaire à pointes, au fendage des roues de minuterie, rochets, pignons, etc.

Dans le corps d'un coulant C (figure 6, planche VIII), coulisse sur deux tiges cylindriques placées dans le même plan horizontal ou vertical (ou si l'on préfère sur un coulisseau), la pièce B, supportant en *p*, un pied de détente.

Ce pied reçoit à frottement libre le canon *d* lequel porte vers le haut, et bien à angle droit avec l'axe des pointes du tour, une fraise circulaire *f*, et vers le bas un cuivrot *k*, sur lequel s'enroule la corde d'une roue ou d'un archet.

R, la roue à fendre, est placée entre les broches du tour, et sur son axe est fixé le diviseur V lequel est immobilisé par l'alidade 1, pendant le travail du fendage.

On a compris le reste : la fraise ayant un mouvement de rotation, on pousse la pièce B jusqu'à son arrêt par le butoir *t*, puis on fait reculer B, on fait sauter l'alidade au cran suivant du diviseur, et ainsi de suite.

293. Nous croyons en avoir assez dit, car il n'est pas d'horloger qui ne sache exécuter cette construction, la modifier ou la compléter selon ses besoins ; nous lui ferons seulement remarquer que :

1°. s'il emploie un canon comme *d*, il devra évider le pied de détente sur les trois quarts au moins de sa hauteur, afin que le frottement n'ait lieu qu'aux extrémités ;

2°. si le cuivrot est mené par la corde d'une roue, il faut établir en *m* une poulie de renvoi, portée par une branche fixée, et par un moyen quelconque, ou au tour ou à l'étau ou à l'établi, afin que le cuivrot *k* puisse avancer ou reculer sans détendre la corde, comme en Y.

294. Arbres-tasseaux. — Ce genre d'accessoire est très utile dans l'exécution des roues qui exigent une rigoureuse précision de rondeur extérieure et de juste centrage, par exemple des roues d'échappements. Il est représenté figure 4, planche VIII.

C'est tout simplement un arbre de tour en l'air, formé de deux parties *b a* et *b c*, et dont le corps *d b* a très exactement la forme des tiges ou queues d'ajustement des longs tasseaux qui s'introduisent et se fixent dans l'axe de la plateforme de la machine à fendre. On voit qu'une roue fixée à la cire sur le tasseau en *z*, étant tournée, il suffit de dévisser *b c* et d'introduire *b d* dans le corps de la machine à fendre, pour qu'on puisse diviser cette roue, et ensuite la replacer au tour (en remettant *b c* en position), pour vérifier au besoin sa parfaite rondeur et l'exactitude de son centrage, et tout cela sans que la roue ait été décollée.

On sent que l'ajustement des deux parties ne doit rien laisser à désirer ; le trou taraudé, ainsi que la vis, doivent tourner bien rond. M. Millot, chez lequel nous avons vu cet arbre-tasseau, n'a constaté aucune déviation dans l'ensemble, quoiqu'il s'en soit servi souvent.

295. On pourrait l'établir simplement comme *a d b* avec une pointe en *p*.

On ajusterait sur *b d* une poulie en buis maintenue par deux vis qu'il suffirait de desserrer lorsqu'on voudrait enlever cette poulie. L'entrée des trous, recevant les vis, devrait être évasée afin d'éviter qu'aucune rebarbe pût se soulever au niveau du corps *b d*, qui doit rester très net et très lisse. On a construit des outils à fendre, disposés de telle façon que l'arbre du tour s'y adapte sans quitter sa poulie. Le talon de l'arbre est reçu dans un trou, et le haut est saisi dans un collier à vis, etc.

296. L'arbre de M. Millot portait un *tasseau-lanterne*, c'est-à-dire à jour, et ouvert au centre. Ce tasseau est fort commode pour exécuter certains ouvrages, exigeant qu'on puisse pendant le travail mesurer l'épaisseur de la surface que l'on tourne.

Couteaux et fraises à couteaux pour tailler les dents des roues

297. La formation des dents des roues d'engrenage au moyen d'espèces de burins fixés dans un arbre et appelés communément couteaux ou crochets, se fait à l'aide de trois variétés du genre :

1°. Le couteau isolément monté sur un arbre A, B, figures 7 et 8, planche VIII ;

2°. La fraise circulaire, formée d'une succession de couteaux. On en voit deux spécimens en F, J, figure 11 ;

3°. La fraise dite aux pigeons, aux roues d'acier, figures 20, 21 et 22.

298. Exécuter un couteau aux dentures. — Le couteau tel que A, figure 7, planche VIII, se fait d'un morceau de bon acier. On l'ébauche suivant la forme que doit avoir la dent et aussi exactement que possible. Quelques artistes hors ligne, et notamment M. Winnerl, font leurs couteaux entièrement à la main et en obtiennent de très belles dentures, mais la plupart des horlogers ne sont pas assez sûrs de leur main pour prétendre au même succès, et il vaut mieux qu'ils terminent ou exécutent entièrement leurs couteaux sur un outil.

On peut former les deux côtés du couteau sur la machine à fendre avec une même fraise que l'on incline pour dégager le tranchant par-dessous, mais cela n'est pas aussi facile qu'il le paraît au premier abord, et il vaut mieux que l'horloger se construise le petit mécanisme que voici : un cylindre *b, d,* figure 19, planche VIII, sert d'axe (qui se met entre les broches du tour *t, v*), à un levier *f g h*, coudé en *g* pour y recevoir une fraise ronde conique *a* qu'on mènera par un cuivrot *c*. La descente de ce levier est bornée par un butoir dont la vis prend son point d'appui sur la perche du tour.

Le support du burin du tour étant enlevé, on met à sa place une broche comme N sur laquelle est fixée debout, par la vis *k*, le couteau, déjà ébauché pour laisser moins à faire à la fraise.

En plaçant cette broche en position de façon que la fraise se présente comme en *z* sur le flanc du couteau, si l'on appuie sur le bras *h*, tout en faisant tourner la fraise à l'archet (il vaudrait mieux qu'elle marchât à la roue), cette fraise formera le flanc droit et courbe de ce côté du couteau et dégagera le dessous du tranchant latéral selon l'inclinaison du cône. La partie courbe du tranchant sera plus ou moins dégagée par-dessous, selon que l'on abaissera le couteau plus ou moins au-dessous du plan horizontal passant par les broches du tour.

On répète l'opération de l'autre côté du couteau en déplaçant le système *f g h*.

La taille de la fraise doit être telle qu'elle morde en tirant l'archet vers le bas, parce que lorsque l'on se sert d'un archet, il faut relever, c'est-à-dire mettre hors de prise la fraise avant de remonter l'archet ; elle ne doit pas agir par le côté formant le dos de ses tailles.

Pour adoucir ou polir, on remplace la fraise par un rouleau conique lisse et l'on fait aller et venir le levier *h* pendant qu'on manoeuvre l'archet.

299. Un habile horloger, et qui s'est occupé avec succès du fendage au couteau, M. Peupin, employait un arbre gros et fort, percé d'un trou rond où la queue du couteau pouvait s'ajuster si exactement qu'une simple pression de la vis *m*, figure 7, suffisait à le fixer solidement.

Pour la taille des rochets des échappements de pendule, il donnait à cet arbre une vitesse d'environ 200 tours par seconde.

Ayant remarqué qu'avec le tranchant vif il n'obtenait pas une coupe suffisamment douce, il obviait à ce défaut en tirant de long délicatement au rouge les tranchants, la lime à polir maintenue perpendiculairement au plan du couteau. Cette opération, bien comprise et bien exécutée, enlève le morfil, régularise le tranchant sans l'émousser, et lui fait produire une coupe polie. Elle le sera d'autant mieux sur les arrondis que la partie *c a* (M, figure 7, planche VIII), rentrera imperceptiblement sur la droite *c d*.

Ses dents effilées de rochets d'échappements étaient taillées en plusieurs fois. La dernière coupe achevait la roue par devant et l'attaquait debout, c'est-à-dire l'axe du couteau marchant dans le plan même de cette roue (**305**).

300. Fraises triangulaires. — Lorsque l'on n'a pas en sa possession la fraise-lime nécessaire, cylindrique ou conique, pour terminer et incliner les flancs d'un couteau, on la remplace par une fraisé triangulaire (comme T ou C, figure 23, planche VIII), et quand l'on a besoin de beaucoup de force on peut en faire soutenir la pointe, mais cette nécessité est rare.

Bien trempée et bien affûtée, cette fraise coupe nettement ; elle ne saurait faire un aussi long service qu'une fraise-lime, mais cela est ici sans importance, puisque les couteaux doivent être préalablement ébauchés.

301. Exécuter plusieurs couteaux à la fois. — En s'y prenant comme il va être dit, on exécute d'un seul coup toute une série de couteaux identiques.

On tourne un disque d'acier dans la forme d'une fraise circulaire à former les dentures, *l p*, figure 11, planche VIII. Pour la terminer et donner à la double gorge la courbe convenable, on prend un morceau d'acier C dont on façonne le coin *r* dans la forme exacte de l'ogive d'une dent, en le dégageant assez par-dessous pour le rendre suffisamment tranchant. On le trempe et on l'adoucit très bien. Il est ensuite fixé sur l'outil qui porte l'arbre et la fraise ébauchée (outil à fendre, outil à tailler les pignons ou outil spécial), et de façon à terminer, dans la forme qui lui convient, la gorge de la fraise du côté où ce burin travaille. On retourne l'arbre *a* et l'on agit de même pour l'autre côté de la fraise, ce qui donne à la double gorge la même courbure en sens contraire.

Ce procédé aurait été employé pour la première fois par le doyen de nos chronométriers, M. Jacob.

On a sans doute compris que suivant la disposition adoptée, ou l'outil dont on fait usage, ce burin qui termine la gorge marche sur la fraise perpendiculairement à son axe, ou s'avance contre le flanc de cette fraise parallèlement à cet axe. Ce burin peut devenir également burin fixe, et c'est alors la fraise qui s'avance sur lui perpendiculairement où latéralement.

Le chariot du tour universel, parallèle au plateau, a une vis d'arrêt ou butoir, il serait donc très facile d'exécuter sur cet outil l'une des gorges de la fraise, et en retournant celle-ci de faire l'autre gorge identique à la première (**308**).

Si l'on veut une coupe bien nette, on adoucit les gorges (**305**), et la fraise terminée, on la découpe en morceaux comme B, figure 8. L'on a alors autant de couteaux que de morceaux. On remarquera que le tranchant n'est pas dégagé par derrière ; il faut renverser un peu en arrière ce couteau, autrement l'intérieur de la gorge frottant tout le long sur la roue, il ne trancherait pas.

302. Fraise à plusieurs couteaux renversés. — En montant tout autour d'un disque une série de couteaux identiques, on aurait une fraise circulaire, figure 13, planche VIII. Le haut de la figure représente la fraise venant d'être tournée, et le bas représente cette même fraise quand les couteaux renversés sont prêts à fonctionner.

M. A. Croutte, auquel nous empruntons quelques-uns des détails qui précèdent ou qui suivent, s'étonne que cette disposition ne soit pas plus répandue, car elle offre des avantages, mais à des conditions qu'il a expliquées dans l'article qu'il a publié sur ce sujet dans la *Revue chronométrique*, volume III.

Résumons ces observations.

Les crochets à fendre les roues, semblables à *b g*, figure 13, ne sont pas dégagés à partir et en arrière du tranchant, ils sont seulement renversés de façon que la partie qui doit couper se présente en avant, c'est-à-dire à l'extrémité du plus long rayon. L'avantage de ces crochets est qu'à l'opposé du crochet dégagé, dont la largeur diminue par l'aiguisage, ils peuvent servir jusqu'à usure complète de l'acier, puisque leur forme et leur largeur ne changent pas par l'adoucissage des faces.

A côté de cet avantage réel, ils offrent cet inconvénient qu'il faut absolument que les deux côtés de la gorge soient dans un plan perpendiculaire à l'axe de l'arbre, et que la ligne de direction du coulant de l'outil soit parallèle à ces flancs des crochets. Lors même que cette double condition est réalisée, il reste encore le frottement des deux côtés d'une partie de la gorge (celle au-dessus de la ligne *i j*, figure 8, planche VIII) sur les flancs des dents et si elle ne l'est pas, le couteau se présentant en biais se charge de laiton et le travail laisse à désirer.

303. On reconnaît que le défaut existe quand les flancs des couteaux se cuivrent plus d'un côté vers le haut et de l'autre vers le bas, et que les flancs des dents présentent des *égrits*, c'est-à-dire des sortes de rayures en sens contraire, comme on en voit en E, entre les figures 5 et 6, planche VII.

La bande blanche 1, 1, est le fond d'un vide entre deux dents ; 2, 2 et 3, 3 les deux flancs de chaque côté de ce vide, représentés ici comme s'ils étaient renversés à la façon d'un livre ouvert.

En étudiant avec attention ces égrits (sortants sur un flanc, rentrants sur l'autre), on reconnaîtra que les crochets ne sont pas dans la position convenable, et dans quel sens il faut incliner l'arbre pour rectifier cette position.

Nous devons donc répéter que tous les couteaux doivent rigoureusement satisfaire à cette condition, car il suffirait qu'un seul fût mal placé pour qu'il engendrât le défaut qui vient d'être signalé.

C'est sans doute l'exigence de ces soins d'agencement d'une fraise à couteaux non dégagés et la difficulté d'en obtenir, par suite du frottement de la partie de la gorge au-dessus de la ligne *i j* (figure 8 planche VIII) ; une coupe polie (nécessaire pour les délicats engrenages des montres), qui ont empêché que l'usage s'en répandît. Pour les ouvrages un peu forts et courants, elle peut donner de satisfaisants résultats et durera plus longtemps qu'un crochet isolé. On l'entretient d'un corps gras, suif ou huile.

304. Fraises à couteaux à tranchants dégagés. — Un ancien pendulier à Paris, Brisson, se servait, pour tailler les dentures de ses roues, de fraises comme F, figure 11, planche VIII. Il les dégageait en arrière des deux côtés du tranchant avec un petit outil fait pour la circonstance.. L'opération, à la rigueur, peut se faire à la main.

Afin d'obtenir que la courbe formant l'ogive des dents fût bien pareille d'un côté et de l'autre de la fraise, il avait formé une série de plaques ou calibres comme C (figure 13, planche VIII), percés de deux trous identiques C et *c*. Celui du haut, probablement évasé par-dessous, afin qu'il ait un bord tranchant, était ouvert par la moitié et servait, une fois trempé et aiguisé, à donner le dernier coup au contour de deux disques rigoureusement de même diamètre. Ces deux disques (on aurait pu en couper un seul par son diamètre) étaient amenés à la lime à la forme H et assemblés (comme *r s*), puis fixés excentriquement de façon à présenter leur angle tranchant à la fraise ébauchée A et à en régulariser la double gorge. Cela fait, on terminait cette fraise en la découpant dans la forme vue en F, figure 11, planche VIII.

Avec le secours de ses calibres, il reproduisait facilement et à volonté les mêmes types de dentures.

La figure 11, planche VIII, nous montre en J une fraise à tailler les dentures des roues de montres, dessinée d'après un spécimen adopté et employé avec succès par M. A. Philippe. Cette figure s'explique d'elle-même.

Un artiste genevois de notre connaissance taillait avec succès des roues d'échappement Duplex, avec une fraise à couteaux. La grande difficulté qu'il rencontrait gisait dans les gauchissements à la trempe, parce que la portion tranchante des couteaux devait nécessairement être un peu allongée.

La fraise à couteaux dégagés exige, il est vrai, un certain travail, mais si l'exécution, la trempe, le poli sont ce qu'ils doivent être, elle fait un beau travail et dure longtemps.

305. Observations générales sur la taille des dents de laiton au couteau. — Les belles montres anglaises dont les rouages sortent de la fabrique de Prescott, ont leurs dentures taillées au couteau et après que la roue a été rivée sur son axe. On a constaté que les rouages de ces montres défilent avec moins de bruit que ceux dont les dents ont été arrondies à la molette ou fraise à mouvement continu.

Le succès de la taille au couteau tient principalement à la bonne forme (comme angle coupant) et au bon état des tranchants (**155**), à la stabilité de l'ensemble qui fait éviter l'ébranlement par vibration, au poids de la roue et à une suffisante vitesse donnée au mouvement du couteau. Un couteau ne doit se cuivrer que lorsqu'il a besoin d'un affûtage ; hors de là, s'il se cuivre, c'est qu'il frotte, refoule ou déchire la matière. La vitesse doit être très grande, plus pour un couteau seul que pour une fraise à plusieurs couteaux. Cette vitesse a pour limite l'échauffement de la matière qui fait évaporer l'huile, ramollit le couteau, déforme la roue qu'on taille et quelquefois la dérange. Le couteau ne doit s'engager que de très peu pour un tour d'arbre et jamais brusquement.

On a essayé des garnitures en corne pour y faire rouler les pointes de l'arbre, mais ces garnitures se déforment par échauffement.

Le fendage au couteau, dans les grandes vitesses, exige qu'il y ait un certain jeu latéral aux pointes de l'arbre, autrement le métal s'échauffe outre mesure, et la taille a un mauvais aspect. L'expérience est ici le meilleur guide.

Avant de découper la fraise à couteau faite d'un disque, il faut que les gorges aient été préalablement bien adoucies et sans déformation. On y arrive facilement avec un compas d'engrenage, ou un outil comme celui de la figure 18, planche VI. La molette, ici en bois dur, a son angle de droite arrondi, bien exactement suivant la forme de la gorge de la fraise, avec laquelle on met cet arrondi en prise. Nous disons l'angle de droite, afin qu'on puisse, au besoin, opérer une pression latérale. Le burin a dû couper nettement, car un adouci trop prolongé déformerait la gorge. Quelques-unes des remarques du 311 seraient également à leur place ici.

Fraises à couteaux pour l'acier

Pignons, roues de remontoirs

306. Les fraises qui font le plus long service sur l'acier sont les fraises-limes, mais il n'est guère possible à l'horloger de les tailler lui-

Fig. 1.

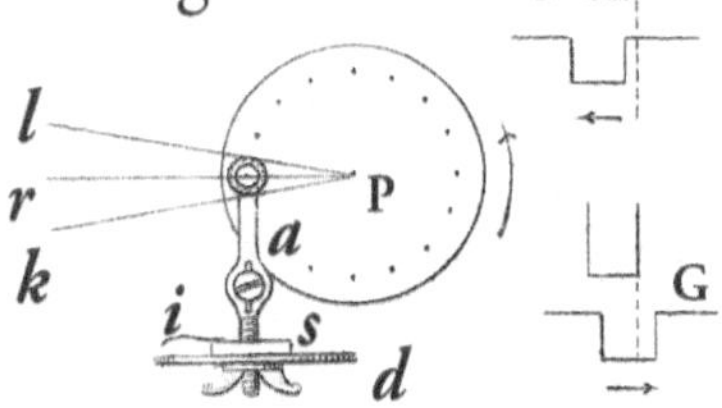

Fig. 2.

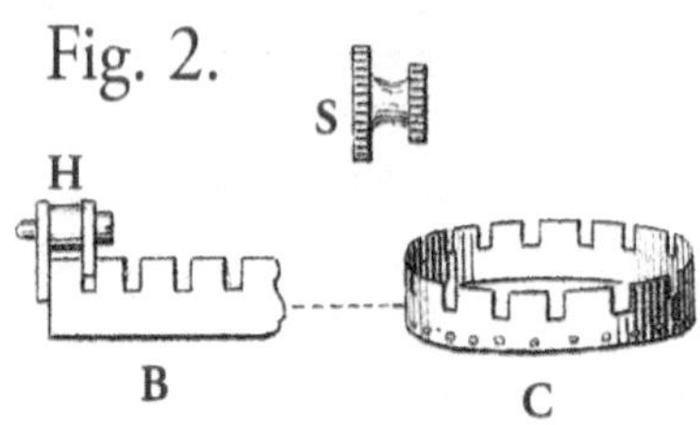

Fig. 3.

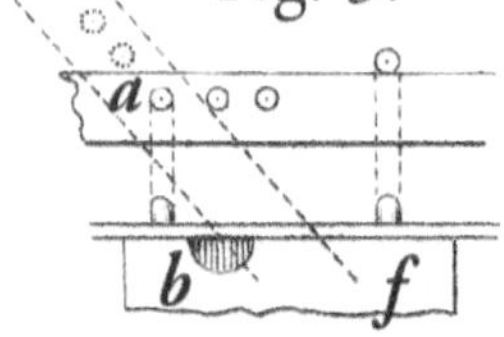

Fig. 4.

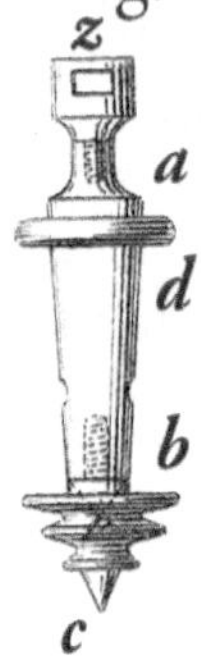

Fig. 5.

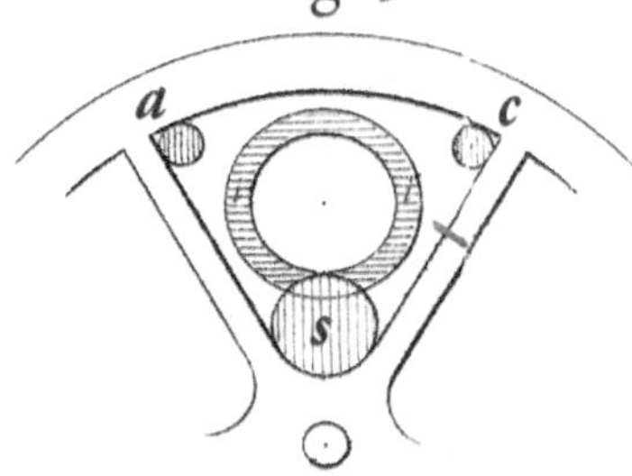

Fig. 6.

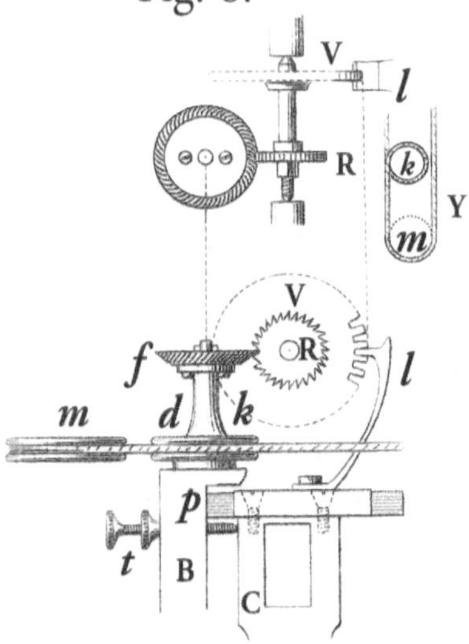

Fig. 7.

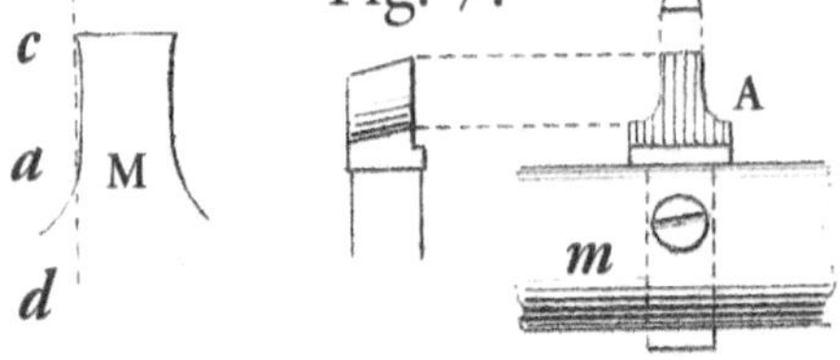

Fig. 8.

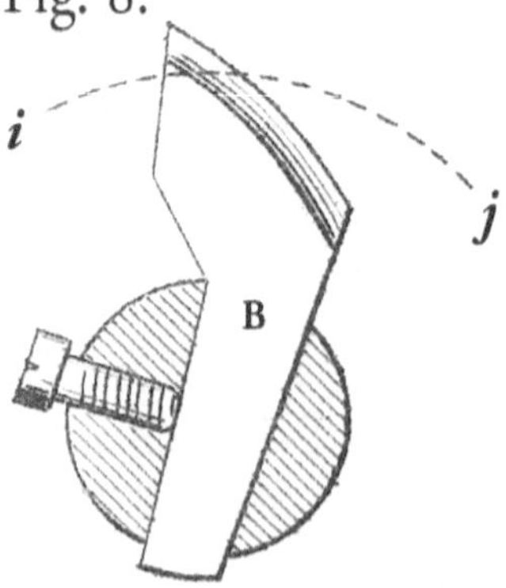

Fig. 9.

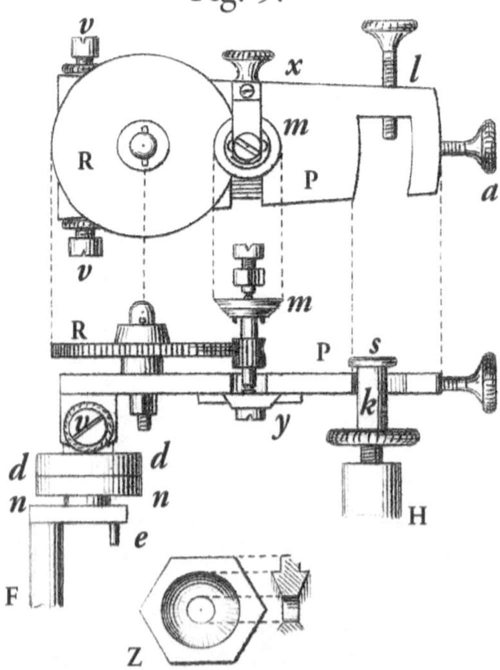

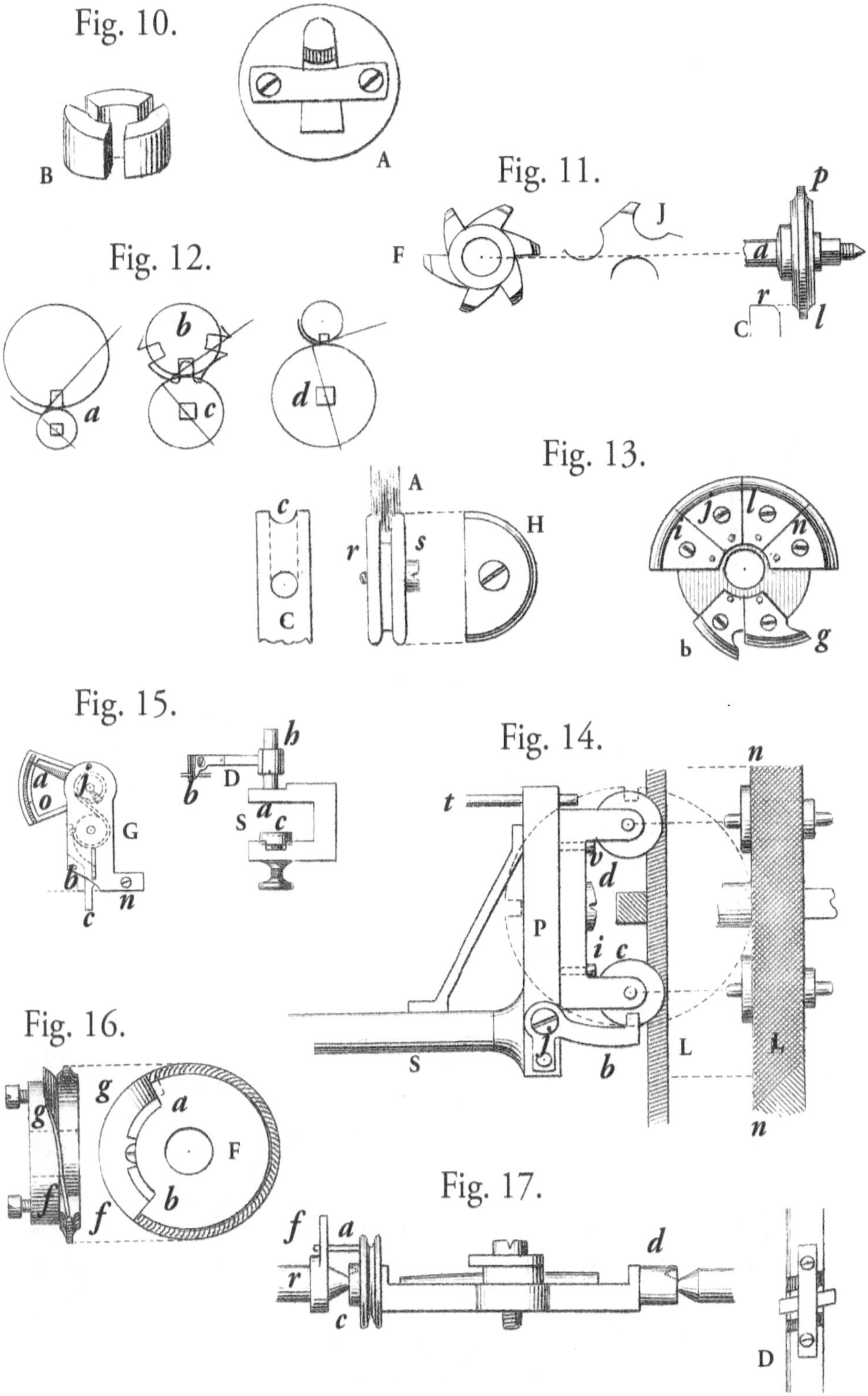
Fig. 10.
Fig. 11.
Fig. 12.
Fig. 13.
Fig. 15.
Fig. 14.
Fig. 16.
Fig. 17.

Planche VIII

Fig. 18.

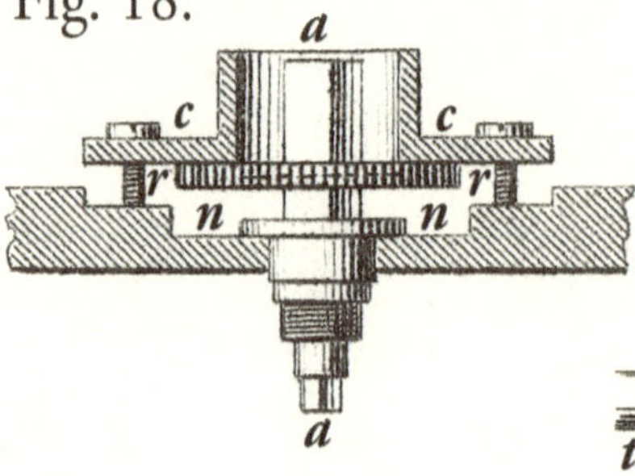

Fig. 19.

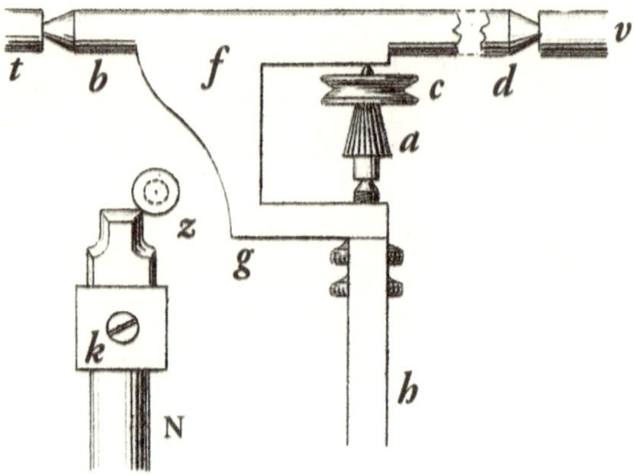

Fig. 20.

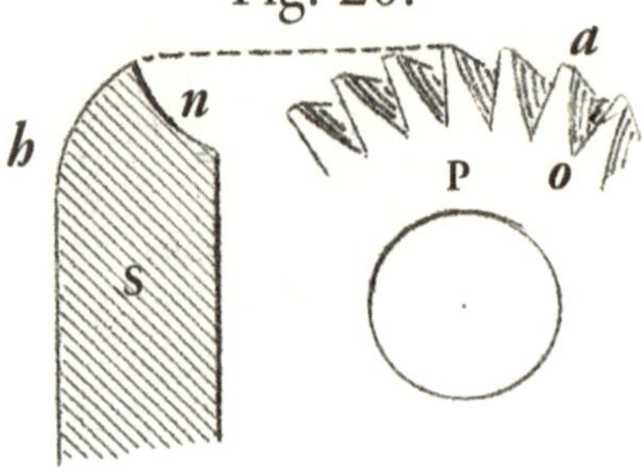

Fig. 21.

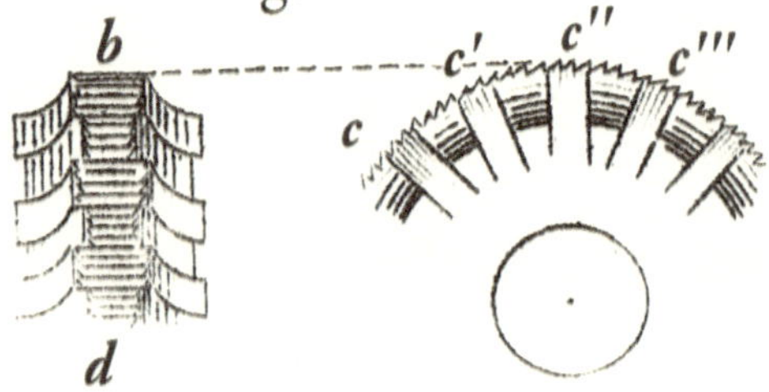

Fig. 22.

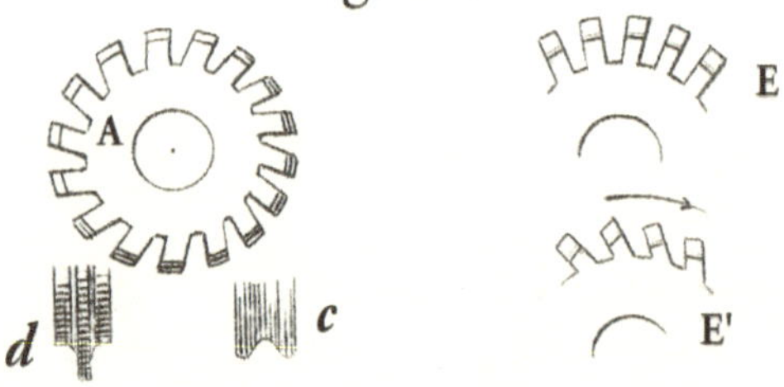

Fig. 23.

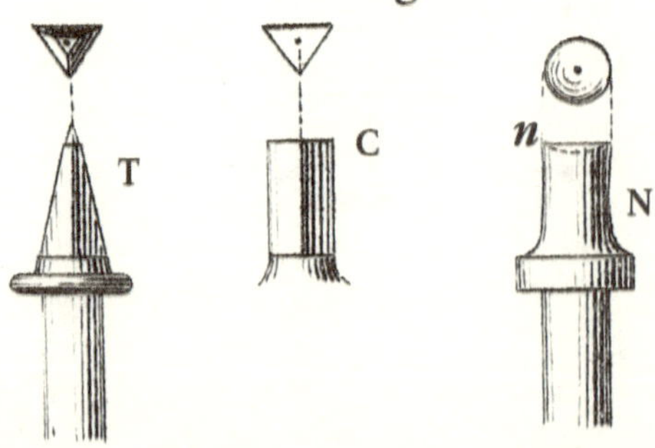

même : aussi nous contenterons-nous de lui parler de celles qu'il peut exécuter, empruntant la description des premières à l'ouvrage de notre habile confrère M. A. Philippe, de Genève : *Les montres sans clefs* (un beau volume, 6 francs).

Fraise à tailler les dents inclinées des pignons de remontoir, etc. — La figure 20, planche VIII, nous montre en S sa section selon l'axe, et en P, son profil. Quand on croit lui avoir donné la forme convenable on appuie sur le support du tour un morceau de plomb qu'on presse contre la fraise en mouvement. Par la forme moulée sur le plomb, on juge si cette forme est convenable et en même temps si les surfaces sont suffisamment lisses. Ce dernier point est important. L'opération du taillage de cette fraise consiste à fendre simplement le disque sur son contour avec une fraise à tailler les rochets. Puis on avance la fraise qui taille, de façon que son côté arrondi puisse attaquer le cintre en bosse qui forme l'arrière des dents de la fraise que l'on taille, et qui a alors la gorge placée en dessous, pour faire une seconde coupe *o i*, qui dégage l'arrière des dents, mais de manière à laisser partout une petite surface plate en *o a* pour conserver la forme. Quand la fraise ainsi faite ne mordra plus, on l'aiguisera en passant une pierre dure sur la face des dents.

La fraise en rochet qui sert à tailler celle à couteaux ne doit jamais toucher fortement, en revenant sur elle-même, quand on remonte l'archet.

307. *Fraise à tailler les dents ordinaires.* — Passons aux fraises à former les dents ordinaires des renvois d'acier, roues de mise à l'heure, pignons. Voici comment on les taillera : on taille la tranche en petites dents fines à rochet (*b d*, figure 21, planche VIII). On enlève avec soin les bavures latérales qui peuvent en résulter, puis on remet la pièce sur l'outil à fendre, et avec une fraise plate à tranche carrée, choisie de façon qu'en divisant par la moitié du nombre des dents elle donne autant de plein que de vide, on forme les entailles *c*, *c'*, *c''*, etc. Il faut bien faire attention que le flanc droit des dents doit être peu entamé, c'est-à-dire juste la quantité nécessaire pour faire relever une petite bavure qui constitue le mordant de cette partie et qui est tout à fait suffisant. Cette taille de flanc doit laisser intactes une sur deux des petites dents à rochet de la tranche afin qu'elle conserve sa largeur.

La fraise dont la section et le profil sont donnés en S, en P, figure 20, planche VIII, pourrait être taillée du côté de la gorge *n*, comme il vient d'être dit, et sur sa partie arrondie *k*, avec une fine fraise à rochet tranchante, portée par un char brisé d'outil à fendre. On borne la pénétration de la taille en accolant à la fraise en rochet un disque d'ivoire par exemple, qui n'en laisse déborder que la quantité qu'on veut. Les dents sont un peu carrées vers la tranche, mais l'on peut les retoucher délicatement à la main.

Est-il nécessaire de rappeler que la trempe des fraises exige de grandes attentions ?

308. *Tasseaux-burins pour fraises à pignons.* — Les gorges des fraises à pignons étant rondes, on peut les exécuter selon la méthode de feu Thévenin. La fraise ébauchée étant mise à l'H de l'outil à fendre, il plaçait dans l'axe de la plateforme ce que nous appellerons un tasseau-burin, N, figure 23, planche VIII. Son extrémité *n*, se présentant debout dans la gorge, lui donne avec son rebord tranchant la forme convenable, car cette extrémité n'est pas plate, mais évidée en cône creux. Avec un champignon d'acier et de la pierre broyée à l'huile, on peut à volonté rendre le taillant plus ou moins aigu et suivant que le champignon l'est plus ou moins lui-même.

309. Autres fraises à pignons. — Lorsque l'on ne demande pas à une fraise destinée à l'acier un service long et répété, on peut se contenter de la construire comme A, figure 22, planche VIII, c'est-à-dire gorger un disque, au milieu de sa tranche (*c*) ou sur ses deux côtés (*d*), et le fendre sur son contour de distance en distance avec une fraise qui ne fasse pas plus de bavures d'un côté que de l'autre. Ensuite, on passe sur les faces des entailles une lime-barrette douce usée (ou une fraise usée, plate, conduite à l'archet) chargée d'huile, et de manière à produire sur le bord des entailles une petite bavure ou refoulement de matière : si la lime ne mord pas trop et est bien conduite, cette petite saillie est uniforme. On trempe alors la fraise, et elle est prête à servir.

Si l'on adoucissait les faces des entailles, sans opérer ensuite avec la lime, la fraise ne mordrait pas, car son action a lieu par la petite saillie de matière relevée et qui représente sensiblement une taille de lime. La fraise n'est pas autre chose qu'une lime circulaire qui ne présenterait que deux tailles par dent. Si l'on refoulait les angles des faces, et bien également, avec un brunissoir très dur, on obtiendrait le même effet, mais l'opération est délicate, car il faut avoir une certaine uniformité dans la matière relevée par refoulement.

Quand la fraise ne mord plus, on la détrempe et on la remet dans son premier état.

310. On peut encore, pour un cas obligé, exécuter rapidement une fraise par le procédé suivant.

On agit comme il vient d'être dit : seulement on la fend sur un nombre plus élevé et toujours avec une fraise plate, mais pénétrant un peu plus profondément, E, figure 22, planche VIII. L'on renverse ensuite chaque dent d'une demi-épaisseur d'un vide, par un moyen quelconque, soit par exemple avec un levier ayant son point d'appui au fond et à l'angle du vide, etc.

Pour la première dent on introduit dans le vide, en arrière, un morceau de laiton qui en remplit environ la moitié ; afin de ne pas exagérer l'effet, pour les dents qui suivent, le morceau de laiton a pour épaisseur à peu près la largeur d'un vide E et devenu E'. Du reste, l'examen de la figure 22, planche VIII, fait comprendre toute cette opération, qui n'est en réalité qu'un renversement de crochets. On trempe la fraise et l'on adoucit les faces des crochets, lorsqu'ils ne tranchent pas suffisamment ou seulement ceux qui se sont émoussés les premiers.

On a dû employer de l'acier doux et préalablement bien recuit.

311. Observations générales sur le taillage de l'acier. — Il faut que les fraises qui taillent l'acier aient une moindre vitesse que celles qui taillent le laiton et, suivant la remarque de M. A. Philippe, il y a avantage à donner aux fraises, à l'acier, un petit diamètre (10 à 12 millimètres). On les établit plus facilement et elles se faussent moins à la trempe. La vitesse diminue en raison du diamètre. Trop de vitesse sur un grand diamètre émousse les fraises et les ramollit par échauffement.

Les fraises doivent être tournées très fidèlement ; il serait bon de leur donner le dernier coup sur le tour après les avoir mises à l'arbre porte-fraises de l'outil, où elles fonctionneront plus tard.

Lorsque l'on taille de l'acier avec des fraises, le mieux est que l'H descende par une vis, dont le mouvement est lent et régulier, cela donne de meilleurs résultats qu'avec l'H mené à la main ou par un levier.

Un bon professeur d'horlogerie à Paris, M. Millot, applique le procédé des fabriques, qui consiste à découper dans un morceau d'acier X, figure 2, planche VII, la forme d'une fraise, afin de la reproduire au besoin, de la manière suivante.

Il fait sur le contour d'un disque Z, figure 2, planche VII, des entailles *o*, *o'*, etc., découpées par les fraises à reproduire. Le disque, trempé et tranchant des bords, se montera sur le tasseau de l'outil à fendre, et servira à gorger toute fraise en exécution et qu'on fera porter par l'arbre de l'outil. On marque sur le tasseau le nombre sur lequel le disque a été divisé, afin que chaque entaille se représente bien de face.

Outils à arrondir les dentures

312. Les roues préparées pour la petite horlogerie sont d'habitude préalablement fendues avec une fraise circulaire plate, leurs dents sont conséquemment carrées.

On les arrondit, c'est-à-dire qu'on leur donne la forme en ogive, plus tard, et quand elles sont rivées sur le pignon.

L'outil dit *à rabot*, anciennement appliqué à ce dernier travail est aujourd'hui abandonné, il a été remplacé par l'arrondisseur à guide dont la pièce principale est une fraise-lime ou molette (F, figure 16, planche VIII) échancrée sur une portion de son contour, de *a* en *b*, et munie à cet endroit d'un guide *g f* portion de ressort qui se raccorde avec la fraise en *b f* et qui est inclinée en *g* de façon à faire passer mécaniquement la fraise en mouvement de rotation, d'un vide dans le vide suivant, et ainsi de suite. Les deux vis servent : celle du bas à mettre *f* bien dans le prolongement de la tranche de la fraise et celle du haut à mettre *g* en regard d'un vide.

Cet outil agit avec beaucoup de rapidité, c'est ce qui l'a fait adopter dans les fabriques françaises et suisses (l'usage du couteau est préféré dans les fabriques anglaises), bien qu'il ne corrige pas les défauts ayant leur source dans un fendage mal fait. Par exemple, s'il se rencontre sur la même roue de grosses et de petites dents, la molette arrondisseuse ne change pas cet état de choses.

La petite machine dont nous nous occupons, bien qu'elle ne rectifie pas une denture inégale, est d'un prix élevé (150 fr. en moyenne), aussi s'est-elle peu répandue parmi les horlogers qui réparent les montres. Cependant ils ont fréquemment besoin de retoucher des dentures de roues, et pour la presque généralité, cette opération ne saurait se faire à la main avec quelque chance de succès.

313. Fraises Ingold. — On pourrait employer à cet effet les fraises Ingold.

Ces fraises Ingold sont aujourd'hui de prix modéré, mais il les faut très bien faites et en assez grand nombre. C'est fort dommage, car aux mains de qui sait s'en servir, c'est un auxiliaire utile et excellent.

314. Arrondisseur de précision. — Notre arrondisseur de précision, décrit dans le volume II de la *Revue chronométrique*, ne saurait être utilisé dans les fabriques où il faut produire abondamment et à bon marché. C'est plutôt un instrument qui restera du domaine des applications scientifiques, et cependant il pourrait avoir une application industrielle très intéressante si on l'employait à former rigoureusement les échoppes ou burins dont on se sert pour gorger les fraises avec lesquelles on taille les dents des roues.

315. Nous avons pour notre usage un petit arrondisseur simple et d'un facile maniement, et nous en faisons exécuter un modèle destiné à être mis dans le commerce. Nous espérons pouvoir le publier dans la nouvelle édition du *Recueil des procédés pratiques*.

– V –

Exécution de quelques pièces détachées

Outils divers

316. Faire une platine. — La plaque de laiton préparée conformément aux indications données du **74** au **79**, arrondie sur son contour, redressée et adoucie sur une face, se met en cire sur un tasseau du tour en l'air. On la creuse très plate, et l'on tourne carrément la tranche et la bate.

Si l'on se sert du tour universel, on la creuse d'abord en laissant un peu de surplus de matière, et pour l'achever on la met en cire sur une plaque percée au centre. On lisse avec un bon burin l'intérieur, et l'on tourne le dessus de la bate et extérieurement la tranche ; enfin on assure la parfaite concentricité du tout par un coup de foret cylindrique donné au centre. Après qu'on a débarrassé et nettoyé la face en cire, on met la platine aux griffes du tour et l'on dresse légèrement cette face au burin.

Une petite zone circulaire du bord tenu par les griffes n'est pas touchée, on la met au niveau avec une bonne lime douce, et l'on adoucit toute la surface.

En l'absence de tours en l'air ou universels, on colle la platine sur un arbre à cire (Y, figure 3, planche IV). Le talon de l'arbre est reçu par une broche du tour-à-finir ordinaire, tandis que la pointe de l'autre broche appuie dans le trou percé au centre de la platine, et maintient celle-ci appliquée contre le plateau de l'arbre que fait tourner un archet. Pendant que la cire est chaude, un bois appuyé sur le support du tour, assure la concentricité du plateau, et jusqu'à refroidissement, on le hâte en humectant d'eau froide.

On creuse ensuite cette platine avec un burin à crochet, fait d'une lime hors de service (voir Recueil des procédés) et, si le derrière ou côté des ponts ne tourne pas parfaitement droit, on dresse au burin la zone qui déborde le plateau, et quand la platine est décollée, on plane la surface en se guidant sur la zone plate que l'on a grand soin de ne pas entamer.

Les petites creusures se font également par ces procédés primitifs et que nous ne rappelons que pour tirer d'embarras, à l'occasion, des horlogers peu outillés. Mais nous devons le dire, il ne devrait plus s'en rencontrer aujourd'hui qui ne sachent pas organiser un tour en l'air ni se servir d'un tour universel.

317. Les ponts. — Si l'on a à faire tous les ponts d'une montre, on prépare une fausse platine de l'épaisseur du pont le plus haut, puis on y fait par-dessous des creusures répondant aux nez des ponts. On découpe ensuite cette platine avec une petite scie, et il ne reste qu'à façonner à la lime le contour des ponts détachés l'un après l'autre.

Ce procédé s'emploie également pour faire d'un seul coup plusieurs exemplaires ou spécimens identiques d'un même pont.

318. Faire un barillet de montre. — Le laiton parfaitement dressé sur ses deux faces, et le trou percé très droit, un peu plus petit qu'il ne doit être en définitive, on ébauche rapidement (en réservant une grande hauteur à la tétine ou goutte de suif du centre) soit sur le tour en l'air, l'arbre à cire, le tour universel, l'intérieur du barillet et la retranche sous les dents. Ensuite, par sa face pleine, bien dressée, on le met en cire avec soin sur une plaque d'égale épaisseur partout et percée au centre pour laisser arriver la pompe du tour jusqu'au barillet.

La plaque mise au tour, on termine avec des burins coupant net :

- l'intérieur,
- la retranche extérieure (contour de la virole et des dents),
- le drageoir,
- avec un burin effilé, on agrandit un peu le trou du centre. On a alors la certitude que ce barillet tournera rond et droit. On adoucit l'intérieur et surtout le drageoir dont l'angle d'entrée doit toujours être très bien adouci et poli.

L'exécution de la retranche faite au couvercle pour le passage de la minuterie et les creusures pour loger les arrêtages n'offrent aucune difficulté lorsqu'on possède un tour à burin fixe ou un tour en l'air (**160**).

A défaut de burin fixe, on fait un drageoir avec un outil comme D, figure 17, planche VIII.) Une règle méplate porte, un peu incliné sur son axe et encastré dans une rainure, un burin maintenu par une plaque et deux vis. On peut ainsi le faire avancer ou reculer au besoin. La règle présente deux ou trois rainures d'inclinaisons diverses afin qu'on puisse choisir celle qui est en rapport avec le plus ou moins de profondeur du drageoir.

Une autre méthode pour exécuter et réparer un *barillet* (voir à ce mot), est indiquée dans le *Recueil des procédés.*

319. Arrêtages, leurs proportions. — Si nous traçons les cercles primitifs de quelques arrêtages, nous rencontrerons trois proportions différentes (figure 12, planche VIII), savoir : le cercle du doigt plus petit, plus grand ou égal au cercle de la croix de Malte.

Le doigt plus grand, *d*, résiste avec une plus grande puissance à l'effort de la main, mais la direction de sa butée, le dard devant forcément être court, passe très au-dessous du centre de la croix.

Le doigt très petit, *a*, possède une plus grande force d'entraînement pour le cas possible où la croix de Malte cesse d'être libre, et la direction de sa butée, son dard pouvant être relativement long, est plus près de la tangente, mais il exige plus de soin dans l'exécution et opère pour un même effort de la clef une plus grande pression sur la croix de Malte.

Les inconvénients augmentent à mesure que l'on exagère l'un des cercles au détriment de l'autre. La moyenne qui convient le mieux aux montres actuelles est celle qui fait les deux cercles *c, b* égaux.

Le bouton autour duquel tourne la croix de Malte, doit être coupé bien carrément ou plutôt très légèrement en cône renversé.

On peut rectifier une croix de Malte sur le tour universel (**253**), sur l'outil figure 18, planche VI, avec une fraise cylindrique, pourvu qu'on ait un point d'arrêt fixe pour le rapprochement des branches du compas et enfin sur un tour ordinaire avec le petit outil à faire les couteaux aux dentures, figure 19, planche VIII.

La fraise doit être alors cylindrique, et la croix de Malte se monte sous une vis à tête conique au bout du support *k* N, portant par côté une petite alidade dont la tête s'engage dans un vide latéral de la croix de Malte.

On fait le dard du doigt aussi fort que possible à sa base, afin de l'affaiblir le moins qu'il se peut.

On complétera cet article au mot *Arrêtages* du *Recueil des procédés* (rectifier la Croix, exécuter le Doigt).

320. Faire un arbre de barillet. — Un arbre de barillet se fait deux fois plus vite sur un tour mené à la roue que si l'on fait emploi de l'archet.

Si l'acier est brut et a encore son coup de feu, on le blanchit à la meule ou à l'acide (**64**).

Voici le mode d'exécution qui nous a donné la plus grande rapidité dans le travail.

L'arbre terminé au burin, très bien adouci, presque poli, s'ajuste au barillet, de façon que celui-ci y fonctionne à frottement un peu dur. On forme les deux carrés (**322**) ; celui du doigt étant adouci, on y ajuste le doigt d'arrêtage, sans le faire descendre jusqu'au bas du carré. Puis on enfonce à sa place, sur le carré, un doigt hors de service, ou un petit disque de cuivre, fendu pour le passage de la goupille, exactement à la même place que le doigt qui servira plus tard. Il est facile alors de percer de chaque côté du carré le trou de la goupille et de le rendre lisse par un coup d'équarrissoir. Chaque fois qu'on a à introduire l'arbre dans le barillet, il faut avoir grand soin d'enlever toute bavure qui pourrait détériorer l'intérieur de ses trous.

Avant de tremper l'arbre, nous lui donnions sur le tour deux coups de burin assez profonds, aux endroits où il devrait être rogné. Nous trouvons à cette double échancrure deux avantages :

1°. on peut simplement casser les extrémités de l'arbre et user un peu chaque bout sans se servir de lime, ce qui permet de lui laisser, au moins du côté de la clef, toute la dureté qu'on veut ;
2°. si l'arbre se fausse, ce n'est pas au corps de l'arbre mais à partir des coups de burin. Or, s'il est faussé, on darde une flamme de chalumeau sur les pointes et on les déjette à la lime, avant de procéder au polissage définitif.

321. Pour le tremper, on le met dans un tube de fer où il doit être bien enveloppé de noir animal, tassé et préalablement desséché. Le tout, arrivé au feu au rouge convenable, est jeté dans l'eau. Si les prescriptions recommandées pour la trempe ont été observées, l'arbre sort du bain très propre, très net, sans écailles ni boursouflures à la surface. Il suffit de le blanchir pour qu'il puisse être poli. Le polissage donnera le jeu nécessaire aux ajustements des pivots. Il est arrivé même assez souvent qu'un léger coup d'équarrissoir dans les trous était nécessaire.

Le double biseau au revers des dents du rochet se polit, pendant que l'arbre tourne, avec une petite plaque d'acier percée au centre.

On l'enfile sur l'arbre et on la tient à la main (Z, fig. 14, pl. VIII). Les portées s'adoucissent très bien et très rapidement sur le compas représenté fig. 18, pl. VI (compléter cet article et le suivant par le **333**, et ceux insérés au *Recueil des procédés* sous le titre général *Arbres*).

322. *Faire les carrés d'un arbre. Faire des étampes.* — On se sert de l'outil vu figure 14, planche VIII. Sur le plateau P qui fait retour d'équerre avec le pied S, est fixé à vis à un bâti portant deux rouleaux d'acier dur *c* et *d*, dont le bord à gauche se relève en portée.

Un petit bras coudé *b* tourne sur une vis qui le fixe au flanc du plateau ; il est percé en *j* d'un trou qui se prolonge dans le corps du plateau.

Voici l'usage de l'instrument : on place sur l'arbre un diviseur indiqué ici au pointillé, il est échancré à angle droit de 4 encoches dans lesquelles s'ajuste exactement le nez du levier *b*. La tige S étant mise à la place du support du burin du tour, l'arbre est placé entre les broches de ce tour. La tige S pouvant monter ou descendre, et les broches pouvant se déplacer à droite ou à gauche, il est facile de faire répondre la naissance du carré à la ligne *n n*. Alors le levier *b* est arrêté dans une des coches du diviseur et on entame l'arbre avec la lime L. On passe ensuite à une autre coche, et ainsi de suite.

Si l'on craint que le levier *b* ne soit pas suffisamment fixé par le serrage de sa vis, on introduit, à frottement dur, une cheville à poulet dans le trou *j*.

L'arbre a d'abord été entamé moins que le nécessaire ; c'est en abaissant un peu le système qu'on amènera le carré à la grosseur voulue. On ne rencontre pas de difficulté dans ce mouvement ; mais si l'on redoutait quelque déviation, on pourrait, par surcroît de précaution, monter à vis sur l'extrémité de la perche du support, une tige cylindrique qui, comme *t* par exemple, traverserait la plaque P et assurerait la parfaite régularité des mouvements ascendants ou descendants.

Si le carré devait être conique, il suffirait de faire incliner un peu le bâti à l'aide des deux vis *v* et *i*, placées vers son bord gauche et dont les extrémités s'appuient sur P.

Ce cas se présente principalement dans l'exécution des étampes.

323. Ébaucher rapidement une roue. — La plaque de laiton préparée avec les soins recommandés du **74** au **77**, on la redresse d'un côté à la lime et à la pierre à eau, puis on la met au tour pour planer l'autre côté au burin fixe. Sur sa face adoucie on trace le champ et les barrettes. Le tracé des barrettes se fait sur la grammaire, plaque ronde portant quatre cercles pointés sur les nombres 6, 8, 10, 12, et qui permettent, la roue étant fixée au centre par une vis à tête conique, de tracer au moyen d'une petite règle échancrée à son milieu, des croisées à trois, quatre, cinq ou six barrettes. Au lieu de simples points sur les cercles, il vaudrait mieux ajuster par-dessous des vis dont l'extrémité en cône allongé déborderait au-dessus du plan de la roue. La règle s'appuyant à ces cônes, on ferait varier à volonté la largeur du tracé des barrettes, suivant que l'on rentrerait ou ferait saillir davantage les cônes (consulter le *Recueil des procédés* au mot *Grammaire*). Après avoir percé les petits trous *a, c*, (figure 5, planche VIII) aux angles, on met la roue en cire sur une plaque ouverte au centre pour laisser arriver à la roue la pompe du tour, on vide les croisées en faisant au burin fixe une creusure comme S, puis en donnant un coup de burin selon l'intervalle compris dans le double trait circulaire *i i*. Cela fait, on centre la roue sur la pompe de l'outil et l'on fait décrire à un burin fin et bien tranchant, l'arc *a c* de la serge, en faisant aller et venir la plateforme du tour, comme il a été dit au sujet des creusures courbes (**255**).

La roue décollée, il reste peu à faire pour achever les croisées avec des limes dans la forme convenable. Il en faut deux pour terminer les angles : une lime barrette, limant plat, mais ayant son angle, qui porterait contre le serge, fortement abattu et adouci, à angle presque droit et allant en s'arrondissant par le haut ; l'autre lime en feuille de sauge, suivant la courbe intérieure de la serge, aurait ses deux côtés abattus un peu plus que l'angle droit et bien adouci. Faute de ces simples précautions, on coupe ou l'on étrangle les pieds des croisées.

Réparation des roues. — Voir à ce dernier mot : *Recueil des procédés*.

324. Faire un pignon. Faire un balancier ordinaire. — Les articles concernant ces deux pièces dans nos précédentes éditions, ayant été trouvés insuffisants par un certain nombre d'ouvriers, nous les avons complétés et les ferons paraître dans le *Recueil des procédés*, aux mots *Balanciers* et *Pignons*.

325. Raquette et coqueret. — Tout ouvrier sait ébaucher ces deux pièces. Le rebord extérieur du coqueret, mis en cire au bout d'un tasseau, se polit avec une grosse broche creusée en entonnoir, dont la circonférence embrasse le coqueret.

L'anneau saillant et arrondi de la raquette se polit extérieurement de la même façon, et le biseau intérieur simplement avec l'extrémité d'une grosse broche, se terminant en arrondi plus ou moins allongé.

Pour polir les deux bras formant la tête et l'aiguille de la raquette, on fixe celle-ci sur une traverse *c d*, qu'on place entre les broches du tour ordinaire, figure 17, planche VIII. La cheville *a* du cuivrot joue entre les branches d'une fourchette *f*, fixée à vis sur la broche du tour. Avec un archet mis au cuivrot, on donne à la raquette un rapide mouvement de va-et-vient, en avant et en arrière, en même temps qu'on promène un large fer à adoucir ou à polir, chargé de pierre à l'huile ou de rouge, en long et en travers, successivement sur chaque bras de raquette, qu'on achève avec un bois et un brunissoir.

Le mouvement d'aller et de retour peut être donné par un doigt de la main posé sur le cuivrot, ou par la broche laissée libre, le canon *r* frottant contre la poupée.

On peut employer d'autres moyens, mais ceux ci-dessus sont à la portée de tous les horlogers.

Pour raquette plate, il faut que la surface de la traverse soit plutôt au-dessous qu'au-dessus de la ligne d'axe.

326. Exécuter un spiral. — Le spiral est l'un des éléments les plus importants parmi ceux sur lesquels repose la régularité de la marche d'une montre. L'exécution d'un spiral isochrone, ou même d'un simple spiral ordinaire, si l'on veut réaliser les conditions les plus favorables à une bonne marche, exige la connaissance de détails théoriques et pratiques, sans lesquels un horloger ne saura jamais bien régler. L'espace nous manquant, nous devons renvoyer aux articles *Spiral* et *Réglage* de notre grand *Traité d'horlogerie moderne*, où la matière est traitée avec toute l'ampleur nécessaire.

Cependant, et en dehors de ces articles et des indications pratiques qu'on trouvera au mot *Spiral* du *Recueil des procédés*, nous donnons ici la description de deux petits outils servant : l'un à déterminer la force d'un spiral, l'autre à éprouver et mettre en place un spiral coudé.

Outil à mesurer la force des spiraux

327. Vu de profil et sur la face inférieure de la platine, figure 15, planche VII, cet outil est simple, et le spécimen que nous donnons d'après le modèle construit par M. Millot peut être exécuté par tout horloger.

Au centre de la platine est planté l'axe *a b* pivotant entre le pont *p* et la platine, et se prolongeant du côté opposé assez loin, soit jusqu'en *a*. Il porte entre le pont *p* et la platine, la virole du spiral *s* et l'aiguille d'arrêt *d c*, et à la base de son long pivot *a*, l'aiguille indicative des divisions du cadran *z y*.

Quand l'aiguille d'arrêt *d c* est libre, elle est sur la ligne pointillée *i* ; en faisant tourner l'axe par son pivot *a* dans le sens de la flèche *i*, l'extrémité *c* de cette aiguille vient appuyer sur le petit plan incliné *r*, le fait reculer, et se trouvant arrêtée dans son mouvement par une petite cheville, demeure immobile, la pointe en prise dans l'entaille de la tête du petit levier coudé. Un ressort maintient ce levier, appuyé contre une cheville plantée dans la platine. L'aiguille indicative *z y* est alors arrêtée sur la division zéro du cadran, division qui est d'ordinaire simplement gravée sur la platine.

Les choses restent en cet état jusqu'à ce qu'un coup de doigt sur le poussoir *n* dégage l'aiguille *d c* ; elle retourne alors en arrière reprendre sa position primitive sur la ligne *i*.

Voici maintenant comment on fait usage de l'instrument : la petite pince à coulant H (la section horizontale est vue en E), dont les dimensions sont exagérées à dessein, car elle doit être très fine et très délicate, est percée au centre d'un trou entrant librement sur la tige *a*. Un spiral étant mis au bec de la pince, comme en E, on chausse cette pince sur *a*, en serrant le coulant juste assez pour que l'on puisse faire tourner *a*, jusqu'à ce que l'aiguille *d c* soit arrêtée en *c*. On maintient alors avec des brucelles le tour extérieur du spiral *v* tenu intérieurement par la pince, tandis qu'on opère un dégagement par le poussoir *n*. Le point du cadran où s'arrête l'aiguille *z y* indique la force du spiral *v*.

On voit qu'il sera facile ensuite de choisir un spiral de même force que *v* ou, entre certaines limites, plus fort ou plus faible de quantité, qu'on peut apprécier quand on connaît bien son instrument.

Il est enfermé dans une petite boîte, recouverte d'un verre percé au centre pour laisser passer la tige *a*. Le spiral vu en *d c* est, comme dimension et force, un spiral moyen des montres ordinaires d'environ 40 millimètres de grandeur.

Outil à choisir et poser un spiral coudé

328. Pour éprouver la force du spiral plat qui devra être coudé, on le met par sa virole à l'axe du balancier. Comme on ne peut faire tenir sa spire extérieure par la courte oreille du coq, on pince cette spire dans le bec *b* (amené à la position convenable) du petit appareil représenté en S, figure 15, planche VIII. La platine de la montre étant serrée entre *a* et *c*, et le bras D pouvant monter et descendre sur la tige *h*, on amène la petite pince *b*, à la position convenable pour qu'elle puisse saisir le tour extérieur du spiral, sur un point un peu au-delà de l'oreille du coq, afin qu'une fois le spiral courbé, ce point se trouve sur l'oreille même. On peut alors procéder au réglage en essayant des spiraux, et jusqu'à ce qu'on ait trouvé celui qui convient. Ce spiral trouvé, il ne reste plus, la position du coude étant connue, qu'à former ce coude et à ramener suffisamment vers le centre la partie au-delà du coude de la dernière spire.

Observation. — Le travail du spiral coudé se faisant selon un meilleur développement que lorsqu'il était tout plat, la montre retarde, il faut donc régler le spiral plat avec une avance de quelques minutes (en moyenne une dizaine de minutes pour montre de 40 millimètres). Un peu d'expérience suffit pour qu'on ne puisse se tromper que de peu de chose, et ce faible écart se corrige, soit par le petit déplacement que peut subir le coude, soit en agissant sur le tour du centre. Dans ce cas, il vaudrait mieux avoir à corriger plutôt un peu de retard que d'avance.

Outil à polir les pivots sur le tour en l'air

329. Le pivotage au burin sur le tour à roue n'a pas besoin d'être expliqué mais le polissage exigeant l'emploi d'un petit outil particulier, nous donnons le dessin de celui de M. Millot. Il est un peu plus simple que le système que nous avons nous-même employé.

La platine de l'outil P (figure 9, planche VIII) porte la roue R, qui engrène avec le pignon dont l'axe reçoit, sur une portée, la meule à polir *m*. La roue R est montée sur un pied de détente à écrou, ce qui permet de forcer ou d'affaiblir au besoin l'engrenage. On fait marcher la meule en appuyant simplement le doigt contre la denture de R. Cette platine pivote de haut en bas sur deux vis à contre-poulet *v, v*. L'essieu qui reçoit ces deux vis est rivé sur le disque *d d*, lequel tourne à frottement ferme sur le deuxième disque *n n*. Ce dernier est rivé, par la plaque *e*, à la tige cylindrique F.

On voit que si l'on fixe la tige F dans le porte-support du burin (en faisant entrer ce porte-support dans la poupée, non pas par devant, mais par derrière), on pourra élever, abaisser, éloigner à droite, et ramener à gauche, la platine P et, par conséquent, mettre le rebord plat de la meule en contact avec le pivot à polir. Celui-ci tourne par l'action de la roue menée au pied, tandis qu'une main tient la platine soulevée par le bouton *a* et que l'autre main, avec un doigt, fait aller et venir la roue R.

La course en hauteur de P est bornée par le rebord poli en dessous du chapeau *s* du manchon *k*, taraudé à frottement dur sur une broche à poste fixe H. Le butoir *l* empêche le système d'aller vers la gauche au-delà de la portée à polir. La vis *x*, menant le coulisseau *y*, permet d'établir le parallélisme entre le pivot et la surface de la meule, que ce pivot soit cylindrique ou conique.

Pour pivots fins on met une roue et un pignon de plus au rouage. Le doigt éprouve mieux la résistance, et comme on a une grande vitesse, l'emploi de la pierre broyée à l'huile est inutile, le rouge suffit après le tournage au burin. En *e* est un petit prisonnier qui assure encore la stabilité de l'ensemble.

Le petit outil qui vient d'être décrit peut à l'occasion rendre des services, mais nous ferons remarquer que ce surcroît devient inutile avec le tour genre Poultier, dont nous aurons à nous occuper dans le *Recueil des procédés*.

Calibre à mesurer la hauteur des ressorts, la profondeur des creusures

330. Nous avons publié, dans la *Revue chronométrique*, le calibre à mesurer les hauteurs des ressorts de M. Enout, calibre que reproduit extérieurement en G la figure 15) de la planche VIII.

L'aiguille a décrit un arc gradué quand on appuie sur la tige mobile *c* qui rentre alors dans le corps de l'outil ; *b* est une tige fixe à niveau avec la base *n*.

Au-dessous de *o* l'aiguille indique de combien *c* rentre intérieurement sur *b*.

Un ressort en bague étant mis sur un plan, pour avoir sa hauteur, on pose la base *n* au-dessus, et la tige *c*, appuyant sur le plan, rentre et fait marcher l'aiguille.

Pour avoir la profondeur d'un barillet, d'une creusure, on appuie au fond la tige mobile *c* qui rentre jusqu'à ce que la tige fixe *b* repose sur le bord du drageoir ou de la creusure.

Nous ne connaissons pas la disposition intérieure de l'outil de M. Enout, mais celle représentée au pointillé par la figure est, comme on voit, très simple. Un fort ressort spiral ramène l'axe de *j*, et plus ce rouleau *j* est petit, plus grand est le déplacement de l'aiguille.

Virole brisée pour plantage

331. C'est une forte virole, plus large que haute, tournée bien carrément sur ses deux faces et ensuite divisée avec une fine scie, en trois parts égales, comme le montre en B la figure 10, planche VIII. M. Humbert, qui l'a décrite dans la *Revue chronométrique*, lui donnait de 20 à 22 millimètres de diamètre sur 8 à 10 de hauteur, et s'en servait plus particulièrement lorsqu'il avait à faire des plantages dans des répétitions de montres à cylindre où il est rarement possible de placer une virole d'un seul morceau.

Outil pour recreuser un passage de roue de cylindre

332. Le plus ordinairement on met en cire sur une plaque le pont renversé, et l'on creuse ou élargit le passage sur le tour universel. On a plus vite fait en se servant d'une plaque munie d'une bride sous laquelle on serre ce pont renversé, A, figure 10, planche VIII.

Il vaut mieux conduire le plateau à la main, par aller et retour, que d'employer sa manivelle.

Remplacer le rochet d'un arbre de barillet

333. On met en cire, sus un tasseau du tour en l'air, ou, à défaut de ce dernier, on monte sur le tour ordinaire l'arbre de barillet *a a*, figure 18, planche VIII, à l'aide d'un arbre à centrer, autrement dit arbre à fusée. On tourne le rochet en enlevant les dents de manière à diminuer environ d'un tiers le diamètre du plateau *n n* puis, du côté du carré de remontoir, on enlève à ce disque la moitié de son épaisseur et l'on recule le carré de l'arbre jusqu'au plateau restant du rochet, en ayant bien soin qu'il n'y ait pas de portée au fond du carré.

Dans cet état, l'arbre est prêt à recevoir le rochet que l'on doit y rapporter.

On ajuste alors sur le carré du remontoir un rochet plat comme ceux des montres à fusée *r r*, ayant exactement la grandeur et l'épaisseur de l'ancien rochet ; on y fait une creusure, indiquée au pointillé sur la figure, pour loger le plateau qui reste sur l'arbre et, si l'on a eu soin de laisser le trou du rochet libre sans ébat sur son carré, si ce carré vient bien jusqu'au niveau du plateau, le chapeau *c c* serrera le rochet sur le plateau de manière qu'ils ne feront qu'un.

Par ce procédé de réparation, exigeant relativement peu de temps, on évite de refaire un arbre qui peut être très bon sauf le rochet. De plus, si le rochet vient à manquer de nouveau, l'opération se trouve bien simplifiée, car il n'y a à refaire que ce dernier.

Quant aux garanties de durée que ce moyen peut présenter, M. G. Sandoz qui l'a publié dans la *Revue chronométrique* a vu des arbres réparés de la sorte par son père, et servant au moins depuis quinze ans ; le trou du rochet s'était légèrement agrandi, mais sans aucun inconvénient pour l'encliquetage. On peut, du reste, dans les montres modernes où le carré de remontoir est long, laisser plus d'épaisseur au trou en faisant au rochet une portée qui se logera dans le trou du chapeau.

Outillage de M. Boley

Cet outillage a obtenu un succès mérité, nous allons en décrire un certain nombre de pièces. Son dépôt central est, pour la France, chez MM. Moynet et Cie , rue des Haudriettes, 6, à Paris. Ils n'en font que la vente en gros, les horlogers doivent donc s'adresser aux marchands de fournitures d'horlogerie avec lesquels ils sont en relation.

Tour ordinaire

334. Voici en quoi il diffère de la plupart des tours en usage : sa perche (fig. 1) triangulaire procure un glissement doux et une plus grande stabilité à la poupée mobile. Ses broches, au lieu de passer dans des trous, sont ajustées dans une rainure triangulaire les laissant un peu déborder par-dessus. Elles sont fixées par une plaque sur laquelle presse, sous l'action d'un excentrique, une sorte d'étrier renversé. (Nous avons vu cette disposition appliquée aux broches d'un compas d'engrenages, exposé par Froger en 1867.)

335. On peut faire usage ici de l'archet ou de la roue. Pour l'emploi de cette dernière, la perche porte un coulant muni d'un levier coudé mobile supportant une poulie qui reçoit la corde. Cette disposition fait éviter une pression sur les pointes et donne la faculté de tendre cette corde au degré voulu.

Ce tour est établi sur trois grandeurs, de 20, 25 et 30 centimètres.

Tour à percer et à fraiser

336. L'examen de la figure 2 suffit à en faire comprendre les fonctions : la poulie d'entraînement tourne sur la broche même, et par

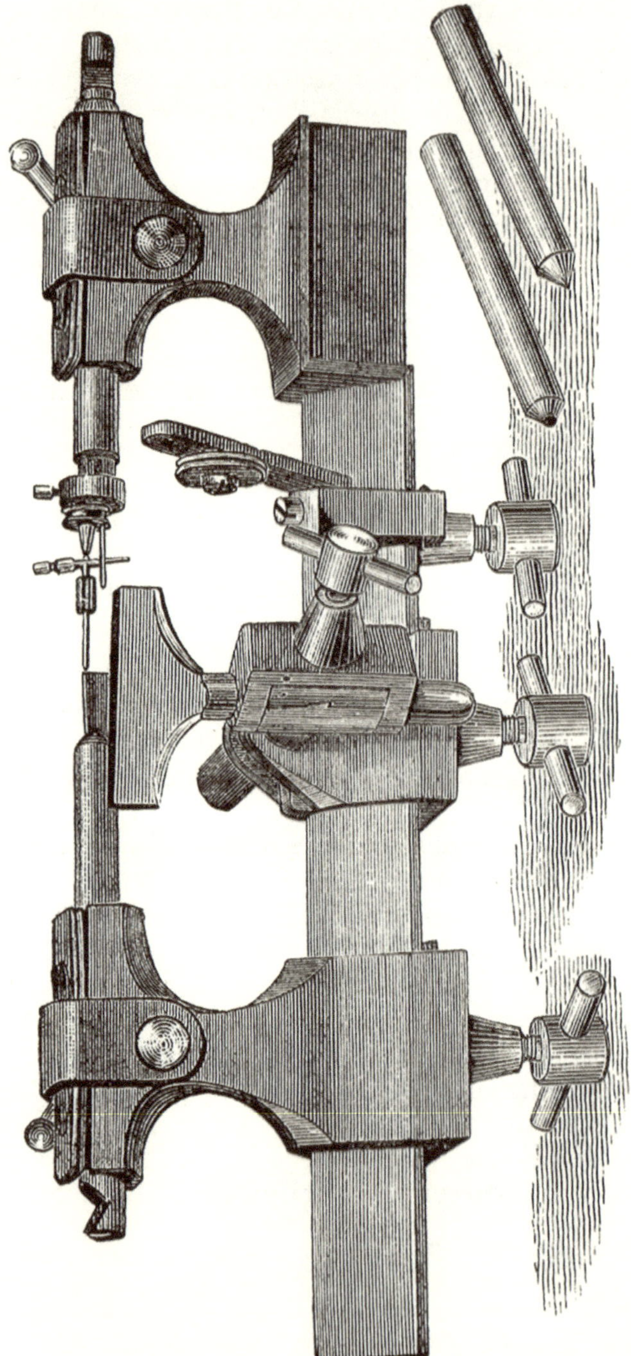

Fig. – 1

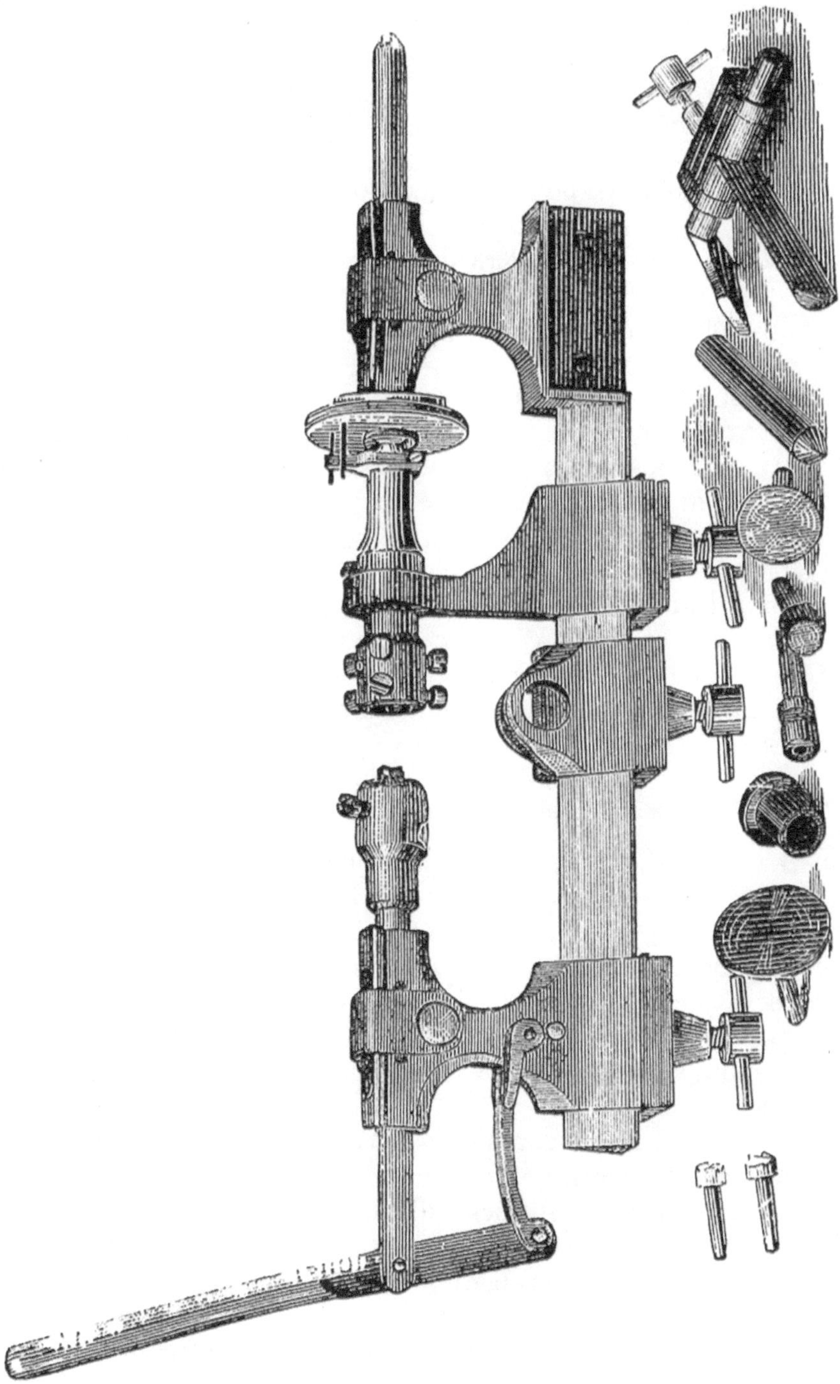

Fig. – 2

suite ne produit aucune pression sur l'arbre qu'elle commande par un taquet. Nous avons donc ici un tour-en-l'air. Le nez de l'arbre peut recevoir à volonté des manchons à 8 vis, ou des tasseaux de forme diverses (vus au-dessous du tour), et sur lesquels on fixe la pièce à percer ou à fraiser.

La poupée mobile est pourvue d'une broche porte-tasseau ou porte-fraise, que l'on pousse sur l'objet à fraiser ou à percer par un levier articulé sur le corps même de cette poupée mobile. C'est donc sur cette broche qu'on ajuste ou une fraise, ou le tasseau supportant la pièce à percer que l'on appuie sur le foret ajusté dans l'arbre.

337. Pour fraiser on enlève le tasseau sur lequel était appuyée la pièce à percer, on remplace ce tasseau par un porte-fraise, ensuite on fixe dans le manchon à 8 vis, par exemple, un morceau de tige de laiton ou d'acier, dont on a roulé la pointe que l'on garnit d'huile, puis, à l'aide du levier, on pousse la fraise sur la tige en mouvement. On fait ainsi rapidement, vis, axe, décolletage de tige, etc.

Le nez de l'arbre est taraudé à droite ou à gauche, c'est-à-dire selon que le tour doit se placer à la gauche ou à la droite de l'ouvrier, et pour éviter que les accessoires se dévissent durant le travail. Comme le précédent, ce tour est établi sur les grandeurs de 20, 25 et 30 centimètres.

Tour à sertir les pierres

338. Ce tour (fig. 3) diffère de beaucoup des précédents. Sa perche est indépendante et se fixe par des vis dans le corps de l'outil. Ce corps d'une seule pièce à deux bras en retour d'équerre, reçoit entre eux un arbre creux, qui traverse la poulie, qu'on rend solidaire avec l'arbre, les portées de la poulie forment alors les portées de l'arbre.

L'arbre creux reçoit un tasseau ou une pince américaine (deux spécimens sont vus à gauche sous l'outil) qu'on fixe par le poulet vu à l'arrière de l'arbre.

Sur un coulant pivote comme une charnière un bâti, ou système de bascule, dont le bras de droite est plus long que celui de gauche, les deux sont réunis par un tube percé d'outre en outre sur sa longueur. Le centre de l'ouverture circulaire du tube doit répondre exactement au centre de l'arbre. Un bras d'arrêt, qu'on voit en arrière, porte un petit coulisseau, sur lequel vient s'appuyer un autre petit coulisseau adapté au bras de la bascule. Les deux forment une sorte de pince.

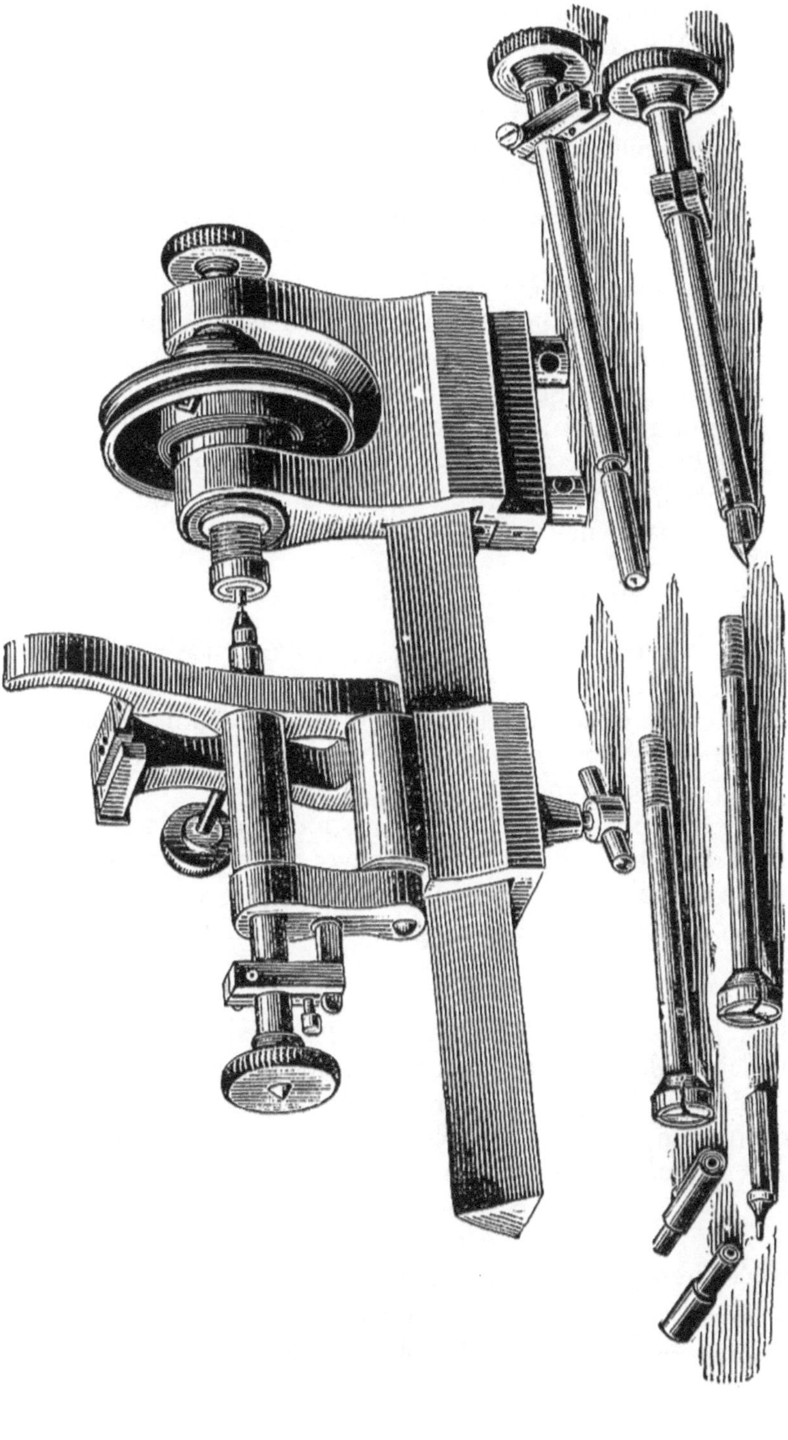

Fig. – 3.

Quand cette pince est fermée la broche porte-burin (vue à droite) étant introduite dans la bascule, ce burin doit être bien centré sur l'axe de l'arbre. Ceci entendu, on place la pierre que l'on veut sertir entre les becs de la pince, et le burin, ramené vers le centre, fera alors une creusure exactement de la grandeur de cette pierre. On voit qu'avec le même burin on peut sertir des pierres de grandeurs différentes.

Ce tour se fait sur trois dimensions, 20, 25 et 30 centimètres.

339. Ce modèle est nouveau :

1°. par sa perche indépendante sur laquelle s'ajustent tous les accessoires du tour à percer et à fraiser (**336**) ;

2°. parce que la queue de la tige de ses pinces américaines, à entonnoir, etc. (vues au-dessous), est taraudée extérieurement, ce qui offre le double avantage d'une plus grande solidité, et d'avoir ces pinces percées d'outre en outre, ce qui permet d'y faire passer une tige.

Accessoires

340. Faisons remarquer, tout de suite, qu'avec de simples accessoires montés sur la perche indépendante du tour qui vient d'être décrit, on en fait de ce tour, suivant les besoins, un outil à retoucher, et polir les levées d'ancre, à rouler les chevillots, polir les gros pivots, les rapporter, polir les pignons et les portées, etc.

Enfin, en le pourvoyant d'une plateforme, munie de trois paires de griffes, il remplace le tour universel, et avec un accessoire monté sur le support à chariot, on en fait un outil à arrondir les roues.

Tous ces accessoires peuvent également être adoptés au tour décrit au **336**.

341. Le dernier tour représenté figure 4 (dit tour ST) est à perche triangulaire indépendante, il est construit sur le plan du tour décrit au **338**, seulement il est plus fort. Il réunit tous les accessoires dont il vient d'être question. Sa longueur 40 cm, sa hauteur 6 centimètres.

Les explications qui précèdent et l'examen de la figure 4 suffisent ici.

342. Citons encore le tour dit tour D, monté sur un banc en fonte. Ce tour est destiné aux travaux de la petite mécanique et de la pendule. Sa longueur est de 50 centimètres, sa hauteur de 8 ; accessoires : chariot

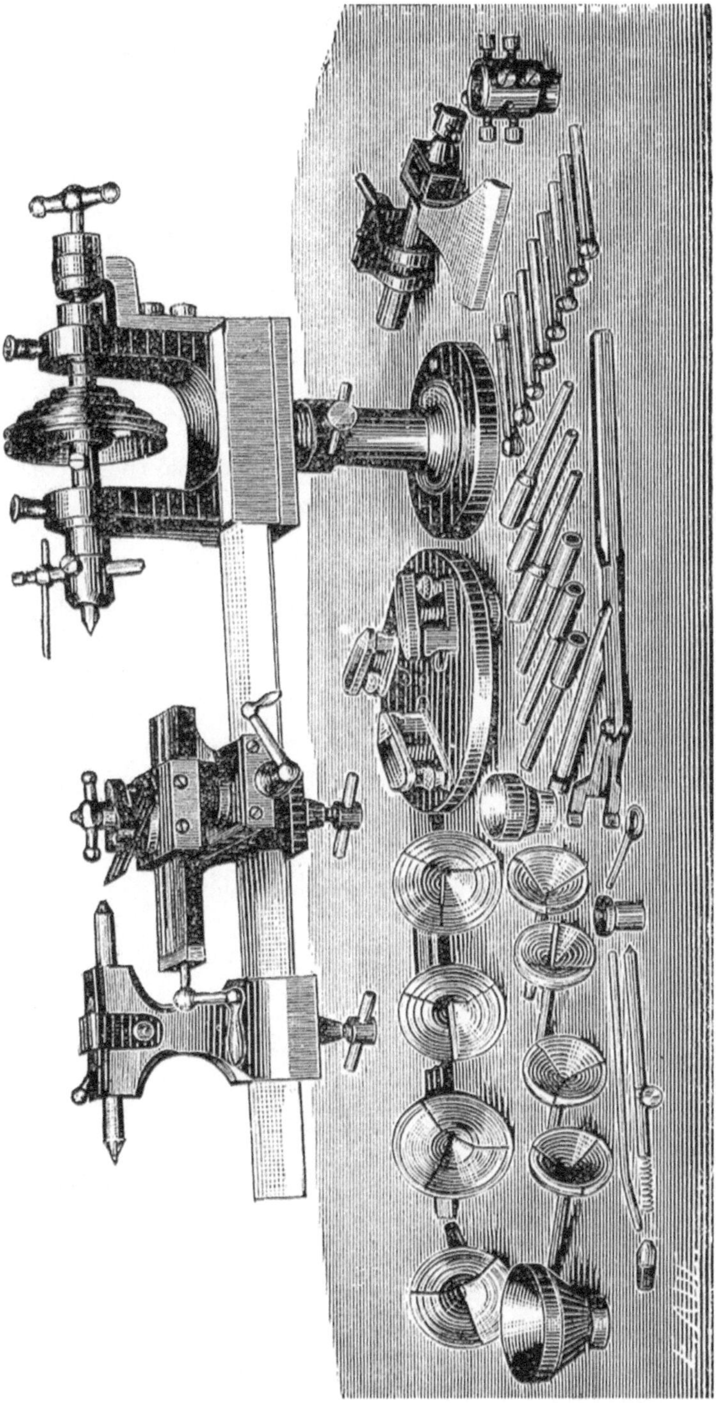

Fig. – 4.

et plateau de burin fixe, pinces à entonnoirs et américaines, tasseaux à vis, à coussinets et à lanterne.

Menus outils

Nous ne parlerons que pour mémoire de l'assortiment complet des menus outils : brucelles, porte carré, tournevis, taquets ou entraînoirs, étaux, poinçons à river, etc., établis avec beaucoup de soin et de compétence pratique.

Ensemble de la disposition générale de la roue, du renvoi, des pédales et cordes

343. La partie à droite de l'établi (figure 5) a été conservée ici, on a supprimé le reste afin de rendre visible l'ensemble (placé partie au-dessus, partie au-dessous de la table ou plateau de l'établi) du tour, et de ses accessoires prêts à fonctionner.

Cet ensemble vient d'être amélioré par une nouvelle disposition qui comporte un plateau d'établi de 125 centimètres sur 50, et à la partie à gauche (non représentée) l'adjonction d'un corps de 10 tiroirs fermant à clef.

Une bonne remarque du constructeur : prendre des cordes plutôt fortes que faibles, elles ont plus de force d'entraînement, s'usent moins, exigent une moindre tension, et permettent d'éloigner le plus possible le renvoi de l'étau. L'arbre du tour est alors mené par une corde longue et flexible.

Il serait bon de revoir les articles **134**, **136** et **138.**

M. Boley peut fournir sur trois grandeurs, répondant aux besoins, la roue au pied, et sur une grandeur, la roue à mains et les renvois.

Fig. – 5.

Table des Matières

– II –
Direction du travail de main-d'oeuvre

– III –
Organisation de l'outillage

– IV –
Tours aux vis et exécution des vis

– V –
Exécution de quelques pièces détachées

RECUEIL DES PROCÉDÉS PRATIQUES USITÉS EN HORLOGERIE

FORMANT LA DEUXIÈME PARTIE DU
GUIDE-MANUEL DE L'HORLOGER

par
Claudius SAUNIER,

Secrétaire général de la Société des Horlogers de Paris ;
Auteur du grand *Traité d'horlogerie moderne*
(ouvrage honoré d'une médaille de 1ere classe en1867,
médaille d'or et diplôme d'honneur 1868);
Membre de Sociétés savantes ;
Chevalier de la Légion d'honneur.

1874

Guide-manuel et recueil

Le *Guide-Manuel* renferme : les notions de calcul, de géométrie, de dessin, nécessaires à l'horloger, une étude étendue sur les différents métaux indiquant les meilleurs modes d'essais pour en faire choix et les soins pour les travailler. Il donne les procédés pour souder, la méthode qui doit diriger le travail de main-d'oeuvre, enfin la description de l'outillage usuel moderne, complétée par des détails sur les moyens d'exécution : soit des outils, soit de plusieurs des pièces détachées d'horlogerie.

Le jeune horloger qui a mis à profit les enseignements du *Guide* est actuellement en état, par l'adresse qu'il a acquise et à l'aide d'un outillage excellent et bien approprié, d'entreprendre avec succès la réparation des pièces d'horlogerie.

C'est pour lui faciliter ce succès que ce nouvel ouvrage, qui n'est, comme il a été dit plus haut, que le complément du *Guide-Manuel*, dont il continue le numérotage des pages, des articles et des planches, a été écrit.

C'est pourquoi aussi l'ordre des matières y comporte trois divisions principales dont les titres : *Petit Traité de la réparation des montres*, *Dictionnaire des procédés industriels, Outils et appareils divers*, indiquent sommairement et suffisamment le contenu.

– I –

Petit traité de la réparation et du repassage des montres

De la méthode

345. La promptitude, la sûreté dans le travail d'horlogerie tient, pour une très forte part, à la méthode adoptée par le praticien et qui le dirige dans l'examen préalable d'une montre, et ensuite dans les détails de l'exécution du repassage ou de la réparation.

Les vieux et bons praticiens se sont tous créé une série d'habitudes dont ils ne se départent pas. Elle leur évite de revenir en arrière, de reprendre plusieurs fois, sans nécessité, une même pièce, ce qui, par l'effet d'un oubli ou d'un manque de suite dans les idées, arrive si fréquemment aux jeunes horlogers.

Ceux-ci doivent s'astreindre dès le début à un examen méthodique, à un travail raisonné.

Une méthode ne peut jamais être inflexible, ni à l'usage de tous, parce que les hommes diffèrent entre eux par la dextérité manuelle, l'excellence de la vue, l'étendue de la mémoire, l'enchaînement dans les idées, etc. Une méthode qui convient à un caractère posé veut être modifiée pour un caractère sujet aux distractions. Chacun, après étude faite de ses aptitudes et des conseils et indications qui précèdent et qui suivent, reconnaîtra facilement quelle est la direction qu'il doit donner à son travail journalier.

Ce préambule était nécessaire, parce que certains horlogers diront que le mode d'examen d'une montre, enseigné ci-après, est trop long, trop détaillé. Que les jeunes praticiens qui l'entendront dire, sachent bien que ceux qui avancent cette opinion se trompent, puisque nous n'indiquons une marche à suivre que par le bénéfice des modifications qu'apportera l'expérience acquise et, ensuite, que les opérations successives sont accomplies beaucoup plus vivement qu'elles ne sont décrites.

Où l'horloger éprouve les plus grands déboires et perd son temps, n'est-ce pas lorsqu'il lui faut démonter à nouveau, partiellement ou en totalité, une montre dont le repassage ou la réparation est achevée, ou bien quand une montre qu'il a réparée lui revient pour être retouchée, avant l'expiration de la durée du temps normal qui doit s'écouler entre deux nettoyages ?

Qu'il additionne les heures employées à ces travaux ingrats, qu'il suppute les ennuis éprouvés, les reproches subis, etc., et il verra qu'en fin de compte, un travail bien ordonné lui eût épargné et des désagréments et de l'argent perdu.

Examen préalable et extérieur de la montre

Dans ce qui suit, lorsque le mode de correction du défaut signalé n'est pas immédiatement indiqué, il faut le chercher au Dictionnaire des procédés pratiques sous le nom de l'opération à faire ou de la pièce qu'elle concerne.

346. Boîte, verre, cadran, cuvette. – Par un coup d'oeil général donné à la boîte, on vérifie si elle n'accuse ni coups reçus ni fortes pressions subies, si les charnières et ressorts fonctionnent bien, si les aiguilles en tournant ne frottent ni au verre, ni au cadran. En posant l'ongle du doigt renversé au centre du verre on voit assez facilement si l'espace est suffisant entre le corps de l'aiguille et ce verre.

En cas de doute, on pose un petit morceau de papier sur le disque central de l'aiguille, on ferme la lunette, puis en inclinant la montre on frappe avec le doigt sur le verre. Le papier se déplace s'il n'est pas pressé.

Le carré de rapport ou de chevillot doit être arrondi par-dessus et rentrer un peu au-dessous du niveau de la cuvette, afin d'éviter qu'il ne soit touché par suite d'une flexion possible du fond de la boîte, et cette cuvette ne doit ni presser sur l'écuelle, ni faire brider le petit chapeau qu'on ajuste aujourd'hui sur beaucoup de ponts de centre.

Il faut des jours de sûreté suffisants entre la denture du barillet, la goupille de renversement et le balancier d'une part, et entre le bord intérieur de la boîte, les ressorts de carrure, la patte des charnières en laiton d'autre part. Sinon il y aurait à craindre des attouchements quand on aurait fermé la cuvette, ce qui est une cause de variations ou d'arrêts parfois difficiles à découvrir.

347. La cuvette, surtout auprès de la charnière, doit être suffisamment éloignée de toutes les pièces du mouvement, du coq en particulier. Si l'on a des doutes, on met une couche mince de rouge sur les parties qui sont le plus en relief, notamment le coqueret et la saillie qui reçoit le piton du spiral.

On ferme la montre, qu'on tient avec une main près de l'oreille, tandis qu'on exerce progressivement un peu de pression sur l'ensemble du fond, avec un doigt de l'autre main, tout en écoutant attentivement si un ralentissement dans la marche ne se produit pas. Si l'intervalle est insuffisant, l'intérieur de la cuvette porte une trace de rouge. Alors, dans le cas où l'on ne peut ni élever la cuvette, ni la creuser sur le tour, si elle est en laiton, on diminue, si faire se peut, les saillies de la raquetterie et de l'oreille du coq et l'on fixe dans la platine, à proximité du balancier, une ou deux vis de support dont les têtes, évasées en champignon, soutiendront la cuvette.

On s'assure que les aiguilles sont assez distantes l'une de l'autre, que l'aiguille des heures ne frotte pas dans le trou du cadran, que celle des minutes ne passe pas plus près du cadran à un endroit qu'à un autre, défaut qui tient à un cadran qui n'est pas d'aplomb ou à une roue du centre mal plantée (**356**).

Le mouvement étant alors enlevé de la boîte, après qu'on s'est assuré qu'il y tenait bien, on ôte les aiguilles et l'on vérifie le jeu en hauteur de la roue de canon, jeu qu'on diminuera au besoin à l'aide de petites rondelles ou couronnes de clinquant découpées à l'emporte-pièce. Si le cadran presse quelques-unes des pièces ou n'est pas d'aplomb, ou s'il approche assez près de certains trous pour attirer l'huile, on l'use sur les points où il est nécessaire d'avoir un jour de sûreté (voir au mot *Cadran*).

Examen du mouvement

348. Minuterie. On fait marcher la minuterie avec un carré à remonter; un coup d'oeil suffit pour constater l'état de ses deux engrenages peu exigeants. Les roues ne doivent pas pouvoir frotter entre elles, ni à la platine, au barillet et à ses arrêtages. On a dû voir préalablement si le barillet ne penche pas de côté, auquel cas, si l'on n'en tenait pas compte, on pourrait se tromper dans l'appréciation des jours de sûreté.

La tige du carré du chevillot (carré légèrement moins fort que le carré de remontoir) doit tourner grassement dans le canon du pignon du centre, et la chaussée doit tenir au chevillot de façon à ne pas pouvoir remonter sur sa tige, ce qui changerait le jeu nécessaire aux aiguilles et à la minuterie.

Lorsque l'ajustement doit être refait, il faut s'en occuper tout de suite : autrement on oublie facilement, et il faut alors faire ce travail en remontant la montre et quand tout est propre, ce qui ne vaut rien (article *Chaussée*).

Si ce n'est déjà fait, on arrondit un peu le dessous de la chaussée et de l'écuelle, sans laisser de bavures aux ailes de la chaussée. Ces deux pièces doivent reposer sur les faces ou plats du bout des pivots de la roue du centre, et être suffisamment éloignées cependant de la platine et du pont.

349. Jours de sûreté ; jeux en hauteur des axes. — On donne un coup d'oeil aux jours de sûreté qui doivent exister entre la platine et le barillet, entre ce dernier et la roue du centre, entre les roues – soit entre elles, soit avec leurs ponts respectifs et les fonds des creusures – entre le balancier d'une part, son coq, la roue du centre, le piton et la botte du spiral d'autre part. La troisième roue passe assez souvent trop près de la pierre qui reçoit le pivot d'en bas de la roue d'échappement.

En saisissant avec des brucelles les axes ou les croisées de roues pour les faire monter et descendre, on voit si leurs jeux en hauteur sont bien. On fait de même pour la roue de cylindre, mais quand son pont est faible, il suffit d'appuyer avec une pointe de fusain, le pressant et le laissant se relever, sur le nez de ce pont, pour pouvoir apprécier, par les variations apparentes des longueurs du bout du pivot, le jeu vertical de l'axe. On s'assure en même temps que la hauteur et la largeur du passage où circulent les dents chargées d'huile de la roue, offrent toute sécurité.

350. On place la montre à hauteur de l'oeil, et avec une pointe de fusain on soulève délicatement, à plusieurs reprises, le balancier pour le laisser retomber. Les variations de l'intervalle vide entre la virole et le coq permettent d'apprécier très bien la quantité du jeu en hauteur.

351. Fonctions de l'échappement. — L'ébat des pivots du balancier entre les parois des trous s'apprécie également par habitude avec facilité, et à la vue, en regardant avec une assez forte loupe à travers les pierres des contre-pivots, et quand la montre est en marche et posée à plat. Si les pierres ne sont pas suffisamment transparentes, cas rare, on écarte le contre-pivot du char, et plus tard, on vérifie pour le pivot d'en haut avec le coq nu.

Le renversement du balancier jusqu'à l'attouchement de sa goupille et du plot d'arrêt, doit s'accomplir sans faire reculer la roue, ni accrocher une dent extérieurement au cylindre et au revers de la petite lèvre. La goupille passe parfois trop près du pignon de la troisième roue. Le bras de l'U doit être autant que possible au milieu de la petite coche du cylindre, c'est-à-dire avoir assez d'espace vide au-dessus et au-dessous pour fonctionner avec sûreté dans toutes les positions qu'on peut donner à la montre.

352. Vérification faite que le spiral est bien plat, qu'il se développe régulièrement, sans gêne, qu'il ne touche pas à la roue centrale, au piton et, par sa seconde spire, à la première goupille de raquette, l'examen sommaire de l'échappement est terminé, mais seulement s'il s'agit d'un nettoyage de montre ayant passablement marché.

Mais si l'on répare une montre n'ayant pas donné de bons résultats, ou si l'on fait le repassage d'une montre neuve, les fonctions de l'échappement doivent être examinées à fond, et comme il est expliqué pour chaque échappement en particulier dans le Traité général des échappements, de notre *Traité d'horlogerie moderne.*

353. Engrenages visibles. — Le rouage étant en marche, par l'action de son ressort moteur, ou d'un doigt appliqué à la denture du barillet, on examine avec la loupe les engrenages qu'on peut voir fonctionner. Celui d'échappement par exemple se voit très bien à travers la pierre du pivot, quand cette pierre est plate ; le mouvement est mis à plat sur l'établi, et on regarde avec un microscope d'un assez fort grossissement. Lorsque l'on ne le voit pas de cette façon distinctement, on élève la platine verticalement et l'on regarde à contre-jour. Les engrenages qu'on ne peut pas voir fonctionner assez nettement, ou ceux sur lesquels on a des doutes, seront vérifiés un peu plus tard au toucher.

Si l'on fait un repassage, on peut pratiquer des lanternes en biseau au bord des ponts ou vers le trou du centre de la platine, afin de bien voir les fonctions des engrenages. Mais il faut ne pas nuire aux sertissures et laisser intacte assez de matière autour des trous dans le laiton, pour pouvoir, au besoin, les reboucher facilement.

354. Longueur des pivots du balancier, centrage du spiral. — On desserre le contre-pivot du char et l'on voit si le pivot descend et déborde suffisamment quand on renverse la platine. Puis on enlève le coq qu'on sépare de son balancier. On ôte de celui-ci le spiral qu'on présente au coq renversé, afin de voir si ce spiral est bien centré quand sa première spire occupe le milieu entre les deux goupilles de la raquette. On dévisse le coqueret et le coq renversé, on y replace le balancier pour s'assurer que le bout du pivot déborde un peu la surface de la pierre en dehors.

On met le balancier aux branches d'un huit-chiffre et l'on s'assure tout de suite qu'il est suffisamment en équilibre (il est des cas de réglage où la mise hors d'équilibre a été volontaire). (8° du **375**.)

355. Jeu des pivots du rouage. — On fait courir le rouage ; s'il défile bruyamment et par saccades, on peut présumer que quelques-uns des engrenages ne sont pas très bons, par suite de dentures mal conformées ou de trous trop grands, etc.

Pour s'assurer si ce dernier cas existe, on fait aller et venir le rouage sous la pression du doigt appliqué au contour du barillet ou de la roue du centre, tout en examinant l'ébat ou ballottement de chaque pivot dans son trou ; avec un peu d'exercice et quelques comparaisons, on arrive vite à juger si l'ébat n'est que celui qui convient.

Le défilage du rouage fait également connaître s'il y a des pivots faussés. On détache de la platine le pont du barillet, garni de ses accessoires, et on le met à part.

356. Roue du centre ; roues mal plantées. — On enlève la roue petite-moyenne, et pour vérifier au besoin la rectitude du plantage de la roue du centre, on enfile une broche dans le trou de son pignon percé, et l'on donne un mouvement de rotation à cette platine, en tenant une carte à proximité de son rebord. On voit ainsi tout de suite si l'axe de la roue n'est pas perpendiculaire à la platine.

Quand la déviation de l'axe d'une roue est assez forte ou que les trous sont trop grands, il faut les reboucher et faire le plantage de la roue (article *Trous des pivots*). Quand il y a peu à faire, on remet les axes droits en cage en faisant dévier un peu les pieds des ponts, et on opère ainsi : le pont est remonté seul sur la platine, et sa vis ou ses vis étant un peu desserrées, on appuie ce pont du côté opposé à celui où l'on veut le faire incliner, contre un morceau de laiton serré aux mâchoires de l'étau et l'on frappe, à l'opposite, le rebord de la platine d'un ou deux coups secs, avec un marteau en bois ou en corne.

L'expérience seule apprend à proportionner l'effort selon l'effet voulu, et à faire connaître s'il est nécessaire ou non, de donner préalablement un coup d'équarrissoir dans les trous des pieds. Ce moyen veut être employé avec circonspection.

357. Il est essentiel que les pivots de la roue du centre débordent un peu la platine et le pont. On abat l'angle du bord extérieur de chaque trou de façon à former un petit réservoir circulaire pour l'huile. Faute de ces simples précautions, qu'il est cependant si facile de prendre, un grand nombre de montres, surtout de celles qui ont peu d'épaisseur, revient avec des pivots du centre en mauvais état, parce que l'huile n'avait pu y être mise en quantité suffisante, ou avait été attirée par l'écuelle et par la chaussée.

358. Engrenages vérifiés au tact. — On vérifie au toucher les engrenages ou seulement ceux douteux, par la méthode enseignée dans le *Traité d'horlogerie moderne* de la page 636 à la page 642, et on leur fait subir les corrections nécessaires, après la remise en bon état des pivots détériorés.

Remarquons ici que les trous qui tiennent légèrement du grand, quand l'engrenage se fait bien, amènent moins d'inconvénients que les trous justes.

Si la montre a une petite seconde, on s'assure sur le huit-chiffre, que sa roue est bien en équilibre. Enfin, on examine chacune des pierres qui ne doit être ni fendue, ni égrisée au bord des trous.

Examen d'une montre

Démontage et réparation du barillet

359. Le ressort d'encliquetage, qu'il ne faut pas trop roide, doit prendre et avec sûreté jusqu'au fond des dents du rochet, lequel doit être tenu assez fermement par le chapeau. On met au besoin le barillet droit et tournant rond sur son axe, par les moyens indiqués plus loin (article Barillet) et après qu'on a remis, si cela était nécessaire, l'arbre en bon état (article Arbre). On fera bien, après de fortes réparations, de revérifier l'engrenage de barillet au toucher ou en pratiquant une lanterne.

La vis de la croix de Malte ne doit pas déborder à l'intérieur, ni pouvoir frotter au cadran; qu'il faut user si ce cas se présente. L'arrêtage doit fonctionner très sûrement surtout au butement d'arrêt. Il est bon de donner un léger coup d'arrondissage avec un bois émeri sous la croix de Malte et le doigt, mis sur un arbre. Aucun frottement du doigt contre le fond de sa creusure ne doit être possible.

360. Vérification de l'arrêtage. – On prend par son carré l'arbre muni du barillet dans une pince à coulant, qu'on tient appuyée contre la paume de la main gauche par ses trois derniers doigts repliés, tandis que les deux premiers s'appliquent au contour du barillet et le feront tourner d'abord dans un sens et ensuite dans l'autre.

Pendant ce mouvement, et avec une pointe de fusain tenu par la main droite, on tend à faire tourner la croix de Malte à rebours de l'entraînement. Il en résulte que l'angle de la dent qui va être saisie par le doigt d'arrêt se présente à lui dans les conditions les plus défavorables pour la menée et que, par conséquent, si la fonction s'accomplit bien sur chaque dent, on peut être tranquille pour l'avenir, pourvu toutefois que la butée ait lieu carrément et sans tendance à faire soulever les pièces.

Quelques horlogers, au lieu de tenir la pince à la main, la serrent dans l'étau, ce qui rend leurs deux mains libres.

Accessoires utiles surtout dans les débuts

361. Pour faciliter et mettre plus d'ordre dans le démontage et le nettoyage, il est très bon que le praticien se prépare à l'avance une ou deux plaques, dans lesquelles il pratique des creusures et des trous, aux endroits correspondants à la position des différentes pièces sur une platine, ainsi que le fait voir la figure 1, planche IX.

Les trous reçoivent les vis des ponts, vis que l'on nettoie pendant que les autres objets trempent dans la benzine (il y a deux trous par pont, un grand et un petit, afin que la même plaque serve pour les grandes et les petites montres). Les creusures ovales ou circulaires reçoivent en *a* et autour de *m* les vis des chapeaux, en *m* l'écuelle, en *c,c,c* les vis du ressort de côté, de la croix de Malte et la goupille du doigt, en *j* les vis du coqueret, en *n* la vis du contre-pivot du char, etc. Un horloger de province avait mis en vente chez les marchands de fournitures des petites plaques de ce genre qu'il baptisait du nom de *cocliophores*.

A ses débuts, tout jeune horloger fera bien d'inscrire sur une fiche de carton, portant le numéro de la montre, les opérations successives que comporte le travail à faire.

Il n'aura qu'à biffer ensuite, et au fur et à mesure de l'accomplissement de ce travail, chaque inscription. L'habitude plus tard bien acquise, la fiche lui deviendra inutile.

Nettoyage de la montre.

362. *Observations.* — Quel que soit le mode de nettoyage qu'on aura suivi, il faudra toujours passer, quand il sera terminé, une pointe de fusain dans les trous.

On donne du vif aux pièces nettoyées par un coup de brosse fine bien préparée. La brosse très grasse ne peut être rendue propre que par le savonnage, et la brosse neuve se prépare en promenant sur ses poils un tranchant incliné qui effile les bouts en pointes et les débarrasse des nœuds formés de parties dures ou de poils enchevêtrés. On achève la préparation en frottant vivement cette brosse, chargée de blanc d'Espagne, sur une croûte de pain desséchée, et jusqu'à ce que la brosse puisse être passée sur une dorure sans la rayer. On la maintiendra ensuite en bon état par le même procédé.

Le blanc de billard un peu farineux convient très bien ; quant à la croûte de pain desséchée, plus elle présente de cavités, mieux cela vaut. Le pain de gruau paraît devoir être préféré à celui de froment : ce dernier contient souvent des particules grasses, qui sont la cause que la brosse ne se nettoie qu'imparfaitement.

363. Nettoyer à la brosse. — On se sert aujourd'hui beaucoup moins de ce procédé, qui peut être utilisé pour les anciennes dorures, mais que ne supportent pas les minces dorures galvaniques actuelles. Il peut encore être employé pour remettre à vif les roues de laiton poli, par exemple.

On met du blanc d'Espagne en poudre, ou de la corne de cerf pulvérisée, qu'on trouve chez les pharmaciens, dans de l'alcool très pur. On agite le mélange et avec un pinceau on en charge la pièce qu'on brosse ensuite, avec une brosse en parfait état de propreté. Les roues polies reprennent alors très bien leur brillant primitif, mais il faut ensuite nettoyer avec soin les dentures et les pignons.

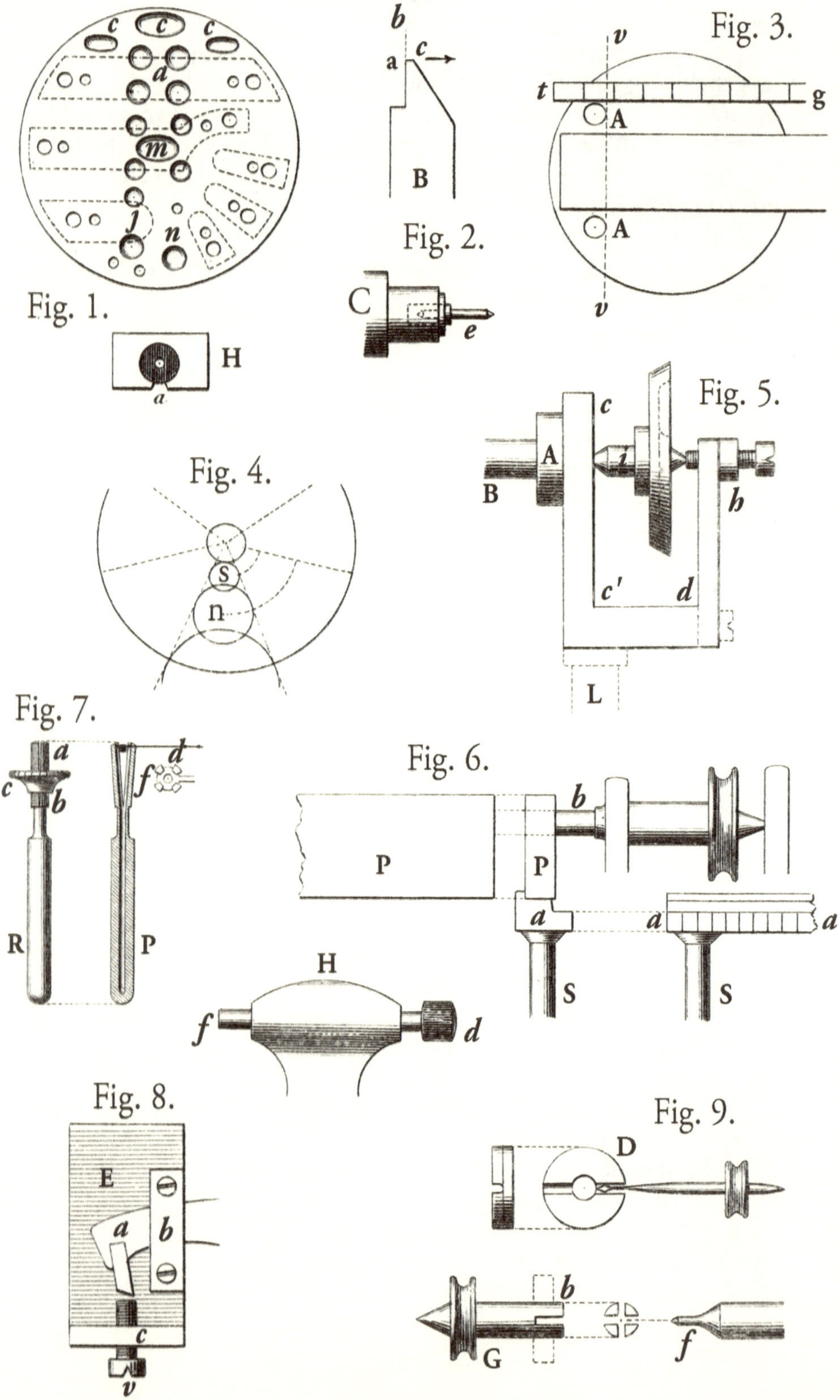
Fig. 1.
Fig. 2.
Fig. 3.
Fig. 4.
Fig. 5.
Fig. 6.
Fig. 7.
Fig. 8.
Fig. 9.

Fig. 10.

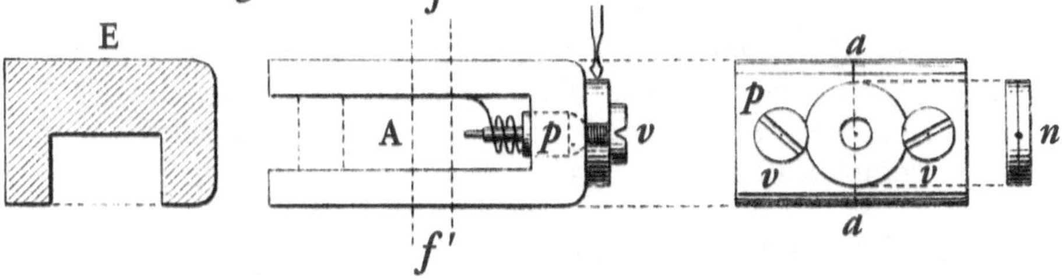

Fig. 11.

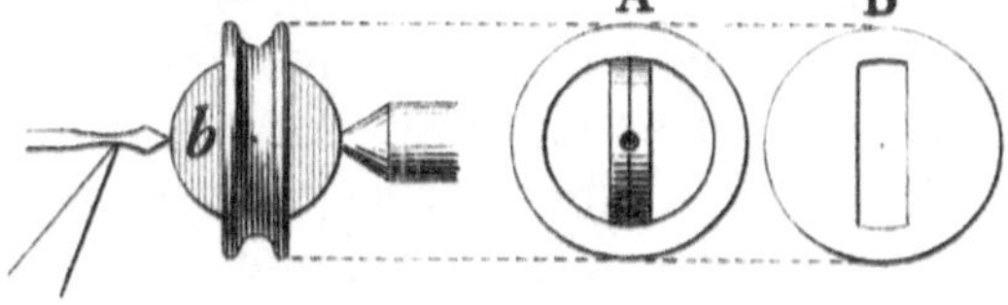

Fig. 12.

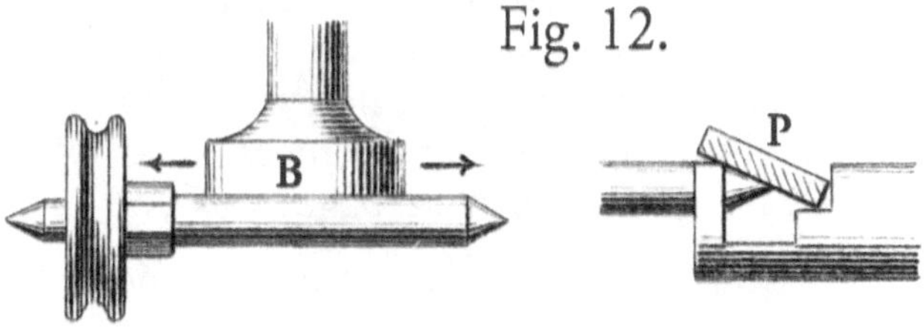

Fig. 13.

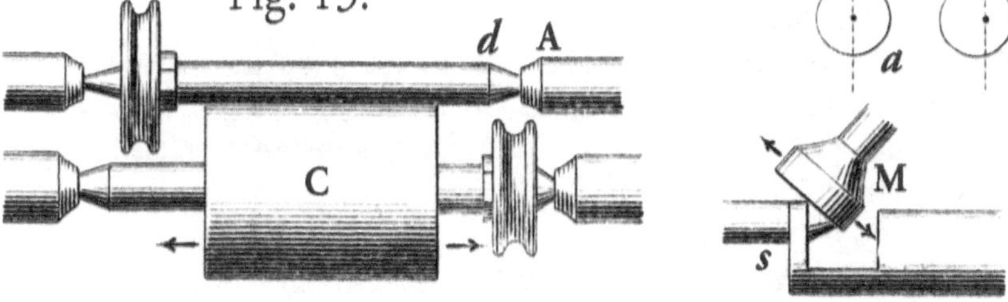

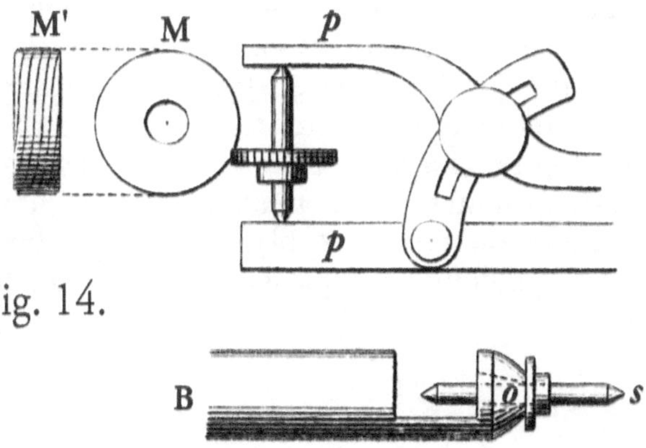

Fig. 14.

Le blanc d'Espagne et la corne de cerf réussissent d'autant mieux qu'il y a plus longtemps que la substance est dans l'esprit-de-vin; ce qui tient sans doute à ce que les petits grains durs qu'on y rencontre parfois se sont complètement dissous.

364. Savonner. — Il faut se servir d'un savon qui mousse bien et rapidement, et la brosse douce ou le pinceau, étant chargés de cette mousse, on nettoie les pièces en les tenant entre les doigts, puis on les plonge, en les y agitant, dans suffisamment d'eau pure, et de là dans de l'alcool rectifié où on les laisse séjourner quelques instants, mais pas trop de temps cependant. Puis on les retire pour les essuyer avec un linge fin ou une mousseline très propre. Un coup d'une brosse fine, bien préparée et excessivement propre, donne du vif à la dorure.

Comme certaines eaux dissolvent lentement ou imparfaitement le savon, il est préférable d'employer de l'eau échauffée.

Si l'on veut savonner des roues polies, il faut au préalable aviver le poli avec un cabron et du rouge à polir, ou les brosser à la corne de cerf.

Spiral. — Faute d'avoir d'autre moyen sous la main, on peut nettoyer un spiral en le mettant sur un linge en double et le tapotant doucement de haut en bas avec un pinceau chargé de mousse de savon, qu'on trempe en plein dans l'eau pour finir. Puis on passe ce spiral dans l'eau et dans l'alcool.

L'*alcool* s'emploie froid ou bouillant, l'effet dans ce dernier cas est plus complet et plus rapide. Mais on n'a besoin d'avoir recours à l'alcool chaud que lorsque l'on a affaire à des substances résistantes comme de la cire par exemple (**120**).

365. Essences et Benzines. — L'usage des essences dissolvantes dans le nettoyage des montres est à peu près général aujourd'hui. Tous les marchands de fournitures en vendent et, une instruction concernant le mode d'emploi accompagne chaque flacon. Cependant quelques observations sont à leur place ici.

On laisse tremper les pièces quelques minutes afin de permettre aux malpropretés de se dissoudre, mais il ne faut pas non plus que le bain soit trop prolongé, certaines benzines feraient des taches. On essuie bien au sortir du bain et l'on termine par un coup de brosse fine, qu'on a passée sur un morceau de blanc de billard et frottée ensuite sur le pain dur, ce qui donne, comme il a été dit, du vif à la dorure ou au laiton poli.

Un composé qui nous est fortement recommandé par un excellent horloger, M. Barbier de Dôle, et qu'on peut se procurer chez les pharmaciens, est formé par :

90 parties, pensylvanienne ;
25 id., éther sulfurique.

On laisse tremper les objets plusieurs minutes, on pourrait les laisser impunément beaucoup plus longtemps. Ils sortent du bain propres et brillants (ne pas oublier que certaines essences sont explosibles et peu vent s'enflammer par l'effet du voisinage d'une lampe). (**120**).

Remontage et mise en boîte.

366. La base de la méthode que doit adopter l'ouvrier pour le remontage repose sur ces trois règles qu'il faut :

1°. éviter de reprendre sans nécessité deux fois la même pièce ;
2°. la tenir sans pression, car elle fait tache ;
3°. la garder le moins de temps possible entre les doigts.

Les linges qu'on emploie ne doivent pas être pelucheux. Certains papiers, celui dit pelure entre autres, remplacent avantageusement le linge pour tenir les pièces à la main. Le meilleur intermédiaire pour ce cas est celui qui, à souplesse égale, laisse moins facilement passer la chaleur et la transpiration.

367. Voici l'ordre de travail adopté par de très bons horlogers. On peut le suivre ou le modifier après expérience faite.

On débute par le remontage complet du barillet adapté à son pont, en observant les prescriptions insérées plus loin et concernant la distribution de l'huile. A cause de la position de la goupille du doigt d'arrêt, le ressort ne peut souvent être bandé, pour le repos de l'arrêtage, que de 1/4 ou que de 3/4 de tour. Un quart est souvent insuffisant, on a donc dû s'assurer avant de remonter que le ressort permet au moins 5 tours à 5 tours 1/4 de barillet. S'il donnait moins et qu'il fallût 3/4 de tour de bande d'arrêtage, on aurait en remontant la montre un effort trop considérable supporté par l'oeil du ressort (*Traité d'horlogerie moderne* : Du développement des ressorts moteurs, page 677).

On fixe au-dessous de la platine la barrette et le char d'échappement, muni de son contre-pivot.

On remet en place la troisième roue de rouage, encore improprement appelée roue de champ, en s'assurant tout de suite qu'elle est bien libre et qu'elle n'a que le jeu nécessaire en hauteur.

On remonte la roue d'échappement, qui subit la même vérification. On voit si elle est bien droite en cage et si ses dents ont un jour suffisant de chaque côté du pas sage du pont, puis on fait, en le lançant vivement à l'aide de brucelles ou d'un fusain, rouler l'engrenage dans toutes les positions de la platine afin de s'assurer que tout est bien libre.

368. Le coq étant garni de sa raquetterie, et le balancier de son spiral, on met de l'huile aux deux trous du balancier, dans le coq et le char (**371**), et le balancier, ajusté au coq après qu'une goutte d'huile a été introduite dans le cylindre, est remonté sur la platine (les uns mettent de l'huile au pivot du pont de roue de cylindre, avant de mettre le coq en place, d'autres préfèrent n'y mettre l'huile qu'après la vérification de l'échappement).

Un papier léger étant placé d'abord entre le balancier et le coq, et ensuite entre ce balancier et la platine, on vérifie si la roue d'échappement se présente dans le cylindre comme il convient, pour accomplir sûrement ses fonctions. Cette vérification est surtout essentielle quand on a affaire à des montres plates ou a des cylindres dont les coches sont étroites.

Le barillet est monté ensuite sur la platine.

369. On pose en place la roue petite moyenne; on agit de même pour la roue du centre, dont le pivot d'en bas a dû préalablement recevoir un peu d'huile à l'angle de sa portée. Cette roue étant à sa place, on met également un peu d'huile à l'angle de la portée du pivot d'en haut, avant d'adapter le pont, puis on serre les vis (**370**).

Ce n'est qu'ensuite qu'on met en place et qu'on fixe le pont de la petite moyenne.

Tout cela achevé, on ajoute un peu d'huile (pas trop) aux deux pivots du centre, on en met très légèrement aux pivots non encore graissés, puis un tour de clef donné, on écoute la marche de la montre, dans toutes les positions qu'elle peut occuper. On le fait avant et après sa remise en boîte.

Le chevillot introduit à fond dans le canon de la roue du centre, et la chaussée adaptée à son extrémité, on renverse la montre et on fait porter le bout de la chaussée au-dessus d'un trou (de l'outil à trou) pouvant laisser passer la tige du chevillot.

Il suffit d'un petit coup de marteau sur la tête de celui-ci pour faire l'ajustement de la chaussée (quelques-uns font ces dernières opérations avant la mise en boîte). L'huile étant mise en quantité suffisante aux pivots qui n'en avaient reçu que peu, ou même pas, on achève le remontage de la minuterie, du cadran, des aiguilles, et l'on passe au réglage.

Précautions à prendre en mettant l'huile

370. La manière de distribuer, de placer l'huile est plus importante qu'on ne pense, et a une assez grande influence sur la durée de la marche et sur le réglage.

Barillet. — Il ne suffit pas d'en mettre sur le ressort, il en faut aussi au fond du barillet. Lorsque l'on remonte celui-ci, et avant de lui ajuster le couvercle, on graisse d'un peu d'huile la partie du pivot de l'arbre où flotte ce couvercle. En agissant ainsi, lorsque ce dernier sera ajusté, le peu d'huile qu'il faudra ajouter extérieurement sera attiré en bas et formera bourrelet au sommet de la tétine du couvercle. Il résulte de cette manière de procéder que l'huile n'est pas attirée par le doigt et ne passe pas de là à la croix de Malte.

L'huile destinée à adoucir le frottement du rochet contre le chapeau ne devrait pas s'extravaser jusqu'au carré. Il est bon que l'angle inférieur du trou du chapeau soit abattu.

Roue du centre. — On appliquera ici l'observation concernant l'huile mise au couvercle du barillet. En agissant comme il a été dit au **369** et en se conformant aux recommandations du **357**, on assure pour un temps très long la conservation des deux pivots.

371. Pivots d'échappement ; cylindre. — Quand la gouttelette d'huile est placée dans le réservoir du trou d'un pivot de balancier, on y introduit une pointe de fusain très effilée, qui fait immédiatement descendre l'huile, et on en met une seconde gouttelette, etc. Faute de ce soin, il arrive souvent qu'en introduisant le pivot du balancier le cône du tigeron attire une partie de l'huile, et qu'il n'en reste pas suffisamment ni dans le trou, ni sur le contre-pivot.

Quelques horlogers mettent une grosse goutte d'huile à l'intérieur du cylindre, et quand la roue marche, chaque dent en prend en passant.

Cette méthode n'est pas très bonne, parce que les premières dents prennent de l'huile si abondamment, qu'elle coule le long des colonnes. Là elle est inutile, et nuisible en ajoutant au poids de la roue. Il vaut mieux mettre modérément d'huile dans le cylindre et en déposer une légère couche sur les plats des dents contigus aux inclinés, et au moins de deux en deux, ou de trois en trois dents. La répartition s'en fera ensuite très bien et rien n'en coulera le long des colonnes.

Les pivots de la roue d'échappement ne demandent que peu d'huile. Fréquemment, faute d'attention, l'ouvrier en met trop et elle coule, ou immédiatement ou plus tard, dans le pignon. Celui-ci sera encore tout gras d'huile épaissie, quand ses pivots rouleront à sec ou à peu près.

Régler promptement une montre ou une pendule

Régler une montre

372. Nous sommes entré au *Traité d'horlogerie moderne* dans d'assez nombreuses explications sur la manière de régler une pièce d'horlogerie en comptant les vibrations (pages 235 à 240 et 789), et nous avons parlé du petit appareil enregistreur dit *Compte-vibration* décrit plus loin.

Cependant il nous paraît nécessaire de compléter par quelques notions nouvelles notre premier travail, parce que nous avons remarqué que faute de patience ou de méthode, bon nombre d'horlogers ne parviennent jamais à compter nettement les vibrations promptes.

S'exercer à compter les vibrations. Remarquons d'abord qu'une oscillation à droite a pour correspondante une oscillation à gauche, et qu'en conséquence, il suffit de pouvoir suivre les oscillations d'un seul côté, ou bien de compter un seul coup sur deux et sur l'ensemble de ceux frappés par l'échappement en une minute (ou en une demi-minute) pour connaître le chiffre réel des battements du balancier.

14 400 vibrations donnent 4 coups par seconde, soit 240 par minute, ou 120 par demi-minute, dont la moitié est 60.

18 000 donneront 5 coups par seconde, soit 300 par minute, ou 150 par demi-minute, dont la moitié est 75.

Ceci entendu, voici comment il faut s'y prendre pour arriver à pouvoir compter les vibrations.

Le mouvement de la montre est mis dans une situation telle qu'il soit facile, par le jeu de la lumière sur un des rayons du balancier, d'apercevoir, et par rapport à un point fixe, à un repère choisi (côté du coq ou de son oreille, extrémité de pont, etc.), le retour du balancier. On compte ces retours successifs. Il suffit d'un peu d'habitude pour que la chose soit très facile. Cette habitude suffisamment acquise, on écoute alors, tout en suivant les mouvements à la vue, les chocs de l'échappement, et pour arriver à saisir plus facilement la concordance de deux en deux chocs, on clôt de temps en temps les paupières, sans cesser de compter.

Quand on les rouvre on rétablit la concordance par la vue ; avec un peu de bonne volonté on arrive par cette méthode à compter sûrement les retours, d'un seul côté, à la vue et à l'oreille, et il suffit, quand on approche de la fin de la minute ou de la demi-minute, de continuer à haute voix la supputation en regardant le régulateur, car l'oreille guide la voix qui suit très bien la montre.

Avec ces explications, tout horloger un peu intelligent acquerra facilement la faculté de compter les vibrations, soit en suivant notre méthode, soit en la modifiant pour mieux l'approprier à ses aptitudes. Cette faculté acquise lui sera d'un grand secours dans son travail, parce qu'avant de remonter une montre à réparer, il pourra dans l'espace d'une ou deux minutes connaître le nombre d'oscillations qu'elle doit faire, et par suite la régler presque instantanément quand la réparation sera achevée. Toute l'affaire consiste, nous le répétons, à habituer l'oreille à ne tenir compte que d'un coup sur deux, frappés entre deux retours de balancier.

373. Régler la montre. — On place, et à proximité d'un régulateur ou d'une montre à secondes, le mouvement de la montre à régler, dans la situation indiquée ci-dessus pour que l'oeil perçoive facilement le retour périodique d'un rayon du balancier, et l'on commence à compter, tout en épiant l'instant où l'aiguille des secondes est à zéro.

Alors on reprend vivement 1, 2, 3, 4, 5, etc., et jusqu'à l'arrivée de l'aiguille à 30 secondes.

Supposons, c'est le cas presque général aujourd'hui, que la montre doive battre 18 000 vibrations, c'est-à-dire 150 dans une demi-minute, et qu'on ait compté jusqu'à 65. En doublant de nombre, on voit que la montre à régler ne donne que 130 battements quand elle en devrait donner 150. Elle est donc en retard de 20 oscillations. On fait avancer un peu la raquette, on recommence l'opération, et ainsi de suite.

On obtient une plus grande précision en comptant pendant un temps plus long, soit une, deux ou trois minutes ; mais alors, pour ne pas s'embrouiller, on reprend à 1 à chaque fin d'une trentaine ou d'une cinquantaine, parce qu'il suffit de connaître l'écart de la dernière.

Deux observations — 1°. Tous les hommes ne sont pas doués de la même rapidité de perception, d'où s'ensuit qu'en comptant et en prononçant un, ce un correspond à la fin du premier battement pour certains observateurs et à son commencement pour d'autres. C'est en s'exerçant sur une montre bien réglée que l'horloger connaîtra à laquelle de ces deux catégories il appartient. Si c'est à la seconde, il devra doubler le un du départ, c'est-à-dire compter ainsi :

1, 1, 2, 3, 4, 5, etc., etc.

2°. On peut utiliser ici les propriétés du son, en plaçant la montre sur un corps sonore qui accentue les vibrations, ou en interposant entre sa platine et l'oreille une tige faite d'un corps bon conducteur du son. On obtiendra par ces moyens, combinés ou employés séparément, une grande facilité surtout si l'on s'aide du *Compte-vibration* enregistrant les *dizaines.*

Régler une pendule

374. Le réglage des pendules de cheminées en comptant les oscillations du balancier, est encore bien plus facile que le réglage des montres.

Avant de démonter la pendule, on compte les oscillations durant deux ou trois minutes. C'est un temps suffisant pour qu'on puisse rétablir ensuite promptement le réglage après que la pièce aura été réparée.

Si la suspension a été dérangée, on estime la longueur du balancier et le nombre de ses oscillations d'après la table des *Longueurs du pendule*, mais on n'a ici qu'une approximation.

Dans les pendules de cheminées modernes la roue dite rochet fait 120 tours à l'heure, ou 2 par minute. On a de ce fait deux moyens de réglage :

- *Premier.* — Une légère trace de rouge, ou une marque quelconque, faite au rochet et correspondant exactement à un point fixe, on vérifie si chaque deuxième minute la concordance continue de subsister.
- *Deuxième.* — En multipliant par 2 le nombre des dents du rochet et ensuite ce premier produit par 120, on a le nombre d'oscillations que le balancier doit faire dans une heure. On en déduit ce qu'il en fera en 2 minutes, ou plutôt il suffit de multiplier par 2 le premier produit pour connaître ce nombre d'oscillations en une minute, et il ne reste plus qu'à compter.

On peut consulter la page 789 du *Traité d'horlogerie*. Voir également, et plus loin, l'article où est décrit le *Synchromètre* Guilmet.

Réglage dans les positions dit réglage du plat au pendu.

375. Le réglage d'une montre mise successivement et alternativement dans les positions horizontale et verticale, dit du *plat* au *pendu*, est une opération délicate et souvent difficile : aussi ne la pratique-t-on guère dans l'horlogerie courante. Nous devons donc renvoyer le lecteur aux articles du *Traité d'horlogerie*, pages 234 et 788, qui concernent le réglage ordinaire ou courant, et à ceux des pages 781 à 783 concernant le réglage de précision.

Seulement nous résumerons ici les instructions utiles aux besoins journaliers.

On obtient de régler du plat au pendu, ou l'on en approche, en égalisant autant que possible les résistances dans les deux positions, et en utilisant pour arriver à ce but les déplacements du centre de gravité du spiral.

On parvient à un bon résultat, ou l'on en approche, en employant les moyens suivants, appliqués ensemble ou séparément, d'après les indications données par la marche de la montre, et selon l'expérience ou le discernement de l'ouvrier.

1°. Mettre plat le bout des pivots afin d'augmenter le rayon de leur frottement qui deviendra un peu plus considérable dans la position horizontale de la montre.

2°. Ne laisser aux pierres des trous que l'épaisseur absolument nécessaire (on se contente quelquefois de bercer davantage l'intérieur des trous pour diminuer la surface frottante, ce qui ne va pas complètement au but, puisque l'on conserve une grande hauteur d'huile aux pivots).

3°. Diminuer au besoin la grosseur des pivots (alors il faut changer les pierres). La résistance du frottement augmente d'autant plus rapidement sur l'axe horizontal que les pivots sont plus gros.

4°. Centrer parfaitement le spiral, ou faire que son effort latéral tende (le plus souvent) à soulever le balancier quand son axe est horizontal (dans ce cas, comme dans le suivant, il serait quelquefois utile de changer le point d'attache, mais c'est rarement possible).

5°. Changer le spiral contre un de même force, mais plus long ou plus court, c'est-à-dire, et conformément aux indications du paragraphe précédent, qu'il s'agit ici, suivant le cas, d'atténuer ou d'augmenter l'effet de l'effort latéral.

6°. Faire répondre l'action de la levée la plus énergique (car ses pénétrations varient) à la plus grande résistance du balancier.

7°. Remplacer le balancier. Un balancier beaucoup trop lourd rend impossible le réglage du plat au pendu.

8°. Enfin quand ces moyens ne peuvent être employés ou sont insuffisants, il reste la ressource de la mise hors d'équilibre du balancier.

S'il y a avance dans la position verticale de la montre (quand elle est pendue) on allège un peu le bas du balancier, l'oscillation augmentera un peu d'étendue et on aura du retard dans cette position.

On fera le contraire dans le cas opposé.

Avec une oscillation dépassant un tour entier, les effets seront inverses. Il ne faut pas l'oublier, surtout, quant aux échappements à ancre, Duplex, détente, qui peuvent faire plus d'un tour d'abord, et ensuite moins d'un tour, suivant l'état de l'huile.

Nous le répétons, le réglage du plat au pendu offre des difficultés, et ce ne sera qu'après un certain nombre d'essais, et l'étude des articles que nous avons cités plus haut, que l'horloger possédera bien le sujet et pourra régler sans hésitation (consulter aussi l'article *Réglage* du Dictionnaire ci-après).

Note sur les proportions des balanciers

376. Deux facteurs essentiels du réglage résidant dans le poids et la grandeur du balancier, il est nécessaire que l'horloger s'habitue à discerner leur valeur relative, la prédominance de l'un sur l'autre et son influence sur le réglage ordinaire, et surtout sur le réglage du plat au pendu.

La *sensibilité* du balancier aux différences de force, et le *temps qui s'écoule* entre la petite oscillation du départ et l'oscillation normale, à peu près constante, peuvent servir de criterium.

Le balancier très sensible aux écarts de la force motrice est généralement un balancier trop petit et celui qui atteint presque tout de suite son oscillation normale, est généralement trop léger. Les effets opposés sont l'indice d'un excès, en sens contraire, de la grandeur et du poids.

Pour qu'il puisse tirer pratiquement parti de ces remarques, il faut que l'horloger s'exerce sur un certain nombre de montres, dont la bonne marche lui est connue, et de la manière suivante.

Quant au poids : arrêter le balancier au point mort du spiral, le laisser partir et compter les oscillations croissantes jusqu'à l'oscillation normale dont l'étendue a été repérée, au préalable, à l'aide de marques faites avec du rouge. Inscrire le nombre sur un carton, en regard des dimensions du balancier. Elles serviront à déterminer son poids (qu'on inscrit) au moyen d'un balancier de comparaison.

Quant à la grandeur : passer dans le trou du pignon du centre une espèce d'arbre à rebours, court et portant un grand et mince cuivrot, sur lequel on enroule un cordon où s'accrochent poids et contre-poids. Le mouvement placé dans une main-à-remonter, fixée verticalement, on le fait marcher avec des poids différents et en étudiant la grandeur des arcs parcourus par le balancier. On les note sur un carton, et en regard des dimensions de ce balancier.

L'ouvrier qui se sera exercé suffisamment, arrivera à pouvoir juger, presque à première vue, si poids et grandeur sont dans des conditions convenables (consulter le *Traité d'horlogerie moderne*, pages 240 et 243).

– II –

DICTIONNAIRE DES PROCÉDÉS PRATIQUES OU INDUSTRIELS USITÉS EN HORLOGERIE

377. Les procédés d'atelier pratiqués dans l'industrie de l'horlogerie sont nombreux. Nous en réunissons ici, dans l'ordre alphabétique, la plus grande partie, en indiquant, par des renvois, où se trouvent ceux déjà publiés dans le *Guide-Manuel* et dans le *Traité d'horlogerie moderne*.

Les trois ouvrages se complètent donc l'un par l'autre, et le *Recueil* servira de répertoire pour l'ensemble.

On comprend que nous ne pouvions rééditer toutes les indications que renferment les deux premiers, ce qui eût nécessité l'impression de plusieurs volumes faisant un coûteux double emploi pour les nombreux horlogers qui possèdent déjà ces deux ouvrages en question. Une seule exception est faite au sujet de la *Revue chronométrique*, parce que son tirage a été relativement restreint, qu'il n'en reste que très peu de collections, qu'elle ne se réimprimera pas et qu'enfin nous avons supposé que ses possesseurs actuels ne seront pas fâchés de trouver réunis, sous peu de pages, les principaux procédés dispersés dans ce recueil assez volumineux.

Acides et sels

Quelques acides et quelques sels sont employés en horlogerie. Il ne faut jamais oublier à l'égard des premiers la recommandation, faite à la page 49 du *Guide-Manuel*, de les tenir éloignés de l'établi, et de laver à grande eau toute pièce de fer ou d'acier qui a subi leur contact.

378. Acides. Les *acides nitrique* (dit aussi azotique) et *sulfurique* dissolvent fer, acier, cuivre, étain, plomb, argent, zinc, laiton, nickel.

Ils ne dissolvent pas le tungstene, le titane, l'or, le platine.

Se dissolvent à froid avec effervescence dans l'acide sulfurique : zinc, fer, aluminium, étain, nickel.

L'*acide chlorhydrique* (**94**) dissout également le zinc, le fer, l'étain, le nickel.

L'*eau régale*, mélange d'acide chlorhydrique et d'acide nitrique, attaque et dissout l'or. Séparément chacun d'eux est sans action sur lui.

On se sert de l'un de ces acides pour dissoudre des parties de fer, de cuivre, etc., adhérentes à l'or.

L'acide hydrofluorique (nommé aussi acide fluorhydrique) attaque et dissout à peu près tous les métaux avec une vive effervescence, sauf le platine, le plomb et l'argent. On s'en sert surtout pour la gravure et le perçage du verre et de l'émail.

On ne peut le conserver que dans des vases de plomb ou de platine. C'est un acide dangereux, et il faut bien se renseigner sur ses propriétés avant d'en faire usage.

Les acides s'emploient rarement purs, ils sont le plus souvent étendus d'eau ; ainsi l'*eau forte* du commerce est de l'acide nitrique étendu d'eau jusqu'à ce que le mélange marque 26° à l'aréomètre de Baumé. Si la quantité d'eau est augmentée jusqu'à ce qu'il marque 20°, on a l'eau seconde (**91**). Pour dérocher ou décaper des pièces à souder, donner le *grené* au laiton, blanchir l'acier bleu, etc., il y a une proportion à observer entre les deux liquides qui est préférable. Quelques essais la feront trouver à l'horloger, en se basant sur cette remarque qu'en général, il y a inconvénient à ce que l'action de l'acide soit ou trop énergique ou trop lente. Une fois la combinaison expérimentée, on la retrouvera facilement à l'aide de l'aréomètre.

379. *Décaper ; dérocher.* — Faisons ici une remarque à propos de ces deux mots. Le décapage consiste à débarrasser de tout oxyde, à mettre à nu, soit avec la lime, le grattoir, ou un acide, deux surfaces que l'on veut souder l'une contre l'autre. Le dérochage a pour objet de faire dissoudre le borax vitrifié autour des soudures, ou d'enlever la croûte plus ou moins dure, dite *coup de feu*, qui recouvre les métaux fondus. Le dérochage exige généralement une immersion complète et plus longue dans l'acide, qui, le plus souvent, est de l'eau forte ou de l'eau seconde. On emploie quelquefois l'un des deux mots pour l'autre, c'est ce qui nous est arrivé au **64**, mais il vaut mieux en faire la distinction.

380. Sels. — Le borax sert de fondant pour les soudures à l'or et à l'argent ; on le trouve en morceaux ou en poudre.

Le *sel ammoniac* s'emploie pour souder à l'étain, soit pulvérisé et délayé dans de l'huile fine, soit simplement dissous dans l'eau pure, soit mélangé de résine.

L'*alun* dissous dans l'eau peut remplacer l'eau seconde (à son défaut) pour le nettoyage des soudures ; il attaque le fer et l'acier plus énergiquement que le cuivre, le zinc et le laiton.

Dans 100 parties d'eau froide se dissolvent seulement 9 parties d'alun et dans 100 parties d'eau bouillante, 75. Son action sera par conséquent plus énergique dans l'eau en ébullition.

Acier

381. Dans les centres industriels où se fabrique l'horlogerie, on trouve assez facilement des aciers préparés pour l'usage des spécialités, parce que depuis longtemps on y a remarqué que l'acier mal préparé, qui n'a pas été étudié et choisi en vue du résultat à produire, se rompt bien plus facilement au découpage, se fausse à la trempe, qu'il se tourne plus difficilement, et qu'enfin il use et fatigue davantage les burins, les limes et les outils à découper.

L'horloger économise pour plus tard un temps précieux en se préparant à l'avance quelques morceaux d'acier en plaques et en branches pour ses usages journaliers.

Par exemple, celui qui n'a pas, pour en faire ses petits forets, un acier médiocrement sensible à un excès de chauffe, en brûle presque toujours la mèche, à cause de sa petitesse, et se condamne à perpétuité à avoir de mauvais forets, etc.

382. Préparer l'acier. — Il a été donné sur le sujet de longues et suffisantes explications de la page 36 à la page 48 du *Guide*. On ne peut qu'y renvoyer, en les complétant par les articles qui suivent (pour tout ce qui concerne la trempe il faut voir à ce mot).

Méthode courante. — Pour l'usage courant et après que l'acier a été recuit par l'une des méthodes indiquées, on achève la préparation en dérochant l'acier pour le débarrasser de toute croûte oxydée, et ensuite on le martèle un peu à froid entre un tas et une tête de marteau dont les surfaces sont très nettes, presque polies même (**63** et **64**). Quand la matière a été travaillée, on la chauffe jusqu'au bleu blanchissant et on la laisse doucement refroidir avant de la tremper.

383. *Méthode de M. Covillot.* — L'auteur obtient par l'application de sa méthode des aciers doux à travailler et dépouillés complètement de grains durs, ou grains de fonte, qui se rencontrent souvent dans l'acier et qui, ne s'allongeant pas sous le marteau, y produisent des criques.

On prend de l'ail, le jeune est le meilleur, et de la bonne huile de noix en quantité assez grande pour que l'ail y soit baigné, et on en fait une pâte. On la met dans un pot de terre qu'on place sur le feu. Quand elle commence à bouillir, on fait rougir l'acier jusqu'au rouge sombre, pour le plonger dans la pâte bouillante. On l'en retire et, en lui conservant l'huile et l'ail qui y demeurent adhérents, de nouveau on fait rougir et on plonge dans la pâte. L'opération se répète deux ou trois fois. Ensuite on fait rougir l'acier enfermé dans une boîte ou un tube de fer, qu'on place sur le feu, et on laisse le tout se refroidir. Enfin, on termine en faisant cuire (si l'on peut employer ici ce mot) l'acier dans le composé d'ail et d'huile pendant 10 à 12 heures.

Pour cette dernière opération on place le mélange bouillant au-dessus d'une lampe à huile allumée, en baissant la mèche, de façon à maintenir la pâte dans un état de légère ébullition.

M. Covillot trempait les pièces faites avec l'acier ainsi préparé dans le mélange même lorsqu'il était refroidi.

384. Découper l'acier. — L'acier ne se découpe bien à l'emporte-pièce qu'à la condition qu'il soit doux et homogène, c'est-à-dire bien choisi et bien préparé. On pourra approcher d'autant plus près des dimensions définitives que devra avoir l'objet, qu'on aura mieux réalisé cette condition. On a essayé de découper les ancres des montres à leur grandeur réelle, mais beaucoup d'aciers découpés travaillant après coup, ou présentant aux angles des commencements de rupture, les fabricants laissent aujourd'hui un surcroît de matière et achèvent le découpage à la fraise.

Quant aux roues d'ancre et de cylindre, on est parvenu à découper leurs croisées à l'emporte-pièce, mais en utilisant des aciers que préparent des spécialistes.

Il est bon, si l'on veut découper une plaque d'acier qui n'a pas été mise à nu au tour ou à la lime, de lui faire subir un dérochage.

Redresser l'acier. — Consulter, pour le redressement d'une plaque, d'une tige d'acier, d'une verge de roue de rencontre, etc., au mot *Redresser*.

385. Tailler l'acier au couteau. — On peut tailler l'acier non seulement avec les fraises à couteaux, décrites dans le *Guide*, pages 236 et suivantes, c'est-à dire avec des disques gorgés de chaque côté et fendus sur le contour, de façon à produire des bavures ou plutôt un refoulement de matières, faisant l'effet d'une taille de lime à l'avant et à l'arrière de chaque fente, mais aussi avec des disques gorgés et fendus, dont on a poli les faces des fentes pour en faire disparaître les bavures.

Mais tandis qu'avec les premiers il faut un mouvement de rotation assez rapide (inférieur cependant à celui en usage pour tailler le laiton), les seconds veulent un mouvement plutôt lent et produit simplement par une manivelle conduite à la main : autrement ils ne mordraient pas, parce qu'ici on agit principalement par pression et à la manière d'un burin de tour universel.

L'espacement, la largeur des fentes et leur inclinaison au-dessus ou au-dessous du centre, ont de l'importance, trop espacées elles donnent du temps perdu, trop larges l'appareil fonctionne par secousses successives, et trop étroites, il faut qu'on exagère la pression pour faire mordre les couteaux sur l'acier (qui doit toujours avoir été bien recuit). Les couteaux en fonction doivent être abondamment lubrifiés d'huile ou d'eau de savon (consulter les figures 13 et 22, planche VIII du *Guide*).

Il est généralement préférable qu'une fraise, taillant l'acier, aille de l'avant plutôt que du haut en bas.

386. Tourner, percer l'acier dur. — L'acier fortement trempé et revenu au premier bleu, exige quelques soins et précautions dans l'action du tournage ; elles ont été indiquées à la page 78 du *Guide*. Quant à la manière de s'y prendre pour percer l'acier bleu, on la trouvera décrite plus loin à l'article des *Pivots*.

387. Tourner l'acier au burin fixe. — L'angle tranchant du burin fixe doit être moins aigu que pour le travail du laiton (*Guide*, page 130). Il faut également mener moins vite le plateau du tour, et que le burin et la pièce travaillée soient constamment abreuvés d'huile ou d'eau de savon. Dans certain cas, il faut disposer à proximité une petite gouttière à cet effet. Quand il suffit d'une goutte succédant à une autre, on dispose à hauteur convenable un petit réservoir dans lequel trempe une mèche de lampe, dont l'extrémité extérieure, convenablement disposée, et par un effet de capillarité, amènera en un point donné l'huile goutte à goutte.

Le burin, quand il ébauche, doit préférablement marcher perpendiculairement à la pièce travaillée, d'abord de *a* vers *b*, et ensuite dans le sens de la flèche (figure 2, planche IX). L'angle *a* ne doit servir que pour terminer un angle intérieur, ou pour l'ébaucher, et dans ce dernier cas, le burin doit s'avancer selon *a b*, et se dégager dans la direction de la flèche. La petite face de l'extrémité *a c* doit préférablement être étroite.

Adoucissages

388. Un adoucissage bien fait abrège de moitié au moins le travail du polissage, et il est de toute nécessité pour obtenir une belle dorure sur le laiton.

Les matières les plus employées sont l'émeri et la pierre broyée à l'huile pour l'acier, la pierre ponce et la pierre à eau pour le laiton. Les pierres ne doivent présenter ni veines, ni grains durs. Les substances en poudre doivent être débarrassées des grains trop gros ou durs. Il serait bon de leur faire subir plusieurs décantages, on en aurait alors de plusieurs numéros de finesses différentes.

Adoucissage du laiton.

389. Tout horloger sait qu'on l'adoucit d'abord à la pierre à eau demi-rude (on a dû terminer la pièce avec une lime douce), puis avec une pierre à grain fin. Si le laiton doit être doré, on termine par un mouvement circulaire, sans laisser ni traits, ni parties brillantes ; s'il doit recevoir un adouci moiré, on termine par un coup *en long* de pierre douce.

Le charbon doux employé à l'eau peut également servir pour les pièces à dorer, on s'en sert avec de l'huile pour les autres cas.

390. Adouci ondé ou moiré. — Il se fait avec une pierre à eau huilée bien préparée ou un bois chargé de pierre broyée à l'huile, etc. Pour l'usage courant on peut se servir de l'angle d'un bois émeri huilé.

On sait que pour produire les ondulations du moiré sur la pièce adoucie, il faut placer le doigt au point où doit commencer une ondulation. Le bois ou la pierre appuyés contre le doigt, on lui donne un petit mouvement en long suivi de plusieurs mouvements semi-circulaires, de droite à gauche ou de gauche à droite. Le doigt étant avancé d'un certain espace on recommence l'opération, et ainsi de suite.

On obtient également un joli adouci ondé avec un morceau de charbon doux. Si l'on veut de la régularité, on borne sa course par une petite règle placée au-dessus de la pièce.

Les moirés parallèles sont faits mécaniquement, mais tout ouvrier peut obtenir de la régularité par le simple moyen suivant : il fait traverser son liège par une règle graduée *t g*, figure 3, planche IX, et deux tiges AA forment les points d'arrêt du bois ou de la pierre. On fait correspondre une division de la règle à la ligne *v v*, et quand la première ondulation est faite, on avance la pièce de un, deux, trois degrés de *t g*, suivant les intervalles qu'on veut avoir d'une ondulation à l'autre, puis on fait la seconde ondulation, et ainsi de suite.

391. Adoucis ondés, curvilignes. — Ils sont de deux sortes : les uns complètement circulaires, nous allons nous en occuper, les autres irradiant en courbes de la circonférence à un autre point d'un cercle, comme par exemple beaucoup de ceux qu'on voit sur les rochets des remontoirs au pendant. Il en sera question plus loin à propos des adoucissages d'acier, parce que le procédé est le même pour acier et laiton, sauf qu'avec le dernier métal et le nickel, la petite meule ou molette à adoucir est en zinc, en étain ou en bois dur, et qu'on emploie ici le gros rouge.

392. Moirés circulaires. — Ils se font sur un outil spécial où l'on peut donner à la pièce plusieurs mouvements et surtout les deux mouvements horizontal et vertical, mais la généralité des horlogers a si rarement besoin de tracer ces petits ornements, qu'il lui suffira de savoir les exécuter avec les moyens à sa portée.

On peut se servir du tour universel, mais alors le travail est très long, tandis qu'avec un simple tour ordinaire, et mieux avec un tour marchant à la roue, on obtient une exécution rapide et très suffisante.

On ajuste à un tour ordinaire, assez haut, un support comme S, figure 6, planche IX. Le petit plateau rectangulaire *a a* porte un rebord en retraite, divisé sur sa longueur par des crans également espacés. Dans l'arbre du tour en l'air est placé en *b* un petit bâton de pierre bleue ou de bois.

Les choses ainsi préparées, on met le plateau à la hauteur convenable, puis, en la tenant bien droite sur le plateau, on présente la plaque à moirer P, que l'on tient entre trois doigts, contre *b* en mouvement circulaire. Un moiré fait, on penche un peu la pièce en arrière, on la fait avancer de la quantité nécessaire en se guidant sur la division du rebord de *a a*, et ainsi de suite jusqu'à l'achèvement d'une rangée. Celle-ci achevée, on élève ou on abaisse le support et on en fait une seconde.

Au lieu de mettre de l'huile à la face de la tige *b*, ce qu'il faut renouveler à chaque opération, on couvre d'une couche d'huile, si *b* est une pierre ou d'huile, dans laquelle est délayée la substance qu'on veut employer, si *b* est en bois, toute la surface de la pièce à moirer. Alors le travail va beaucoup plus vite.

Quand la pièce sur laquelle on opère est irrégulière, on la fixe au préalable sur une plaque en rectangle, et on agit comme il vient d'être dit.

Un procédé encore plus simple, et dans certains cas suffisant, consiste à faire passer par la poupée du tour une broche comme *f d* (H., figure 6) qu'on fait tourner entre les doigts, ou par un autre moyen.

393. Pour exécuter, non plus des moirés en rangées parallèles, mais rayonnant du centre à la circonférence, on fait porter par le support un disque tournant sur une vis à collet, et maintenu par une alidade répondant à des crans en nombres pairs faits sur la circonférence. Puis la pièce à moirer étant fixée sur ce disque, on opère avec une tige ayant pour diamètre exact l'écartement de deux rayons, répondant à deux divisions ou crans du bord du disque, soit le petit cercle *s* figure 4, planche IX.

On fait faire un tour au disque. On remplace la tige *s* par une autre d'un diamètre *n*, on fait avancer le support pour que cette tige réponde bien à la position *n*, puis on exécute la seconde rangée de moirés circulaires, et ainsi de suite. La figure, du reste, peut dispenser de toute autre explication.

L'horloger qui a bien compris ce qui précède est à même, s'il en reconnaît l'utilité, de se construire un outil spécial et fonctionnant avec toute sûreté, mais qu'il se souvienne qu'il y a avantage à faire marcher le tigeron qui fait les petits cercles à la roue à pédale et à le faire descendre sur la pièce, sous l'effort d'un petit levier à main, à la manière du foret des machines à percer en usage dans les fabriques.

Adoucissage de l'acier

394. L'adoucissage ordinaire de l'acier se fait sur un liège avec un large fer chargé de pierre broyée à l'huile. On peut le terminer quand on a affaire à une surface plane avec une lime à polir en cuivre rouge ou sur une glace. Pour les arbres, tiges, etc., qui ne doivent pas être polis, on éclaircit l'adouci en terminant avec une règle de bois, de fusain par exemple, ou bien avec un bois recouvert de papier émeri doux et huilé.

Une surface non frottante, par exemple une tête de vis, s'adoucit vite et bien au bois émeri sec d'huile, s'il y a peu à faire, et on passe au polissage. On n'aura ainsi qu'un seul nettoyage à faire, car il suffira après l'émeri d'un coup de moelle de sureau suivi d'un coup de brosse.

Dans l'usage courant, l'adoucissage de tige, de tête de vis, fait à l'émeri sec fin, et terminé en frottant en tous sens avec de la moelle un peu dure, fait obtenir un revenu d'une couleur et d'une uniformité très passables.

395. Adoucis blancs et mats. — *Faire le grainé.* La pièce d'acier, adoucie à l'ordinaire, bien plate et sans traits, le grainé se fait à la main sur une glace dépolie où l'on promène l'acier avec le doigt et à petits coups, c'est-à-dire en faisant de très petits mouvements circulaires, surtout pour finir. La réussite tient pour beaucoup à la qualité de la pierre broyée à l'huile. Il est essentiel qu'elle soit bien broyée, et il serait bon qu'on en décantât la poudre dans l'eau ou plutôt dans l'huile et qu'on ne se servît pas des premiers dépôts.

Quand la pierre broyée n'est pas très bonne, on peut la mettre dans l'acide chlorhydrique, qui dissout la plupart des grains durs, mais il faut ensuite la laver plusieurs fois, car il est difficile de la débarrasser de tout élément acide. Ce moyen n'est que pour un cas forcé.

396. *Blanchir mat.* — L'acier étant grainé par le moyen indiqué, pour faire le blanc mat on se sert de boue de pierre d'Arkansas sciée ou, ce qu'on trouve plus facilement, de la crasse d'une pierre à l'huile sur laquelle on a aiguisé les burins. Il ne la faut pas trop jeune, parce qu'elle est d'autant meilleure qu'elle contient une plus grande quantité de molécules d'acier laissées par les burins s'usant sur la pierre. C'est du moins ce que prétendent d'excellents ouvriers.

Un gros morceau de moelle de sureau étant partagé sur sa longueur par son milieu, on le dresse avec une lime neuve, propre ; on étend dessus la boue de la pierre, et on y promène la pièce d'acier circulairement comme on a fait pour obtenir le grainé. Ici l'on peut aller vivement. Si l'opération a été bien conduite, si la pierre à l'huile est de bonne qualité, la pièce une fois nettoyée, présentera un beau blanc bien égal et sans altération du grainé. La pratique et le coup de main sont tout ici, surtout pour finir.

On nettoie dans de la benzine rectifiée, mélangée d'acide sulfurique. Pour finir, un coup de cabron très propre donne du vif à l'acier.

397. Les ouvriers spécialistes des fabriques emploient le tour au pied pour faire le grainé. La glace est fixée et reçoit, par un excentrique, un léger mouvement circulaire. On tient simplement l'acier appuyé sur la glace, et on peut au besoin grainer plusieurs pièces à la fois.

Ajoutons aux procédés décrits ce dernier, dont se servent avec succès quelques ouvriers anglais. Ils fixent ou maintiennent délicatement par les bords le rochet d'acier et terminent l'adouci en le tamponnant avec un morceau de moelle plus ou moins chargé de charbon pur (carbone) et de pierre pilée fine. Encore ici, le coup de main est pour une grande part dans le succès.

398. Adoucis moirés. — Pour faire le moiré sur un rochet de remontoir au pendant, on peut se servir de l'outil dessiné figure 18, planche VI du *Guide-Manuel.* Le rochet est monté sur un arbre à cuivrot sur lequel passe la corde du renvoi de la roue allant au pied ou à la main. La meule en cuivre rouge ou en fer, qui doit avoir environ trois fois le diamètre du rochet, étant chargée d'émeri fin délayé dans l'huile, ou de pierre broyée, est mise en contact avec la face du rochet, et c'est celui-ci qui entraîne cette petite meule ou molette. La direction des traits est la même, qu'on fasse tourner en avant ou en arrière. Si l'on voulait changer cette direction, il faudrait que le rochet fût de l'autre côté de la molette.

Nous avons dit plus haut qu'on peut moirer le laiton et le nickel de la même façon, en se servant d'une molette en zinc ou en étain et de gros rouge. On peut dans certains cas se servir pour ces métaux tendres de molettes en bois durs.

On obtient sur les rochets de remontoirs au pendant les beaux moirés scintillants, en se servant de boue de pierre d'Arkansas sciée (ou à son défaut de boue de la pierre à aiguiser les burins) mêlée avec du rouge à polir. C'est ce dernier qui produit les *brillantés.*

A propos du petit outil de la planche VI (figure 18) du *Guide*, nous rappellerons que si l'on mettait un archet sur chaque cuivrot, ce ne serait pas un moiré, mais un poli que l'on obtiendrait.

399. A défaut de l'outil dont nous venons de parler, il est très facile pour tout ouvrier de s'en construire un spécial et qui puisse s'adapter au tour à pied ou au tour universel, et pour lui faciliter son exécution, nous lui décrivons ci-après celui que s'est construit M. Cadot, l'un des bons horlogers de Paris.

Outil à exécuter les moirés. — Il est représenté figure 5, planche IX (Remarquons tout de suite que, ainsi qu'on l'on le verra plus loin, il peut également servir pour polir). Sur le collet A d'une broche B destinée à occuper la place du burin du tour, est rivé un retour d'équerre *c c' d* ; au point *d* est solidement fixé, par vis ou rivure, le montant *dh* parallèle à *c'c* ; ce montant porte en *h* un fort épaulement qui permet d'y ajuster une vis trempée et percée à son extrémité d'un trou conique, lequel recevra la pointe de l'arbre de la molette, l'autre pointe roulant dans le trou central de la tête A.

La figure indique suffisamment la forme de la molette, qui est creusée intérieurement comme le montrent les lignes pointillées. Elle est en fer ou en cuivre rouge pour l'acier trempé.

La pièce à moirer est collée sur un tasseau du tour au pied (ou sur un tasseau ayant un rebord inférieur, pour qu'on puisse le fixer sur le plateau du tour universel) et la broche B de l'outil étant introduite et arrêtée à la place du burin, on amène, par les vis du chariot, la molette au contact de la pièce, en ayant soin de ne pas aller jusqu'au centre du rochet, parce que le moiré partant du centre est moins beau. La meule étant chargée d'émeri fin ou de potée d'émeri délayée dans l'huile, on met la pièce à moirer en mouvement de rotation, et elle entraîne la meule dans son mouvement.

On a dit que l'on pouvait polir avec cet outil, il suffit pour cela d'employer du rouge fin, de remplacer la molette par une autre en composition (bronze ou métal de cloche), de fixer sur l'arbre un cuivrot en *i*, et tandis que la pièce tourne sous l'action du tour, on fait tourner la molette sous l'action d'un archet.

En ajustant la broche B en L, et en mettant celle-ci à la place du support, on pourrait se servir de l'outil sur le tour ordinaire, mais il serait moins facile d'établir le parallélisme des objets en contact.

Aiguilles

400. *Blanchir une aiguille d'acier bleu.* — Consulter plus loin l'article qui a pour titre : *Blanchir et bleuir l'acier.* On y trouvera également indiqué le procédé qu'emploient les penduliers pour faire revenir bleues leurs aiguilles de cadran.

Poser une aiguille de montre. — La partie la plus délicate de l'opération consiste dans l'agrandissement du trou du centre de l'aiguille des minutes, et dans le resserrement du canon de l'aiguille des heures. Le *Guide-Manuel*, page 148, donne le moyen d'opérer ce resserrement. Il décrit également, pages 141 et 142, les petits instruments à l'aide desquels on peut tenir solidement une tête d'aiguille. Nous compléterons ses indications, après l'insertion du procédé suivant, bon à employer seulement quand on n'a rien de meilleur sous la main, par la description du pince-aiguille de M. Fiquemont.

401. *Agrandir le trou d'une aiguille sans se servir de pinces.* On met en cire sur une plaque de laiton percée en correspondance du trou de l'aiguille. On agrandit ensuite le trou avec un foret (semi-cylindrique), dont le diamètre peut être choisi de telle sorte qu'il ne reste plus qu'à passer légèrement l'équarrissoir.

Observation. Il ne faut pas mener le foret trop rudement, et l'on trempe la plaque une ou deux fois dans l'eau, afin d'éviter l'échauffement de la cire, et par suite le décollement de la pièce.

402. Pince-aiguille de M. Fiquemont. — Il se compose d'une tige de laiton R (figure 7, planche IX) percée au centre dans le sens de sa longueur, taraudée extérieurement de *a* en *b* et évidée au-dessous de la partie taraudée. Cette tige (P en est la section longitudinale) est en outre dans le haut fendue en quatre, c'est-à-dire qu'elle présente deux ouvertures en croix quand elle est vue à vol d'oiseau, comme en *d f* (figure 7). Les branches doivent, par un effet d'élasticité, s'évaser en cône renversé, afin que l'ascension de l'écrou *c* les fasse se resserrer l'une vers l'autre.

L'intérieur de la tête de l'outil étant creusé circulairement dans la forme d'un drageoir de barillet, il en résulte que si l'on place la tête renversée d'une aiguille de cadran dans ce drageoir, et que l'on fasse monter l'écrou, cette aiguille sera maintenue très fermement par le contour de son disque central, comme le montre la figure 7. On aura alors toutes les facilités pour faire les ajustements de cette aiguille, tenue ainsi au bout de la pince, et sans qu'il soit nécessaire de l'en détacher avant le travail terminé. Trois ou quatre pince-aiguilles suffisent et répondent à toutes les grandeurs.

Aiguisage

403. Les procédés pour aiguiser les burins du tour universel sont décrits au *Guide-Manuel*, page 160. Pour les burins ordinaires on suivra les recommandations du même ouvrage (page 79), en se souvenant que s'il ne faut pas abuser de la petite meule à eau, il faut cependant s'en servir chaque fois que la face du burin est trop déformée. Si l'on use beaucoup le burin sur la pierre à huile, on défonce promptement sa surface, et elle devient raboteuse.

L'horloger qui travaille beaucoup au burin ferait bien de monter ou sur son tour à pédale, ou à poste fixe sur un coin de l'établi, et en correspondance avec l'arbre de renvoi, une petite meule ronde et bien plate sur sa face, soit en grès, pierre à l'huile, ou composition d'émeri, et sur cette meule, bien humectée, il pourrait rapidement et sans déplacement dresser une face de burin, une surface d'acier. (Voir *Emeri.*)

Alcool

Usage des toiles métalliques.—Alcool et benzine

404. L'alcool est d'un usage fréquent en horlogerie, les indications sur les soins à prendre dans son emploi sont données à la page 89 du *Guide-Manuel.* On ne peut qu'y renvoyer, mais en insistant ici sur les avantages qu'offre le couvercle en toile métallique.

> « Les toiles métalliques à mailles fines, dit M. le docteur Surmay ont la propriété bien connue d'arrêter la propagation de la flamme. C'est sur cette propriété que H. Davy a fondé la construction de sa célèbre lampe de sûreté pour les mines.
>
> « Si, après avoir mis le feu au liquide contenu dans un vase, on applique sur ce vase un couvercle en toile métallique, fermant exactement, on verra qu'à l'instant la flamme s'éteint, quand même on aurait d'abord porté ce couvercle à la température rouge. S'il y a entre la toile et le bord du vase quelque issue par où s'échappe de la vapeur enflammée, cette vapeur communique sa flamme à celle qui a traversé la toile, et alors il y a flamme au-dessus de la toile, mais il n'y en a plus au dessous. L'application d'une toile métallique sur un vase renfermant un liquide enflammé empêche donc d'une manière absolue l'entretien de la flamme au-dessous de ce couvercle.
>
> « Les toiles dont s'est servi M. Surmay dans ses expériences avaient des mailles d'environ 5/7 de millimètre de côté ; elles étaient en laiton, et il a expérimenté avec l'alcool, l'éther sulfurique, l'huile de schiste et différentes essences ».

405. *Mélange, alcool et benzine.* — Un auteur indique comme suit l'effet obtenu d'un mélange d'alcool et de benzine, mais sans dire dans quelle proportion doivent se trouver les deux liquides. Il sera bon de faire quelques essais pour être fixé sur ce point.

Le mélange alcool et benzine, battu un instant dans un flacon, dissout les vernis les plus solides, ce que la benzine seule ne pourrait pas faire.

Alliages

406. L'alliage est, on le sait, un composé de deux ou plusieurs métaux, constituant un métal nouveau qui possède des propriétés particulières. On pourrait, au point de vue de l'horlogerie, en faire deux classes : l'une des métaux, comme le laiton, les bronzes, etc., l'autre des soudures, mais on comprend que nous devons ici nous borner aux généralités, et renvoyer pour le reste aux articles *Laiton, Bronzes*, etc. du *Guide-Manuel* et à ceux qu'on trouvera ci-après sous les mêmes noms et aux soudures.

Propriétés principales des alliages. — Leur *Densité* est tantôt moindre, tantôt plus grande que celle qui serait déduite des densités des métaux dont ils sont formés. Aucune loi n'a été reconnue à cet égard.

Dureté, Ductilité, Ténacité. — Les alliages sont en général plus durs, plus aigres et ont moins de ductilité et de ténacité que celle des métaux constituant le plus ductile et le plus tenace.

Élasticité. —Les coefficients d'élasticité des alliages s'accordent assez bien avec la moyenne des coefficients d'élasticité des métaux constituants.

Fusibilité. — Les alliages sont toujours plus fusibles que le moins fusible des métaux composants, et souvent plus que chacun d'eux pris séparément.

407. *Oxydation.* — L'action de l'air est en général moindre sur les alliages que sur les métaux qui les composent. Il y a cependant quelques cas où elle est plus grande.

Action des acides. — Ils agissent en général sur l'alliage comme sur le métal prédominant.

Observation. — Les alliages formés avec des métaux de densités fort différentes sont rarement homogènes, surtout si leur refroidissement a été lent. Il est donc nécessaire qu'ils soient fortement brassés et vivement refroidis (balanciers compensateurs). C'est pour cette raison qu'on coule les alliages sur de grandes dalles ou qu'on les soumet après le coulage à une compression qui empêche les cristallisations de se former.

408. Le Sterro. — Ce composé est formé, sur cent parties, de 56 cuivre, 41 zinc, 2 étain, 1 fer. Il a l'apparence d'un laiton rougeâtre et a été employé à Vienne en Autriche, où on le regardait comme supérieur au laiton sous le rapport de sa ductilité, ténacité et malléabilité.

Un habile artiste, M. Grossmann de Glashütte, en a fait des roues d'échappement à ancre, dont il a été satisfait, et il regarde ce nouveau métal comme supérieur au meilleur laiton en densité et élasticité. Il reconnaît toutefois qu'il présente l'inconvénient d'empâter les fraises et qu'il a moins de lustre que le laiton bien écroui.

Nous n'avons pas appris que des horlogers français s'en soient servis, et nous ignorons même s'il en existe des échantillons en France.

Aluminium.

409. Consulter à son sujet le *Guide-Manuel*, page 65, et sur la manière de souder l'aluminium, voir plus loin l'article *Soudures*.

Le *Bronze d'aluminium* (90 cuivre, 10 aluminium) paraît être, comme nous l'avons dit, le métal qui résiste le mieux au frottement des axes. On a constaté que des glissières de locomotives faites de ce bronze ont résisté deux fois plus de temps que celles en bronze ordinaire. Il y aurait donc avantage à l'employer pour les coussinets des tours aux pieds, etc.

M. Grossmann, cité plus haut, en a fait des roues d'échappement à ancre, et s'en déclare satisfait. Voici quelques remarques extraites des observations qu'il a publiées, et bonnes à consigner ici.

Le bronze d'aluminium, réduit au marteau ou au laminage aux 3/4 de son épaisseur, se gerce. On évite cet inconvénient en le faisant rougir et en le refroidissant dans l'eau ; après ce recuit, on le réduit au laminage de 1/4 de son épaisseur, puis on recommence la première opération et ainsi de suite.

L'auteur a ainsi réduit des lames de 2,5 mm à 0,2 mm, et elles résistaient très longtemps à des flexions répétées en avant et en arrière ; aucun autre métal fortement laminé ne possède, au même degré dit-il, cette ténacité merveilleuse.

On travaille le bronze d'aluminium, soit au marteau, soit au laminoir, pendant qu'il est chaud (**87**).

Ancre

410. Tous les procédés, les détails, sauf les deux indiqués plus bas, nécessaires à un horloger pour qu'il puisse construire, réparer, faire marcher les échappements à ancre des montres et des pendules, se trouvent dans le *Traité d'horlogerie moderne* aux pages suivantes :

Échappement à ancre des montres : Vérification de l'échappement, 457 et 460 — Les causes de ses arrêts et variations, etc., et les moyens de les corriger, 463 et suite — Exécution d'une roue d'ancre, 440 — Exécution d'un ancre et son taillage sur un compas d'engrenage, 446.

Échappements à ancre des pendules.— Exécution du petit ancre à recul, 543 — du grand ancre en toit, 546 — de l'ancre dit anglais, 548 — de l'ancre à demi-repos, 552 — de l'ancre à repos ou de Graham, des régulateurs, 560 ; etc.

411. Complétons par ce qui suit l'article du *Traité* qui signale les inconvénients qui résultent du trop ou du trop peu de repos sur les levées de l'ancre.

Faire avancer une levée en pierre. — Les ouvriers qui ont travaillé dans les échappements font cela très facilement en tenant l'ancre dans des pinces un peu échauffées, mais la majorité des rhabilleurs n'y réussit guère ; voici comment ils pourraient s'y prendre le cas échéant :

On prépare une petite plaque de laiton E, figure 8, planche IX, terminée à un bout par un épaulement *c*, dans lequel est fixée à frottement dur la vis *v*. Une bride mobile *b* est assujettie au bord de la plaque par deux vis. L'examen de la figure a déjà fait comprendre ce qui suit, c'est-à-dire que le bras de l'ancre qui porte la levée est introduit et serré ensuite sous la bride, quand sa pierre est bien en face de *v*. Puis on fait tourner cette vis *v* de façon à ne laisser d'intervalle entre elle et la levée que la quantité dont on veut faire avancer celle-ci. La petite plaque prise dans des pinces à long bec, qu'on tient au-dessus d'une flamme étroite de lampe, on appuie un petit tourne-vis délicatement en *a*, et il fera avancer la levée quand la gomme laque sera suffisamment ramollie. Un peu de gomme laque est mise avec précaution en *a*, s'il s'y est formé une petite cavité, et l'on pose la plaque E sur un corps froid, percé d'un trou pour laisser passer la tige de l'ancre.

Si la pierre de la levée débordait par-dessous la surface du bras de l'ancre, il faudrait placer sous ce bras, avant de serrer la bride, une petite rondelle plate d'épaisseur convenable, pour que la pierre ne fît qu'effleurer la surface de E.

412. *Retoucher une levée en pierre.* — L'ouvrier adroit et suffisamment sûr de sa main, lorsqu'il veut changer la hauteur ou la forme d'un plan d'impulsion, peut retoucher une levée en pierre avec une lime à polir en cuivre rouge chargée d'égrisée ou de poudre de diamant. Cette poudre est délayée dans de l'huile toujours de première qualité et très propre : sans cela elle raye et ne polit pas. La moins fine s'emploie quand il est nécessaire d'user un peu, mais lorsqu'il n'y a que très peu à retoucher et que l'effet ou le jeu doit être très précis, il ne faut employer que la poudre du numéro le plus fin, autrement on risque de faire des traits qu'il est très difficile d'enlever ensuite. Nous le répétons, cette opération demande un peu d'adresse et de patience.

Les pierristes vendent de la poudre toute préparée et de numéros différents selon la finesse. Quand nous nous occuperons du travail des pierres, nous dirons comment l'horloger peut lui-même préparer sa poudre et au besoin retoucher une levée d'ancre au lapidaire.

Arbres

Faire un arbre de barillet

413. L'exécution d'un arbre de barillet fait l'objet d'un article, page 209 du *Guide-Manuel*, mais dans cet article on suppose qu'on a l'ancienne bonde pour percer le trou de l'arbre ou que cette bonde est taraudée, et que l'on possède l'ancien arbre sur lequel on peut prendre toutes les mesures, mesures, du reste, faciles à trouver à l'aide des différents outils ou compas à mesurer les hauteurs, les épaisseurs, etc., décrits soit dans le *Guide*, soit dans sa suite actuelle. L'ouvrier peut donc se heurter à deux petites difficultés, à savoir : percer le corps de l'arbre et ensuite la bonde bien dans la direction du centre de l'axe et parallèlement à la face du rochet. Voici comment il peut les lever, et en outre, comment il peut rapidement polir les angles abattus des dents de ce rochet et sa creusure.

414. Percer un axe bien au centre. — On prend un disque de laiton D, figure 9, planche IX, tourné bien plat des deux côtés. Son trou est agrandi jusqu'à ce que ce disque entre suffisamment sur l'arbre de barillet, c'est-à-dire qu'il ne faudra plus tard qu'un léger coup de marteau pour l'enfoncer jusqu'à la face du rochet, où il devra tenir fermement. Ce disque, ainsi préparé, est mis au tasseau de l'outil à fendre, et on y pratique à la fraise une rainure passant bien par le centre. Pour cela, si le chariot n'est pas brisé, on le fait marcher par sa vis de rappel. On vérifie avec l'outil aux douzièmes ou avec un compas d'épaisseur, si l'épaisseur du disque, mesurée du fond de la rainure à la face opposée, est bien égale à la distance qui sépare sur l'arbre la portée du barillet du bord du trou de la goupille de bonde. Si cette épaisseur est trop forte, on diminue par-dessous, si au contraire elle est trop faible, on ajuste de minces rondelles sur l'arbre, et l'on y fixe le disque.

Est-il nécessaire d'ajouter que, cela fait, on pointe le trou profondément de chaque côté de l'arbre, avec un foret ne ballottant pas dans la rainure, quoique très dégagé, et en le tenant légèrement incliné, afin que le trou ne remonte pas un peu au-dessus du fond de la rainure ? Ensuite on perce hardiment les deux trous jusqu'à leur rencontre au centre de l'axe, en tenant cette fois le foret parallèle à la face du rochet.

415. Si l'on n'a pas d'outil pour faire la rainure bien au milieu du disque, voici comment on s'y prend pour obtenir la régularité absolument nécessaire. Une tige de laiton G, figure 9, planche IX, est fendue en quatre à son extrémité, et autant que possible au milieu, avec la petite scie ou la lime à fendre (ne mordant pas de côté) qui servira à pratiquer la rainure.

On met au tour la tige G, une broche dans la forme *f* étant introduite au point de croisement des deux fentes, on tourne la tige en G *b* jusqu'à ce qu'elle entre dans le trou du disque (il doit y avoir peu à faire) en débordant suffisamment au-dessus. Il ne reste plus qu'à introduire dans l'une des fentes de G la lime ou la scie pour obtenir sur le disque une rainure passant bien exactement par son centre ; bien entendu la scie ne doit pas mordre sur ses côtés et ne glisser qu'à frottement assez ferme dans la fente.

416. Percer une bonde, un disque, sur son épaisseur et bien au centre. — *Diamètre de la bonde.* Dans la pratique courante on donne au diamètre de la bonde le 1/3 du diamètre intérieur du barillet. Avec des ressorts épais et peu flexibles, il la faudrait plus grande, afin de ne pas énerver la lame près du centre, et il faudrait, au contraire, la diminuer quand le ressort est mince, ce qui procurerait l'avantage d'un ressort plus long.

Avec la bonde trop petite il faut un ressort un peu long, ce qui permet d'en immobiliser par l'arrêtage un tour sur la bonde.

417. *Percer la bonde sur son épaisseur.* — Au moyen d'une tige comme G (voir l'avant-dernier article), on tire une ligne bien droite et passant au centre sur la face de la bonde. Cette ligne sert de guide pour pointer fortement sur le contour (où l'on a donné un coup de pointe de burin), les deux trous en opposition, l'un est vu en *n* (figure 10, planche IX). Ces deux trous doivent être assez profonds afin qu'on ait la certitude que le foret ne se jettera pas de côté quand on percera. Avec quelque attention et l'aide de la loupe, on arrive facilement à pointer les deux trous en bonne direction. Cela fait, on peut s'y prendre de deux manières pour percer la bonde.

418. *Premier moyen.* — On a préparé un cube de laiton comme *f p f '*, figure 10, planche IX, ouvert en A et pourvu par devant de deux vis à larges têtes *v, v*. Les deux faces *f f '* doivent être parfaitement d'équerre avec *p* et parallèles entre elles, ce qui est facile à obtenir sur le tour universel où la face *f '*, par exemple, étant appliquée sur la plateforme, y est fixée par les griffes introduites dans l'ouverture A, et alors on dresse au burin fixe l'autre face *f*.

Faute de tour universel, on perce un double trou selon les lignes pointillées *f f '*, et puis, sur un tour ordinaire à finir, on tourne bien plates les deux faces extérieures. Sur la face verticale *a a*, on pratique une ouverture circulaire, que dépasse une broche poussée par un ressort cylindrique ou autre. La pointe de la broche se trouve bien exactement sur la perpendiculaire tracée de *a* en *a*. Un petit pilier introduit dans l'ouverture A rassure contre toute flexion des plateaux *f* et *f '*. L'examen du dessin de cet outil en fait immédiatement comprendre l'usage. La bonde fixée sur la face *p*, par les deux vis *v,v*, et de sorte que les deux points faits sur son contour tombent exactement en face de la ligne *a a*, on met l'ensemble *f v f'* sur l'outil à percer droit, les griffes appuyant sur *f* ou dans l'intérieur de A.

Ces griffes serrées, on s'assure, en faisant faire au perce-droit un demi-tour de chaque côté, que la pointe de la broche de ce perce-droit descend bien exactement dans le point supérieur de la bonde, et l'on perce comme d'habitude. Quand on a atteint le centre, on retourne l'appareil et l'on répète l'opération de l'autre côté.

On peut percer également sur le tour universel en ajustant le foret à une broche, et comme il a été indiqué à propos des accessoires de ce genre de tour.

Le petit appareil qui vient d'être décrit peut devenir beaucoup plus simple, car il peut se composer d'une sorte de petit banc ou de double équerre E, (figure 10, planche IX), qu'on retourne pour le second perçage.

419. *Deuxième moyen.* — La bonde ayant reçu sur sa tranche un trait de pointe de burin et à leur naissance les deux trous étant très fortement pointés, quelques horlogers placent la bonde dans un cuivrot à vis et l'appuyant par un de ses trous contre la pointe d'une broche du tour à finir, présentent à l'autre trou le foret appuyé sur le support du tour ; un archet, mis au cuivrot, fait tourner la bonde. C'est exactement la même opération que celle usitée pour rapporter un pivot d'axe.

Ce système offre l'inconvénient qu'on est forcé d'employer un cuivrot énorme, relativement aux dimensions de la bonde, surtout si l'on ne peut y serrer celle-ci simplement par le bord. Il y aurait avantage à se servir d'un cuivrot largement vidé au centre, comme A, figure 11, planche IX, ou simplement ouvert comme B. On y fixerait la bonde *b* avec de la gomme laque.

420. Polir les angles abattus des dents d'un rochet de barillet. — *Premier moyen.* Le rochet tournant sous l'action de la roue, on lui présente de côté, et appuyé au support, un bout de ressort abondamment pourvu de gros rouge délayé à l'huile.

En très peu de temps les abattus des angles sont arrondis et polis. Ce moyen est tout à fait analogue à celui qu'on emploie aujourd'hui pour polir sur le tour les plans inclinés des roues de cylindre, et qui est décrit dans le *Traité d'horlogerie.* La position du ressort polisseur et son inclinaison doivent être tâtonnées jusqu'à ce qu'on ait la certitude qu'il agira sur toute la longueur de la dent.

421. *Deuxième moyen.* — On prépare une petite molette en buis et on la dispose de façon que tournant sur son axe, plus ou moins incliné, elle se présente aux dents du rochet, mobile lui-même sur son arbre, comme en M, figure 14, planche IX. Les dents doivent mordre et rayer le contour de la molette comme en M', en même temps que la molette passant d'une dent à l'autre, fait tourner rapidement le rochet sur son axe. Quand la rayure est assez profonde, on y met du gros rouge à polir et l'on donne un mouvement de rotation. En quelques tours de roue les abattus des angles sont polis.

Les agencements de l'arbre et de la molette peuvent être de deux sortes.

On met la molette à la place de la fraise d'un outil à fendre, et l'on place debout, et libre, l'arbre de barillet entre le tasseau de la plateforme et le bras coudé qui appuie sur les chapeaux, dits pains de sucre, et qui servent à fixer les roues qu'on divise sur les tasseaux.

Un outil à tailler les pignons vaudrait encore mieux ; il est tout disposé pour cet usage.

L'horloger qui n'a pas d'outil à fendre ajustera sa molette à un tasseau d'un tour quelconque, marchant à la roue, puis il mettra l'arbre de barillet entre les becs, percés d'un trou, d'une sorte de pince du genre de celle représentée en *p p*, figure 14, planche IX, et prenant un point d'appui sur le support du tour, avec la base de la pince, il présentera 16 rochets à l'action de la molette, en tâtonnant la position et la hauteur les plus convenables et qui sont, du reste, faciles à trouver.

422. *Polir la creusure du rochet.* — Polir des creusures avec l'extrémité d'un fer d'abord et de la pierre broyée, et ensuite avec un cuivre et du rouge à l'huile, est un travail très long. On se sert pour l'abréger d'une broche en fer comme B, figure 14, planche IX. Le bout est arrondi selon la forme de la creusure ; le trou représenté au pointillé doit être très large et évasé à rebours, afin qu'il ne gâte pas les angles du carré, et qu'on puisse donner à la broche un petit balancement en tous sens.

L'arbre mis en cire au tasseau du tour à roue, on appuie l'extrémité *o*, chargée de pierre broyée ou de rouge à polir, dans la creusure, et tandis que la roue fait tourner l'arbre, la main qui tient la broche fait rouler celle-ci entre les doigts et, comme il a été dit, avec un léger balancement. Quelques essais suffisent à faire acquérir le tour de main.

Si l'on n'a pas de tour à roue, on monte un cuivrot sur l'arbre, on y place un archet, et la pointe de l'arbre *s*, appuyée soit dans un trou d'une tige, soit dans un trou du bord de l'étau d'établi, on présente la broche B dans la creusure, contre laquelle on appuie d'une main, tandis que l'autre main fait manœuvrer l'archet ; c'est exactement le même procédé que celui employé pour polir les faces des pignons, avec une broche percée, mais plate par devant.

Réparer un arbre de barillet

423. Remplacer le rochet d'un arbre de barillet. — Cet article est traité avec toutes les explications qu'il comporte dans le *Guide-Manuel*, page 218.

424. Retoucher un arbre conique à rebours ou trop gros de tête. — On met l'arbre fortement en cire sur un tasseau du tour en l'air, comme en C, figure 2, planche IX. Avec un peu d'attention on arrive à faire tourner très rond la partie *e*. Généralement, il y a peu à faire pour remettre *e* cylindrique ou légèrement conique dans le sens convenable. Un adoucissage avec un fer et de la pierre broyée à l'huile ou du gros rouge, suffit dans le plus grand nombre des cas. On agit avec un fer étroit qui ne porte que sur l'extrémité de *e*, fer auquel on donne un double mouvement : droit en avant, et semi-circulaire de côté, ou bien on se sert d'un fer large qu'on fait reposer sur le support du tour. En tournant celui-ci sous un certain angle, le fer ne touchera que sur une partie de l'extrémité de *e*. Il va de soi que l'arbre remis cylindrique ou conique dans le bon sens, on termine le polissage avec une lime à polir portant sur toute la longueur de *e*.

425. Deux autres moyens peuvent être employés ; ils ont déjà été publiés par M. Foucher.

> « On place l'arbre de barillet sur un arbre excentrique du côté du carré de remontoir, et on fait rouler l'autre bout dans une pointe de tour dont le trou conique est trempé pour que les angles du carré de l'arrêtage n'en déchirent pas les parois ; on roule avec du gros rouge jusqu'à ce qu'on ait assez usé pour que le défaut n'existe plus, puis on donne le dernier poli au rouge fin.
>
> « Si l'on n'a pas d'arbre excentrique, il suffit d'un carré de clef que l'on choisit bien juste, on l'entre à coup de marteau sur le carré de l'arbre, et on lime la pointe du taraud de clef jusqu'à ce qu'on ait trouvé le centre répondant à celui de l'arbre de barillet. On met un cuivrot sur le carré de clef, on place l'ensemble au tour et on opère comme il a été dit plus haut. »

426. Refaire un carré d'arbre usé. — Il vaut mieux refaire un arbre nouveau, mais lorsqu'une réparation est insuffisamment payée, on peut essayer le procédé suivant.

Après avoir donné au chalumeau un coup de flamme sur le carré de l'arbre, en tenant le corps de celui-ci dans des pinces pour l'empêcher de trop recuire, on arrondit le carré en ne lui laissant que la force nécessaire. Cela fait, on le passe à la filière pour le former en taraud. On perce un bout d'acier rond, passablement plus gros que le diamètre de l'ancien carré, et on le taraude à l'intérieur du trou avec plusieurs tarauds formés au même trou de la filière qui a servi pour le carré arrondi, mais dont le filet soit de plus en plus plein et tranchant du bout.

Si le carré de remontoir n'a que juste la hauteur permise par la boîte, on le diminue légèrement de longueur et l'on visse dessus la petite broche d'acier percée et taraudée à la profondeur convenable. Elle ne doit pas atteindre encore tout à fait le rochet, bien qu'elle doive pouvoir reposer dessus plus tard.

Cet essai fait, on forme le carré, qui naturellement sera plus gros que l'ancien, on donne un très profond coup de burin à l'endroit où doit se terminer sa hauteur, et sans le détacher de la tige d'acier, on le trempe, on le revient bleu ou violet, on le blanchit et polit et on l'ajuste à l'arbre.

Si l'effort du vissage ne suffit pas pour séparer le nouveau carré de sa tige, on met celle-ci à l'étau et en prenant le carré dans des pinces à long bec, on opère par un coup sec la séparation. Il ne reste qu'à placer l'arbre à la pince d'un tour aux vis et l'on termine le bout du carré. Arbre de barillet creux. Arbres lisses trempés dur.

427. Pendant le règne des montres plates, et surtout des extra-plates, le carré de remontage du ressort moteur était devenu si court, qu'on fut obligé de faire des arbres de barillet creux, c'est-à-dire traversés dans toute leur longueur par un trou carré, où s'introduisait pour le remontage le carré plein porté par la clef. Ce genre d'arbre est appelé par les fabricants arbre femelle.

Aujourd'hui l'on n'en fait plus guère de cette espèce ; à peine en rencontre-t-on de loin en loin quelques-uns à réparer; mais ce genre de travail a reçu une nouvelle application aux pignons de mise à l'heure des remontoirs au pendant.

Il est donc bon que l'horloger éloigné des fabriques sache au besoin comment exécuter une pièce de ce genre, et comme elle ne lui présente qu'une seule difficulté un peu sérieuse, dans l'exécution du trou carré qui traverse l'arbre ou le pignon, et que les instructions pour l'exécuter sont données à l'article *Étampage, — Étamper*, nous renvoyons à cet article.

428. Arbres lisses trempés dur. — Les arbres lisses que vendent les marchands de fournitures sont très durs, et cela est nécessaire ; l'arbre qui se laisse facilement entamer par le burin ou la lime est d'un mauvais usage.

Quand l'horloger n'a pas d'arbre de grosseur convenable, il s'en fabrique, mais il est forcé après la trempe de les faire revenir bleus, afin de pouvoir les tourner au burin pour les mettre bien ronds, ce qui lui procure toujours des arbres trop tendres. Quand il se trouve dans la nécessité d'exécuter lui-même ses arbres, voici comment il peut arriver à les conserver durs et tournant rond. L'acier doit toujours être choisi parmi les aciers qui se tourmentent le moins à la trempe, et avoir été convenablement recuit.

L'arbre achevé au tour, on le trempe avec les précautions recommandées pour la chauffe en le faisant tomber bien droit, perpendiculairement dans un vase profond rempli d'eau, ou plutôt d'huile tiède. On le nettoie à la pierre ponce, ou autrement, et l'on donne, en les roulant à la main sur un corps chaud, une teinte jaune claire aux pointes, car leur fine extrémité, lorsqu'on les laisse trempées de toute dureté, se casse très facilement.

L'arbre mis au tour, on vérifie sa rondeur : si elle est bonne, on adoucit et polit l'arbre, si au contraire l'écart de rondeur est très considérable, on le rejette car, lorsque l'acier a été bien choisi, que la trempe a été bien conduite, il n'y a jamais beaucoup à faire, et dans ce dernier cas on rectifie à la meule.

429. L'une des pointes est placée dans une broche à lunette, comme on le voit en *s*, figure 13, planche IX ; une petite meule M, chargée d'émeri fin, tourne sur elle-même avec un petit mouvement latéral. Les rotations de l'arbre et de la meule doivent être simultanées. On peut arriver à un résultat suffisant avec un fer à adoucir ayant deux points d'appui P, figure 12, planche IX.

Les pointes étant rectifiées, on met l'arbre entre deux broches d'un très fort compas aux engrenages (ou plutôt d'un outil comme celui de la figure 18, planche VI, et page 139 du *Guide-Manuel*), et l'on fait rouler entre les deux autres broches libres dans le compas, mais reliées l'une à l'autre par un arc métallique, un cylindre comme C, figure 13, planche IX. Les deux cuivrots sont mis en relation avec le renvoi du tour au pied (on peut au besoin se servir de deux grands archets) et le cylindre couvert d'émeri fin délayé à l'huile, on met en contact les deux pièces que l'on fait tourner rapidement, en donnant constamment à l'une d'elles le mouvement de translation de droite à gauche, de gauche à droite, indiqué par les deux flèches. On continue ainsi jusqu'à ce qu'on ait obtenu la rondeur du corps de l'arbre.

Il est très important pour la fidélité du travail : 1°- que l'outil soit solide, 2°- que les ajustements des pointes soient absolument sans jeu, 3°- que le rapprochement des deux corps frottants se fasse par un mouvement insensible.

430. Au lieu d'un cylindre comme C, on peut se servir du côté plat d'une meule comme B, figure 12, ayant également les mouvements latéraux indiqués par les flèches, en outre de son mouvement de rotation sur elle-même, que produit un renvoi du tour marchant à la roue, laquelle roue fait également tourner l'arbre.

Observation. — L'arbre qui résulterait des diverses opérations qui viennent d'être décrites, aurait le corps parfaitement cylindrique, tandis que les arbres en usage sont légèrement coniques. Après les explications données ci-devant, tout horloger saura disposer un appareil propre à conserver la conicité primitive de l'arbre. Dans tous les cas, voici un très simple moyen auquel il peut avoir recours. Il prépare à l'avance plusieurs broches comme A, figure 13, planche IX, ne différant entre elles qu'en ceci : le trou du centre qui reçoit la pointe *d* est légèrement *excentrisé* sur la première, et de plus en plus sur les suivantes (*a, e, i*). A l'aide de ces broches il sera toujours facile d'obtenir le parallélisme des côtés du cylindre et de l'arbre conique qui seront en contact. La broche à trou excentrisé ne doit être employée qu'avec celui des deux axes qui n'a pas de mouvement latéral.

Argent. Argenter

431. Consulter l'article du *Guide-Manuel*, page 65, concernant ce métal et ceux de ses alliages qui ont été utilisés en horlogerie, et quant aux procédés à employer pour *argenter* un cadran, ou *remettre à neuf* un cadran d'argent, ils sont compris dans le chapitre général sur les cadrans.

Archets

432. On consultera également le *Guide*, page 83, sur la manière de préparer les archets et le moyen dont il faut se servir pour courber leurs extrémités en forme de crochet.

Arrêtages

433. Voir pour la détermination de leurs proportions la page 210 du *Guide*.

Rectifier une croix de Malte. — Les croix de Malte s'achètent toutes faites chez les marchands de fournitures, mais elles ne sont pas toujours taillées bien exactement ; il y en a même qui ont été simplement découpées à l'emporte-pièce. Il s'ensuit que beaucoup d'entre elles présentent au moins l'un des deux défauts suivants : des dents d'inégale longueur, ou dont les extrémités concaves n'ont pas rigoureusement la même forme.

Le *Guide-Manuel* enseigne, page 205, comment on peut rectifier une à une les concavités semi-circulaires qui terminent les dents.

Quand les dents sont de bonne forme et bien terminées, mais d'inégale longueur, c'est que la croix de Malte a été mal centrée au taillage, il faut la recentrer. On prend une petite plaque de laiton comme H, figure 1, planche IX, on y pratique un trou à son milieu, et à son bord une entaille *a*, dans laquelle viendra se loger sans jeu la dent convexe ou dent butoir. On met la plaque au tour universel, et on y fait une creusure où puisse entrer à force la croix de Malte. Sa dent convexe se trouve dans l'entaille du bord de la plaque, plaque que la croix déborde légèrement. On desserre une des griffes du tour pour la faire presser sur une des dents, puis, avec un burin effilé, bien tranchant et en enlevant peu à la fois, on rectifie le trou du centre et la creusure de la vis.

Si l'ouvrier n'est pas assez routiné dans le maniement du tour universel, et qu'il craigne un dérangement en desserrant et resserrant ensuite une griffe, qu'il ôte la plaque de la plateforme, mette la croix en cire dans sa creusure, et replace la plaque sur le tour, où elle se centrera très bien par le trou qui la traverse.

434. Faire un doigt d'arrêt. — Le trou du petit disque étant étampé (voir au mot *Étamper*) et la ligne circulaire qui indique le contour en retraite sur la tête du dard étant tracée, on perce un peu au-dessous de cette ligne deux trous, en réservant entre eux une épaisseur assez forte pour assurer la solidité de la racine du dard, et il faut que le bas des trous soit assez descendu pour que l'angle d'une dent de la croix de Malte y puisse jouer avec un peu de jeu dans son fonctionnement. On laisse à la tête du dard une largeur en rapport avec celle d'un vide de la croix, c'est-à-dire sans jeu au début ; on en donnera plus tard avec une feuille de sauge douce et l'adoucissage.

On lime le contour bien au niveau du trait, en le respectant, puis le doigt placé sur un arbre lisse, on tient en travers sur le contour une petite lime barrette et l'on fait aller et venir l'archet jusqu'au point de butée du dard. Le contour ainsi adouci, facilite beaucoup et abrège le dernier travail au burin. Celui-ci demande quelques précautions dans le maniement de l'archet, qu'il faut fort, mais mené sans brusquerie, et en enlevant avec le burin très bien aiguisé, peu de matière à la fois, avec la pointe d'abord, et ensuite, pour lisser le contour, avec le tranchant. Afin d'affranchir les extrémités du contour près des trous, on se sert du tranchant pour donner le dernier coup dans un sens et on retourne l'arbre entre ses broches pour le donner également dans l'autre. Un doigt ainsi exécuté tourne bien rond. Le reste du travail de cette pièce n'offre aucune difficulté (voir quant à la fente du doigt, l'article sur *les vis.*)

Quelques horlogers soigneux, quand cela leur est possible, terminent le contour du doigt après l'avoir ajusté sur l'arbre de barillet même. Généralement cela n'est pas nécessaire.

435. Le lecteur a compris que tout ce qui précède concerne l'exécution du doigt à la main, mais qu'il est très facile de disposer sur un simple tour ordinaire ou un tour à roue, un petit accessoire à l'aide duquel on peut arrondir ou retoucher très rapidement le contour du doigt.

Un arbre muni d'une fraise circulaire (on peut la monter sur un tasseau) étant mis entre les broches du tour, R figure 1, planche X, on remplace le support par une tige à portée bien ronde et bien ajustée, portant sur sa tête et serré par un cône d'arbre à rebours, par exemple, ou fixé par tout autre moyen, le doigt à arrondir D. A cette tige est adapté un levier 1, servant à la faire tourner (car elle doit être ajustée sans jeu), et au besoin à borner sa course, entre deux tiges d'arrêt supportées par un coulant, monté sur la perche du tour. Ici l'on n'en a pas besoin, parce qu'en se servant d'une fraise suffisamment épaisse et ne mordant pas de flanc, le dard ne sera pas attaqué. Cependant, si l'on n'avait pas de butoirs, il faudrait prendre quelques précautions quand on adoucirait ou polirait, afin que le flanc de la molette ne frottât pas le dard. Les entailles latérales de celui-ci se polissent ensuite à un clin d'oeil, avec une fraise dont le contour a reçu la forme de l'entaille. D'autres détails nous paraissent superflus, tant le petit dispositif indiqué, ou tout autre analogue, est facile à concevoir et à exécuter.

L'accessoire du tour ordinaire décrit, page 188 du *Guide*, peut être utilisé pour le travail dont il vient d'être question.

Balanciers

436. Exécution d'un balancier ordinaire. — Notre article du *Guide*, page 208 , concernant l'exécution d'un balancier, ayant été

Fig. 1.

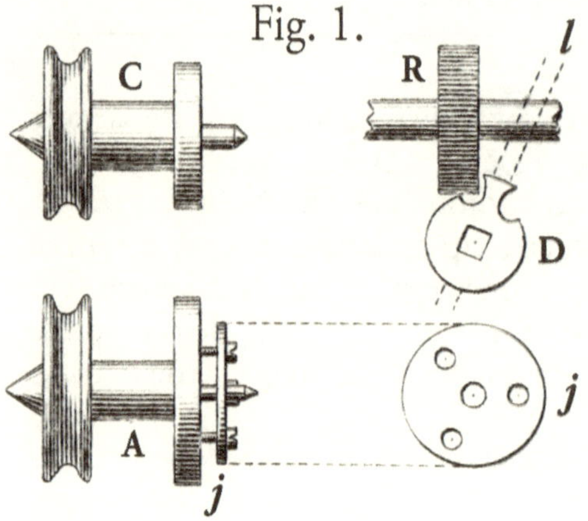

Fig. 2.

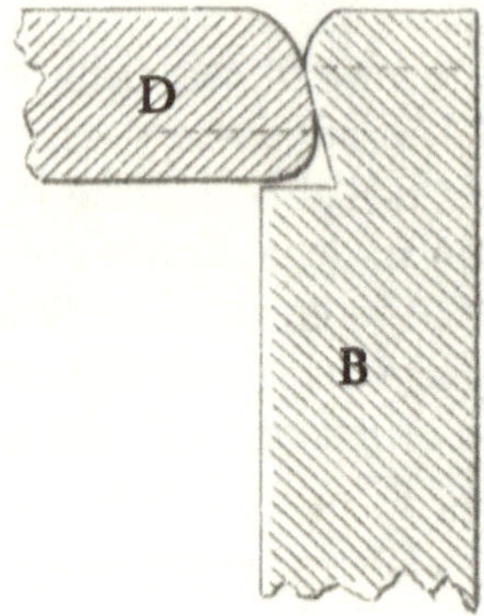

Fig. 5.

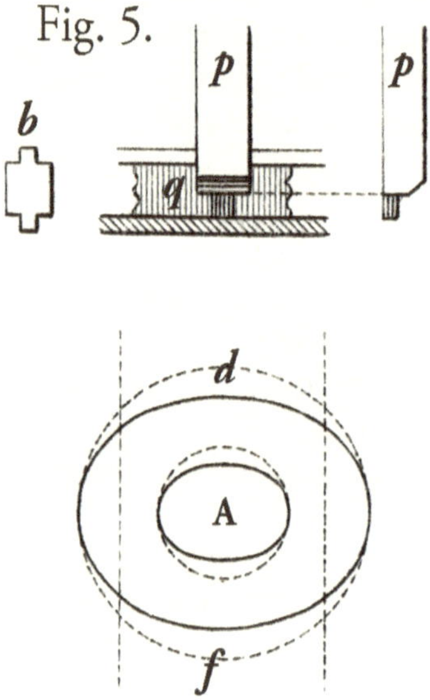

Fig. 3.

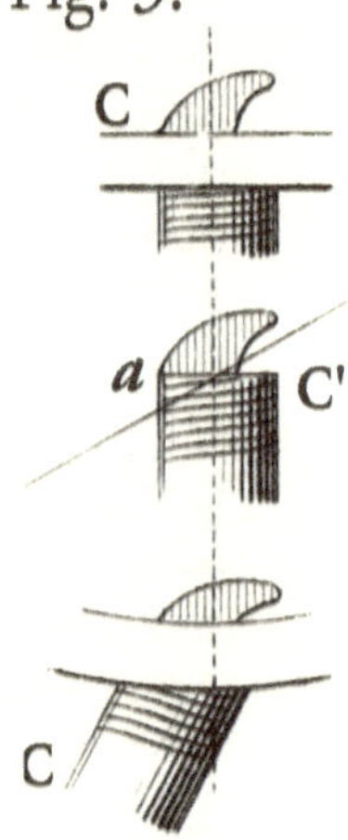

Fig. 4.

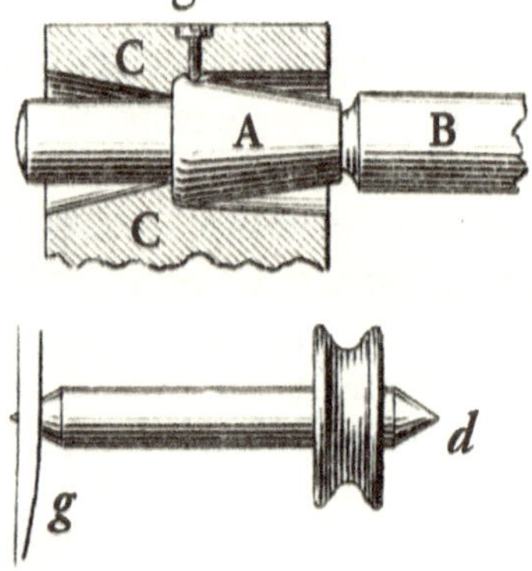

Fig. 6.

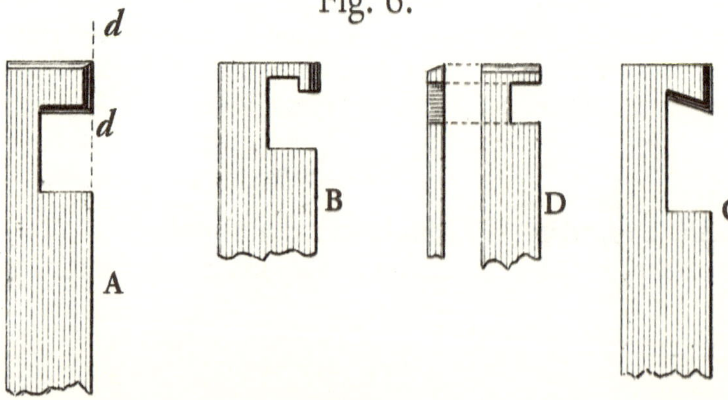

Fig. 7.

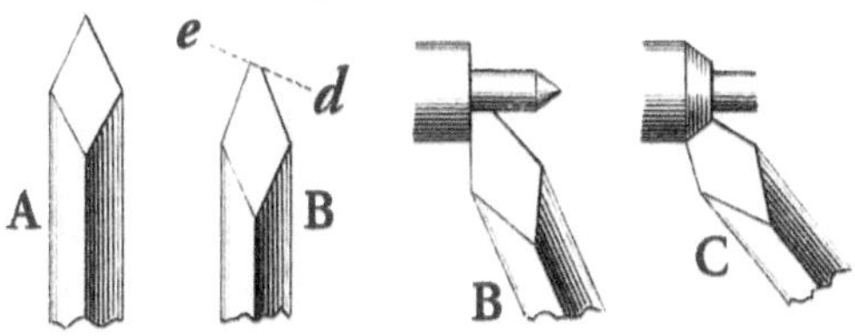

Fig. 8.

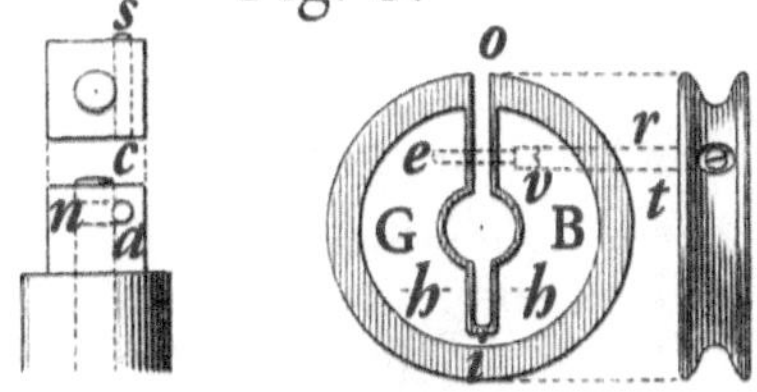

Fig. 9.

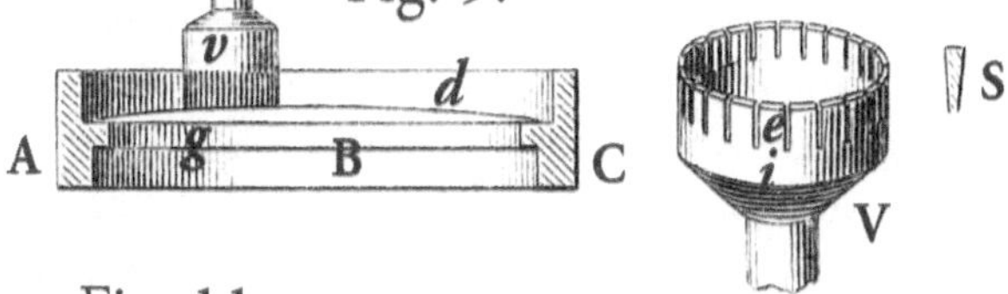

Fig. 10.

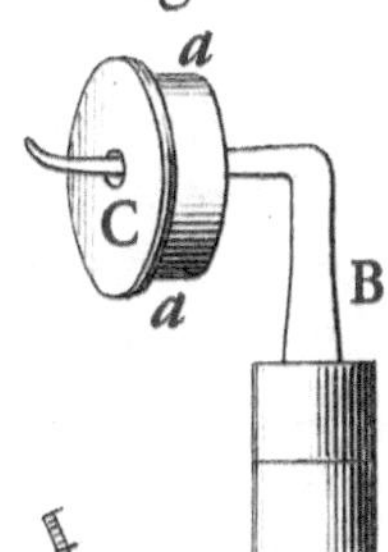

Fig. 11.

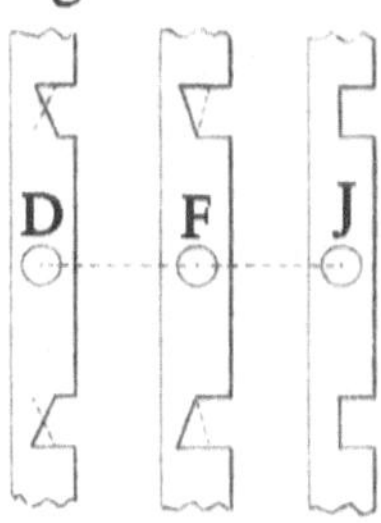

Fig. 12.

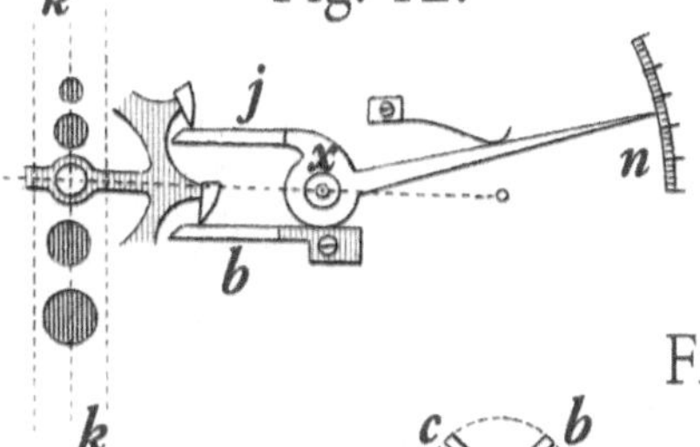

Fig. 13.

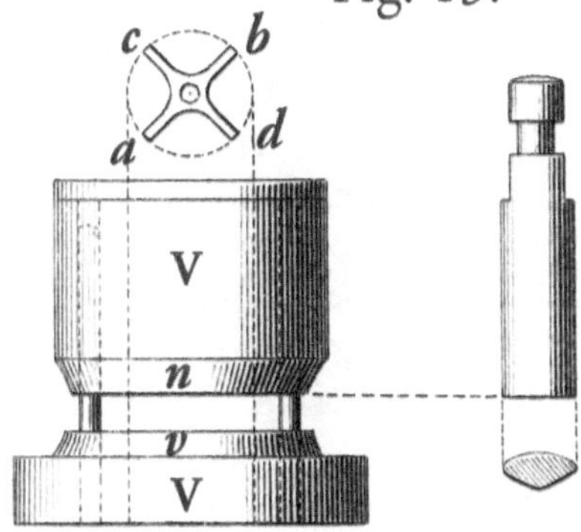

Fig. 15.

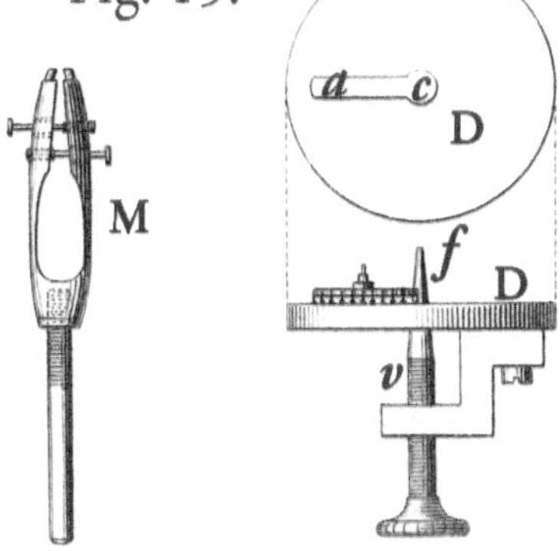

Fig. 14.

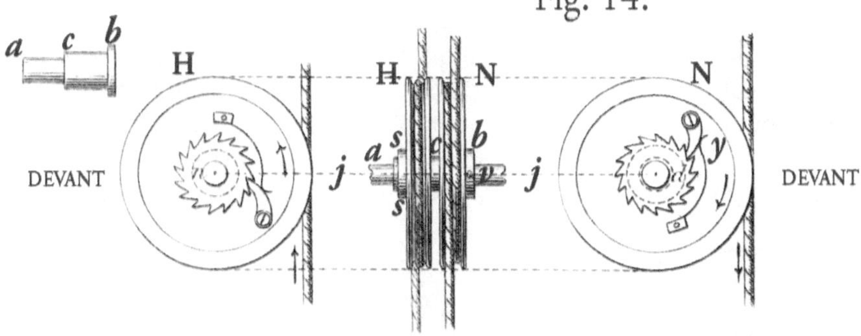

trouvé insuffisant par un certain nombre d'ouvriers, nous le complétons à leur intention.

La plaque ronde qui fournira le balancier doit être écrouie avec beaucoup de soin et amenée à une épaisseur peu différente de celle du balancier fini. Une face bien redressée, on met en cire par cette face, soit sur une plaque percée, qui laisse arriver la pompe au trou du centre du balancier, si l'on veut se servir du tour universel, soit sur un tasseau du tour en l'air, soit sur un arbre à cire, comme C, figure 1, planche X. On creuse l'intérieur, et suivant le tour employé, au burin fixe ou au burin à crochet, l'un et l'autre doivent être bien aiguisés et enlever modérément de matière à la fois. Une trop forte pression exercée produit une sorte de laminage qui donnera plus tard aux barrettes une tendance à se déformer. On enlève entre la serge et la rondelle du centre un tiers environ sur l'épaisseur totale, on redresse bien la surface creusée, et on y donne un coup d'adouci avec un charbon. Le disque est prêt pour être croisé.

On le met sur la *Grammaire* (voir ce mot) pour y tracer fortement les trois barrettes ou rayons, et l'on en vide les intervalles : soit sur le tour, et comme il a été dit pour les croisées de roues dans le *Guide*, soit en perçant une succession de trous, parallèlement aux barrettes et à la serge.

On les dispose de façon qu'en agrandissant ces trous (le balancier reposant bien à plat sur un bois ou mis en cire dessus), avec un burin bien tranchant et effilé, il suffise ensuite d'un léger coup d'équarrissoir, bien coupant, ou de quelques coups de queue de rat, pour que la partie pleine, entourée de trous, se détache. Généralement on perce les trous en tenant le disque appliqué contre un bois, mais les bavures, qui se relèvent par-dessous sous l'action du foret, empêchent qu'il ne repose sur toute sa face, si l'on ne les enlève pas à chaque trou percé, et il peut en résulter une déformation du fond. Il y aurait peut-être avantage à le mettre en cire sur un zinc, la couleur de la limaille indiquerait quand le trou serait à fond.

On régularise les barrettes et le contour, qu'on amène au niveau de la serge, avec des limes de bonnes formes et dont les côtés ont reçu, sur la pierre à l'huile, un adouci ou une inclinaison qui empêche qu'elles coupent le pied des barrettes ou qu'elles entament la serge.

On sait qu'on lime les barrettes en tenant le balancier contre une petite planchette serrée à l'étau d'établi, et qu'on les arrondit en plaçant la barette dans une rainure pratiquée sur le rebord d'une planchette plus étroite, et disposée *ad hoc*. Elle peut servir également pour donner le dernier coup aux angles des croisées. On donne un coup de pierre douce pour mettre bien plat le dessous du balancier, on adoucit ses barrettes en les tirant de long, le balancier posé à plat sur un bois, puis ce balancier nettoyé, on l'ajuste sur un arbre très fidèle, comme A, figure 1, planche X.

Il doit y entrer sans jeu, après avoir reçu un léger coup d'équarrissoir, et on l'y fixe par le chapeau à trois vis *j*. Il ne reste plus qu'à mettre l'arbre au tour pour opérer le polissage de la serge ou pour la mettre en forme de jonc. Le jonc ayant été bien adouci, se polit avec du gros rouge à l'acier sur de la moelle de sureau dure d'abord, et se termine au rouge fin sur de la moelle plus tendre.

437. Si les barrettes d'un balancier s'étaient allongées, se courbaient, il faudrait faire tendre la serge en l'écrouissant avec beaucoup de précautions, et ensuite rectifier son intérieur et son contour extérieur sur un arbre comme A.

La rondelle pleine réservée au centre d'un balancier est plus haute qu'il ne convient, on la diminue de hauteur en ajustant le balancier simplement sur un arbre lisse mais on doit se souvenir qu'il ne faut pas l'ajuster en le poussant ou en le faisant tourner par la serge, tenue dans les doigts. On l'affermit sur l'arbre, ou on l'en dégage en appuyant au centre de la rondelle, par devant ou par derrière, suivant le cas, avec un bois assez dur, fortement appuyé au support du tour, et pendant qu'un archet, plutôt fort que faible, fait tourner l'arbre.

On pourrait, au lieu de l'arbre A, se servir d'un arbre à rebours dont le cône presserait un chapeau, mais il faut toujours que le balancier soit bien ajusté sur l'arbre, et que celui-ci tourne rigoureusement rond.

438. Exécution d'un balancier compensateur. — Nous ne pouvons que répéter ici ce que nous avons dit plus haut : « Le balancier compensateur exige de grands soins dans l'exécution et ne souffre aucune médiocrité. Aussi avons-nous donné à son sujet de longues et minutieuses explications dans le *Traité d'horlogerie moderne*, auquel forcément nous renvoyons car c'est ici de l'horlogerie de précision, on ne peut négliger aucun détail, et l'espace nous manque. » (**407**).

439. Poids et grandeurs des balanciers. — Une observation analogue à celle qui précède doit être faite ici, car nous ne pouvons que rappeler que les proportions courantes usitées dans l'industrie sont indiquées au même ouvrage, et pour chaque échappement à son chapitre spécial : cylindre, ancre, détente, etc., qu'en outre, le sujet y est traité à fond dans la troisième partie du *Traité* cité, où l'on trouve des tableaux portant inscrits les dimensions et poids de balanciers ayant produit des marches supérieures, et en plus la méthode à suivre quand on veut augmenter ou diminuer le poids d'un balancier battant par heure un nombre connu d'oscillations, pour qu'il en batte un nombre différent.

On y verra également comment nous avons déduit le diamètre du balancier de la longueur du pendule. Cette étude, dont nous avons publié le premier résultat dans la *Revue chronométrique* en 1861, a été essayée ou plutôt dénaturée, depuis, sans indication des emprunts qui nous étaient faits.

Barillet

L'exécuter. – Le réparer

440. Faire un barillet. — Les explications du *Guide*, page 209 sont très suffisantes pour l'ouvrier qui possède bien les nombreuses instructions du même ouvrage, touchant les usages du tour universel et du tour à roue ; il se tirera aisément d'affaire. Celui qui n'est pas dans le même cas, peut cependant exécuter très proprement un barillet par la méthode qui suit.

Sur un arbre lisse ordinaire, court et muni d'un grand cuivrot, on dresse le dessus et le dessous, et l'on tourne bien carrément le contour du disque en laiton bien écroui. On ébauche ensuite, en laissant partout un surcroît de matière, à l'aide du burin ordinaire et des burins à crochet, et successivement, la retranche sous les dents et l'intérieur du barillet. En réservant au centre de ce dernier une tétine ayant de diamètre un peu moins du tiers de la largeur intérieure du barillet, et ayant de hauteur toute l'épaisseur du disque, pour qu'on puisse toujours le remettre bien droit sur l'arbre.

Cela fait, on ôte de l'arbre le barillet ébauché, et on en dresse la face avec une pierre douce, pour le mettre en cire, par ce côté, sur un tasseau de tour en l'air, lequel tasseau doit porter au centre un petit arbre court, tournant bien rond, et sur lequel le trou du barillet doit entrer sans jeu. Il est alors facile de terminer entièrement le barillet, en se servant, soit d'un burin fixe porté par le tour, soit du burin à crochet et du petit outil à faire les drageoirs, décrit page 209 du *Guide-Manuel* (relire l'article en entier).

Si l'ouvrier n'a pas de tour en l'air, il faut qu'il s'en fasse un avec son tour ordinaire à finir, et comme il est dit page 120 du *Guide-Manuel.* Toutes les profondeurs sont facilement mesurées avec le *Calibre* décrit page 217 du même ouvrage.

441. *Exécuter la creusure où se loge la croix de Malte.* — Ce travail est facile sur le tour universel, en prenant la précaution de faire soutenir le fond par la pointe de la pompe de l'arbre, arrêtée au point convenable, A défaut du tour universel, on agit comme on a fait pour le barillet, en mettant en cire sur un tasseau bien plat, mais offrant une cavité où puisse se loger la tétine du couvercle. On centre par le moyen ordinaire de la broche de fusain appuyée sur le support.

442. *Couvercle ; Forme du drageoir.* — Ici, comme pour le barillet, une haute tétine sera réservée au centre du couvercle ; on la baissera plus tard. Après qu'on l'a ajusté sur un arbre, débordant peu en avant, on peut, à défaut du tour universel, exécuter entièrement un couvercle sur le tour ordinaire à finir, sauf toutefois la creusure de la croix de Malte (**441**).

D de la figure 2, planche X, est une coupe du couvercle mis en place. Cette figure nous montre l'ajustement de ce couvercle dans le drageoir. La forme de ce dernier et la forme du contour du couvercle sont bien celles qui conviennent le mieux pour que le couvercle entre sans trop d'effort, et tienne solidement et sans pouvoir tourner. Cependant il est bon d'ajuster un prisonnier qui rassure contre cette éventualité.

443. *Crochet du barillet.* — Il faut porter quelque attention au crochet du barillet car, pour les trois quarts, ils sont mal faits. Un crochet énorme et trop haut, comme on en voit beaucoup, tient inutilement de la place et occasionne dans certains cas la rupture du ressort. Le crochet trop bas ou mal formé laisse échapper ce ressort, on en sait les inconvénients. Un crochet doit dépasser de peu l'épaisseur du ressort ; s'il est trop large, il affaiblit le ressort vers l'oeil, s'il est trop étroit, il peut céder sous la pression de ce dernier.

La virole du barillet se perce bien au milieu de sa hauteur, entre fond et drageoir, selon une ligne un peu inclinée en sens contraire du tirage du ressort. On taraude l'intérieur du trou avec un taraud un peu conique, et sans faire pénétrer celui-ci jusqu'au point où ses filets sont tout à fait pleins, afin d'être sûr que le taraud de laiton entrera en forçant dans le trou.

Ensuite on taraude à la filière la tige de laiton qui fournira le crochet. On en laisse déborder par-dessus une longueur d'environ une fois et demie l'épaisseur du ressort, on lime plat de chaque côté, on arrondit le dessus en l'inclinant en arrière, on forme le devant du crochet avec une lime-barrette tranchante, puis on ôte la tige de la filière, pour la mettre à une pince à coulant.

L'angle *a* (C', figure 3, planche X) est alors abattu pour qu'il ne déborde pas à l'intérieur de la virole ; on enlève les bavures qui pourraient empêcher l'introduction dans le trou de celle-ci, et on fait entrer le crochet. Avant qu'il soit au point où il ne doit arriver qu'en forçant, il est facile de vérifier s'il réunit les conditions de hauteur, etc., convenables. Si tout est bien on l'amène en forçant un peu à sa position définitive, et on coupe la tige de laiton, avec une lime tranchante, à fleur de l'extérieur de la virole. Si au contraire il est nécessaire de le retoucher, on le retire avant qu'il soit arrivé à cette position, on le rectifie, et on l'ajuste.

Quelques horlogers n'y prennent pas tant de façons, ils ajustent un morceau de tige de laiton recuit, limé en biais au bout qui fera le crochet, coupent pas tout à fait à fleur de la virole extérieurement, font appuyer le dos du crochet sur un morceau d'acier, et donnent un coup de marteau de façon à faire courber le bout du crochet. Ce moyen est expéditif, mais il n'est pas le meilleur et ne réussit pas toujours.

Réparer un barillet

444. Resserrer ou boucher les trous de barillet. — Lorsque les tétines ne sont ni trop épaisses, ni trop minces, et qu'il faut faire peu de chose, on resserre les trous comme il est dit page 147 du *Guide*.

Quand les jeux ou l'ébat des pivots dans les trous sont considérables, on rebouche les trous avec des bouchons tournés sur un arbre lisse. Il ne faut pas les river trop brutalement, car on courrait le risque de déformer le bouchon ou de faire gondoler le fond du barillet.

Si l'on craint ou une déformation des bouchons, ou que le barillet tourne mal rond après l'opération, on emploie des bouchons assez gros, mais avec un trou plus petit qu'il ne devra être en définitive. On centrera ensuite par la circonférence et l'on agrandira le trou en le rectifiant (**249**).

Quelques praticiens, redoutant, quand la pièce est mince et dans les cas où il faut de la solidité, un déplacement du bouchon, agrandissent, en le mettant carré, le trou du barillet, le bouchent avec un morceau de laiton plein et ensuite, centrant ce barillet par sa circonférence sur le tour universel, ou sur le tour en l'air, le percent bien au centre.

On a compris que lorsqu'il s'agit, dans ces diverses opérations, des deux trous de barillet et de couvercle, on a dû munir ce dernier d'un prisonnier qui l'empêche de tourner dans son drageoir, afin qu'avant d'enlever le barillet du tour, on n'ait qu'à mettre en place le couvercle pour rectifier son trou avec un burin effilé.

445. Barillet ne tournant pas rond. — Le remède est celui qui vient d'être indiqué : ajuster dans les trous agrandis des bouchons percés (ou pleins) dont les trous soient assez petits pour qu'après avoir centré le barillet par sa circonférence, on puisse rectifier les deux trous avec un burin fixe bien disposé.

Faute de tour universel l'opération peut se faire sur un tasseau en l'air, dans lequel on fait une creusure où le barillet entre juste et où on le met en cire.

Ce dernier moyen est d'une application bien facile puisque les horlogers peuvent toujours se faire un tour en l'air avec leur tour à finir ordinaire (voir le *Guide*, page 120), cependant il en est encore qui, n'ayant pas de tour universel ou ne sachant pas s'en servir, mettent le barillet sur un arbre à rebours et après avoir frisé la denture, réarrondissent à la main les dents touchées. Ce dernier procédé est plus long et donne des résultats plus médiocres que les précédents. En outre comme les arbres à rebours tournent rarement rond, surtout sur leurs cônes qui ont toujours du jeu sur l'axe, il vaudrait mieux mettre le barillet en cire sur un arbre très fidèle comme C, figure 1, planche X, sur lequel le barillet entrerait sans jeu. Il ne faudrait pas garnir de trop de cire le centre du plateau C.

446. Redresser un barillet. — Lorsqu'un barillet ne tourne pas droit sur son axe, plusieurs moyens peuvent être employés pour le redresser, mais nous supposons d'abord que les trous ne sont pas trop grands, car on vient de voir qu'en rebouchant les trous et les rectifiant ensuite sur le tour, on a toujours, quand cette opération a été bien faite, un barillet très droit sur l'axe.

Pour redresser un barillet on fait tourner le couvercle dans son drageoir et successivement de quantité pas trop grande, et on vérifie chaque fois, l'arbre étant mis à une pince à coulant et une carte étant tenue à proximité du bord de la denture.

Si le tour accompli, en aucun point le barillet ne tourne droit, on écrouit légèrement alors le bord du couvercle (un papier de soie est placé sur le tas pour ne pas gâter la dorure) du côté où la denture s'éloigne le plus de la carte et l'on vérifie l'effet produit. On doit écrouir très délicatement, faire peu de chose à la fois, parce que lorsque le couvercle force trop pour entrer, on est obligé d'enlever un peu de matière au bord de ce couvercle et précisément à l'opposé de la partie écrouie. Par conséquent si l'on avait trop écroui d'abord et que, par suite, on enlevât trop de matière du côté opposé, l'opération en deviendrait plus longue et plus difficile. On a compris qu'il est question ici du barillet moderne, portant son couvercle du côté opposé à la denture ; avec le barillet ancien on écrouit le bord du couvercle en sens inverse.

Un barillet tournant droit sur son axe penche quelquefois lorsqu'il est monté sur la platine ; cela tient ou à des trous trop grands, ou à une creusure du rochet dont le fond n'est pas parallèle à la platine. On rectifie ce fond sur le tour universel en laissant le pont de barillet fixé sur la platine.

Blanchir et bleuir l'acier

Blanchir rapidement les petites pièces d'acier bleu

447. Des fabricants de fines aiguilles ou de spiraux, quand le revenu de quelques-unes de ces pièces ne leur convient pas, les passent dans un bain acide qui les blanchit, et ensuite ils les font revenir au bleu à nouveau.

Nous avons vu des horlogers blanchir de petits aciers, des manivelles de cylindre par exemple, avec un morceau de moelle de sureau trempé d'acide sulfurique plus ou moins étendu d'eau. Nous ne recommandons pas ce moyen.

D'autres mettent une aiguille de cadran, par exemple, délicatement en cire sur une petite plaque et la blanchissent avec de la moelle et du rouge à polir, ou avec une petite brosse chargée de rouge. On fait détacher ensuite en chauffant et on nettoie dans de l'alcool bouillant.

Ces moyens employés avec discernement rendent des services, mais il ne faut jamais oublier de laver à grande eau après l'usage d'un acide et ensuite de faire tremper la pièce dans un bain d'alcool suffisamment pur.

L'acide *sulfurique* ne blanchit pas très bien, il laisse souvent sur la pièce des tons ternes, des nuances différentes. L'acide *chlorhydrique* donne de meilleurs résultats.

On l'emploie pur ou plus ou moins étendu d'eau et après expérience faite, car on comprend que l'acier doit rester d'autant moins de temps dans l'acide que celui-ci est plus pur.

Bleuir uniformément l'acier

448. Pour obtenir un revenu de couleur uniforme, il faut d'abord que l'adoucissage et le polissage soient eux-mêmes très uniformes ; on se conformera sur ces deux points aux indications des pages 52 et 89 du *Guide*. Le nettoyage doit être parfait, autrement les parties restées grasses, ou sur lesquelles le rouge aura été longuement ou trop fortement séché, n'auront pas la même nuance que le reste de la pièce.

La chaleur doit se répartir avec égalité, c'est la raison pour laquelle, quand on fait revenir des vis sur un revenoir percé, on frappe légèrement sur le manche de celui-ci afin que, par l'effet de l'agitation et du changement perpétuel du contact, elles prennent plus également la chaleur.

C'est la même raison qui fait qu'on met les pièces à revenir sur de la limaille de laiton, qu'on jette après qu'elle a servi. On ne doit pas faire revenir l'acier au contact d'un corps mauvais conducteur de la chaleur, du grès en poudre ou en bloc, par exemple, parce que, ainsi que nous l'avons déjà dit, la répartition de la chaleur se ferait inégalement dans le métal.

Des horlogers obtiennent plus facilement l'uniformité de nuance en employant le fer ou le cuivre rouge pour le polissage, de préférence à tout autre métal.

449. *Bleuir uniformément les petites pièces d'acier.* — Sous le bénéfice des observations qui précédent on réussit assez bien par les moyens suivants : on fait d'abord revenir la pièce sans se préoccuper de l'égalité de la couleur. Si elle n'est pas réussie on prend un morceau de bois mort ne s'émiettant pas trop facilement, ou de la moelle de sureau très nette, et avec du rouge on blanchit sans trop sécher. De petites pièces ainsi préparées, nettoyées avec soin, et revenues avec attention, présentaient une couleur bien égale.

Un habile fabricant nous affirme qu'il obtient facilement ce résultat en frottant avec quelques soins la pièce d'acier, très bien adoucie, avec une cheville de bois noircie au feu.

On trouvera encore quelques renseignements sur le sujet à l'article des *Vis*, mais disons tout de suite que les polisseurs de vis des fabriques doivent avoir un moyen pour enlever toutes traces grasses, car le dessus de leurs têtes de vis est parfait, tandis que la fente est restée noire et souvent remplie de matières étrangères.

450. Bleuir une aiguille de pendule, un ressort. — Pour bleuir un morceau d'acier d'une certaine longueur, une aiguille de cadran de pendule, par exemple, les ouvriers penduliers la mettent soit sur une motte embrasée, ayant un trou où s'enfonce le canon, mais blanche à la surface, ce qui indique une chaleur sensiblement uniforme, soit sur un revenoir recourbé, percé de trous assez larges pour laisser passer le canon de l'aiguille. Le centre de celle-ci revient violet ou bleu plus vite que le reste ; aussitôt qu'il est à la couleur voulue, on enlève l'aiguille qu'on tient avec des pinces par le canon, ou à l'extrémité d'un gros arbre qu'on y a introduit, et on présente l'aiguille par-dessous, à partir du canon, sur le bord de la motte ou du revenoir, en la faisant reculer en glissant jusqu'à son extrémité, et plus ou moins lentement selon le progrès que fait la coloration. Avec un peu d'habitude on arrive très bien à produire un bleu suffisamment uniforme sur toute la longueur et même, au besoin, à retoucher les parties qui n'ont pas atteint le ton cherché.

Au lieu d'opérer sur le bord du revenoir on peut se servir d'une petite masse de fer un peu arrondie et échauffée au point convenable, car il ne faut pas que la coloration arrive avec trop de précipitation; ce qui pourrait avoir lieu si la température de la masse était trop élevée. Il ne faut pas non plus que la chaleur dans la masse soit trop inégalement répartie.

451. *Un ressort* que l'on a blanchi se revient par le même procédé. Après avoir fixé une extrémité, on le tend par l'autre à l'aide d'un poids et l'on passe dessous assez lentement la masse de fer chaude qu'on avance suivant le progrès de la couleur. On comprend que l'on pourrait laisser la masse à poste fixe et faire glisser le ressort dessus. On peut se servir d'une lampe, mais son emploi exige plus de coup d'oeil et de dextérité.

Nous rappellerons ici ce que nous avons déjà dit dans le *Guide* : qu'un ressort blanchi, légèrement écroui sur le tas, et revenu convenablement, reprend, sinon en totalité du moins en partie, son élasticité primitive (**68**).

452. Revenir beaucoup de pièces à la fois. — Quand la couleur que prend l'acier lorsqu'on le fait revenir ne doit pas être conservée, il ne s'agit alors que d'un certain recuit à donner à l'acier trempé, et l'on a cherché les moyens de rendre l'opération expéditive. C'est ainsi que dans les fabriques on fait revenir par quantité, et dans des bains de suif ou d'huile, les menus objets comme les aiguilles, les pignons, etc.

- Les premières *nuances* jusqu'au *jaune-paille clair* sont obtenues entre le suif commençant à fumer et la fusion de l'étain.
- Du *jaune-paille*, dit aussi jaune brun, jusqu'au *jaune brun rougissant*, la fumée devient de plus en plus abondante et enfin noire.
- Du *pourpre violet* au *bleu*, la fumée s'enflamme à l'approche d'un corps embrasé et s'éteint plus ou moins vite, lorsqu'on éloigne le corps en combustion.
- Du *bleu foncé* au *bleu pâle*, le bain fumant continue à brûler.

Ces indications ne sont suffisantes qu'à la condition que celui qui veut s'en servir s'exerce suffisamment afin de se mettre à même d'apprécier, pour un acier connu, les phases apparentes, et suivant les corps gras ou l'huile employés, de l'élévation de la température du bain.

Le succès est certain, mais il tient à l'habitude acquise, et par conséquent au coup d'œil de l'opérateur, et aussi, nous le répétons, à la connaissance qu'il possède des qualités, etc., de l'acier qu'il emploie.

Bonde percée. — Diamètre d'une bonde

Ce sujet a été traité ci-devant à l'article *Arbre de barillet.*

Bouchons percés. — Bouchons mobiles.

453. Consulter, quant aux bouchons percés employés par les horlogers, l'article ci-après *Trous à reboucher*, etc.

Bouchons mobiles. — Dans des régulateurs ou des horloges on peut faire d'intéressantes applications des bouchons mobiles, et c'est ce qui nous engage à décrire le système que M. Alleaume avait employé dans l'horloge astronomique qu'il exposa en 1867.

Il est toujours préférable, pour prévenir l'usure, de conserver une certaine longueur aux pivots, trois fois leur diamètre, par exemple, quand les trous ne sont pas garnis de rubis, le frottement se répartit alors sur un plus grand nombre de points mais, dans ce cas, il faut être assuré de l'exact parallélisme entre les axes et leurs trous, pour que le pivot repose librement et sans gêne sur toute sa longueur.

« Pour cela j'ai fait les bouchons mobiles, c'est-à-dire qu'ils peuvent prendre une légère inclinaison en tous sens, ne s'appuyant dans les trous qui les reçoivent que vers la moitié de leur longueur. Une portée d'un côté et une vis de l'autre (le bout de cette dernière s'engageant sans serrage dans un coup de pointeau ou creusure fait au bouchon) empêchent leur ébat de rotation et aussi de glissement en longueur.»

Le dessin figure 4, planche X, fera du reste mieux comprendre le but que l'auteur s'est proposé. A est le bouchon mobile, B la tige du pivot roulant à l'intérieur du bouchon, C est une coupe du palier dans lequel est logé le bouchon mobile A.

Braser

454. A la page 76 du *Guide* il est dit en quoi consiste l'opération du brasage, c'est-à-dire de la soudure des fers et des aciers, à l'aide du laiton en grenaille, en milices rubans ou en paillons.

Ajoutons que dans certains cas obligés on peut réunir par ce moyen deux pièces d'acier qui demandent à être trempées, et que nous l'avons employé dans l'occasion suivante. Un morceau s'étant détaché d'une pièce aux quarts de répétition, nous y avons ajusté à queue d'aronde un autre morceau d'acier découpé dans la forme convenable, mais avec un petit surcroît de matière par dessus.

Le laiton ayant parfaitement coulé et la pièce étant encore au beau rouge-cerise, a été trempée, puis nettoyée et revenue bleue. Avec une bonne lime on a affleuré la surface du morceau rapporté avec la pièce, celle-ci étant appuyée sur un bois et contre un petit rebord en relief. On lui a fait faire ses effets, après quoi elle a été proprement adoucie. L'ensemble a résisté à toutes les opérations et cette pièce aux quarts a parfaitement fonctionné depuis.

Bride (ajuster une)

455. On prépare un petit poinçon, qu'on trempe et qu'on revient au moins jaune à son extrémité, comme celui vu de face et de profil en *p*, *p*, figure 5, planche X.

Ensuite, on met à l'étau d'établi une balle de plomb aplatie, et façonnée par-dessus de manière à pouvoir y faire reposer d'aplomb la partie du barillet où se fera l'ouverture. Il est inutile que la surface entière du barillet repose sur le plomb. On place à l'intérieur du barillet, et contre la virole, un morceau de ressort *q*. Ce bout de ressort est appuyé contre la virole par le poinçon *p* qui maintient en même temps le barillet sur le plomb. C'est alors que d'un petit coup d'un marteau lourd, on fait pénétrer la tête du poinçon d'outre en outre.

Une forte bavure est soulevée à l'extérieur du barillet, tandis qu'à l'intérieur une dépression s'est faite, surtout en avant du trou. Pour rendre les bords de celui-ci plus nets, on donne un coup de lime sur la bavure extérieure, mais seulement pour enlever sa crête, et l'intérieur du barillet étant appuyé sur un plomb, on rabat la matière soulevée, puis on donne un coup de poinçon en sens contraire du premier et naturellement avec une force moindre. On enlève les bavures et l'on recommence, c'est-à-dire qu'on fait entrer et sortir à plusieurs reprises le poinçon-emporte-pièce, d'un côté et de l'autre, avec de légers coups de marteau et en l'enlevant avec la main.

On termine par un coup de lime douce qui fait disparaître tout gonflement extérieur autour de l'ouverture, et l'on donne en dedans du barillet un coup de burin fixe suivi d'un adouci au charbon de fusain huilé.

L'horloger qui n'a jamais pratiqué cette opération fera bien d'essayer son poinçon sur une petite plaque de laiton, ou plutôt sur un barillet hors de service.

Pour la mise en place de la bride, on tend le ressort moteur avec l'estrapade, et suffisamment pour qu'on puisse introduire un morceau d'acier ou de laiton, un peu conique, entre les deux derniers tours de ce ressort et à proximité de l'ouverture.

On place la bride, et on la maintient, ainsi que le ressort, pendant qu'on enlève de force le morceau de métal qui produit l'écartement des lames. Lorsque cet écartement est insuffisant, on l'augmente par l'introduction d'un tournevis, qu'on maintient de force jusqu'à ce que la bride soit placée. L'exécution de la bride, vue en *b*, figure 5, planche X, n'offre aucune difficulté.

Brocot (Échappement)

456. Le tracé préalable et l'exécution complète de l'échappement à rouleaux, dit échappement *Brocot*, font l'objet d'un article spécial du *Traité d'horlogerie*, page 554, et nous le complétons par la note suivante, répondant à une question qui nous est adressée.

Effet des gros rouleaux. — Son auteur nous écrit : « J'ai augmenté le diamètre de mes rouleaux, espérant en obtenir un surcroît de force pour mouvoir le balancier et, avec le temps, au contraire, la force me fait défaut. »

Avec un rouleau de grosseur doublée il faut moitié moins de dents à la roue, et un pendule beaucoup plus long. La puissance de la levée n'est pas devenue double mais la résistance du pendule, écarté de la verticale d'un angle de levée deux fois plus grand, est beaucoup plus que doublée.

Il a fallu, pour grossir le rouleau, mettre moins de dents à la roue; mais si l'on voulait conserver le nombre primitif, on devrait doubler le rayon de cette roue, et la force d'impulsion serait réduite en proportion inverse de l'allongement.

Ces remarques s'appliquent également aux échappements à chevilles.

Bronze. Bronzage

Le bronze ordinaire est, comme chacun sait, un alliage de cuivre rouge et d'étain, on peut à son sujet revoir l'article du *Guide*, page 63.

457. Bronzage du cuivre. — *Bronzer une médaille.* Voici les deux procédés enseignés par Laboulaye.

On dissout deux parties de vert-de-gris et une partie de sel ammoniac dans du vinaigre, on fait bouillir la dissolution, on l'écume, et on l'étend d'eau jusqu'à ce qu'elle n'ait plus qu'une saveur faiblement métallique et qu'il ne se forme plus de précipité blanchâtre en ajoutant l'eau. On la fait alors bouillir de nouveau dans un vase en faïence ou en porcelaine, puis on la verse bouillante dans un autre vase où l'on a mis les médailles biens décapées et que l'on met sur le feu. Aussitôt que les médailles ont atteint la teinte désirée, on les retire et on les lave immédiatement avec soin à l'eau pure.

Il ne faut pas laisser trop longtemps les médailles sur le feu dans le bain acide, parce que la couche d'oxydule étant trop épaisse se séparerait aisément par plaque du cuivre, tandis que si le bronzage est bien exécuté, l'enduit d'oxydule est tellement adhérent au métal qu'on ne peut pas même le séparer en raclant. On a compris que ce n'est qu'à la suite d'un certain nombre d'essais, par expérience enfin, qu'on est à même d'apprécier le moment précis où l'on doit retirer les médailles du bain.

Il est très important que le bain ne soit pas trop concentré, car alors l'oxydule formé a d'autant moins d'adhérence, et d'un autre côté, il se dépose sur les médailles une poudre blanchâtre qui verdit à l'air et altère la beauté du bronzage.

458. Bronzage chinois. — Les Chinois bronzent le cuivre, en pulvérisant et mélangeant 2 parties de vert-de-gris, 2 de cinabre, 5 de sel ammoniac, 5 d'alun, 2 de bec et de foie de canard ; puis en formant avec du vinaigre une pâte, qu'ils répandent sur le cuivre bien décapé, ils l'exposent un instant sur le feu, laissent refroidir, essuient et recommencent cette opération autant de fois qu'il est nécessaire pour obtenir la teinte désirée.

En ajoutant au mélange du sulfate de cuivre on obtient une teinte plus brune, et une plus jaune par l'addition du borax. Le cuivre ainsi traité, dit l'auteur que nous citons, prend une belle apparence et une telle durée, qu'il ne perd rien de sa beauté par l'action de l'air et de la pluie.

459. Bronzer le laiton. — Un industriel indique le moyen suivant : on dissout de la tournure de cuivre bien nette dans l'acide nitrique, jusqu'à saturation complète de cet acide dans la solution ainsi préparée, on plonge les pièces de laiton que l'on veut colorer, après les avoir nettoyées et adoucies avec la pierre à l'eau et les avoir fait chauffer jusqu'à la température que la main peut supporter.

On les place ensuite sur un feu de charbon, où elles prennent une couleur verte, on les frotte avec des chiffons et l'on renouvelle l'immersion et le chauffage par le charbon, jusqu'à ce que la teinte ait acquis l'intensité désirée. On rehausse la nuance en enduisant d'huile les pièces terminées.

460. M. Zalewski a également publié qu'en plongeant des objets de cuivre dans du soufre fondu, tenant du noir de fumée en suspension, on communique à ces objets l'apparence du bronze. On peut, dit-il, les polir sans leur faire perdre leur nouvel aspect.

Brunissoirs

L'article de la page 88 du *Guide* concerne plus particulièrement les brunissoirs dont on se sert pour les têtes de vis, les goupilles, etc. ; nous le complétons en nous occupant ici des brunissoirs à pivots.

461. *Repasser un brunissoir.* — D'ordinaire ce travail est fait, quant aux brunissoirs à pivots, par des ouvriers pierristes et sur un lapidaire, cependant un horloger peut l'exécuter lui-même et très proprement de la manière suivante.

Il prépare une petite planche de bois sec et net, plutôt un peu épaisse que trop mince et ayant de largeur au moins la longueur du brunissoir. Sur cette planchette bien redressée on colle avec soin, en le tendant le plus possible, et en rabattant les bords du côté opposé, un papier émeri d'un numéro correspondant au degré de mordant qu'on veut que possède le brunissoir.

Cela fait on pose sur une surface ferme et bien droite la planchette que l'on charge d'un poids et on laisse sécher.

Pour s'en servir on la fixe, ou on la bute contre le rebord de l'établi, et le brunissoir, tenu à deux mains par ses extrémités, est posé par l'ouvrier en travers sur le bout éloigné de la planchette, puis il l'amène à soi en le maintenant bien plat et en appuyant fermement. Arrivé au bout, il le relève, le reporte en avant, l'amène à soi, et ainsi de suite.

En agissant comme il vient d'être dit, toujours dans le même sens, c'est-à-dire en plaçant du côté opposé à la direction du glissement l'angle du brunissoir qui fonctionnera du côté de la portée des pivots, on évite l'arrondissage de cet angle.

Brunissoirs Beaupuy, et attention à observer dans leur usage. Voir plus loin au chapitre *Limes*.

Burins

Revoir pour ce qui concerne l'aiguisage des burins la page 270.

462. Burins à crochet. — Nous ne parlons que pour mémoire des burins à crochet que tout horloger, et conformément à ses besoins, sait exécuter avec de vieilles limes hors d'usage, en faisant toutefois remarquer aux débutants, qu'il faut quelque attention pour déterminer la position du support et l'inclinaison qu'il est parfois nécessaire de donner à ce genre d'outil pour en obtenir, dans l'action du tournage, et des surfaces suffisamment nettes et un débit de matière plus rapide.

Les principales formes de cette espèce d'outil sont dessinées figure 6, planche X. A peut servir pour creuser une platine, un barillet, etc., B pour retoucher un fond de barillet sans enlever le crochet, C pour terminer un drageoir qu'on a ébauché avec la pointe du burin ordinaire. On retouche également un fond de barillet avec un burin comme D, tenu sur le support perpendiculairement au fond (une échoppe de burin fixe peut être disposée de cette façon).

Quelques ouvriers inclinent légèrement en arrière de la perpendiculaire *dd* le haut du tranchant de A, parce qu'ils craignent qu'à l'aiguisage on ne fasse le contraire sans le vouloir, ce qui occasionnerait des difficultés pour former carrément les angles intérieurs.

463. *Burins triangulaires évidés.* — L'usage des burins triangulaires de M. Henri Robert est avantageux, surtout pour les ouvrages où il faut débiter rapidement sur le tour.

464. Burins à terminer l'angle des portées. — Très peu d'horlogers sont capables de terminer proprement l'angle d'une portée en se servant d'un burin à longue pointe ; la plupart d'entre eux, lorsqu'il faut lisser un pivot avec la face latérale du burin, produisent une piqûre dans la portée ou à l'origine du pivot, et si la fine pointe de ce burin s'est émoussée ou s'est cassée, ce n'est pas une piqûre, mais bien un bourrelet qui existe à cet endroit.

Pour éviter ce défaut, ils emploient généralement des burins à face très courte, ce qui offre des inconvénients, qui seront facilement saisis. Il vaut mieux conserver les longues faces de burin, mais en les terminant selon la forme que nous signale, pour l'avoir pratiquée et fait pratiquer, toujours avec réussite, par ses élèves, un horloger capable que nous avons déjà cité, M. Barbier de Dôle.

> « Lorsque je dois faire le pivotage d'un cylindre, par exemple, dit-il, je prépare trois burins (figure 7, planche X) : A pour les piqûres, B pour les pivots, C pour les cônes ou portées rabattues. L'inclinaison du plan incliné, selon *e d*, de B peut varier, et son angle *e* peut être plus ou moins aigu suivant qu'on veut se servir plus ou moins de la pointe. Cette disposition de burin présente un double avantage puisqu'elle permet de lever un pivot et de le planer en même temps, ce qui fait qu'il suffit d'un léger coup de brunissoir pour le polir parfaitement.
>
> « En outre que sa pointe est devenue bien moins fragile, le burin ainsi disposé, réunit les avantages de la pointe et de l'angle de la face.
>
> « La longueur du petit incliné est en rapport avec le travail qu'on veut lui faire faire ; ainsi pour un pivot de cylindre je lui donne environ le tiers de la longueur du pivot ou approchant. J'y trouve de la facilité pour tourner le pivot bien cylindrique dans toute sa longueur. J'ai adopté et je recommande le burin de forme en losange, marque Vauthier, cette forme est très favorable. La direction à donner au petit plan incliné, et qui est indiqué sur le dessin par la ligne pointillée *ed*, a une grande importance, il faut l'étudier et l'expérimenter avec attention, afin de pouvoir l'exécuter avec certitude. »

Le dessin C, représentant un burin rabattant une portée, nous dispense de toute explication nouvelle.

Cadrans d'émail

Percer un cadran d'émail

465. On prend un burin dur et bien aiguisé et on le trempe dans de l'essence de térébenthine pure ou, ce qui vaut mieux, dans un liquide formé d'une dissolution de camphre dans de l'essence de térébenthine, ou bien encore, et c'est le moyen préférable, dans un liquide composé de :

Essence de térébenthine.	62	grammes.
Oxalate de potasse (sel d'oseille)	4	id.
Camphre	4	id.

On a fait dissoudre ces dernières substances, après les avoir pilées dans la térébenthine, et on peut colorer le mélange avec 2 grammes de bois de Santal (communiqué par M. Boutet de Monvel).

On pose la pointe du burin à l'endroit désigné sur le cadran, supporté d'aplomb en-dessous, et l'on fait tourner en allant et en venant, le burin entre les doigts. L'habitude, ou quelques essais faits sur des cadrans hors de service, font connaître le degré de pression qu'on peut exercer sans crainte d'accident.

Quelques-uns préfèrent n'exercer une forte pression qu'en tournant dans un sens et la diminuent au retour, d'autres, tout en tenant le burin par le haut d'une main, le font tourner de l'autre main, mais toujours dans le même sens. On continue ainsi, en aiguisant et en mouillant le burin souvent, jusqu'à ce qu'on ait atteint et traversé la plaque de cuivre et le contre-émail.

Arrivé là on prend une broche en fer ou en acier, pointue des deux bouts, et munie d'un cuivrot à l'une des extrémités. L'extrémité opposée au cuivrot doit former un cône plus évasé que celui creusé dans le cadran par le burin.

On charge ce bout (*g* figure 4, planche X) d'émeri ou de pierre broyée à l'huile et l'autre pointe, *d*, mise à un des trous de l'étau d'établi, et en se servant d'un archet, on use rapidement l'émail sur le contour du trou du cadran.

Quand on a atteint le cuivre, qu'on l'a mis à découvert, on reprend l'opération avec le burin, affilé et tranchant, qui agrandit rapidement le trou du cuivre parce qu'il a au début peu d'émail à enlever ; puis quand ce burin arrive à travailler sur toute l'épaisseur de l'émail, on recommence à dégager le contour du trou avec la broche, dont on tire de long le cône à la lime, et ainsi de suite.

Il faut qu'un ouvrier soit bien distrait, ou bien maladroit pour qu'il ne réussisse pas, en suivant cette méthode, à percer rapidement et sans accident, un cadran d'émail, jusqu'au point où le trou soit de suffisante ouverture pour y permettre l'introduction d'une queue de-rat.

466. Agrandir un trou de cadran avec la queue-de-rat. — Pour plus de sûreté on dégage le contour du trou avec la broche conique, il y aura moins d'émail à enlever avec la lime, mais l'ouvrier qui s'est fait la main peut se dispenser de prendre cette précaution que cependant nous recommandons.

La queue-de-rat doit entrer aisément dans le trou. Si son extrémité seule y pénètre on la tient d'assez court, c'est-à-dire qu'on avance les doigts qui tiennent cette lime, de façon qu'ils puissent buter contre le cadran avant que la partie plus grosse de la queue-de-rat s'engage dans ce trou, engagement qui ferait éclater l'émail. Quelques ouvriers, pour se garantir contre cet engagement, enfoncent sur la lime, et jusqu'au point voulu, un bouchon de liège, long et pas trop gros.

Pour éviter de rayer le cadran si, dans la précipitation du mouvement, la lime s'échappait du trou et glissait sur la face d'émail, on arrondit et on polit le bout de cette lime.

Pour agrandir le trou on lime son contour en poussant la queue-de-rat en avant, tout en lui donnant un petit mouvement semi-circulaire, la lime au retour doit être ramenée sans pression sur la matière, qui doit être seulement effleurée.

Quand le travail d'agrandissement est fini on donne un coup de broche conique, pour abattre l'angle en biseau et régulariser le contour du trou (on trempe la lime dans le liquide cité).

Autres procédés. — Le plus grand nombre des procédés et des ingrédients en usage pour le perçage et le découpage du verre (voir ce mot) peuvent être utilisés pour l'émail.

User le contre-émail. Faire des passages

467. Pour user un cadran par-dessous, lorsqu'il touche une pièce de la quadrature, on emploie divers moyens.

On peut utiliser pour cet effet des espèces de bâtons formés d'émeri aggloméré qu'on trouve chez les marchands de fournitures d'horlogerie.

Quelques horlogers se servent pour user leurs cadrans d'une balle de plomb aplatie et entrée à force sur un arbre à cuivrot, ce qui en fait une sorte de petite meule un peu arrondie en travers du contour. On met l'arbre entre les broches du tour, et après avoir fortement humecté d'eau et ensuite saupoudré d'émeri le plomb, on le fait tourner avec l'archet en lui présentant la partie du cadran qui doit être usée, et qu'on soutient par dessous avec la main. On mouille fréquemment pour éviter l'échauffement et maintenir l'émeri en place, et on essuie de temps en temps le cadran afin de pouvoir s'assurer de l'avancement du travail.

Au lieu de plomb il en est qui se servent d'un mélange d'émeri et de cire d'Espagne fondue (on peut se servir également de gomme laque, de ciment, etc.) ; ils en forment, sur l'extrémité d'un gros arbre lisse, une rondelle épaisse d'au moins un demi-centimètre et un peu arrondi en travers du contour. Cette petite meule est très dure quand elle est refroidie, on s'en sert comme il a été dit pour celle de plomb, elle use plus rapidement que cette dernière, quand la préparation a été bien faite, et que l'émeri qu'elle renferme est du grain convenable, suffisamment abondant et bien également réparti.

Poser un cadran d'émail. Limer son contour

On sait qu'on désigne par la première expression l'opération de l'ajustement et de la fixation d'un cadran de montre.

468. Cadran fixé à vis. *Le diminuer à la lime.* — On perce les trous des vis dans le cadran comme il a été dit à l'avant-dernier article et l'on agrandit, s'il en est besoin, le trou du centre afin qu'il laisse passer aisément la chaussée. Si l'on se trouve dans la nécessité d'employer un cadran un peu plus grand qu'il ne faudrait, on le diminue sur son contour en le limant avec une bonne lime douce ou demi-douce.

Le cadran étant tenu un peu incliné contre un bois, on lime en poussant la lime en avant, mais avec un déplacement latéral, c'est à-dire en demi-quart de cercle de côté. Il ne faut jamais que la lime frotte au retour. On peut, pour terminer, ou pour adoucir le coup de lime, se servir d'un bois émeri neuf ou à peu près. Du reste, nous le redisons, et une fois pour toutes, l'horloger qui manque d'habitude dans l'exécution des diverses opérations à faire subir à un cadran, doit s'exercer au préalable sur des cadrans hors de service ou qu'il sacrifie pour cet usage.

Le cadran ainsi préparé on le met en place, son midi répondant bien au milieu du pendant de la boîte et on ferme la lunette. Si ce cadran joue un peu sous cette lunette on enfonce, sans excès de pression, entre les deux, au moins quatre petites cales plates allant en s'amincissant, et découpées dans un bois de fusain. On vérifie la position du cadran en tenant au-dessus une corde d'archet tendu, laquelle doit passer par les milieux du pendant, du trou de chaussée, de XII et VI heures. Le tout étant dans la position convenable, on pointe sur la platine l'un des trous qui devront recevoir les vis.

Il faut ici quelques précautions, dans la crainte de planter le trou en biais, ou de déranger le cadran, en pressant trop contre le rebord du trou dans l'émail, ce qui, en outre, peut faire éclater celui-ci. On enlève la platine de la boîte pour percer le trou pointé sur l'outil à percer droit, on taraude ce trou, on y essaye la vis. Cela fait, on remet la platine en boîte, on y monte le cadran avec la vis déjà ajustée et l'on pointe, avec attention, le second trou. Afin d'abréger l'opération, quelques ouvriers pointent et percent tout de suite les deux trous, mais s'ils ne réussissent pas du premier coup, au lieu d'abréger leur travail ils l'ont considérablement augmenté.

469. Cadran à pieds. — Si le cadran est pourvu de pieds, et qu'on veuille utiliser ceux-ci, on commence par les mettre très droits, ensuite on prend un carton ferme et sec, ni trop mince, ni trop épais, et on y découpe, sur un morceau de plomb et avec un poinçon percé et tranchant du bout, ou par tout autre moyen, un trou nettement découpé et de la grosseur d'un pied. On entre ce pied dans le trou du carton, posé sur une surface plane, et en pressant, sans excès toutefois, sur le cadran au-dessus du second pied, on imprime nettement le contour de celui-ci dans le carton. Il ne s'agit plus que d'y découper le second trou bien exactement à la place indiquée. Si l'opération a été bien conduite, les deux pieds entrent en même temps sans gêne et sans jeu dans les trous du carton, qui doit déborder partout le pourtour du cadran.

Il ne reste plus qu'à découper le carton à la grandeur du cadran, et, après y avoir percé un trou au centre et avoir marqué bien exactement le point de *midi*, à le mettre en place sous la lunette comme on fera du cadran véritable. Il est alors facile de pointer les deux trous qui recevront les pieds dans la platine, à l'aide d'un ébiseloir bien coupant, entrant juste dans les trous du carton, et assez long pour qu'on soit assuré de sa perpendicularité quand un doigt étant posé sur son sommet, les doigts de l'autre main le feront tourner.

Il est des ouvriers qui percent les trous du carton avec n'importe quoi, ou qui enfoncent, à tous risques, ces pieds au travers de ce carton, aussi trouve-t-on souvent des cadrans posés de travers, et pour les ramener au point convenable on a agrandi les trous de la platine et tordu les pieds du cadran : il faut éviter ces malpropretés du travail.

Découper un grand trou dans un cadran d'émail. Ajuster un cadran de trotteuse.

470. L'opération se fait sur le tour-en-l'air, elle pourrait se pratiquer sur un tour universel bien organisé.

Le trou se découpe avec une virole mince en fer ou en cuivre rouge (fendue de coups de scie sur tout son contour, V. figure 9, planche X), animée d'un mouvement de rotation suffisamment rapide, et chargée d'émeri fin, délayé à l'eau, à l'huile, ou plutôt à l'essence de térébenthine. On irait encore plus vite en se servant de la composition indiquée au **465**.

Il est bon que l'épaisseur de la virole aille en diminuant de *e* vers *i*, comme l'indique sa section vue en S, afin d'éviter que cette virole ne s'engage, ce qui fait éclater le cadran.

On pourrait adopter l'organisation suivante : on prépare une forte virole à rebord intérieur, et dont la section est représentée en ABC, figure 9, planche X ; sur ce rebord on fixe à la gomme laque, ou par un moyen quelconque, le cadran à percer *g d*, et ce support ABC est ensuite fixé sur une pièce qui tourne en sens contraire de la virole coupante *v*, mais beaucoup moins vite. Quand on a atteint la plaque de cuivre rouge du cadran, on retourne l'appareil ABC, et l'on répète le travail qui vient d'être fait, sur le contre-émail. Le cuivre est ainsi mis à nu des deux côtés. On remplit d'acide nitrique la rainure la plus profonde et l'on attend que le cuivre soit rongé, après avoir renouvelé l'acide si cela est nécessaire. Il ne reste plus qu'à régulariser et à mettre en biseau le contour du trou du côté des heures, et à y souder proprement le cadran de la trotteuse.

On peut ne pas se servir d'acide et faire passer la virole coupante d'outre en outre, mais il faut plus de précaution, parce que le travail devient plus difficile quand on attaque la partie métallique du cadran. Du reste, il faut essayer et s'exercer.

Effacer un chiffre, un nom, sur un cadran. Repolir l'émail

471. L'essence de lavande peut être utilisée pour enlever un nom ou un chiffre. On se sert également de poudre, ou plutôt de poussière d'émail délayée dans un liquide : eau, essence ou huile. On a dû décanter cette poudre afin d'en avoir de plusieurs numéros de finesses différentes. La poudre employée pour repolir la place d'où le chiffre a disparu doit être extrêmement fine. Ce polissage se fait au moyen d'un morceau de bois de fusain. Quelques-uns se servent d'un morceau d'ivoire.

Enfin un troisième procédé, et le meilleur, consiste dans l'usage de la poudre de diamant, dont on doit avoir plusieurs numéros.

On prend de la poudre délayée dans de l'huile line, sur l'extrémité d'un cuivre à polir fraîchement limé, et à surface légèrement arrondie. On frotte sur les caractères à enlever et qui disparaissent assez rapidement. La place qu'ils occupaient est alors un peu terne, on lui rend un aspect brillant en frottant cette place avec de la poudre du même numéro, mêlée à une plus grande quantité d'huile et mise sur un bois de fusain. L'horloger fera bien d'expérimenter les numéros de sa poudre sur un cadran hors de service. Application de l'émail à froid sur un cadran à réparer. Elle fait le sujet d'un article qu'on trouvera au mot *Email.*

Cadrans métalliques

Remettre à neuf un cadran d'argent

472. Nous allons décrire successivement diverses manières d'opérer, en faisant remarquer tout de suite que, par les premiers procédés, les heures, quand elles sont peintes, disparaissent, tandis que l'on peut conserver ces heures peintes avec le dernier procédé, mais en prenant de grandes précautions et, en outre, il est bien plus difficile de réussir dans l'usage de ce dernier procédé que dans l'usage du premier.

Premier procédé de remise à neuf des cadrans

473. La méthode qui va être décrite est celle adoptée et pratiquée avec succès depuis bien des années par un habile fabricant de cadrans et d'émaux, M. Fournier de Dieppe. C'est la plus expéditive et celle où la réussite est le mieux assurée.

Si les heures sont en émail, elles n'ont rien à craindre. Si elles sont gravées et remplies de composition noire, cette composition disparaîtra, mais on n'éprouvera aucune difficulté pour la remplacer. Reste le cas des heures peintes à la surface.

Au préalable on trace délicatement avec une pointe, et bien exactement sans dépasser leur longueur, tous les jambages des caractères romains formant les heures. On fait de même pour les points et les traits indicateurs des secondes. Aidé de la loupe et en se conformant aux instructions fournies par l'article ci-après, et sous le titre de *Peindre les heures d'un cadran*, on n'éprouvera aucune difficulté à exécuter ce petit travail, et les légers tracés sur la surface du cadran seront des guides sûrs pour reformer les heures.

On débute par le nettoyage du cadran avec une brosse et de la fine poudre de pierre-ponce, on enlève ainsi les taches et les rayures faiblement marquées.

474. Mater l'argent. — Pour obtenir le mat on prend une lampe à alcool à forte mèche, et, à l'aide d'un chalumeau, on projette la flamme sur le dessus du cadran qu'on tient d'une main suspendu à une tige en crochet comme B, figure 10, planche X. En continuant de souffler et de projeter la flamme lentement et partout on obtient un mat très corsé et pouvant résister à un frottement léger, soit qu'il provienne d'un savonnage opéré avec une éponge fine, d'un lavage à grande eau pure, ou du contact de la mie de pain et de l'essence servant à enlever les irrégularités de la peinture ou ses taches.

On recommence à plusieurs reprises à projeter la flamme pour donner un mat vigoureux, mais il est essentiel, afin de ne pas brûler l'argent des cadrans minces, de placer derrière le cadran une rondelle en fer ou en cuivre *a a*, figure 10. La flamme oxyde l'argent, c'est-à-dire combine l'oxygène de l'air avec le métal, de là cette blancheur mate, qu'on augmente à volonté, dans une certaine mesure, par de nouveaux chauffages.

475. Décaper le cadran. — On verse d'abord un peu d'acide sulfurique dans un verre (un petit nombre de gouttes pour un cadran), et on y ajoute 9 fois autant d'eau chaude, qu'il faut verser doucement pour éviter la rupture du vase, et on plonge le cadran dans le liquide où il peut séjourner de une demi-minute à plusieurs minutes. Le mat, jaunâtre d'abord, devient d'un beau blanc.

On lave à grande eau, on éponge avec un linge fin, et on donne un nouveau coup de flamme, préservateur des taches qui pourraient apparaître après coup.

Lorsqu'on doit agir sur plusieurs cadrans, on met dans une capsule en porcelaine l'acide, qu'on fait bouillir sur le feu ordinaire ou sur une lampe à alcool.

On trempe l'argent, assez vite, dans cet acide, on lave dans l'eau pure, et on sèche avec un linge fin en tamponnant.

Deuxième procédé de remise à neuf des cadrans

476. Pour les amateurs qui aiment à se livrer à des essais nous inscrivons la méthode suivante, extraite d'une publication de la Société des Arts de Genève.

On brosse le cadran avec une brosse rude et de la ponce pilée en poudre impalpable et jusqu'à ce qu'il n'y ait plus de traits. Puis on le fait rougir et on le laisse refroidir.

Quand il est froid on le décape pendant deux ou trois secondes dans de l'eau bouillante (le vase en porcelaine) dans laquelle on met une tombée d'acide sulfurique. Il en sort blanc, mais d'un blanc un peu brillant. Pour le rendre d'un blanc mat on le met dans une composition formée de :

Eau forte	6 grammes
Acide sulfurique	21 id.
Eau pure	80 id.

On laisse dans le bain jusqu'à ce qu'on ne voie plus venir sur le liquide de petits globules (il n'est pas dit si le bain doit être chaud ou froid), on le sort pour le mettre vivement dans l'eau froide. Là le cadran est presque noir ; pour le rendre blanc on le fait décaper, on l'essuie bien, on le fait rougir, puis quand il est froid on le fait encore décaper, et l'opération se termine en essuyant proprement, mais avec précaution.

Troisième procédé pour remettre à neuf un cadran

(*Extrait des Études sur diverses questions d'horlogerie, par M. Robert.*)

477. Pour remettre à neuf un cadran d'argent (blanc mat) on le couvre d'une légère couche de savon et on le frotte ensuite en ne touchant point les heures, quand elles ne sont pas émaillées.

On se servira pour cela d'un pinceau ou d'une brosse, et de pierre-ponce réduite en poudre impalpable. La surface du cadran nettoyée autant qu'il est possible, lavez légèrement avec de l'eau et du tartrate de potasse (crème de tartre), puis plongez aussitôt dans la solution de nitrate d'argent toute chaude (**478**), ayant soin de l'assujettir au fil d'argent fixé aux deux disques de zinc et de cuivre (**479**) ; en deux ou trois minutes vous recouvrez votre blanc mat neuf avec les heures intactes, si toutefois l'opération a été soigneusement exécutée (voir aussi le **481**).

Observations. — Chaque fois que l'on a fait usage des deux plaques ou disques de zinc et de cuivre, il faut avoir soin de les nettoyer avec de l'acide nitrique, en les frottant ensuite avec de la pierre-ponce. Aussitôt que le cadran est nettoyé il faut le jeter dans la solution ; le moindre intervalle de temps entre le nettoyage et l'immersion pourrait produire l'oxydation par son contact de l'air.

478. Préparer la solution. — Dissolvez dans un peu d'eau distillée 100 grammes de nitrate d'argent sec (pierre infernale). Filtrez la liqueur et ajoutez-y le double de son volume d'ammoniaque liquide ; d'autre part, dissolvez 600 grammes de prussiate jaune de potasse, et 400 grammes de carbonate de soude cristallisé dans 6 kilogrammes d'eau, versée dans un vase de fonte émaillé, que vous placez sur le feu. Lorsque le mélange est près d'entrer en ébullition, versez-y la première solution de nitrate d'argent, et faites bouillir durant une heure, ayant soin d'ajouter de l'eau chaude à la liqueur au fur et à mesure qu'elle s'évapore ; filtrez ensuite le tout au filtre de papier.

479. Préparer les disques et argenter. — Pour remettre à neuf le cadran ou argenter avec cette préparation un objet quelconque, prenez deux plaques ou disques égaux de la largeur d'un écu, dont l'un soit de zinc et l'autre de cuivre rouge, liez-les l'un sur l'autre avec un fil de cuivre, ou mieux un fil d'argent, moyennant deux trous, et après avoir assujetti le cadran, ou l'objet quelconque que l'on veut argenter, au fil attaché à ces deux plaques, placez le tout dans un bassin de verre ou de faïence, versez-y par-dessus le mélange préparé ci-devant, que vous aurez préalablement bien fait chauffer. Si le cadran, ou l'objet, était bien propre, brillant et privé de toute matière grasse et onctueuse, on l'obtient en deux minutes, argenté de telle sorte qu'il résiste au brunissoir. Si l'objet est petit, il suffit de le plonger dans la liqueur chaude et de le frotter ensuite avec le doigt pour obtenir l'argenture.

Nettoyer ou argenter les cadrans métalliques, des pendules et des régulateurs

480. Lorsque les heures ne sont pas en émail, qu'elles ne sont pas gravées, on débute par le tracé, avec une pointe, de leurs jambages et des divisions des minutes, comme il a été dit plus haut pour les cadrans en argent (voir plus loin aussi l'article *Repeindre les heures*).

Ce qui suit est la reproduction du procédé publié par M. Henri Robert, mais complété d'après quelques expériences que nous avons faites et selon de nouvelles indications dues à M. Fournier, que nous avons cité plus haut.

481. Nettoyage ordinaire d'un cadran. — Dans beaucoup de cas pour obtenir qu'un cadran d'argent ou argenté, de montre ou de pendules reprenne un aspect propre, net, qu'il soit convenablement blanc pour un travail courant, il suffit de le brosser (pour agir autour des heures peintes on se sert d'un pinceau assez ferme du bout) avec de la crème de tartre en poudre, formant avec de l'eau un composé pâteux. On lave ensuite dans l'eau pure, on sèche en tamponnant doucement avec un linge fin et on expose à une faible chaleur (c'est en partie le moyen décrit au **477**. On peut combiner les deux).

S'il est oxydé, taché fortement par des sulfures, il faut le réargenter par la méthode qui suit.

482. Argenter un cadran de laiton. — *Préparation de l'argent.* On met dans un ballon de verre ou dans une fiole, cinq à dix grammes d'argent fin, réduit en lames minces par le laminoir ou le marteau. On verse dessus cinq ou six fois son poids d'acide nitrique, c'est-à-dire que l'argent doit être recouvert par l'acide. On pose la fiole sur un fourneau dont le feu de charbon de bois est recouvert de cendres. Le tout est placé dans l'intérieur d'une cheminée.

Au bout de deux à trois heures, l'argent est entièrement dissous, et si l'acide est entièrement évaporé, il reste des cristaux au fond de l'appareil. La fiole étant refroidie on la remplit d'eau chaude, qu'on verse ensuite dans une cuvette en porcelaine, à moitié pleine d'eau. Cela fait, on y laisse glisser une lame de cuivre rouge, bien décapée, de la longueur et de la largeur de trois doigts, puis on laisse passer la nuit.

Le lendemain tout l'argent dissous est fixé sur la laine de cuivre, on le recueille en plongeant la plaque dans un verre d'eau très pure. On décante l'eau qui surnage sur l'argent, on le lave à grande eau claire et pure, on décante de nouveau et on le sèche.

Si l'argent ainsi préparé, et bien séché, ne doit pas être employé immédiatement, on le met dans une petite bouteille de verre bleu bouchée à l'émeri car il faut lui éviter toute humidité ou oxydation.

483. *Préparer la surface du cadran.* — Elle doit être parfaitement adoucie et le cadran très bien lavé et essuyé.

M. H. Robert recommande l'adoucissage avec la pierre à l'eau douce, et en frisant dans tous les sens pour enlever les traits. On peut se servir d'un charbon de fusain, taillé en bec de flûte et opérer avec de l'eau et en frisant. M. Fournier se sert de ponce en poudre, et désargente avec du papier émeri fin.

484. *Appliquer l'argent.* — On prend deux parties égales de sel blanc (sel marin) et de crème de tartre qu'on broie ensemble et le mélange bien opéré, on prend quelques grammes de ce mélange, on y ajoute un gramme environ de l'argent préparé comme il a été dit ci-dessus, et quelques gouttes d'eau pour en faire une pâte, ou bouillie un peu épaisse, qu'on mêle et qu'on pétrit, pour bien écraser les grains sur une glace dépolie avec un couteau de corne.

M. Robert conseille pour cette opération l'usage de la molette en verre dont on se sert pour broyer les couleurs. On peut également se servir du petit pilon de verre des pharmaciens.

Le cadran ayant été bien préparé, comme il a été dit, on prend avec une brosse un peu rude et parfaitement propre, de la pâte qu'on étend sur ce cadran en brossant vivement et fortement. On frotte la pièce en frisant et en croisant dans tous les sens, et jusqu'à ce que l'argent soit attaché sur toute la surface du cadran. Selon M. Robert, on continue ainsi jusqu'à ce que le cadran ait pris le grain qu'on désire obtenir; mais M. Fournier conseille, comme facilitant le succès, de s'arrêter quand la teinte est gris plomb pour laver le cadran à grande eau, le sécher et recommencer l'opération de la même manière, mais avec une brosse plus douce. On voit alors le grain se former et le blanc se fait d'autant plus beau qu'on aura mis par exemple trois grammes d'argent au lieu d'un.

Ce qu'en terme d'atelier on nomme le tour de main joue ici un rôle important, mais ce tour de main ne s'acquiert qu'après quelques expériences.

485. Observations. — Si le mélange contient trop de sel et trop peu d'argent, l'argent adhère difficilement, et même s'en va par croûtes, par plaques ; en outre il ne prend pas un beau blanc.

En augmentant la quantité d'argent, le blanc devient de plus en plus beau; mais si cet argent est en excès, le grain sera inégal et trop gros.

Trop ou trop peu d'eau déterminerait à peu près les mêmes inconvénients.

Le blanc est moins parfait quand la surface du cadran ne vient pas d'être adoucie, quand l'adoucissage date de plusieurs heures ou de plusieurs jours.

La pureté parfaite du sel et de la crème de tartre est indispensable; s'ils contenaient des parties terreuses, elles rayeraient, et le blanc serait moins beau. Il faut laver à grande eau dès que la pièce est blanchie ; au moindre retard elle deviendrait noire. On fait ce lavage à grande eau en se servant d'une brosse d'horloger chargée de crème de tartre. On passe à l'eau et on sèche, en tamponnant doucement le cadran avec un linge fin et en l'exposant ensuite à une douce chaleur.

Repeindre les heures sur un cadran

486. La méthode que nous allons décrire s'applique aux cadrans métalliques, mais le lecteur saura très bien y prendre tout ce qui peut être utilisé pour rectifier au besoin les heures d'un cadran d'émail.

Cette méthode nous a réussi, mais nous devons le déclarer tout de suite, elle ne peut être pratiquée à la va-vite, parce qu'elle exige un peu d'adresse, et surtout de la patience et des soins. Sous cette réserve la réussite est certaine.

487. Premier moyen. — Avant de faire disparaître les heures et les divisions des minutes, on les trace avec une pointe trempée, une pointe d'aiguille par exemple, en y portant beaucoup d'attention et en se servant d'une loupe. Ce tracé résistera assez pour que plus tard, on n'ait plus qu'à suivre les lignes avec la pointe du pinceau chargé de noir.

Les petites barres transversales qui terminent en crochets les extrémités des jambages des chiffres romains, ainsi que les deux cercles entre lesquels sont inscrites les divisions des minutes, peuvent être tracées avec la pointe aiguë d'un compas à pompe.

488. Deuxième moyen. — On met sur le cadran qu'on veut blanchir, ou sur un autre de même dimension et où les heures sont très nettement marquées, un papier transparent, non susceptible de dérangement, ainsi que le cadran, et avec de l'encre de Chine et une fine plume à dessiner, on calque bien exactement les heures et les divisions des minutes.

Cela fait, et l'encre bien séchée, on retourne le papier et l'on trace de nouveau à l'envers les heures et les divisions, mais cette fois au crayon et non à l'encre.

Le papier est ensuite posé sur le cadran, lui-même bien appuyé, et ce papier fermement fixé, on repasse en appuyant avec une pointe en métal un peu mou sur tous les traits des caractères et des divisions. On enlève ensuite le papier sans frotter le cadran. Si le crayon a été bien choisi, et si l'opération est faite avec une suffisante attention, l'on verra que les traits des heures et des minutes sont marqués légèrement, mais assez distinctement pour qu'il n'y ait plus qu'à les suivre, la loupe à l'oeil, avec le pinceau ou la plume servant à tracer les heures. En y apportant quelques soins cela peut se faire très proprement.

489. Troisième moyen. — Le cadran est placé à l'intérieur de la virole d'une sorte de grand barillet portant au centre un gros pivot. Sur ce pivot peuvent s'ajuster par leur trou central, les trois règles D, F, J (figure 11, planche X), auxquelles on peut donner un mouvement de rotation sur le pivot.

Comme elles sont maintenues par le rebord de la virole, elles peuvent passer très près du cadran, mais sans frotter dessus.

Au simple aspect de la figure on voit que la règle D servira pour tracer les jambages d'un X, la règle F ceux d'un V et la règle J celui d'un I. On sait que les petits crochets qui terminent les jambages se font au compas.

Est-il nécessaire d'ajouter qu'en graduant la virole et en terminant les règles par un accessoire permettant de les arrêter aux points convenables, on pourrait tracer les heures sur un cadran où tout serait effacé. Il n'y aurait plus ensuite qu'à les dessiner en noir.

490. Encres ou compositions noires pour peindre les heures. — Composition indiquée par M. Robert. On délaye du noir de fumée très pur et très beau avec de l'essence de lavande. On y ajoute ensuite une petite quantité de vernis à l'alcool dit numéro I le tout bien mêlé.

L'application se fait avec un petit pinceau. Du choix de ce dernier dépend beaucoup le succès.

Autre composition. — Elle nous a été communiquée par un horloger de Genève, mais nous ne l'avons pas expérimentée nous-même. On mélange du noir d'ivoire, de la cire vierge et de l'essence de térébenthine. Plus la térébenthine domine, plus la composition est coulante. Elle a dû être employée principalement pour remplir les creux des lettres gravées et en donnant une douce chaleur.

Observations. — On enlève les irrégularités de la peinture, ou les taches qui en proviennent, avec l'essence et la mie de pain.

Nous n'en avons pas fait l'expérience, mais nous pensons qu'il y aurait peut-être avantage à ce que le mélange employé pût être appliqué avec une fine plume à dessiner, ou plutôt avec une plume de lithographe.

Calibres

491. Les mots *calibre* et *compas* sont souvent employés l'un pour l'autre : ainsi, l'outil à mesurer la grosseur des pignons est dit un calibre bien que ce soit un compas, et l'on appelle également calibre le plan d'une montre.

Une distinction doit être faite : le compas donne des mesures par l'écartement de ses branches s'ouvrant sur un centre commun, ou s'éloignant l'une de l'autre en restant parallèles, tandis que le calibre ne varie pas dans ses dimensions, et conserve une mesure donnée. Le tracé sur une plaque des dimensions d'un rouage est un calibre ; une filière à trous pour mesurer des grosseurs de tiges et une bande de métal offrant une succession de creusures où l'on prend des diamètres de roues, sont des calibres.

Il en est de même des pièces qui ont été découpées pour conserver certaines mesures, quand bien même ces pièces auraient la forme d'un compas (Voir au mot *Compas*).

Tracer un calibre de montre, pendule, etc., en se conformant aux lois de la mécanique. Se reporter à l'article *Rouage*, et au paragraphe : *Étude et création d'un calibre.*

Carré de rapport (faire un)

492. Cet article se complète au mot *Chevillot*, parce que l'on ne s'occupe ici, et pour le cas particulier d'une réparation de vieille montre, que de la manière d'exécuter l'ancien carré de rapport, monté à l'extrémité de la tige d'un pignon de chaussée, quand tige et pignon ne font qu'un.

On prend une tige d'acier très doux, environ moitié plus grosse que le carré à faire. On la perce, selon l'axe, d'un trou légèrement plus petit que le diamètre de la tige de chaussée.

On coupe un bout d'acier ayant de hauteur un peu plus que la hauteur définitive du carré, on l'enfile sur un arbre, on le tourne rond d'une grosseur d'environ un tiers plus fort que le carré à faire, et plat de chaque côté, en l'amenant à une hauteur un peu plus grande que sa hauteur finale.

On l'enfile au bout d'une petite broche de laiton un peu conique, méplate et les angles arrondis, et avec l'aide de cette broche, qui ne doit pas être engagée, on maintient le contour du petit cylindre appuyé bien d'aplomb sur un tas.

D'un coup d'un marteau assez lourd on aplatit le cylindre et de façon à faire prendre au trou circulaire la forme ovale vue en A, figure 5, planche X, forme qui doit être celle que représenterait la section, opérée perpendiculairement, de la tige de chaussée vers son extrémité. Si l'on a apporté à ce travail les soins convenables, l'acier percé doit commencer à entrer, en forçant, sur la tige de chaussée ; il suffira de retoucher un peu celle-ci pour obtenir un bon ajustement. Comme cet ajustement doit être sans jeu, on ne le termine définitivement qu'après la trempe du carré de rapport.

On met parallèles et dans le sens du grand axe de l'ovale, les côtés *d* et *f*, amenés à peu près au point voulu ; on prend, par ces côtés dressés, l'acier dans des pinces qui doivent le tenir fermement sans l'écraser (on peut prévenir l'écrasement par une broche enfoncée dans le trou), et l'on forme le carré, en enlevant tout ce qui sur le dessin déborde les lignes verticales pointillées. On le met alors sur un arbre, dont la tige a été ovalisée, et on le tourne, seulement sur les angles, jusqu'à la grosseur choisie. On donne également un coup de burin sur les deux faces formant le dessus et le dessous.

Arrivé là, il est facile, en le tenant avec des pinces, et fortement assujetti au bout d'une petite broche d'acier trempé et revenu bleu, de rectifier et de terminer le carré, et d'arrondir les angles du dessus, On perce le trou de la pupille, opération facile quand les deux trous ont été bien pointés. Après, en tenant le carré appuyé sur sa base, on donne un coup, avec un ébiseloir de forme évasée, dans le trou d'axe ; il est terminé alors par une creusure circulaire peu profonde qu'on rectifie au besoin avec un bout de tige arrondie et de la pierre broyée à l'huile.

On trempe le carré, on le revient bleu et on l'adoucit sur toutes ses faces visibles et sur ses angles, puis on l'ajuste définitivement sur la chaussée, et l'on perce le trou de la goupille qui doit traverser cette tige de chaussée, mais en ayant soin que le carré ne remonte pas pendant l'opération. Il n'y a plus qu'à polir avec une tige arrondie du bout et menée par un cuivrot, la petite creusure dite œil de perdrix, ensuite on termine les angles supérieurs en rouge et au brunissoir, et la face de dessus comme on le fait pour une tête de vis.

493. Nous avons considéré le cas où la chaussée n'a pas encore servi, mais si l'on a affaire à une chaussée toute préparée et percée, voici comment on peut agir.

On exécute le carré un peu plus haut qu'il ne faut, et on le perce un peu au-dessus du point qu'indiquent les mesures ; ensuite on diminue ce carré par dessous jusqu'à ce qu'on ait obtenu la coïncidence des trous où passera la goupille. On peut encore simplifier ce travail en faisant d'abord le carré de la hauteur convenable et, au lieu de le traverser par un trou, on le fend proprement, comme une tête de vis, en amenant le fond de la fente en coïncidence avec le trou de la tige de chaussée.

Centrer

Centrer une tige ; centrer une pièce sur le tour

494. Les procédés de centrage sont décrits dans le *Guide* et aux endroits suivants :

- Centrer en mettant en cire, pages 121 et 122 ;
- Centrer une tige, pages 143 et 144 ;
- Centrer une pièce sur le tour universel par un trou ou un point, pages 158 et 164, par le contour, page 166.

Chaîne

Calibrer et raccommoder une chaîne

495. Une chaîne qui est rouillée ou peu souple aux articulations des maillons, se met dans l'huile où on la laisse tremper au moins plusieurs heures.

Puis, après avoir serré à l'étau d'établi un buis, creusé en travers d'une rainure arrondie, on place la chaîne dans la rainure, c'est-à-dire à cheval sur le buis et pendante des deux côtés. On garnit très abondamment d'huile la rainure, et la chaîne étant saisie par les deux bouts, on la fait aller et venir sur le buis, en montant et en descendant, et on renouvelle l'huile fréquemment.

Lorsqu'elle est bien assouplie on la nettoie dans la benzine ou, après l'avoir savonnée, on la passe dans l'eau et de là on la laisse séjourner quelques minutes dans l'alcool.

Quand elle en est sortie et qu'elle est bien sèche, on la trempe dans de l'huile fine et on l'essuie très bien dans tous les sens avec un linge non pelucheux, en pressant sur la tranche avec le linge. De cette manière d'opérer résultera que cette chaîne conservera plus longtemps sa souplesse et qu'elle ne se rouillera pas à l'intérieur.

Lorsque l'on rive soit un crochet, soit un maillon à une chaîne, l'essentiel est que le rivet soit coupé ou limé bien carrément ; autrement le coup de marteau écrase en biais ce rivet, et il en résulte que la chaîne ne repose pas d'aplomb sur le barillet, et que le rivet est peu solide.

Chaussée et chevillot

496. Assujettir une chaussée. — Quand il s'agit seulement de la resserrer, on a recours au petit instrument décrit page 144 du *Guide.*

On peut aussi mettre un peu conique à rebours la tige d'une chaussée qui remonte quand on tourne les aiguilles, ou bien on corrige ce défaut par le moyen suivant.

On perce le carré de la chaussée d'un trou, vu en *a*, figure 8, planche X, et vu au pointillé de *c* en *s*, on pratique sur la tige (vue au pointillé) et au point *n*, correspondant au trou *a*, une rainure circulaire. Ceci fait, on introduit une goupille dans le trou, on la lime à fleur du carré du côté où elle est entrée, on laisse du côté opposé un léger surcroît de matière qu'on écrase juste assez pour empêcher la goupille de s'en aller. La chaussée tourne alors grassement et tient avec fermeté. L'ajustement résiste plus longtemps quand la goupille et sa rainure sont bien adoucies ou plutôt polies.

497. Assujettir un chevillot ; l'exécuter. — Nous avons signalé déjà les inconvénients du martelage de la tige de chevillot pour la faire tenir à frottement ferme dans le pignon du centre ou dans le pignon de chaussée.

Tracer sur cette tige un sillon en hélice ne vaut pas beaucoup plus : la bavure du sillon s'en va à la longue ou par fragment. Le moyen à employer préférable est celui indiqué page 145 du *Guide-manuel*, mais quand il y a peu de chose à faire à la tige, on peut agir comme il est dit ci-après.

On fait rouler sur une surface formée par un bois dur, et au moyen d'une lime demi-rude (plutôt plus que moins), la tige que l'on presse fortement sous la lime. Si la pression est assez forte et l'action suffisamment prolongée, on produit sur la tige un gonflement mat, qui augmente son diamètre et qui est très propre à retenir quelque peu d'huile.

On a dû faire un peu plus qu'il ne fallait et l'on rabat avec un brunissoir jusqu'à ce que cette tige entre et tourne grassement dans son pignon.

Quant à l'exécution d'un chevillot, elle ne présente aucune difficulté à celui qui sait limer et tourner un peu proprement. Pour faire le carré mécaniquement, voir le *Guide-manuel*, page 212, mais pour l'exécuter simplement à la main, voir plus loin l'article *Étampes, Étamper.*

Cire et gomme laque

Mettre en cire une pièce sur le tour

498. On appelle *mise en cire* l'opération qui consiste à fixer une pièce sur le tour au moyen de cire d'Espagne ou de gomme laque.

Le *Guide-manuel* fournissant à la page 121 les explications nécessaires pour que l'horloger sache mettre en cire, et convenablement, une pièce à fixer sur les tasseaux d'un tour, etc., nous ajouterons seulement ici quelques observations.

Le choix de la cire n'est pas indifférent : la fine cire d'Espagne colle solidement les pièces, mais de bons horlogers lui préfèrent de la gomme laque épurée. Certaines cires sont trop sèches, il suffit parfois d'un faux coup de burin pour faire décoller la pièce, d'autres sont grasses, molles, elles s'échauffent rapidement sous l'action du burin ou du polissoir et, par suite, se ramollissent, d'où résulte le dérangement des pièces collées.

Ce n'est qu'en faisant un certain nombre d'essais qu'on peut reconnaître si la cire possède les qualités convenables. Quelques ouvriers se trouvent bien de l'usage d'un mélange fait avec soin de bonne cire d'Espagne et de gomme laque.

Le choix de la substance collante est donc important, mais ajoutons que le mode d'application ne l'est guère moins, comme le font voir les *Considérations* du deuxième paragraphe ci-après.

Fixer une levée d'échappement à la gomme laque.

499. Pour coller à la gomme laque, à la cire, soit un contre-pivot, soit une levée d'échappement, on met généralement de petits morceaux de gomme laque autour de la pierre qu'on veut fixer et l'on fait chauffer. Mais assez souvent la gomme laque s'étend inégalement, se boursoufle, ce qui parfois a le double inconvénient de déranger la pièce et d'offrir un aspect peu agréable à l'oeil par suite des reliefs en excès et des irrégularités de la gomme.

On évite cet inconvénient par la méthode suivante : on saisit l'ancre dans de longues pinces à coulant, et l'on prend ensuite le morceau de gomme laque qu'on chauffe en l'arrondissant entre les doigts, et en surchauffant un peu on file ou plutôt on effile le bout. Le fil se casse, mais en laissant une pointe effilée au bout du petit bâton de gomme laque. Les choses ainsi préparées on chauffe la pince pas trop près de l'ancre, et l'on tâte le degré de chaleur sur cette pince, à proximité de l'ancre, en la touchant avec un morceau de gomme laque. Quand celle-ci fond avec facilité, on touche délicatement les deux flancs intérieurs de la coche, où loge la levée, avec la pointe effilée de la gomme laque ; il se dépose sur ces parois une couche de gomme (il en faut très peu) et il ne reste plus qu'à introduire la levée en pierre, qu'on maintient, si cela est nécessaire, jusqu'à un certain degré de refroidissement.

La pince ne perdant pas sa chaleur tout de suite, il est facile de faire monter ou descendre la pierre au besoin. On enlève les bavures de la gomme avec une tige en laiton limée en biais, et formant grattoir.

Pour fixer un contre-pivot il faut également le tenir par ses côtés dans des pinces à coulant, et enduire avec quelques soins le contour intérieur de sa creusure. Il faudrait le maintenir avec un petit outil formé de deux lames parallèles, car lorsqu'on le renverse sur une surface où on le promène, la gomme s'étale sur la pierre et s'enlève avec peine ensuite.

Considérations sur le mode d'emploi des cires, gommes laque, etc.

500. Dans l'usage des cires, résines, etc., pour coller deux objets l'un à l'autre, la façon dont le produit est appliqué, comme l'a fait judicieusement remarquer M. Sibon (*Revue chronométrique*), joue un rôle important, ainsi que le démontre son article que nous résumons ici. Chacun pourra y prendre ce qui est applicable à des cas d'horlogerie.

Une substance à employer pour réunir deux pièces, et même la meilleure, perd beaucoup de sa valeur si l'on s'en sert mal, et pour s'en bien servir il faut faire une saine application des règles pratiques suivantes.

1°. Les surfaces de contact doivent être parfaitement propres.

2°. Moins il y aura de cire, de ciment, etc., entre les deux corps que l'on fait adhérer, mieux cela vaudra. La raison en est que si la couche est épaisse, on n'a à cet endroit que la solidité qu'offre la matière employée. Or les cires, les ciments sont d'ordinaire plus fragiles que les pièces qu'ils unissent.

3°. Le contact doit être intime entre la cire et chaque surface sur laquelle elle est appliquée. Pour cela il est nécessaire que chaque surface soit échauffée au point que la colle fondue, la cire, etc., ne puissent se refroidir avant d'avoir eu le temps de produire une adhérence complète.

Cette remarque est surtout fondée quand il s'agit des cires d'Espagne, des mélanges de résine, de laque et matières analogues. Elles n'adhèrent très solidement que sur les surfaces amenées à une température voisine du point de fusion de la substance employée. La cire à cacheter les lettres nous en offre un exemple : quand le cachet a servi plusieurs fois de suite, ou qu'on le laisse trop longtemps sur la cire, ce qui l'échauffe, il adhère à la cire et donne beaucoup d'ennui si l'on veut continuer de s'en servir.

501. Avec la colle fondue chaude l'adhérence est mieux obtenue par une friction ou pression modérée.

La cire à cacheter est excellente pour unir un métal à la pierre ou au verre, pourvu que les masses à unir soient échauffées suffisamment pour fondre le ciment, car, si celui-ci est appliqué sur les surfaces encore froides, il n'adhère pas du tout. En chauffant deux morceaux de verre, de faïence suffisamment pour qu'ils fassent fondre la laque, une petite quantité de celle-ci suffit pour que les morceaux soient solidement rattachés.

Bien que tout le monde ait vu cette opération, peu de personnes la réussissent, parce qu'on ne sait pas généralement chauffer un vase délicat en verre ou un objet en porcelaine, à un degré suffisant pour obtenir un bon résultat.

En somme, le plus grand obstacle à l'adhérence de deux surfaces, c'est l'air et la saleté. Le premier est présent partout, la dernière est due à un accident ou à un défaut de soin. Toutes les surfaces sont recouvertes d'une mince couche d'air fort difficile à enlever, et dont on aperçoit fort bien l'effet dans les cas des métaux parfaitement polis qui peuvent être immergés dans l'eau sans se mouiller. Tant que cette couche d'air n'est pas déplacée, la cire, ou le ciment, ne peut pas adhérer à la surface sur laquelle on l'applique, uniquement parce qu'il ne peut pas être mis en contact avec elle. L'agent le plus efficace pour déplacer cet air est la chaleur. Les métaux portés à une température un peu inférieure à 75° centigrades, sont immédiatement et complètement mouillés quand on les plonge dans l'eau, d'où il résulte que, pour les ciments qui doivent s'employer dans un état de fusion, la chaleur est le meilleur moyen de les mettre en contact avec les surfaces sur lesquelles on veut les appliquer.

502. Tout en reconnaissant la justesse des observations de M. Sibon, nous remarquerons que la chaleur n'a pas pour unique effet de chasser l'air, mais qu'elle a aussi celui de rendre les surfaces à joindre un peu pénétrables ou perméables à l'enduit interposé, à la façon des soudures, et de rendre aussi l'emboîtement des molécules rompues plus complet, ce qui explique la plus grande ténacité obtenue d'une jonction parfaite et de l'amincissement de la couche d'enduit interposé qui en est la conséquence.

Compas employés en horlogerie

503. On a vu au mot *Calibre* ce qui constitue la différence du calibre et du compas.

Les principaux compas employés par les horlogers sont :

- Les compas de *Proportion* et de *Réduction* décrits dans le *Guide*, pages 26 et 27 ;
- Les deux compas, l'un à mesurer l'ouverture des cylindres dit *compas rapporteur*, l'autre servant à vérifier les fonctions de l'échappement à ancre, dit *compas à doigt de levée*, décrits dans le *Traité d'horlogerie moderne*, pages 289 et 462 ;
- Le compas à pompe et à vis, connu de tout le monde, et le petit compas à tracer les calibres, espèce de calibre à pignon, dont l'usage est expliqué à la page 657 du *Traité d'horlogerie.*
- Quant aux différents compas à mesurer les épaisseurs, dits *outils aux douzièmes, micromètres à aiguille* ou *à coulisse* et *à vernier*, le même *Traité*, en faisant connaître les principes de leur construction, indique comment l'horloger peut donner à ces instruments l'exactitude qui leur manque ;
- Le *compas à découper.* Voir au mot *Découpage.*
- On désigne encore sous le nom de compas divers instruments propres à mesurer des hauteurs, largeurs, profondeurs, tels que le compas aux bondes dit *Maître à danser*, connu de tout horloger. Notre *Maître à danser à aiguille*, destiné à prendre des hauteurs en cage (*Traité d'horlogerie*, page 291), enfin le *Compas* ou *Micromètre à centrer*, destiné à centrer une pièce ronde par son contour, ou à vérifier la rondeur d'un axe, et dont plusieurs applications sont énumérées page 166 du *Guide.*

On pourrait compléter cette série avec le *Calibre* à mesurer les hauteurs et les profondeurs, décrit également dans le *Guide*, page 217, et le compas ou *Outil à mesurer l'ouverture des palettes*, dont il est question à l'article *Palettes* ci-après.

Coulisse. — Coulisseau

Voir un peu plus loin à l'article *Glissière.*

Crémaillière (faire une)

La forme et les dimensions que doit affecter une crémaillère étant rigoureusement fixées par son engrenage avec le pignon, nous ne pouvons que renvoyer au chapitre *Des engrenages* du *Traité d'horlogerie*, pages 643 et 644, où la question est développée.

Croiser les roues

504. On a vu ci-devant page 285, à propos de l'exécution d'un balancier, comment l'ouvrier doit s'y prendre pour refaire une roue. S'il devait exécuter un assez grand nombre de roues en laiton du même modèle, il trouverait un grand avantage à les découper à l'emporte-pièce. Voici comment, en suivant la méthode de M. Rodanet, celui qui est éloigné des centres industriels où se fabriquent les découpoirs pourra se tirer d'affaire.

Pour donner aux matrices à croiser, et sans difficulté d'exécution, une grande hauteur (ce qui est avantageux), voici comment il les exécute.

Chacune des deux parties V et V, de ces matrices, dont j'ai obtenu, dit-il, les meilleurs résultats, n'est pas d'un seul morceau, mais est faite de deux pièces :

1° le croisillon *a c b d*,
2° la virole V, figure 13, planche X.

Le croisillon est formé sur une machine à diviser, de la même manière qu'on taille les ailes d'un pignon. Les poinçons, dont un est vu en P, sont ajustés à la main dans la partie creuse du croisillon, y sont collés à la gomme laque, le tout est tourné ensemble ensuite, et très légèrement plus fort que l'intérieur de la virole V.

Le croisillon est trempé et revenu bleu. Lorsqu'il est bien refroidi, on trempe la virole V *v*, on la revient bleue, et c'est pendant qu'elle est dilatée par la chaleur qu'on introduit à force le croisillon froid. Avec cette méthode de construction la main n'a aucune retouche à faire. V *n* n'est pas trempé.

On a fait aussi des outils à découper les croisées où le disque, qui sera la roue, préalablement découpé, est fixé sur un support qui tourne par quart de cercle, et c'est un seul poinçon qui vide, en quatre fois, le croisillon. Pour la plupart des cas, il est plus avantageux de faire fonctionner quatre poinçons à la fois.

Cuivre

A la note sur le cuivre, insérée page 54 du *Guide*, ajoutons que ce métal n'est attaqué par l'acide sulfurique que lorsque ce dernier est concentré et bouillant. L'acide nitrique et l'eau régale dissolvent aisément le cuivre et l'acide hydrochlorique concentré l'attaque lorsqu'il est divisé.

Cuivrots

506. Les cuivrots de différentes espèces qui sont nécessaires ou simplement utiles à l'horloger, sont décrits dans le *Guide-manuel*, page 126.

Nous lui recommanderons de nouveau de se familiariser promptement avec l'usage des cuivrots à cire, qui lui rendront journellement de bons services, et nous ajouterons à la collection de ceux publiés les deux suivants.

507. Cuivrot à ressort. — Lorsque pour faire tourner un axe on n'a besoin que d'une force assez faible, ce genre de cuivrot, qui présente l'avantage de s'ajuster facilement et de n'offrir que l'épaisseur strictement nécessaire au jeu de la corde, peut être utilement employé, soit par exemple dans le polissage des pivots fins, ou dans les terminaisons et l'arrondissage de leurs extrémités.

Pour l'exécuter on prend un cuivrot ordinaire en laiton bien écroui, on le vide à l'intérieur selon les contours du grand espace creux G et B, du dessin de la figure 8 (planche X). Cela fait, ou avant ce travail si l'on veut, on le fend de *o* en *i*, d'un coup de scie fine.

La fente *o i* a été indiquée très large sur le dessin afin de le faire mieux comprendre, mais dans la réalité cette fente n'a de largeur que juste l'épaisseur d'une fine lame de scie.

Cuivrot à ressort perfectionné. — Afin d'élargir le cercle de ses applications, nous avons apporté à ce petit outil l'amélioration suivante :

La fente *i o* (qu'on peut alors prolonger jusqu'en *i*) a été élargie, et une vis comme *e v*, mise en place en passant par un trou percé dans la gorge du cuivre, selon les deux lignes pointillées *r, t,* opère au besoin le rapprochement des deux branches et fixe solidement le cuivrot. Si l'on veut pouvoir faire varier sensiblement la grandeur du trou central, il faut faire le cuivrot en acier, amincir suffisamment les parties qui doivent avoir une certaine flexibilité, le tremper et le revenir bleu, après l'avoir fendu complètement en *i* (on pourrait placer alors la vis en *h h*, après avoir percé le corps du cuivrot, pour le passage du tourne-vis, selon cette ligne *h h*).

508. Cuivrot à mouvement continu dans le même sens. — Une fusée qui se remonte en tournant la clef indifféremment, à droite ou à gauche, est décrite dans Thiout. Le cuivrot dont il va être question produit, mais un peu plus simplement, le même effet.

A l'exposition de 1867 on voyait un archet placé sur un tour, et cet archet mis en mouvement faisait tourner un axe circulairement dans le même sens. Nous ne savons quel était le mécanisme adopté, car il était caché dans une petite boîte adaptée à la poignée de l'archet, mais si nos souvenirs sont fidèles, l'archet ne portait qu'une corde et, par suite, nous en avons conclu que le mécanisme n'était autre que celui de la fusée de Thiout.

Parmi les outils que nous avons combinés, et que nous publierons, il s'en trouve deux où un arbre doit tourner constamment dans le même sens et avec une assez grande vitesse ; il en résulte que l'usage de ces outils serait difficile pour les horlogers qui n'ont pas de tour allant au pied.

Si on appliquait à l'archet le système de Thiout on obtiendrait bien un mouvement dans le même sens, mais des vitesses différentes dans les mouvements ascensionnels et de descente de l'archet. Voici comment nous avons résolu la difficulté et obtenu la même vitesse dans les deux mouvements. L'idée nous en a été suggérée par la nécessité, mais elle est tellement simple qu'il n'y aurait rien de surprenant à ce qu'elle eût été mise en pratique avant nous.

509. Sur un canon *b c a* (figure 14, planche X) est monté à frottement libre un cuivrot N, creusé du côté *c*. Il est maintenu par la portée *b* et de l'autre côté par un rochet *d* fixé sur le canon *c*. La disposition de l'encliquetage, comme on le voit en *y*, aura pour effet que, lorsque la corde de l'archet descendra, il y aura entraînement du canon *b*, tandis que lorsque l'archet remontera, le cliquet circulera simplement autour du rochet, pour peu que le canon soit légèrement maintenu.

Le rochet *n* du cuivrot H est également ajusté à poste fixe sur *a c* et il est noyé dans la creusure du cuivrot. Ce cuivrot tourne librement, maintenu entre son rochet et l'anneau *s s*, qui est ajusté à force à l'extrémité du canon *b c a*. On voit que les deux encliquetages fonctionnent dans le même sens. Pour se servir du double cuivrot, on monte sur un archet deux cordes parallèles, distantes entre elles comme le sont les gorges des cuivrots.

Cet ensemble de dispositions terminé, on voit tout de suite que si l'on fait passer un axe, *j j*, par le trou du canon *b a* (axe qu'on peut fixer par la vis *v*), et qu'on enroule les deux cordes autour des cuivrots, mais de façon que l'une se croise par devant la poulie N par exemple, et l'autre par derrière la poulie H, l'axe sur lequel est monté le cuivrot double tournera constamment dans le même sens, soit que l'archet monte ou qu'il descende.

Les rochets sont placés aux côtés intérieurs des cuivrots ; il serait plus commode de les placer extérieurement. Leur mouvement peut être très doux et très sûr.

Si l'on avait besoin seulement d'un mouvement circulaire intermittent, on l'obtiendrait en plaçant en c un rochet sur lequel appuierait un cliquet ayant son centre de mouvement en dehors du système, et on se servirait d'un seul cuivrot. Si l'on voulait utiliser les deux, il faudrait que le croisement des cordes se fît du même côté.

Cylindre

Échappement à cylindre

510. On trouvera tous les renseignements nécessaires pour pouvoir construire, réparer, etc., l'échappement à cylindre, dans le *Traité d'horlogerie moderne* aux endroits et sous les titres suivants :

- Rapport entre les diamètres du balancier et du cylindre, page 194.
- Vérification pratique de l'échappement dans la montre ou sur le compas, pages 229 et 230.
- Les causes des arrêts et des variations et les moyens de les corriger, 245.
- Exécuter un cylindre, y placer les tampons, le pivoter, etc., 260 et suite.
- Faire entièrement une roue de cylindre, 272.
- Sa mise en place, ou pivotage d'un pignon d'échappement, 287.
- Nouvelle méthode de polissage des inclinés sur le tour à pied, 291.
- Compas à mesurer l'ouverture des cylindres, 289.

Cylindre en pierre :

- Méthode à suivre pour exécuter sa monture dite manivelle, 293.
- Redresser une manivelle faussée, 296.
- Pourquoi le cylindre en pierre règle plus difficilement que celui en acier, 209.

Notes complémentaires sur l'échappement à cylindre

511. Justifier une roue de cylindre. — Aux procédés donnés par le *Traité* cité, on peut joindre les suivants et on fera bien de consulter aussi l'article *Outils*.

Le petit appareil vu en D, figure 15, planche X, dont l'auteur nous est inconnu, remplace avantageusement l'arbre ordinaire, qu'on emploie, faute de mieux, pour vérifier l'égalité de tous les vides d'une roue de cylindre.

La plaque D (montée quelquefois sur trois pieds), figure 15, planche X, est traversée perpendiculairement à son centre par la partie lisse et conique *f* d'une vis *v*, taraudée à frottement dur dans un pont vissé à la plaque.

Cette plaque est ouverte du centre vers la circonférence, par une fente *a c*, assez large pour qu'un pignon ou une tige de roue de cylindre puisse s'y mouvoir à l'aise. On a compris maintenant l'usage de l'instrument au simple examen de la figure : une roue de cylindre étant, comme dans la figure, mise à plat sur sa face ou sur son fond, on la fait glisser avec le doigt vers le centre, tout en remontant la vis et en lui présentant chaque vide, jusqu'à ce que l'intervalle le plus grand entre deux dents, passe en frottant de deux côtés de *f*. Ensuite, on retouche à tous les intervalles trop étroits et jusqu'à ce qu'ils pénètrent sur le cône comme l'intervalle le plus grand.

512. Nouveau vérificateur des roues de cylindre. — Si l'on justifie les vides d'une roue comme il a été dit ci-dessus, ou si l'on mesure la longueur des dents dans le trou d'une étroite filière, il reste presque toujours quelques inégalités dans la denture. Il faudrait, comme nous l'avons dit dans le *Traité d'horlogerie*, que la filière embrassât en même temps un vide et le plein adjacent et c'est ce que nous avons réalisé dans le petit outil qui va être décrit.

Dans une plaque (figure 12, planche X) est encastrée une coulisse *k*, menée par une vis. Cette coulisse, qui affleure la surface, est percée d'une succession de trous de diamètres décroissants. Sur la plaque sont montées une palette *b*, fixée à vis par une patte et une deuxième palette, terminée en aiguille *j n*, mobile sur le centre *x*, et sollicitée à aller s'appuyer sur une goupille d'arrêt par un petit ressort droit ou un spiral. Son extrémité *n*, parcourt un arc de cercle gradué.

L'examen du dessin fait comprendre le reste : le pignon de la roue (ou l'arbre sur lequel elle est placée) étant introduit dans un trou de la coulisse où ce pignon entre juste, et ce trou préalablement amené à la position qu'indique le dessin, on appuie sur la roue de façon à la faire tourner. Dans ce mouvement elle ramène la palette *j* jusqu'à ce que la dent qui précède celle qui pousse *j*, s'appuie contre *b*.

On note bien exactement le point où s'arrête la pointe *n* de l'aiguille. On soulève la roue, on dégage une dent, on répète l'opération sur la suivante et ainsi de suite.

La précision des indications de l'aiguille est de plus en plus grande à mesure qu'on donne plus de longueur à *x n* relativement à la branche *j*.

513. Pince à nettoyer les roues d'échappement. — L'examen du dessin M de la figure 15, planche X, suffit à faire comprendre la combinaison de ce petit outil. Le corps et ses deux branches élastiques ont été formés avec une simple broche de laiton, et ce corps est emmanché au bout d'une tige d'acier taraudée.

Les deux petits becs en acier, et dont les faces sont inclinées l'une vers l'autre, ont été implantés au bout des branches. Pour se servir de l'outil, on appuie avec deux doigts sur les têtes des vis, alors il s'ouvre, et après avoir placé le corps de la roue entre les becs, on les laisse revenir l'un vers l'autre.

La roue étant ainsi tenue en l'air, il est facile d'enlever les malpropretés attachées à ses dents, ou de la nettoyer complètement, que ce soit une roue de cylindre, ou d'ancre, etc.

514. Mesure de l'ouverture d'un cylindre. *Construction d'un Compas-rapporteur.* — Nous avons décrit dans le *Traité d'horlogerie*, page 289, l'outil servant à mesurer l'ouverture d'un cylindre, et une note complémentaire, qu'on trouve à la page 790, explique le principe de sa construction. Nos chiffres ayant donné lieu à des appréciations diverses, nous revenons sur le sujet et complétons nos explications.

Nous n'avons pas à répéter les arguments en faveur de l'ouverture qui laisse 196° de plein à l'écorce du cylindre tout terminé, nous ne nous occupons donc que d'établir :

- la concordance de ce chiffre avec la donnée pratique en usage chez les bons horlogers ;
- la mesure mathématique de cette ouverture.

Pour simplifier, supposons un cylindre de un millimètre de diamètre ; l'unité de ce diamètre sera le *centième* de millimètre.

La donnée pratique pour le *plein* est : un peu moins des 7/12 du diamètre.

Or la proportion :

$$12 : 7 :: 100 : x \text{ donne } x = 58{,}33$$

Le dernier nombre ne diffère de celui qui répond à 199° que de 8 dix-millièmes de millimètre.

Pour connaître les portions du diamètre répondant à 200°, 199°, 196°, il suffit de prendre le rayon du diamètre 100, qui est 50, et d'ajouter à ce rayon la valeur des demi-cordes (Voir un *Traité de géométrie*) des arcs de 20°, 19°, 16°, ce qui donne :

Pour	200°....................	50 + 8,68	= 58,68
—	199°....................	50 + 8,25	= 58,25
—	196°....................	50 + 6,95	= 56,95

On voit combien il est facile de trouver, sur le diamètre, le point correspondant à une ouverture donnée, mais ce n'était pas assez d'avoir déterminé ces valeurs, il fallait mettre aux mains de l'horloger un instrument de facile exécution qui lui donnât immédiatement, avec une suffisante justesse, la mesure cherchée.

515. Le Compas-rapporteur, dont les grandes branches sont aux petites comme 36 est à 21 (Figure 2, planche quatrième du *Traité d'horlogerie*) donne, on peut bien employer ce mot en regard des chiffres cités plus haut, également 7/12 de plein.

Cette proportion conserve donc à l'écorce 199°. L'adoucissage et le polissage des lèvres suffisent pour diminuer cette écorce de 2° ou 3° (un degré est moindre ici qu'un centième de millimètre). Nous avions donc raison d'avancer que l'ouverture qui laisse un peu moins des 7/12, concorde avec les proportions que notre expérience et nos études nous ont prouvé être les préférables, et qu'en adoptant la proportion 36 à 21, la construction du compas, avec ces nombres sans fractions, devient extrêmement facile.

En prenant une moyenne entre les deux rapports 36 à 21 et 36 à 20, on mesurerait, et très sensiblement approchée, l'ouverture de 196°, mais l'outil ne devrait servir que pour le cylindre complètement terminé.

On peut mesurer une ouverture avec un micromètre (exact), mais un petit calcul est nécessaire ; le Compas donne immédiatement des proportions suffisamment exactes, et y eût-il une légère différence entre elles et les données mathématiques, qu'elle serait sans importance, comme le démontre la série des expériences que nous avons publiée dans le premier volume de la *Revue chronométrique*.

Polir mécaniquement les lèvres d'un cylindre.

516. Le polissage des lèvres d'un cylindre est l'opération la plus fastidieuse qui se puisse faire en horlogerie, aussi avons-nous cherché à créer un outil qui accomplit ce travail mécaniquement, et qui fût assez simple et assez facile à faire, pour que tout horloger pût l'exécuter lui-même. L'examen des lèvres des cylindres des fabriques révèle très bien l'action des machines mais, n'ayant jamais vu ces dernières, nous ignorons les différences ou les points de ressemblance qu'elles présentent avec notre petit appareil, dessiné figure 1, planche XI.

517. Description de l'outil. — Faisons remarquer tout de suite qu'il se compose de deux éléments principaux que l'on met simplement en place sur un tour à finir ordinaire :

- la plaque P, montée sur une tige T qu'on introduit à la place du support du tour ;
- le bâti E, dont l'axe remplace la broche de la poupée de ce tour.

L'idée de ces premiers éléments de l'appareil bien arrêtée dans l'esprit, on saisira avec facilité tous les détails de la description qui suit.

Sur la plaque P est montée une équerre *b b b'*, tenue par une vis. Elle est fendue sur une grande partie de sa longueur de façon qu'en desserrant sa vis, cette équerre puisse glisser vers la droite, et réciproquement. Le retour d'équerre *b'* supporte une enfourchure *d c* (vue de face, figure 2), laquelle pivote sur une vis à collet *f*, qu'on peut, comme un boulon, traverser d'une cheville à son extrémité. Cette pièce est terminée en *d* par une denture dont nous verrons tout à l'heure la fonction.

La longue tige *g h*, sous l'action de la manivelle M, tourne entre ses deux supports *k* et *l*, fixés tous deux sur la plaque P. Cette tige sert d'axe à deux excentriques *q* et R. Lorsque cet axe tourne, l'excentrique R fait monter et descendre l'enfourchure et par suite produit le va-et-vient de la denture en *d*.

En même temps l'autre excentrique *q* presse contre l'arrière du coulisseau *i n*, fonctionnant librement dans la coulisse *s*, et lui donne (ce coulisseau étant constamment sollicité par un ressort en hélice *j*), un mouvement d'aller et de retour, dans le sens de sa longueur.

Tous les détails concernant la coulisse et le coulisseau et leur agencement seront facilement saisis, cette partie de l'outil étant représentée vue par-dessus et montée sur la plaque P, figure 1, et vue, renversée de côté, figure 3.

Sur le coulisseau *n i* est adapté un petit fer à polir. Il pivote fermement sur une goupille qui lui sert d'axe, et son extrémité *u* est constamment repoussée vers le bas par un petit ressort *v* (figures 1 et 3), qu'on pourrait remplacer par un ressort en hélice agissant par-dessous.

518. Tout ceci entendu, passons au petit bâti E. La tige au bout de laquelle il est emmanché est formée de gros acier tiré, dit acier à pignon, dont le diamètre est plus petit que la largeur du trou de la poupée du tour. Cet acier a été garni vers *y* et vers *z* d'un double fourreau, ou manchon de laiton qu'on a ensuite tourné juste à la grosseur convenable pour qu'il puisse entrer dans le trou de la poupée. Par cette méthode on obtient un bon ajustement et on diminue la surface de frottement, en outre de l'avantage de pouvoir ajuster la tige à n'importe quel tour.

Au côté droit du bâti est fixée par deux vis la *rondelle porte-cylindre x*, dessinée à part en X, figure 4. On la détache pour y mettre en cire le cylindre par son balancier, en faisant attention que le dos du cylindre réponde (quand le porte-cylindre sera remis à sa position première) au dessous du rebord *e* du bâti, et on replace ce porte-cylindre sur le bâti. Cela fait, on met en prise les deux mobiles de l'engrenage (*d z*), et au point convenable, c'est-à-dire de telle sorte que l'excentrique R étant placé comme dans la figure 2, le petit fer à polir repose sur le milieu de la lèvre du cylindre. C'est alors qu'on serre définitivement la *vis* du support T.

Le reste se comprend tout de suite : lorsqu'après avoir garni de rouge à polir le petit fer, on tournera la manivelle M, l'excentrique R donnera au bâti un mouvement angulaire de va et vient sur son axe, et l'excentrique *q* fera aller et venir le petit fer sur la lèvre, dont il suivra tous les mouvements.

519. Le travail serait bien plus rapide et le poli serait plus beau, si le fer à polir, en outre de son mouvement en avant et retour en arrière, possédait la faculté de se déplacer un peu latéralement.

Or il est facile, ce qui reviendra au même, de faire un peu aller et venir le cylindre, par la simple adjonction de deux accessoires : le pont *a*, et le ressort hélicoïde *o*. Le pont *a* est fixé sur *d* dans une position inclinée (il est vu de dos en A), inclinaison qu'on augmente ou diminue à volonté, en serrant ou en desserrant la petite vis qui sert de butoir. Il en résulte que lorsque *d* monte le pont *a*, pousse la broche

Planche XI

Fig. 1.

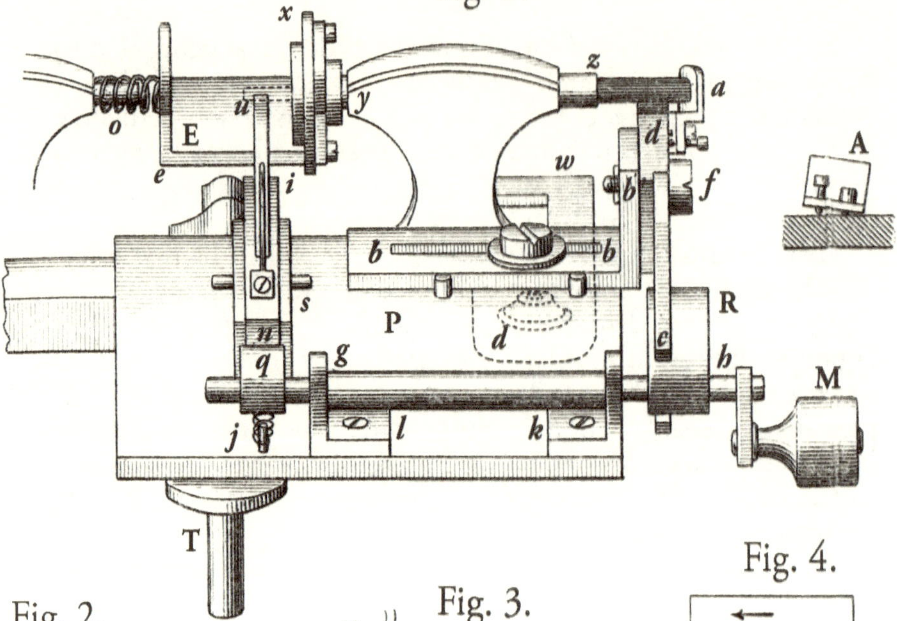

Fig. 2.

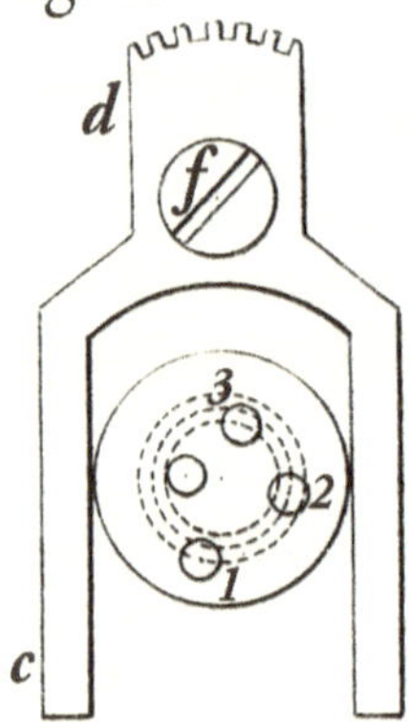

Fig. 3.

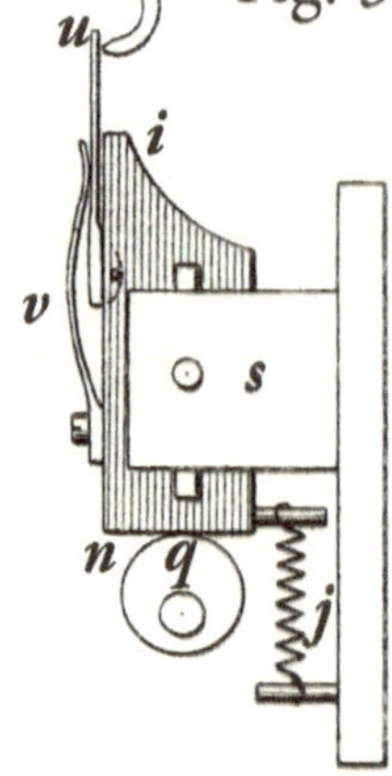

Fig. 4.

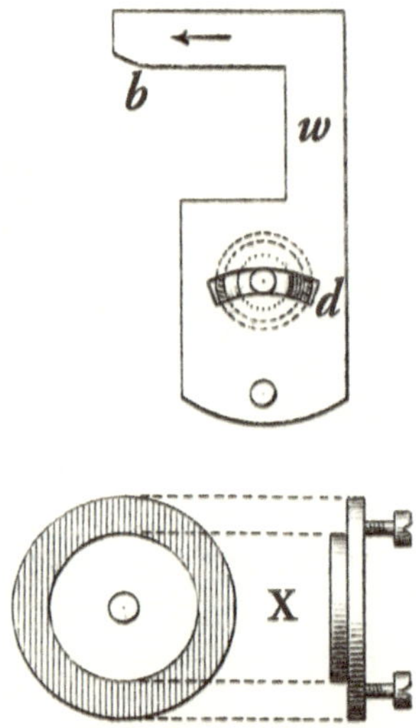

Fig. 5.

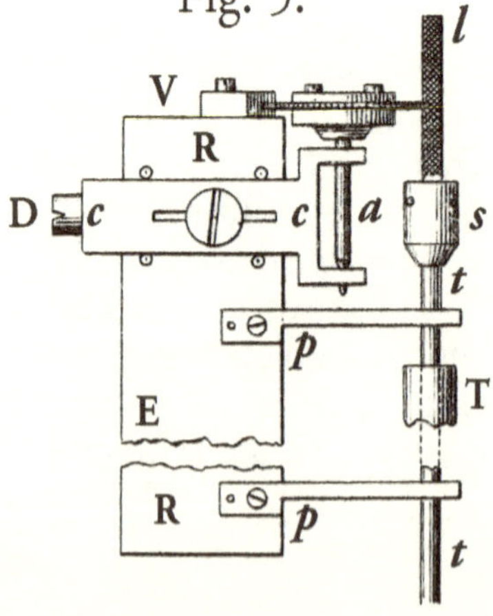

Fig. 6.

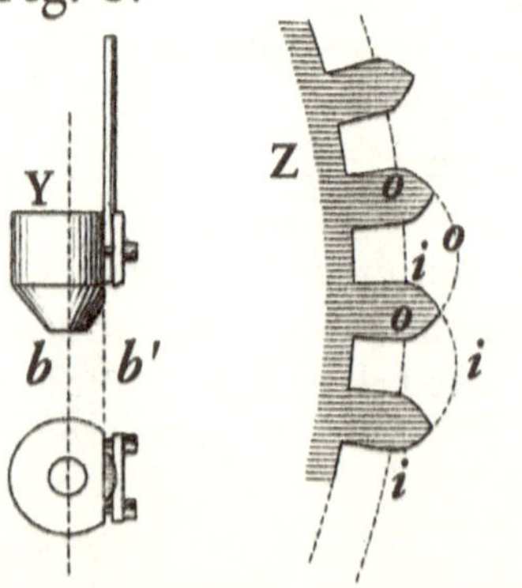

Fig. 7.

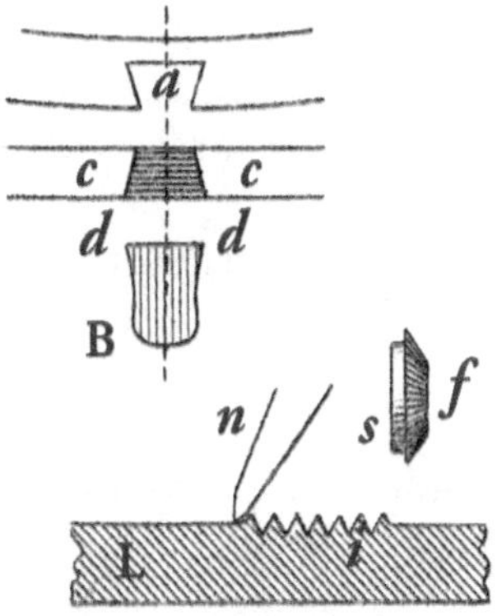

Fig. 8.

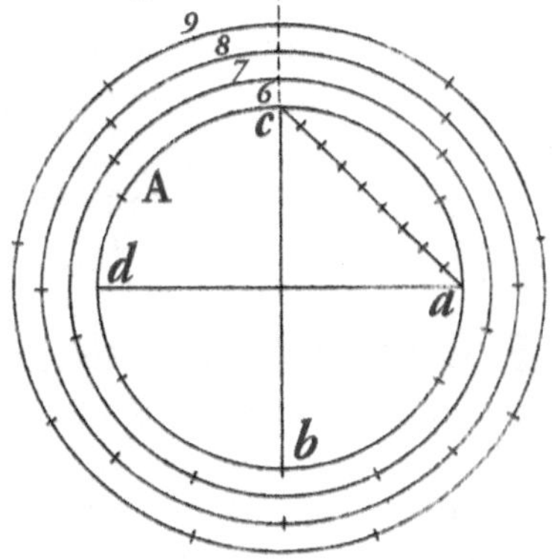

Fig. 10.

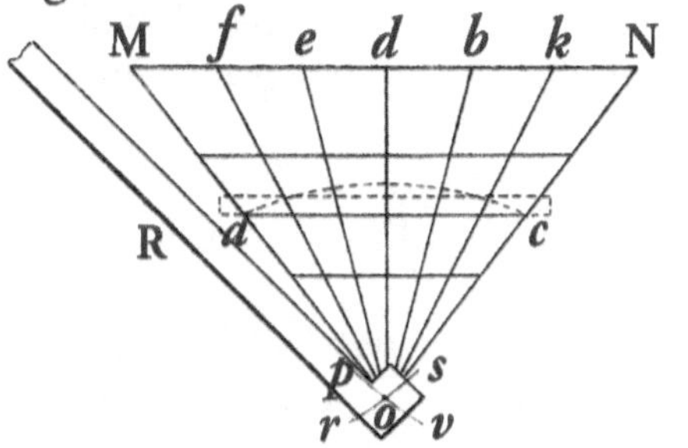

Fig. 9.

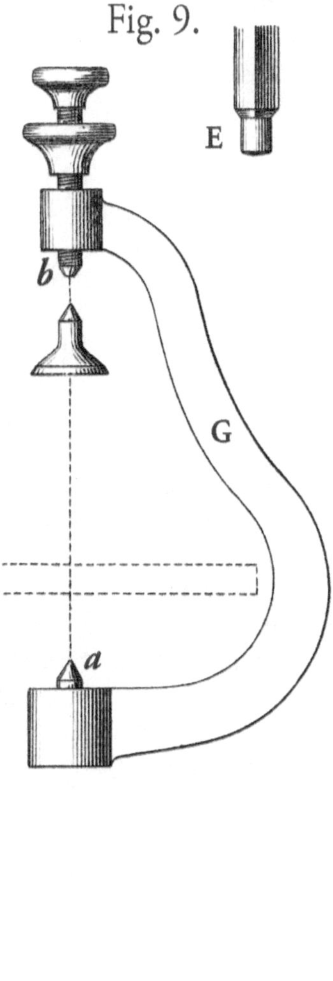

Fig. 11.

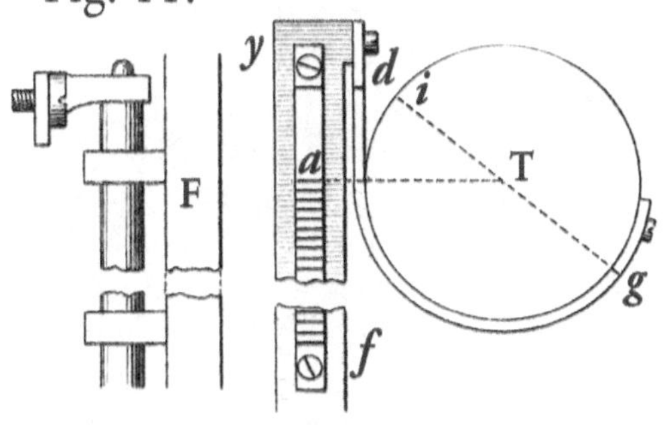

Fig. 12.

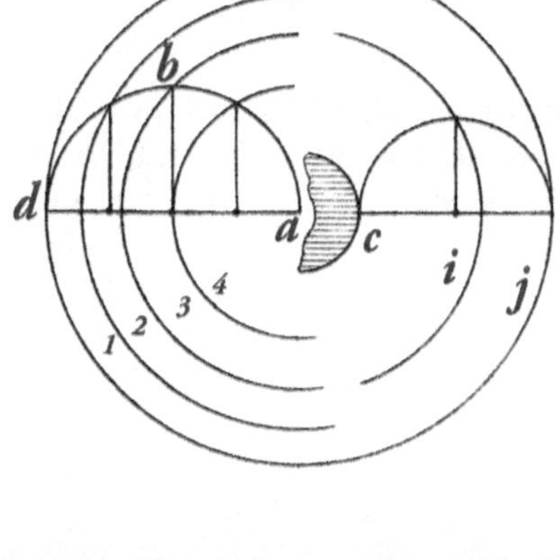

z y en avant et que lorsque *d* descend, cette broche revient à sa première position, repoussée par le ressort *o*, simplement enfilé sur la broche de l'autre poupée du tour.

Ce mouvement qui doit être très petit, peut être aussi court que l'on veut, puisqu'il dépend uniquement de l'inclinaison de *a*.

520. Importantes observations.

1.) Le mouvement angulaire du bâti doit faire parcourir au fer à polir tout le contour de la lèvre. L'étendue de ce mouvement est fixée par la grosseur et l'excentricité de L. On sent que le plus grand mouvement a lieu quand l'axe passe par le trou 1, (figure 2), et qu'il va en diminuant de plus en plus, si on ajuste cet axe dans le trou et ensuite dans le trou 3. Quant à l'excentrique *q*, il faut en avoir une, deux, ou trois de rechange. On peut faire ces excentriques en bois dur, en ivoire, etc.

2.) On peut remplacer le fer à polir par un bout de ressort suffisamment flexible et monté à vis sur le coulisseau, mais il agit avec une pression plus inégale.

3.) La patte coudée *w*, (figures 1 et 4) est vissée à la plaque P et par son bras coudé et sa longue vis à poulet, prend un point d'appui derrière le tour, et assure ainsi la stabilité de la plaque P. Pour faciliter cette opération on ramène le bras *b* (figure 4) dans le sens indiqué par la flèche, puis on le rabat derrière la poupée et on le fixe par son écrou *d*. Plus le point d'appui est solide, mieux cela vaut.

4.) On pourrait disposer l'appareil de façon à polir les deux lèvres à la fois, mais il deviendrait plus compliqué. Cette complication est évitée très simplement ici. Quand la lèvre est polie, on dévisse la rondelle porte-cylindre, on la retourne et on la place à l'intérieur du retour d'équerre de gauche, où deux trous, percés en correspondance de ceux du côté opposé, laissent passer les vis. Cela fait, et après avoir desserré la vis de la coulisse *b b*, on fait marcher le support du tour jusqu'à ce qu'on ait amené le fer à polir en face de la lèvre ; la coulisse *b b*, qu'on avait fait reculer, est mise alors au point convenable et, après avoir serré sa vis et assuré le point d'appui de *w*, on opère le polissage de la seconde lèvre.

5.) Le porte-cylindre vu en X, figure 4, sert pour les cylindres garnis de leurs balanciers. Quand le cylindre est nu, on emploie un autre porte-cylindre, portant au bord de son trou central, et relevée du champ, une sorte de petite tuile assez forte, sur laquelle on met le cylindre en cire.

Moyens divers de produire le mouvement continu

521. Faire fonctionner l'outil à l'aide de la manivelle M, ne donnerait pas un travail assez rapide, il faut en conséquence avoir recours à l'un des quatre moyens suivants :

Premier. — Monter à trou carré un pignon en *h*, faire engrener dans ce pignon une grande roue conduite par la manivelle. Plus cette roue serait nombrée, plus elle multiplierait les mouvements.

Deuxième. — Placer en *h* un cuivrot à mouvement continu comme celui décrit ci-devant, page 327, et le mener par un archet long.

Troisième. — Prendre un mouvement de pendule assez fort, faire embrayer sa longue tige avec l'axe *g h* et le ressort moteur bandé, laisser marcher tant que le ressort aura assez de force.

Quatrième. — Mener un cuivrot placé en *h* par la roue d'un tour au pied.

Décanter

522. La décantation, ou action de décanter, consiste à transvaser doucement un liquide pour le séparer du dépôt des matières d'abord en suspension dans le liquide, et qui se sont amassées au fond.

C'est par la décantation que l'horloger devrait préparer ses poudres à adoucir, à polir, etc. ; il les obtiendrait ainsi de grains beaucoup plus uniformes, à la finesse qu'il voudrait avoir, et débarrassées des grains qui restent gros et durs.

L'opération est bien simple : la matière pulvérisée, sous le marteau ou autrement, est jetée dans un vase plus ou moins rempli d'un liquide, eau, huile, etc.

On brasse vivement et on laisse reposer; puis on décante dans un autre vase. Tous les grains gros et lourds sont restés au fond du premier ; on les recueille, ils serviront pour les ouvrages grossiers.

Après un nouveau brassage et un repos plus long que le premier, on décante et on recueille une poudre dont les grains sont plus fins que ceux provenant du premier décantage : ce sera le n° 2. En continuant ainsi on obtiendra les nos 3, 4, etc., c'est à-dire des poudres d'une même matière, mais présentant plus d'uniformité dans les grains et d'une finesse de plus en plus grande.

Il est entendu que lorsque le sédiment recueilli est à peu près à la finesse voulue, on laisse reposer jusqu'au lendemain, ou plutôt jusqu'à ce que le liquide soit redevenu clair, et on décante avec précaution pour ne rien perdre du dépôt.

Quand on a affaire à des matières friables, on les broie entre les doigts, parce que le marteau pourrait écraser des grains durs étrangers à ces matières, et qui s'y trouveraient mêlés accidentellement.

On peut se servir d'huile pour la poudre de diamant, la pierre broyée à adoucir, d'eau pour la terre pourrie, de tripoli, d'alcool pour la corne de cerf, etc.

Décaper

523. La définition du mot est donnée ci-devant page 260.

Décaper l'acier brut. Voir le *Guide-manuel*, page 49.

Décaper une surface qu'on veut souder à une autre. Voir au même ouvrage, page 70.

Découpage. Découper

(*Voir aussi au mot Étampage*)

Découper le verre. — Voir plus loin au mot *Verre.*

524. Découpage intérieur d'une fausse plaque de cadran. — Les uns, pour faire la grande ouverture ronde du milieu de la fausse plaque qui supporte un cadran de pendule, se servent d'un fort compas dont une des branches, terminée en boule ou en cône, est appuyée au trou central, tandis que l'autre branche, bien trempée et tranchante, creuse un sillon circulaire.

D'autres emploient la règle tournant sur une pointe conique et sur laquelle glisse une coulisse portant un traçoir, qu'on remplace par une sorte de burin aigu et tranchant. On agit comme avec le compas, mais avec une plus grande force, parce que tandis qu'une main tient la pointe appuyée au centre, l'autre main manoeuvre près du burin, en appuyant vigoureusement dessus.

Un troisième procédé, le plus simple de tous, est celui qu'emploient les penduliers. Ils serrent dans l'étau d'établi, simultanément, à une distance l'un de l'autre égale au rayon de l'ouverture, un burin dont la partie aiguë et bien tranchante déborde seule, et une tige de la grosseur du trou de la fausse plaque. Puis, celle-ci enfilée sur la tige, et tenue à deux mains, on la fait tourner en faisant mordre le burin. Quand le sillon circulaire est un peu profond, on retourne la plaque et on agit de l'autre côté.

Il faut prendre quelques précautions au moment de la rencontre des deux sillons.

Le centre enlevé, on régularise le contour de l'ouverture avec une feuille de sauge. Quelques ouvriers trouvent plus commode d'enfoncer le burin et la tige dans un épais morceau de bois, rond en haut, et mis plat d'un coup de scie de délit côtés vers le bas, c'est-à-dire à la partie qui sera serrée entre les mâchoires de l'étau.

Dents. Dentures.

525. Taillage des dents. — Les dentures des roues de laiton se découpent sur l'outil à fendre à l'aide de petits burins tranchants dits crochets ou couteaux.

Pour les roues en acier, on emploie plus généralement les fraises circulaires taillées en limes qu'on utilise également pour les dentures en laiton.

Les procédés usités pour les taillages aux couteaux, ainsi que la manière de préparer ceux-ci, sont exposés dans le *Guide-manuel* de la page 188 à la page 207. Dans les fabriques, pour tailler les roues de laiton des pendules, on emploie des disques d'environ 6 centimètres de diamètre. Les couteaux sont disposés sur le contour de la manière suivante : un couteau fait le vide entre dix dents, le couteau qui précède forme l'arrondi à droite, tandis que le couteau qui suit forme l'arrondi à gauche, et ainsi de suite. Par cette manière de disposer chaque couteau isolé, si la partie qui plaque sur le disque est légèrement amincie en arrière, on n'a plus besoin de dégager la gorge sous le tranchant.

On trouvera décrits plus loin à l'article du taillage des fraises aux dentures, les moyens à l'aide desquels on peut préparer soi-même toutes les fraises-limes dont on peut avoir besoin pour former les dents dans l'acier ou dans le laiton.

526. Adoucissage des dentures. — Le plus grand nombre des montres et des pendules qui se font aujourd'hui sont de qualité inférieure, et les ouvriers se plaignent journellement de la difficulté d'obtenir de bons engrenages avec des dentures rugueuses, mal coupées et des pignons à peine polis. Ces ouvriers n'ont qu'une ressource dans ce cas, et elle consiste à *charbonner* les dentures.

On passe en travers sur ces dentures, et humide d'huile ou d'eau, un charbon très doux, homogène, régulièrement fibreux, les fibres dirigées dans le sens du mouvement de la main, au premier tour de la roue, puis on la retourne en sens opposé au second. Si le charbon est choisi avec discernement, si la main est légère et l'opération prolongée seulement le temps convenable, on a alors des ogives finement adoucies et un engrenage qui passe avec une facilité plus grande qu'auparavant.

Il est dangereux d'employer un charbon ayant beaucoup de *mordant*, on pourrait gâter la denture.

L'adoucissage fait avec une brosse chargée de charbon, ou de pierre broyée à l'huile, ne doit guère être qu'un nettoyage car une action un peu trop prolongée déformerait les dents.

527. Rectifier une denture mécaniquement. — On se sert pour cela de trois espèces d'outils : la Molette ou fraise à mouvement continu, l'Arrondisseur Ingold et le Cône arrondisseur, dont il est parlé dans le *Guide-manuel*, pages 206 et 207.

Voir également, ci-après, aux mots *Pignon* et *Vis* la description de moyens nouveaux.

L'ouvrier qui n'a aucun de ces outils à sa disposition, mais qui possède un outil à fendre, peut facilement se tirer d'embarras en fabricant la fraise-lime nécessaire pour l'opération qu'il veut faire (voir au mot *Fraise*), ou bien en employant le moyen suivant.

528. Réarrondir une denture à la main. — Nous avons vu un horloger de province employer un moyen analogue à celui qui va être décrit, mais son procédé n'assure que la verticalité de la direction de sa lime, et ne garantit pas la rectitude, ni l'uniformité de la courbe sur toutes les dents, et c'est précisément ces deux avantages qu'offre la disposition dont il va être question.

Autrefois les horlogers étaient très exercés à ce genre de travail, puisqu'ils arrondissaient à la main toutes les dents des roues, mais aujourd'hui, faute d'une suffisante habitude, il n'y en a pas un sur cent capable d'arrondir proprement une denture avec la main seule. Voici à quel expédient, le cas échéant, ils pourront avoir recours : c'est un petit dispositif à construire, mais il est si simple qu'il ne demande que peu d'heures de travail et peut être fait par un apprenti.

529. On prend une règle, en métal, ou en bois dur, bien redressée et coupée carrément sur ses angles (R, figure 5, planche XI). On y adapte un chariot *c c*, fendu sur la longueur de sa patte pour livrer passage à la vis qui le fixe sur la règle, cette patte coulisse ici simplement entre quatre fortes chevilles.

Le chariot porte, verticalement, un arbre *a* terminé par un plateau sur lequel on serre, sous un chapeau et par trois vis, la roue à réarrondir. On la met ronde par son contour pendant que l'arbre tourne sous l'action d'un archet, et que cette roue n'est encore serrée que mollement. Si l'on veut conserver son poli d'un côté, on y place un papier de soie.

V est un verrou qui, introduit entre deux dents, produit l'arrêt de la roue, en l'empêchant de tourner.

Deux bras, *p, p*, fixés à vis à la règle, supportent le manche de la lime à arrondir *l*. Ce manche est formé d'une grande tige T, terminée à ses extrémités par de longs et forts pivots, ou plutôt par des figerons *t t*, glissant dans les bras *p, p*. La tige T doit être absolument parallèle à l'arbre *a*, plus elle est longue et mieux cela vaut.

Le porte-lime *s*, vu à part en Y, figure 6, se chausse simplement sur le tigeron *t*. La distance entre le centre de l'axe *t* et la face de la lime (*b b'*, figure 6) est égale au rayon du cercle qui embrasserait les courbes extérieures de deux dents ou de trois, comme on le verra plus loin.

Toutes les choses en l'état représenté par la figure 5, et là règle serrée à l'étau en E, on voit qu'en tenant la roue entre deux doigts de la main gauche, pour l'empêcher de se soulever, et qu'en faisant monter et descendre la tige T, tout en la tournant d'un demi-cercle entre les doigts de la main droite, on rectifiera deux courbes de dents, selon l'arc *o o o* (Z figure 6), et qu'en déplaçant le verrou V d'un vide, on pourra faire un nouvel arrondissage selon *i i i*, figure 6.

530. Observations. — Comme il a été dit dans le *Traité d'horlogerie moderne*, pages 615 et 616, la courbe d'une denture se confond, de très peu, avec l'arc d'un cercle dont le centre est à déterminer, et qui embrasserait deux ou trois dents. Dans la pratique, pour réaliser ces conditions, on place le centre de l'axe T exactement au-dessous de la naissance des arrondis des dents de la roue, et en essayant, au plus, deux ou trois porte-lime, où la distance de *b* à *b'* (figure 6) va en progressant, on arrive facilement à trouver la lime qui convient, et qui dans son évolution effleurera la courbure qu'on veut rectifier.

On fait une première rectification, puis on avance la roue par la vis de pression D, on procède à un nouveau tour d'arrondissage, et ainsi de suite. Il faut toujours suivre l'opération avec la loupe. On peut ne pas utiliser le verrou et tenir simplement la roue entre deux doigts, on va plus vite ainsi, mais il faut surveiller à la loupe avec une extrême attention.

Nous le répétons, la longueur des deux axes est un élément de régularité. Pour le travail des roues de montres, il ne faut pas donner à T moins d'une quinzaine de centimètres.

On peut, en supprimant le verrou, rendre les mouvements des deux axes dépendant l'un de l'autre, dans un rapport donné, et former par suite une courbe théorique, ce qui a lieu dans notre *Arrondisseur de précision*, décrit dans le volume II de la *Revue chronométrique*, mais alors l'outil ne serait plus aussi simple.

Remplacer une dent cassée

531. On pratique sur le champ de la roue une petite entaille *a*, figure 7, planche XI, en queue d'aronde s'il est possible, et les deux flancs un peu inclinés de dessus au-dessous comme en *c c*. On découpe un morceau de laiton bien écroui, dans la forme B et de façon que sa partie *d d* s'ajuste dans *a*. Puis on prend la roue retournée, assez près de *a*, dans des pinces à long bec, qu'on serre dans l'étau d'établi. On mouille l'intérieur de *a* avec le liquide à souder, on met B en place et on dépose aux points convenables un peu de soudure. La lampe étant placée sous le bec des pinces, aussitôt que l'étain s'échauffe on ajoute de l'eau à souder ce qui l'aidera à couler. Quand la pièce est suffisamment refroidie, on l'agite dans une tasse d'eau et on la passe à l'alcool. Il ne reste plus qu'à limer plat, dessus et dessous, la pièce rapportée, pour la mettre au niveau du champ, et ensuite on reforme la dent avec soin.

Remarque. — En introduisant B du côté opposé à celui que la roue présente à l'oeil dans la montre, et en faisant les inclinés *d d* de moindre inclinaison que les flancs de *a*, la roue retournée présente autour de l'encastrement une petite rainure où la soudure coule très bien, tandis que si l'on regarde la roue par-dessus, l'ajustement étant bien plus exact de ce côté, c'est à peine si la trace de la soudure est visible.

Quelques-uns préfèrent étamer préalablement les flancs de *a*, et même ceux de B (Voir le *Guide-manuel*, page 72), et c'est quand la roue est suffisamment échauffée qu'ils présentent B à *a*.

Dessin. Ses reproductions

Relever un dessin, une empreinte de gravure

532. «. Le dessin est le langage de l'ingénieur, a dit le professeur Th. Olivier ; apprenez cette langue et vous pourrez plus facilement vous faire comprendre et être compris. »

Les principes du dessin géométrique et de l'art du trait sont résumés dans le *Guide-manuel* pages 23 et 29. Le *Traité d'horlogerie* enseigne comment il faut s'y prendre pour dessiner chaque échappement ou engrenage, en particulier : *Échappement à cylindre*, page 201 ; *Échappement Duplex*, page 319 ; *Échappement à ancre*, 430 ; *Échappement à détente*, 507 ; *Dessiner un engrenage*, page 613.

Reproduction d'un dessin

533. — Dans ce genre de travail, on aura à faire les deux opérations calquer et décalquer.

Calquer consiste à placer un papier végétal sur le dessin et à le copier simplement en suivant les lignes visibles au travers du papier végétal. On peut se servir, pour y tracer la copie, de papier ordinaire, pas trop épais, en disposant le dessin contre une vitre ou, ce qui est plus commode, sur un carreau de verre soutenu par un châssis disposé en forme de pupitre, et laissant arriver la lumière par-dessous. Quand le papier est trop fort, soit celui du dessin, soit celui de la copie, la transparence n'est plus assez grande, et il faut avoir recours aux moyens qui vont être décrits.

Décalquer consiste à reporter l'empreinte d'un calque soit sur un papier, soit sur un métal à graver. Nous allons voir comment cette opération est pratiquée.

534. Reproduire un dessin. — On peut adopter l'une des deux méthodes suivantes :

Première méthode. — Le dessin qu'on veut copier est fixé sur une table, si l'on se sert pour la copie de papier végétal, ou sur la plaque de verre, si on le remplace par du papier ordinaire. On fait un calque avec un crayon noir et pas trop dur. Ce calque achevé, on le renverse sur un papier blanc bien tendu, ainsi que le calque, et de façon que ni l'un ni l'autre ne puisse glisser. On presse dessus en tapotant, et en frictionnant, à l'aide d'un tampon, d'un corps rond préparé *ad hoc*. L'expérience enseigne le degré de dureté qu'il doit avoir. On enlève le calque, en évitant tout frottement, et l'on voit apparaître, sur le papier, le dessin délicatement reproduit. Il ne reste qu'à le passer, avec soins et précautions, à l'encre de Chine.

Remarque. — Le dessin reproduit est renversé. Lorsqu'on veut l'avoir dans sa position vraie, il faut au préalable retourner le dessin en le plaçant contre la glace.

535. *Deuxième méthode.* — On met le dessin à re produire sur une table et on en fait un calque à l'encre sur un papier très transparent. Quand l'encre est sèche, on retourne le calque et, avec un fusain à dessiner, un crayon noir pas trop dur, et coupé en biseau, on noircit tout le dessous des traits.

Cela fait, on pose et on fixe sans frottement le calque, son dessin à l'encre par-dessus, sur un papier blanc. Puis on suit les traits, en appuyant, avec un calquoir ou pointe de métal un peu mousse, afin de ne pas couper le papier. Quand on enlève le calque, on trouve au-dessous le dessin reproduit dans sa position vraie. Nous avons déjà vu une application de cette méthode pour le rétablissement des heures d'un cadran. On termine en passant à l'encre de Chine et en nettoyant avec la gomme élastique et la mie de pain.

536. Observations. — Le choix du papier de la copie, et du crayon, n'est pas indifférent, comme on le sent. Tous les papiers ne reçoivent pas également bien une empreinte. Tous les crayons ne laissent pas une trace aussi bien marquée. Le crayon Conté noir, numéro 2, est généralement très bon pour ces sortes d'opérations.

Relever l'empreinte d'un chiffre gravé, d'un dessin de boîte de montre

537. Avant tout, il faut se procurer un petit flacon de l'encre qui sert pour l'impression en taille douce. L'encre qu'on trouve chez les papetiers sous la désignation d'encre pour lettres à jour, peut servir.

On prend un peu d'encre sur le doigt de la main et on tapote ce doigt sur une plaque de verre, afin que l'encre s'étende, qu'il n'en reste qu'une faible quantité au doigt, et que cette faible couche restante soit bien égale partout. Si l'encre doit être en petite quantité, c'est parce qu'il ne faut pas qu'il en entre dans les creux de la gravure.

Le doigt préparé comme il vient d'être dit, on tapote avec, et suffisamment de temps, sur le fond de la botte de montre, c'est-à-dire sur la gravure. Quand on suppose que les reliefs ont retenu assez de noir, on prend un morceau de papier écolier, qu'on mouille légèrement, et on l'étend sur le fond. On place par-dessus un papier plié en quatre, et sur ce papier on promène en tous sens, et en appuyant, un corps rond, un manche de petite lime d'horloger par exemple, puis on enlève les papiers, sans glissement.

Si l'opération a été bien conduite, on aura une empreinte très nette du dessin gravé. Les reliefs seront en noir et les creux en blanc.

Seulement l'image sera retournée, comme celle qu'on aperçoit dans une glace devant laquelle on présente un objet. Il suffirait, si on voulait la rétablir dans sa position vraie, de la calquer de l'autre côté du papier.

Détente (Échappement A)

538. Plus encore que pour les autres échappements, celui-ci ne permet ni omission de principes, ni médiocrité dans l'exécution. Il faut ici absolument recourir au *Traité d'horlogerie moderne*, pages suivantes : *Vérification pratique de l'échappement*, 507; *Causes de ses arrêts et de ses variations*, 512 ; *Exécuter une roue d'échappement à détente*, 509 ; *Exécution, trempe*, etc., *d'une détente*, 510.

Voir aussi, aux articles divers de ce *Recueil*, la description de la petite bascule à polir les détentes.

Diviser

Une ligne, une règle, un cercle

539. Diviser une ligne droite *en parties égales ou proportionnelles.* — Consulter le *Guide-manuel*, page 31.

Diviser une règle en parties égales. On peut se servir de l'un des trois procédés que nous allons décrire ci-après.

540. *Premier procédé.* — Un papier à dessin étant assujetti sur une planchette bien plane, on tire la ligne M N (figure 10, planche XI). Puis avec une grande ouverture de compas, ou avec une règle métrique, on porte sur cette ligne M N, et en partant de N, autant de parties égales qu'on en veut avoir sur la règle à diviser, soit M la dernière division.

Avec une ouverture de compas égale à M N et du centre N, on décrit l'arc de cercle *p v* puis, du centre M, l'arc de cercle *r s.* On joint par des lignes le point d'intersection O au point N et au point M. Soit *a c* la règle que l'on veut diviser en parties égales, on la fait descendre, jusqu'à ce que les points *a* et *c*, devant former les extrémités de la division, tout en affleurant les lignes M O, N O, soient à une égale distance du centre O, chose facile à obtenir avec le concours d'un compas dont une branche est posée en O. Cette position trouvée, on assujettit alors en place, avec de la cire d'Espagne ou par tout autre moyen, la règle *a c*, puis on fixe au centre O, par une fine épingle enfoncée assez profondément et perpendiculairement dans le plan, une règle de laiton, comme R, qui tourne alors sur le point O, où l'épingle lui sert de pivot. Il ne reste plus qu'à tirer en suite, au moyen de R et d'une pointe délicate, les lignes O *k*, O *b*, O *d*, etc. La ligne *a c* se trouve alors divisée en autant de parties égales qu'en contient la ligne MN.

Les petites divisions de la règle *a c* ont d'autant plus de justesse, que la longueur choisie pour l'unité des grandes divisions est plus considérable.

541. *Deuxième procédé. Méthode de M. Cuel.* — A côté d'un tasseau de machine à fendre, de grosseur convenable, on dispose une sorte de coulisseau horizontal *y f*, figure 11, planche XI, pouvant glisser facilement, dans une direction perpendiculaire à *a* T. Une chaîne de montre ou un ressort très flexible, est fixée par une extrémité au tasseau en *g* et son autre extrémité s'attache au coulisseau en *d*. La chaîne, ou le ressort, se tend par un poids qui sollicite le coulisseau de *f* vers *d*.

Les choses ainsi préparées, on fixe sur le coulisseau la règle à diviser *a*, on marque sur cette règle une première division au moyen d'un crochet aigu porté par l'axe du couteau, ou mieux au moyen d'un coup de marteau et par un petit ciseau tranchant ou pointu, disposé pour cet effet et non susceptible de dérangement.

Faisons ensuite tourner la plateforme d'une quantité déterminée, la règle *a* s'avance de cette quantité ; marquons la seconde division puis la plateforme ayant tourné d'une quantité égale à son premier déplacement, frappons la troisième division et ainsi de suite.

Veut-on, par exemple, que la petite règle *a* présente trente divisions de *f* en *d* ? On choisit sur la plateforme un nombre double, triple, etc., afin que le tasseau n'offre pas une courbure d'un rayon trop court et sur laquelle le ressort où la chaîne s'appliquerait dans de mauvaises conditions, soit le nombre 60, celui préféré.

Deux traits délicats (en *d* et en *g*) indiquent la longueur du ressort égale à la ligne droite qu'il s'agit de diviser.

Le tasseau est mis alors au tour et diminué jusqu'au point où les deux traits du ressort embrassent exactement la demi-circonférence et tombent sur le diamètre *i g* de ce tasseau.

Le ressort étant ensuite fixé par ses deux bouts, le coulisseau, portant la règle étant mis en place et le trait *g* se trouvant sur la ligne *a* T au début, on voit d'un coup d'oeil, par la figure 11, que chaque déplacement de la plateforme fera avancer la règle *a* de un trentième de la distance comprise entre *f* et *d*.

Remarques. — Connaissant le rapport du diamètre à la circonférence (::1: 3,1415...) on peut tout de suite déterminer par le calcul le diamètre du tasseau.

Sa forme doit être parfaitement cylindrique, et il est bon d'y placer des guides empêchant le ressort ou la chaîne de s'enrouler en hélice.

La règle doit être dirigée, dans sa marche, bien perpendiculairement à *a* T, et la portion du ressort tendue en ligne droite doit toujours présenter une parallèle à cette direction.

Le tasseau et le ressort exigent un parfait état de propreté. Le ressort doit posséder une grande souplesse. Il faut un poids plus lourd pour tendre le ressort que pour tendre la chaîne, et ce poids sera d'autant plus pesant que le ressort sera plus fort.

Le coulisseau ou pièce de support *y f*, pourrait simplement glisser sur une surface horizontale, entre des goupilles plantées de distance en distance sur deux lignes parallèles.

Mieux vaudrait adopter cependant une autre méthode, celle par exemple qui consisterait à faire glisser cette pièce (F, fig. 11) à frottement très doux, le long d'une tige parfaitement droite et cylindrique.

542. *Troisième procédé.* — Il n'est qu'une application de celui indiqué page 35 du *Guide*. On a vu, par les articles du *Guide*, **239** et **252**, qu'on peut, sur le tour universel, marquer en ligne droite une série de points équidistants.

En effet, connaissant la hauteur du filet de la vis de rappel du chariot porte-burin, on détermine la distance des points en millimètres ou fractions de millimètre, et la règle à diviser, placée bien horizontalement sur le plateau, immobilisé par un moyen quelconque, on marque le premier point à l'aide de la broche porte-foret, décrite au **252**. On fait tourner la vis de la quantité déterminée d'avance, on marque le second point. Le foret rappelé en arrière, on fait tourner la vis de la même quantité que précédemment, on marque le troisième point, etc. On doit toujours, pour marquer le premier point, avoir fait marcher un peu la vis dans le sens où elle doit continuer, afin d'éviter un temps perdu.

Diviser un cercle

543. Diviser le contour en parties égales. — Le moyen consiste, ainsi que M. Godart l'a indiqué dans la *Revue chronométrique*, dans les opérations suivantes : après avoir tracé un cercle A, figure 8, planche XI, on le partage par deux diamètres en croix *a d, c b*, en quatre parties bien égales. On joint par une droite les deux points *c* et *a*, et on divise cette droite bien exactement en 9 parties.

On trace des cercles concentriques au premier, distants entre eux d'une division de la ligne *a c*, et au nombre de un, deux, trois, etc., suivant qu'on veut obtenir la division d'un pignon de 7, de 8, de 9, etc.

Cela fait, pour opérer cette division on prendra, avec un compas à pointes fines, la distance de *c* au centre, c'est-à-dire égale à un rayon du premier cercle.

On posera ensuite une de ses pointes en *c*, l'autre pointe indiquera sur le cercle la position de la seconde aile, on la marquera, et ainsi de suite. On agira de même pour les autres cercles en conservant l'ouverture du compas.

On facilite beaucoup le travail, surtout quand il s'agit d'un dessin, en choisissant le premier cercle de telle façon que la ligne *a c* renferme exactement le nombre de petites divisions voulu en demi-millimètres ou en millimètres ou en doubles millimètres, etc., parce que ces divisions se trouvent toutes marquées sur les petites règles à l'usage des dessinateurs.

544. Diviser la surface en zones *de superficies égales ou proportionnelles.* — La solution de ce petit problème a été publiée dans la *Revue chronométrique* par M. A. Brocot.

Soit *a d* le rayon d'un cercle qu'on veut diviser en 4 zones circulaires d'égales surfaces (figure 12, planche XI), au moyen de circonférences concentriques.

Sur *a d*, pris pour diamètre, on trace la demi-circonférence *a b d*, on divise avec soin *a d* en quatre parties égales, et sur chaque point de division on élève une perpendiculaire. Par les intersections des perpendiculaires et de l'arc *a b d*, on fait passer les circonférences concentriques. Ces circonférences tracées, les zones 1, 2, 3, 4, qui en résultent, sont égales en superficies.

Si l'on voulait que les surfaces fussent entre elles dans un rapport donné, il suffirait de diviser *a d* selon ce rapport.

Le côté droit de la figure 12, planche XI, est une application particulière et qui a pour objet de diviser en deux surfaces égales, *i c*, *i j*, l'intérieur d'un barillet, entre la bonde et la virole. Quand le ressort moteur couvre exactement *i c*, lorsqu'il est armé, et *i j*, lorsqu'il est désarmé, il donne son plus grand développement (*Traité d'horlogerie moderne*, chapitre des Moteurs).

Dorer. Dorures (nettoyer les)

Dorer à froid sans mercure

545. Premier procédé (*de M. H. Robert*). — On prépare de l'or en poudre comme il est indiqué plus loin, ou plutôt l'on s'en procure chez les marchands de produits chimiques, où l'on en trouve de différentes couleurs.

On fait un mélange d'or en poudre, de sel marin et de crème de tartre pulvérisée, comme il a été expliqué pour l'argenture, et l'on en fait l'application en employant les mêmes précautions (**483** et suite).

L'aspect de la dorure est terne, on ne peut employer un acide pour lui rendre son éclat (lorsque l'on a affaire par exemple à une roue rivée à un pignon), mais on y parvient par un moyen très simple. On frotte la pièce après l'avoir dorée, avec de la crème de tartre seule et beaucoup d'eau. Puis on la lave immédiatement à grande eau chaude (40° au moins), on la savonne avec beaucoup de précaution, pour saturer les atomes d'acide qui pourraient être restés, et on passe à l'alcool pour dissoudre ce qu'il pourrait y rester encore de savon.

On obtiendrait encore mieux en frottant la pièce fortement avec une de ces moelles de sureau très dures comme on en rencontre quelquefois.

M. Robert ajoute :

> « J'ai doré ainsi des roues, des ponts, des cuvettes de montres, des masses de balanciers-compensateurs, et même la partie de laiton de ces balanciers. Lorsque l'opération est faite avec adresse et promptitude, le pignon ne se tache pas du tout, mais s'il arrivait qu'il se colorât légèrement, on le blanchirait à l'instant avec un peu de bois tendre et du rouge à polir, très doux. »

546. *Préparer la poudre d'or.* — On en trouve, comme il a été dit, chez les marchands de produits chimiques, et de la couleur qu'on désire, mais celui qui veut la préparer lui-même peut s'y prendre de la manière suivante, indiquée également par l'ouvrage de M. Robert.

Mettez dans une assiette de l'or en feuille, ajoutez-y un peu de miel, broyez ou plutôt délayez soigneusement ces deux substances ensemble à l'aide d'un bouchon de cristal dont la partie inférieure soit bien plate, jetez la pâte qui en résulte dans un verre d'eau aiguisée avec un peu d'alcool, lavez-la et laissez-la déposer. Décantez ensuite la liqueur et lavez derechef le dépôt, répétez la même opération jusqu'à ce que vous ayez obtenu une poudre d'or fine, pure et brillante. Cette poudre, mélangée de sel marin et de crème de tartre pulvérisée, comme il a été dit pour l'argenture (**484**) et délayée dans l'eau, produira la dorure indiquée par l'auteur.

547. Deuxième procédé. — Il nous est communiqué par M. Boutet de Monvel.

Préparation du bain d'or. — Dissoudre dans l'eau ré gale un gramme d'or fin, laminé mince, dans une capsule de porcelaine chauffée sur un bain de sable, et réduire jusqu'à la couleur sang de boeuf. Ajouter alors un demi-litre d'eau distillée chaude, dans laquelle on a fait dissoudre quatre grammes de cyanure de potassium (Cyanure blanc en pierre), bien remuer avec une tige de verre, et filtrer la liqueur dans un entonnoir de verre sur papier sans colle. On a dû faire dissoudre d'avance le cyanure de potassium.

Préparation des pièces à dorer. — Elle consiste à les décaper et nettoyer avec soin.

Pour grainer, on prend une partie de *poudre d'argent*, une partie de sel fin, une partie de crème de tartre, et avec ce mélange on frotte les pièces en rond en se servant d'un bouchon, puis on lave et on procède à la dorure.

Pour dorer, faire chauffer le bain d'or un peu plus que tiède, y plonger les pièces à dorer posées sur un morceau de zinc bien propre, et les y laisser dix minutes ou plus suivant l'épaisseur qu'on veut donner à la couche.

548. Observations. — Les nuances de l'or tiennent à la matière qu'on lui a alliée. Avec l'argent elles sont vertes et se foncent de plus en plus vers le rouge par la présence du cuivre. On peut utiliser cette remarque pour varier la nuance que donnera le bain, mais le mieux est d'acheter de la poudre d'or de la couleur qu'on désire, comme il a été dit plus haut.

Par l'effet de la présence des acides dans le bain d'or le deuxième procédé ne doit être employé que pour des objets de laiton qui ne sont pas joints à de l'acier, car autrement il faudrait envelopper celui-ci d'un vernis préservateur.

Les procédés qui viennent d'être indiqués sont simplement suffisants, c'est-à-dire qu'ils permettent à l'horloger de dorer, au besoin, quelques petites pièces comme ponts, roues, cuvettes, quand le *rappropriage* des montres le demande, et qu'il est loin des doreurs. Mais il doit toujours faire des essais préalables.

Si l'espace ne nous fait pas défaut, nous compléterons ces articles en donnant dans la troisième partie, aux *Articles divers*, un procédé de dorure galvanique.

Nettoyer les objets dorés ou en or

549. Ce procédé s'applique également bien aux pièces dorées comme ponts, cuvettes, etc., cages et sujets de pendules, et bijoux dorés ou en or.

Dans la valeur d'un verre d'eau ordinaire on ajoute à l'eau une vingtaine de gouttes d'ammoniaque liquide (l'ancien alcali volatil), on y trempe à plusieurs reprises la pièce que l'on brosse avec une brosse douce, et quand on suppose l'opération terminée (l'habitude apprend à juger de l'avancement du nettoyage), on passe à l'eau pure, puis à l'alcool, et on essuie avec un linge fin. La dorure a repris son éclat.

Avec les minces dorures galvaniques, il ne faut employer que des brosses très douces.

550. Les doreurs, au lieu de terminer en passant dans l'alcool et en essuyant avec un linge fin, mettent tout simplement les pièces dans la sciure de bois, plutôt fine que grosse, et les y laissent longtemps, c'est-à-dire jusqu'à ce qu'elles soient parfaitement sèches. Il suffit ensuite de les secouer et de leur donner un léger coup de brosse fine.

La sciure doit être parfaitement sèche, il est bien même qu'elle soit un peu échauffée, c'est pour cela qu'en hiver surtout, on met quelques instants sur un poêle chaud, ou dans son four, la boîte en bois qui est remplie de sciure. En été, on la met au soleil.

551. *Deuxième procédé.* — A défaut d'ammoniaque on peut employer le moyen suivant : faire bouillir de l'alun (**380**) dans de l'eau pure et y tremper de temps en temps la dorure que l'on brosse avec une brosse douce.

552. Faire revenir le mat des bijoux *dorés ou en or.* — Les mettre pendant deux ou trois minutes dans l'eau de Javelle, passer dans l'eau pure, savonner et faire sécher à la sciure. Il serait bon que les parties polies, s'il y en avait, ne trempent pas dans le liquide, parce qu'elles y prendraient une légère teinte mate.

Nettoyage des bijoux d'or après soudure. — M. Bousquet nous envoie la note suivante qu'il nous prie de publier dans l'intérêt de ses confrères.

Après qu'on a soudé des bijoux en or, il y reste parfois adhérents des fragments du fil de fer qui a servi à maintenir les pièces. Si on plonge le tout dans l'eau à dérocher, il se forme une couche d'oxyde plus ou moins épaisse sur le bijou, et on ne réussit pas toujours à l'enlever, même en le faisant chauffer plusieurs fois.

Pour faire disparaître cette couche, sans altérer le poli du bijou, il suffit de le plonger quelques instants dans l'acide nitrique (**378**).

Duplex (échappement)

553. Consulter le *Traité d'horlogerie moderne* aux pages suivantes :
- Examen et vérification de l'échappement, 334 et 336.
- Causes des arrêts et des variations et moyens de les corriger, 337.
- Exécuter une roue Duplex, 326 ; la justifier, 328.
- Faire servir une roue mal taillée, 342.
- Faire l'axe, 339.

Ébaucher

554. Ébaucher une creusure dans l'acier avec le burin-fixe. Consulter ci-devant le numéro **387**.

Ébaucher rapidement une pointe, une vis. Voir le *Guide-manuel*, page 180.

Équarrissoirs. Alésoir.

Équarrir droit ; rond. Aléser et agrandir des trous.

Relire la note sur le sujet, page 88 du *Guide-manuel.*

555. Méthode pour agrandir à angle droit *les trous du barillet, etc.* — Cette opération est rarement bien faite par les jeunes horlogers qui ont à agrandir des trous à l'aide de l'équarrissoir. En employant le procédé suivant, indiqué par M. Brisbart, et des plus simples, comme on va voir, on réussirait à chaque fois.

On prend un bouchon de liège assez long, d'un diamètre un peu moindre que celui du barillet ou du couvercle dont on veut équarrir le trou très droit ; on perce ce bouchon longitudinalement d'un trou où l'équarrissoir puisse pénétrer à glissement. Ce bouchon, qui a été tourné parfaitement plat par devant et sur le bord, s'enfile ensuite sur l'équarrissoir, et celui-ci introduit dans le trou du barillet, on agrandit ce trou en faisant reculer par pression le cylindre de liège, toujours appuyé bien à plat sur la face du barillet, qu'on maintient appliqué contre ce liège.

556. *Équarrissoirs pour trous de vis.* — Les horlogers économiseraient du temps et éviteraient des ruptures fréquentes de tarauds en préparant à l'avance quelques équarrissoirs sur lesquels des cylindres, tournés bien plats par devant, seraient enfoncés à force au point convenable, c'est-à-dire correspondant aux tarauds les plus fréquemment employés. Il en résulterait que les trous étant toujours amenés à l'ouverture qui conviendrait le mieux, seraient alors taraudés avec plus de facilité et sans accidents.

557. Équarrir en conservant le trou rond. — Beaucoup d'ouvriers, en se servant de mauvais équarrissoirs, ou en les menant par soubresauts, produisent des crans à l'intérieur des trous.

Pour éviter leur déformation, quand on n'est pas sûr de sa main, on retire l'équarrissoir du trou sur une grande partie de sa longueur et on introduit dans le vide un ou deux morceaux de bois assez durs en forme de tuile et de façon que deux arêtes au moins de l'équarrissoir s'y enchâssent, en sorte que l'équarrissoir, en tournant dans le même sens et en s'enfonçant, entraîne circulairement le bois. Quelques essais suffisent pour qu'on puisse utiliser ce procédé. Il y a grand avantage à se servir, pour les trous déjà un peu grands, des équarrissoirs ou plutôt des alésoirs semi-cylindriques ou triangulaires, dont les coupes verticales sont représentées en C, en A et en D, figure 1, planche XII. Les deux C et D alèsent très bien un trou, mais font peu de besogne ; le A fait plus de travail dans le même temps, et s'il est bien mené, il conserve les trous très ronds. Pour les gros trous, on se sert de ces outils avec le vilebrequin ou le tourne-à-gauche, mais pour les trous petits ou moyens, il est très avantageux de monter l'outil, celui de section A par exemple, sur un touret comme celui qu'emploient les monteurs de boîte pour les trous des charnières, et on le fait marcher soit avec la roue à pédale, l'archet ou bien avec la manivelle et par engrenage. Une seule précaution est à prendre, celle de ne pas engager trop vivement la pièce.

Remarquons ici que le mot alésoir n'a pas la même signification chez les mécaniciens et chez les horlogers : ceux-ci donnant ce nom à de petites broches coniques d'acier dur et poli qu'ils passent, en les faisant tourner à frottement ferme, dans les trous des pivots pour en lisser et en brunir les parois.

Fig. 1.

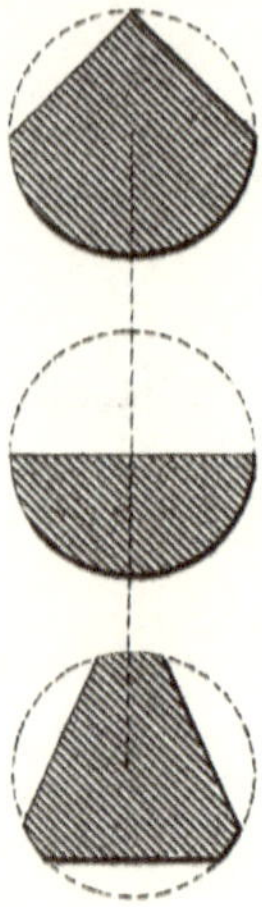

Fig. 2.

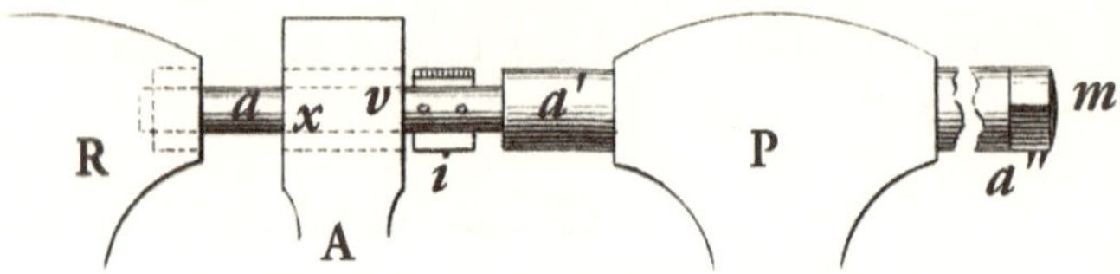

Fig. 3.

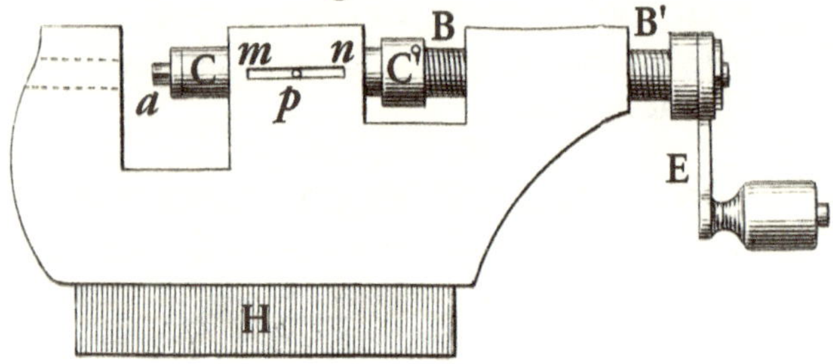

Fig. 4.

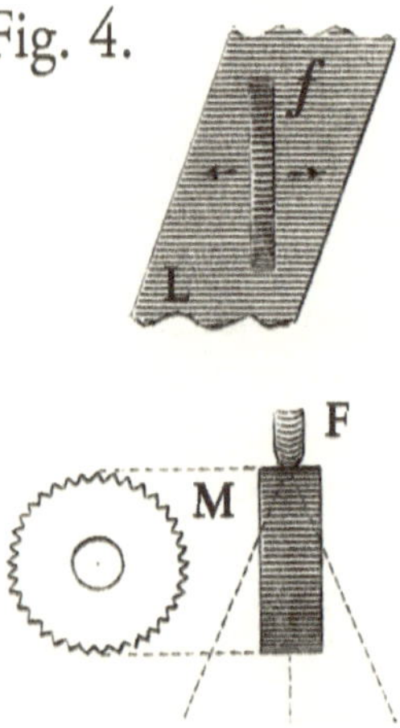

Fig. 5.

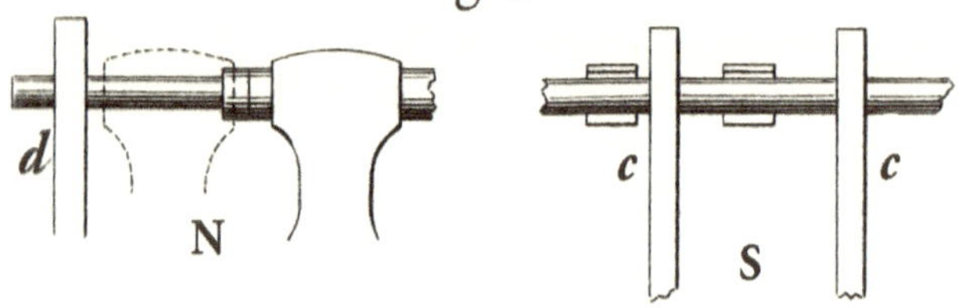

Fig. 6.

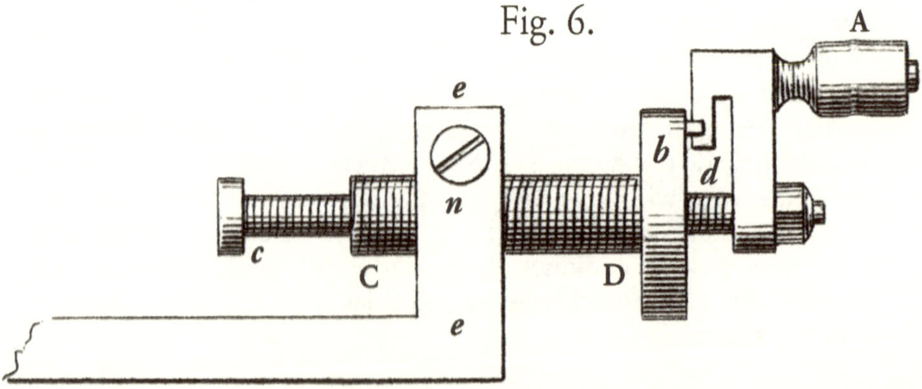

Fig. 7.

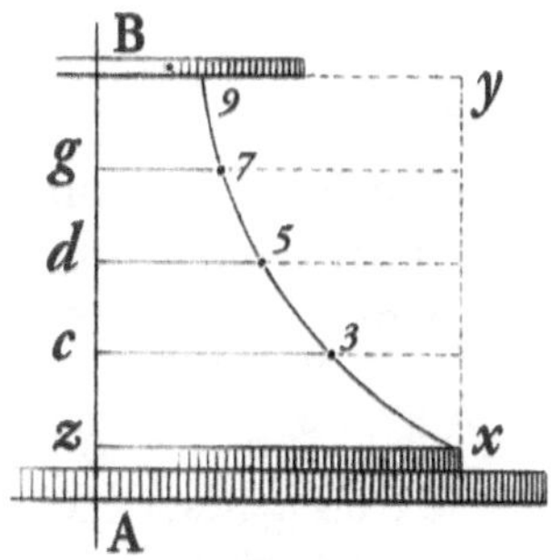

Fig. 8.

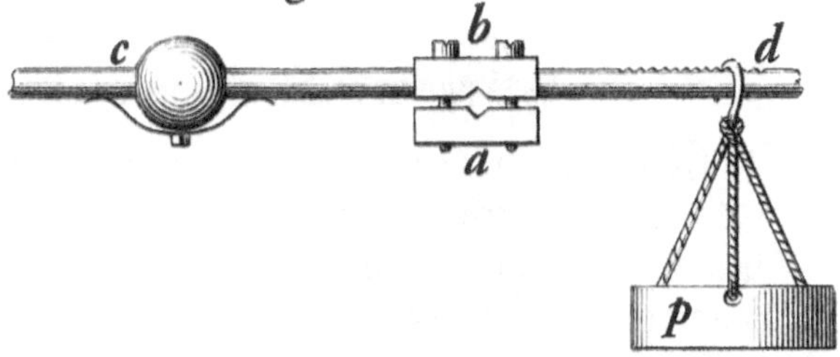

Fig. 9.

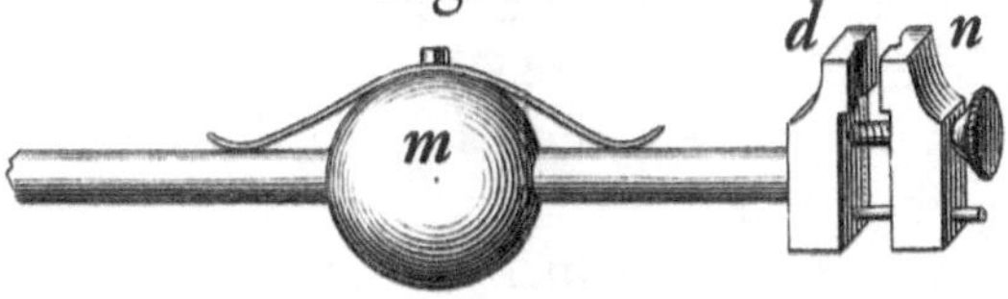

Fig. 10.

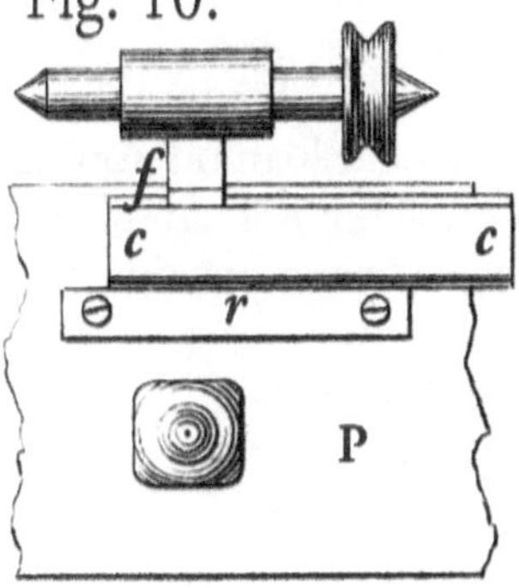

Fig. 11.

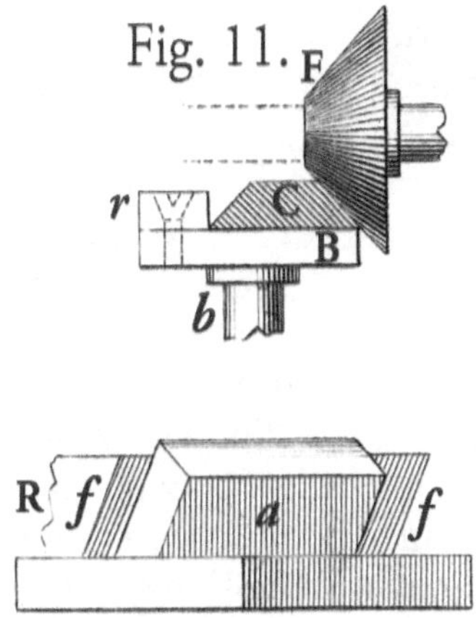

Fig. 12.

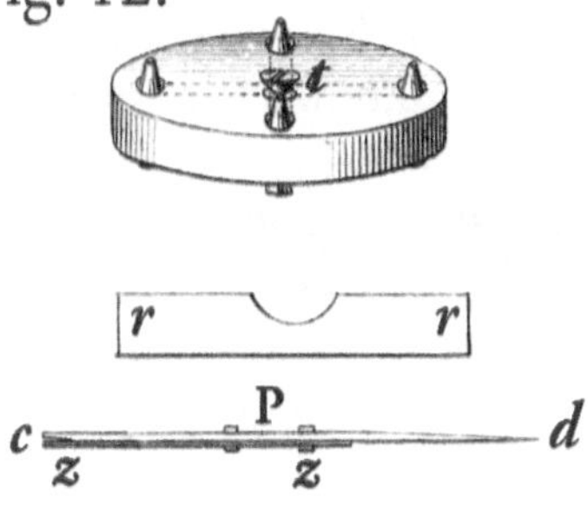

Fig. 13.

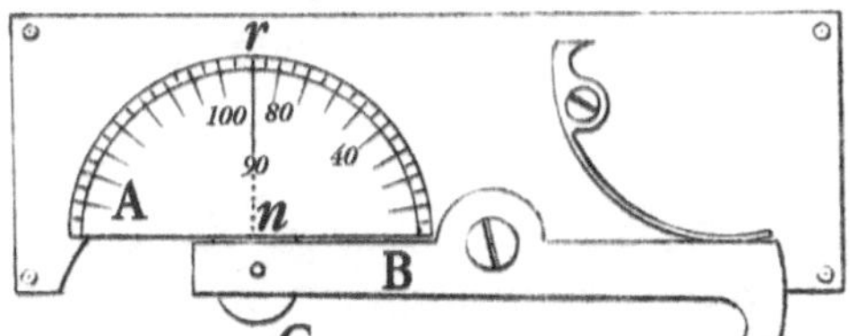

Fig. 14.

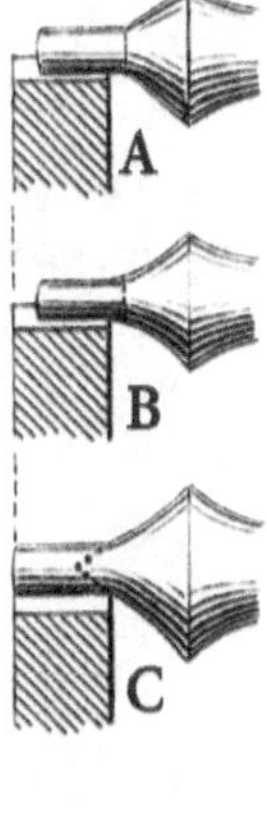

Fig. 15.

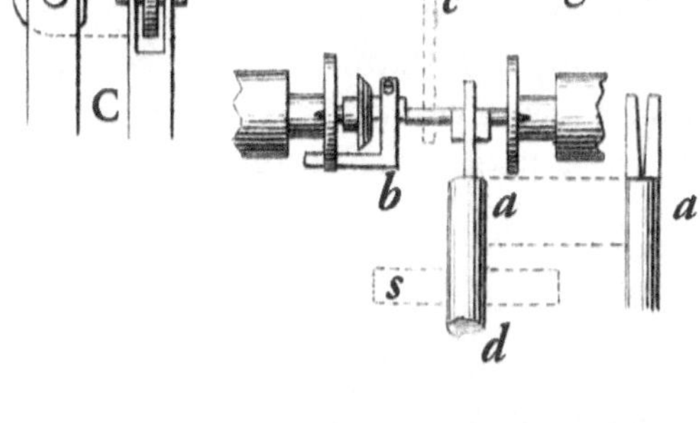

Agrandir et aléser des trous qui se correspondent

558. Soit par exemple une poupée A, figure 2, planche XII, qu'on vient d'ajuster sur la perche du tour et dont on veut mettre le trou, indiqué au pointillé en *v* et *x*, exactement dans les mêmes direction et diamètre que les trous des broches du tour.

On ajuste aux poupées P et R une broche d'acier bleu *a a' a"*; diminuée de *a'* en *a* afin qu'elle puisse passer dans le trou à aléser *y x*. Son extrémité *a* entre à frottement doux dans le trou de la poupée R, ce trou ayant été muni au préalable d'une douille, d'ouverture égale à la grosseur de *a*.

Vers *i* est solidement fixée une palette ou burin à double tranchant peu aigu, et vue de face et de profil en I. Une sorte de trépan ou double burin, formé avec un disque ajusté sur *a a'* et solidement arrêté par un ou deux goujons, comme ceux vus en J, K, L, dans certains cas, vaudrait mieux.

On pourrait également découper ce double burin dans le corps même de *a'*, mais alors il faudrait, puisque le burin doit être trempé, que le corps de *a'a"* fût percé assez profondément pour recevoir dans de bonnes conditions la tige directrice *a*.

On a compris comment se fait l'opération à l'aide d'un tourne-à-gauche ou d'un vilebrequin ajusté sur *m*. Si l'on a à sa disposition une roue à pédale assez puissante, on fait mener l'axe du burin par une assez grande poulie adaptée en *a"* à cet axe, et en la faisant marcher on exerce une forte pression en *m*.

La vitesse se règle sur la nature du métal travaillé (pages 118 et 206 du *Guide*). Le burin doit toujours, pendant le cours du travail (sur fer ou acier), être abondamment lubrifié d'huile ou d'eau de savon et tout le système doit être solide ; si l'axe du burin vibre, l'exécution laissera à désirer.

559. *Deux autres dispositions* pour l'application du même procédé sont dessinées en N et S, figure 5, planche XII. En N une seule plaque directrice *d*, fixée à l'extrémité de la perche d'un tour, assure la rectification de la poupée mobile, vue au pointillé. En S sont représentées deux plaques directrices *c, c*, assurant la régularité d'un alésage qui peut avoir lieu extérieurement à ces guides ou entre les deux. Il nous paraît inutile de nous étendre sur le sujet; tout horloger, à première vue, a compris ces figures, et dans l'usage trouvera de lui même à en faire des applications.

Échappements divers

560. Consulter ce *Recueil* aux mots suivants Ancre. — Brocot. — Cylindre. Détente. — Duplex. — Palettes, et pour le mot Chevilles, ci-dessous.

Tout horloger qui ne possède pas à fond la connaissance des divers échappements modernes, et qui n'a pas suffisamment étudié les causes de leurs variations de marche, est toujours un mauvais régleur, aussi peu sûr de lui-même que du résultat des travaux qu'il entreprend. Cette remarque a sa preuve dans la quantité d'échappements estropiés et marchant mal qu'on rencontre dans les montres actuelles. La faute n'en est pas uniquement aux ouvriers, mais à un trop grand nombre de patrons qui, ayant les moyens de s'instruire, n'en profitent pas, par incurie ou par un sot orgueil. Ils sont incapables de conduire, et même d'apprécier le travail des ouvriers qu'ils emploient.

Échappement à chevilles

561. Son article, par erreur, n'a pas été classé dans l'ordre alphabétique, c'est pourquoi il est placé ici.

Consulter le *Traité d'horlogerie moderne* aux pages suivantes :

- Tracé de l'échappement, 570.
- Exécution des leviers, 572.
- Relire l'article sur les gros rouleaux, page 347, ci-devant.

Avec un tour universel dont le plateau est pointé, sur son contour, au nombre 60 ou 120, il est très facile de percer les trous d'une roue d'échappement à chevilles (Consulter le *Guide-manuel*, pages 167 à 169).

Email

Appliquer l'émail à froid. Dissoudre l'émail

562. Application de l'émail à froid. — Les indications qui suivent nous sont fournies par l'habile fabricant d'émaux, M. Fournier, de Dieppe, à qui nos lecteurs doivent déjà d'excellentes notions sur l'argenture.

Il y a deux sortes de faux émail pour les applications à froid sur les cadrans endommagés.

Le premier, qui est un composé de résine blanche et de blanc d'argent, se fond comme de la cire à cacheter, dont il est l'analogue. Il convient, quand on veut en faire une application, de chauffer d'abord légèrement le cadran et ensuite de chauffer aussi légèrement la lame du canif avec laquelle on prend un peu d'émail pour le transporter au point convenable sur le cadran. Il faut que l'émail rapporté soit un peu en relief. Quand il est refroidi, on nivelle sa surface avec le grattoir, puis on le présente, de loin, à la flamme d'une lampe à l'alcool, ce qui ramène le brillant sur cette surface. On prend beaucoup de précaution dans cette dernière opération, le moindre excès de chaleur grille ou jaunit cet émail, qui est cependant le meilleur, parce qu'il a de la dureté et se salit moins que l'autre, mais il exige plus de soins dans la mise en oeuvre.

Le deuxième faux émail est encore du blanc d'argent, mais fondu avec de la cire blanche. Il s'emploie comme un mastic ; on le pose avec beaucoup de propreté, et on le frotte pour lui donner le glacé avec un papier de soie, parce que, par suite de l'emploi d'une lame de canif, sa surface se noircit un peu sous le frottement de l'acier.

Dissoudre l'émail et l'étain sans altérer les pièces

563. On met dans un pot de terre une cuillerée à café de spath-fluor ou fluate de chaux en poudre, on y ajoute de l'huile de vitriol (acide sulfurique), afin que le tout couvre les pièces. On met le vase sur le feu à une chaleur de 70 à 80 degrés, et on l'y laisse jusqu'à ce que l'émail, ou l'étain, soit mangé ou rongé.

Il faut prendre les morceaux de fluate de chaux les plus violets, ce sont les meilleurs.

Émeri (meules, etc.)

564. Aujourd'hui dans certains travaux, ceux de la pendule surtout, on a remplacé la pierre broyée à l'huile par l'émeri à l'huile, ou à l'eau, etc. On peut en avoir au degré de finesse voulu au moyen de décantages.

On substitue également dans beaucoup de cas la potée d'émeri au rouge à polir.

L'émeri aggloméré en meules et en bâtons, comme on en trouve chez les marchands de fournitures, use rapidement les corps frottés, mais il offre l'inconvénient de s'empâter et d'échauffer rapidement l'acier. Ceci est un inconvénient sérieux qui s'oppose à l'emploi des meules d'émeri pour aiguiser les burins, tandis que c'est un avantage qui les recommande quand il s'agit de dégrossir une pièce d'acier, ou de la dérocher pour enlever sa croûte dure.

565. *Faire soi-même du papier émeri.* En cas de nécessité, voici comment on peut soi-même fabriquer ce papier. Sur une planchette carrée on fixe un fort papier gris, collé sur tous ses rebords. On verse dans un tamis, dont les mailles ont la finesse voulue, de l'émeri en poudre, et après avoir rapidement badigeonné la surface du papier avec de la colle forte claire bien chaude, on promène au-dessus le tamis en le secouant légèrement, jusqu'à ce que la surface soit bien recouverte, et on laisse refroidir. Quand tout est bien sec on détache le papier qu'on secoue fortement pour le débarrasser des grains qui tiennent peu.

Engrenages

Faire un bon engrenage

566. Placer sur un compas aux engrenages une roue et un pignon, changer ce dernier jusqu'à ce que l'entraînement ou roulement sous l'action de la roue se fasse sans trop de peine, est un résultat auquel parvient facilement le moindre des horlogers. Mais savoir choisir le pignon dans des proportions qui font que l'engrenage réunit le plus grand nombre possible des qualités que doit posséder une bonne transmission de mouvement, n'est le fait que du petit nombre des ouvriers capables instruits.

Ce fâcheux état de choses est dû surtout à l'usage, sans correctifs, des *Tables* dites des *grosseurs des pignons*, et d'après lesquelles on en prend la mesure sur les dents de la roue, et avec un calibre à pignon. Cette méthode, bonne pour donner tout de suite une grosseur approchée, et un engrenage qui roulera plus ou moins bien, ne vaut rien si on la prend comme règle absolue et exacte.

Bien loin qu'elle repose sur une loi mathématique comme l'impriment des ignorants prétendant en instruire d'autres, elle n'est exacte que pour un nombre et une forme de dents, quant à la roue ; une seule épaisseur d'ailes et une forme d'arrondi, quant au pignon. Elle n'est plus juste si on l'applique à d'autres nombres de dents et à des pignons ayant les ailes plus ou moins épaisses, plus ou moins arrondies, que celles du pignon primitivement déterminé.

Tout ceci a été longuement expliqué et démontré dans le *Traité d'horlogerie moderne*, et l'horloger qui désire exercer convenablement son métier y devra surtout étudier les articles sous les titres suivants, que nous donnons avec l'indication des pages :

567.

- *Les engrenages défectueux* et effets qui en résultent, 636.
- *Méthode pratique d'examen* des engrenages, 638.
- *Vérification rapide au tact*, 639.
- *Corrections des causes d'arrêt*, 641.
- *Engrenage de champ*, 645.
- Voir aussi dans ce *Recueil* au mot Pignons.

Considérations importantes

sur les engrenages théoriques et pratiques.

568. Nous nous sommes efforcé, dans le *Traité des engrenages*, partie importante du *Traité d'horlogerie*, d'en faire bien comprendre les principes et de multiplier les moyens d'application. Malgré cela on nous pose souvent des questions qui cependant ont leurs solutions dans cet ouvrage ; résumons donc ici brièvement les réponses que nous avons faites.

569. Le *principe* général et fondamental de tout engrenage est celui-ci : déterminer quelle est la courbure qu'il faut donner à la dent qui mène, pour que la dent menée (qu'elle ait le flanc droit ou formé selon une courbe appropriée) soit conduite dans les conditions les meilleures pour la transmission de la force, conditions réglées par la destination de la machine.

570. Les dentures formées selon des *développantes de cercle* (voir le *Traité d'horlogerie*, pages 590 et 646), offrent de très notables avantages, mais il n'est guère possible de faire une application de ces courbes surtout aux pignons. La courbe épicycloïdale peut être réalisée, ou à très peu près, sur les dents des roues d'horlogerie, et elle s'emploie avec un pignon à flancs droits dont exécution n'offre pas de difficulté. Voilà pourquoi les Horlogers ont arrêté leur choix sur la forme épicycloïdale, mais bien qu'elle soit plus facile à tracer que la plupart des autres courbes, son application, surtout au point de vue des besoins de l'industrie, rencontre encore bien des obstacles. On les résout, généralement, par le choix d'un arc de cercle se confondant à très peu près avec l'épicycloïde.

571. *Deux mobiles* engrenants, et de *même diamètre*, ont dans les tracés théoriques de leurs dentures le *vide* égal au *plein* ; mais comme alors le frottement serait excessif, ayant lieu des deux côtés de la dent, on prend sur l'épaisseur de la dent du mobile mené pour le jeu nécessaire au fonctionnement libre.

572. Quand les *deux mobiles* engrenants sont très nombrés, la menée étant très courte, il est indifférent que le plein soit un peu plus ou un peu moins fort que le vide, à la roue.

Mais quand on a affaire aux pignons de *bas nombre* 6 à 10), il n'en est plus de même. A mesure que diminue la largeur de la dent de la roue, l'ogive devient de plus en plus courte, et la menée après la ligne des centres (la plus favorable), diminue proportionnellement : cela sans compter les glissements de cette fin de menée, et une moindre différence entre le diamètre primitif et le diamètre total de la roue.

573. Pour obtenir un bon engrenage des pignons de bas nombre, il ne faudrait pas excéder *1/3 de plein*, et par suite n'avoir pas moins de *2/3 de vide*. Si l'aile est plus épaisse elle peut obliger à diminuer l'épaisseur des dents, lorsque leur pénétration est insuffisante, mais le mauvais résultat immédiat réside surtout dans la diminution du diamètre primitif du pignon. Supposons ici un arrondi en arc de cercle et le même diamètre total, c'est-à-dire une même grosseur à deux pignons comparés mais d'épaisseurs d'ailes différentes, celui à ailes épaisses sera trop petit, etc.

Une erreur d'application à propos d'engrenages

L'engrenage géométrique et l'engrenage pratique

574. A différentes reprises nous avons reçu des lettres de fabricants français et étrangers, qui nous disaient :

> « Nous avons copié aussi exactement que possible les formes des dents d'engrenages dessinées dans les Traités, et nous avons obtenu ce résultat singulier que ces engrenages ont peu de sûreté et subissent parfois de ces arrêts délicats, qui ont lieu de loin en loin, et font le désespoir de l'horloger. La théorie et la pratique ne sont donc pas d'accord ? »

La théorie et la pratique sont parfaitement d'accord, seulement il y avait là une erreur d'application.

En copiant les formes théoriques des dents des roues, il aurait fallu avoir la certitude que l'exécution des dentures des roues et pignons serait mathématiquement exacte, ce qui est impossible. On oubliait deux choses :

1°. Cette recommandation de la théorie : « On tient le mobile menant un peu plus grand que la donnée rigoureuse et en raison des imperfections de l'exécution. »
2°. Que *pas un seul pignon* n'est mathématiquement proportionné, par suite des procédés expéditifs de taillage, polissage, centrage, etc.

Qu'on prenne un grand nombre de pignons au hasard, et qu'on mesure chaque dimension à l'aide d'un micromètre mesurant les centièmes de millimètre, et on trouvera des différences relativement considérables entre les diamètres mis sur les ailes correspondantes, les épaisseurs d'ailes, les points où finissent les arrondis, et quant à la rondeur de l'ensemble, elle laisse à peu près toujours à désirer. Ajoutons que ces défauts sont de plus en plus caractérisés à mesure que la fabrication se fait plus rapidement.

Les dentures des roues, quoique sur de moindres proportions, présentent des irrégularités de même espèce.

575. Il résulte de ces différentes observations que dans les engrenages ordinaires de la petite et moyenne horlogerie, le pignon est *toujours un peu plus petit* que le pignon théorique, et il en découle cette conséquence que l'épicycloïde devant être décrite par un cercle plus petit, l'ogive de l'excédant devra être un peu surbaissée.

La *conclusion pratique* est alors celle-ci : la perfection absolue de l'exécution étant impossible à obtenir dans les petits rouages d'horlogerie, l'ogive des excédants doit être un peu plus arrondie à son sommet que l'ogive les dessins donnés dans les Traités, ceux-ci ne pouvant être tracés qu'avec la rigueur mathématique.

576. Ces différentes remarques ont une grande importance pour les fabricants de montres et de pendules ; elles leur font voir que pour les dentures faites avec soin, les ogives des excédants des roues qu'ils emploient doivent être un peu moins aiguës que celles des tracés géométriques et que le raccord des deux courbes doit être encore surbaissé, et en raison de la médiocrité de l'exécution des pignons dans les engrenages courants.

Nous avions à l'Exposition de 1867 un petit appareil très simple; en outre qu'il mettait en évidence les faits que nous venons d'énumérer, il fournissait le moyen pratique de tracer la courbe des excédants en rapport avec les imperfections inévitables des pignons. Quoiqu'il ait été mis sous les yeux du jury, ce dernier a à peine daigné le regarder. Nous le publierons avec figures dans la *Revue chronométrique*.

Établi

577. Revoir le petit article le concernant, page 82 du *Guide-manuel*.

Ajoutons qu'on nettoie vite et bien les établis en chêne, etc., non vernis, à l'aide d'une brosse rude, de chiendent par exemple, et avec de l'eau chaude dans laquelle on a fait dissoudre de la potasse.

Étain. Étamer

578. Revoir l'article concernant ce métal, page 62 du *Guide-manuel*, où sont indiqués les moyens de s'assurer de son degré de pureté, car c'est à cette pureté que tient, en partie, le succès des polissages exécutés avec ou sur des plaques et des règles d'étain. L'étamage préalable d'une surface n'est guère pratiqué en horlogerie qu'à l'occasion des soudures ; le procédé indiqué page 72 du *Guide* suffira dans la généralité des cas (**563**).

Étampes. Étamper

Faire une étampe, un trou carré, une clef

579. Limer carrément une étampe à la main. — Une étampe, comme un carré d'arbre de barillet, ne se fait vite et bien que sur un outil analogue à celui décrit page 213 du *Guide* ; à son défaut il faut exécuter cette étampe à la main.

On prépare à l'avance un étau à main, dont la tête est détrempée, afin qu'on puisse, à l'aide de pièces rapportées et rivées, la rendre très carrée et présentant quatre larges plats parfaitement d'équerre. L'acier, qui fournira l'étampe étant serrée dans cet étau, tenu d'une main, on l'appuie dans la rainure d'un bois, et de l'autre main tenant la lime, on établit *l'aplomb* par une *prise d'appui* sur le plat supérieur. On donne un ou deux coups de lime sur l'étampe, puis on s'assure, par une nouvelle prise d'appui, si aucun dérangement n'a eu lieu. On fait faire un quart de tour à l'étau à main, on prend appui, on lime, on vérifie l'aplomb, et ainsi de suite jusqu'à ce que l'étampe soit amenée au point convenable. Avant de terminer, et quand il reste encore de la matière à enlever, on s'assure en présentant l'étampe debout et dans la direction de l'oeil, et en mesurant ses faces, qu'elle est bien carrée. On la met aux broches du tour à finir, et avec une lime plate on *tire de long* chacune de ses faces. Si elle doit être polie après la trempe, on agit de même en remplaçant la lime par un fer à polir, auquel on donne divers mouvements en long, en travers et semi-circulaires.

Après la trempe on la revient, et selon la nature du métal à étamper, à l'une des nuances comprises entre le jaune très pâle et le bleu foncé.

Étamper un doigt d'arrêt, un pignon de remontoir, etc.

580. L'acier dans lequel on veut étamper un trou carré doit être très doux et parfaitement recuit, autrement il se fend sous l'étampe ou au martelage.

581. Étamper dans l'acier de faible épaisseur. — Soit un doigt d'arrêt par exemple, le trou étant percé pas tout à fait à son diamètre définitif, on y enfonce une étampe bien huilée. Cette étampe étant retirée, on fait reculer avec une petite lime carrée les quatre angles formés par l'étampe. Puis avec des étampes qui se succèdent, on amène le trou à sa forme et grandeur définitives. On enfonce l'étampe avec un marteau plutôt lourd, en la tenant bien droite, et à chaque changement on donne un coup de lime pour enlever la matière gonflée aux angles.

En employant une étampe dans la forme représentée en E, figure 9, planche XI, on peut faire le trou carré d'un seul coup, mais il faut que ce coup soit donné vigoureusement et d'aplomb, par un marteau pesant.

On peut également, toujours pour de faibles épaisseurs, étamper d'une seule opération, et sans percer de trou au préalable, avec l'outil décrit au **584**.

582. Étamper un pignon de remontoir, *un arbre femelle, une clef.* — Ici les moyens indiqués deviennent insuffisants à cause de la forte épaisseur de l'acier, lequel, nous le répétons, doit toujours être très doux et bien recuit. Cependant, en se servant d'étampes peu coniques, courtes et limantes, c'est-à-dire rudement limées en travers, et en les faisant se succéder rapidement, car il en faut beaucoup, on arrive à étamper des aciers d'assez forte épaisseur, mais c'est beaucoup plus long que par le procédé qui suit.

Le morceau d'acier percé d'abord est amené à un diamètre, entre environ le tiers ou la moitié, suivant le cas, plus fort qu'il ne devra être, la pièce étant finie. Après qu'on l'a tourné rond sur son contour et plat sur ses deux faces, on le chasse sur une longue étampe huilée, suffisamment revenue et ayant à très peu près les dimensions, comme diamètre, du futur trou carré.

Cette étampe serrée dans des pinces, on appuie l'acier sur sa longueur, bien d'aplomb, sur un tas, dont la surface doit correspondre exactement à une face de l'étampe, et on forge l'acier avec un marteau d'un poids suffisant. On fait faire un quart de tour à l'étampe et l'on forge de nouveau, et ainsi de suite. On a soin d'enfoncer la broche, en y mettant de l'huile, quand elle a une tendance à sortir du trou de l'acier.

Avec un découpoir ou balancier à boules l'opération se ferait aussi très bien.

On peut essayer de marteler l'acier chauffé au rouge, mais l'opération est bien plus difficile, à cause de la rapidité qu'il faut y mettre lorsqu'il faut enfiler l'acier rouge, le marteler et le dégager de l'étampe. En outre, il faut faire rougir l'acier plusieurs fois, ce qui peut le gâter.

L'opération à froid bien menée réussit très bien, mais cependant il faut s'attendre à rencontrer quelquefois des aciers rebelles et qui se fendillent.

533. Faire un carré creux de clef. — Par cette méthode, il est facile de faire le carré d'une clef à remonter. Remarquons que le laiton exige particulièrement des précautions dans le choix de la matière et dans le martelage.

584. Outil à étamper. — L'outil à étamper que représente la figure 3 de la planche XII, est un instrument fort commode pour faire des trous ronds, ovales, carrés, ou de toute autre forme. Il remplace avantageusement le balancier pour les petits diamètres.

L'étampe *a* est vissée dans l'arbre CC'.

Une goupille *p*, fixée à CC' pour empêcher cet arbre de tourner sur lui-même, peut couler librement dans la rainure *m n*.

C', tête creusée de l'arbre recevant le bout de la vis B ; une gorge pratiquée dans la partie rentrée de la vis et la goupille qu'on aperçoit en C', servent à l'entraînement de C'C par BB'.

H, partie engagée entre les mâchoires de l'étau. E, manivelle pour faire avancer ou rétrograder la vis BB'.

En donnant à l'outil environ trois fois les dimensions du dessin, on pourrait facilement étamper avec : soit des œils de ressorts, des doigts d'arrêtages, etc.

Tout horloger peut aisément le faire construire par ses apprentis. La puissance de l'outil tient principalement, on le sent, à la force de résistance de la vis et à la longueur du bras de la manivelle.

Fendages des roues

Modification du mode de fixation des roues

585. Il est nécessaire, pour savoir convenablement pratiquer cette opération, de prendre connaissance des articles du *Guide-manuel*, pages 190 à 192 et, en outre, de consulter ce *Recueil* au mot *Dentures*.

Dans les outils à fendre, la roue (quand elle n'est pas montée sur un axe) se serre sur le tasseau par un cône d'acier creux, dit pain-de-sucre, sur lequel appuie un bras de levier, formant équerre, fixé par une vis de pression le long d'un pilier carré, relevé du corps de l'outil.

Le trou du bras de levier n'est pas toujours en concordance parfaite avec la pointe du pain-de-sucre, d'où résulte assez fréquemment le dérangement de la roue sur le tasseau. On peut l'éviter en adoptant la disposition suivante, que nous avons vue appliquée chez plusieurs horlogers.

Le pilier et son bras à coulisse, formant équerre, sont remplacés par une pièce de fer ou d'acier, contournée comme G, figure 9, planche XI. La pointe *a* est reçue par le trou central de l'axe de la plateforme, et la vis *b* presse sur la tête du pain-de-sucre et le fixe solidement. Nous ne croyons pas que d'autres explications soient nécessaires, sauf la recommandation de tenir cette pièce G très forte ; elle doit avoir une grande rigidité.

Fer. Fonte de fer

Consulter à leur sujet les deux articles des pages 36 et 37 du *Guide-manuel*.

586. Tourner et percer le fer. — Quand on agit sur des pièces d'un volume un peu fort, il faut diminuer la vitesse de rotation et augmenter la pression de l'outil. L'angle tranchant doit être moins aigu. De préférence à l'huile on emploie, et abondamment, la térébenthine ou l'eau de savon.

Quand on perce avec le vilebrequin ou sur le tour, on peut se servir des forets semi-cylindriques ou dans les formes vues dans la figure 2 de la planche V du *Guide manuel*.

Tremper le fer. — Les procédés en usage pour tremper le fer sont décrits plus loin à l'article général sur la *Trempe.*

587. Régénérer le fer brûlé ou mal forgé et l'acier. — Le fer brûlé ou mal forgé est devenu cristallin et cassant ; pour lui rendre ses qualités on doit procéder à un nouveau forgeage fait avec beaucoup de soin. On peut éviter ce travail en ayant recours au procédé suivant dû à M. le lieutenant-colonel Caron, et qui consiste dans une sorte de trempe du métal rougi, opérée dans un liquide chaud.

L'auteur a expérimenté sur une barre de bon fer, se pliant facilement à froid, sans cassure, ni fente, ni gerçure. Cette barre a été brûlée, alors elle cassait à froid sans même plier. On voyait des facettes brillantes sur la cassure.

On a préparé une dissolution bouillante saturée de sel marin; on a chauffé au rouge vif un morceau de la barre de fer brûlée, et on l'a plongé dans le liquide jusqu'à ce que le métal eût acquis la température du bain, qui était de 110 degrés. Après cette opération, le morceau de fer a pu être replié sur lui-même à froid, absolument comme on avait pu replier la barre non brûlée. Il y aurait intérêt à faire passer par cette opération toutes les pièces venant de subir le travail de la forge.

L'auteur fait remarquer qu'il doit exister d'autres liquides que l'eau et d'autres dissolutions, qui donneraient le même résultat. En effet, son procédé n'est qu'un perfectionnement de celui de Perret (*Guide-manuel*, page 51), mais la solution saline paraît avoir une plus grande efficacité et elle est économique.

588. Oxydation du fer. — Les procédés suivants nous ont été indiqués comme efficaces.

Enlever la rouille. — On frotte l'objet ordinairement avec un linge ou du papier émeri huilé. Il paraît que par l'emploi du pétrole très pur, on réussit mieux et plus vite. On essuie bien, pour terminer, avec un chiffon de chanvre ou de laine.

Préserver de la rouille. — On trempe les instruments d'acier dans un mélange à parties égales d'acide phénique et d'huile d'olive, et on en frotte la surface avec un linge. D'autres frottent le fer ou l'acier avec de l'onguent mercuriel, de manière à ne laisser qu'une très mince pellicule sur le métal. Enfin, un industriel affirme que le fer plongé dans une solution de carbonate de potasse ou de soude, faite à l'eau pure ou à l'eau de mer, est préservé pour longtemps de la rouille. On savait déjà que la potasse et la soude défendent le fer de la rouille.

Filières. Filière de bijoutier

Nous renvoyons, pour tout ce qui concerne les filières usuelles en horlogerie, au chapitre commençant à la page 130 du *Guide-manuel.*

589. Filière de bijoutier. — Cette filière, qui sert à étirer des fils métalliques pour les amener à une grosseur déterminée, et qu'on trouve chez tous les marchands de fournitures, devrait être en la possession de chaque horloger.

Lorsqu'il rebouche des trous quelconques dans une plaque de laiton, il arrive fréquemment que le laiton employé n'a pas la même couleur que la plaque. Pour éviter ce disparate, on scie une petite bande de laiton en planche de même couleur que la plaque, et on l'arrondit à la main.

Puis par son extrémité un peu conique, on la fait entrer dans un trou de la filière fixée à l'étau d'établi, et cette extrémité qui déborde en avant étant pincée dans un étau à main, par un effort énergique exercé sur celui-ci, on fait passer la tige à travers la filière.

On continue ainsi de trou en trou, jusqu'à ce qu'on ait amené la tige à la grosseur voulue.

Il n'y a d'autres précautions à prendre que de graisser fortement les trous et la tige, et de recuire de temps en temps le laiton qui se durcit très rapidement par ce laminage.

Forets

590. Les formes qu'il convient de leur donner, selon la nature du travail et du métal à percer, sont décrites et dessinées dans le *Guide-manuel*, pages 129 à 132. Voir également dans ce *Dictionnaire*, au mot *Fer*. On trouvera plus loin, au chapitre de la trempe, les compositions réputées les meilleures pour durcir les mèches des forets.

Fourneaux d'horlogers

591. Les explications concernant les deux sortes de petits fourneaux dont l'horloger peut avoir besoin, se trouvent dans le *Guide*, page 90. Nous répéterons à cette occasion, qu'on ne peut absolument obtenir une chaleur ou une chauffe égale, nécessaire dans certaines opérations de trempe ou de recuit, et surtout quand on veut agir sur un certain nombre de pièces à la fois, qu'avec le fourneau à réverbère.

Fraises aux dentures

Pour les fraises aux noyures des vis, voir au mot Noyures.

592. Toutes les dents des roues et des pignons, laiton ou acier, peuvent être taillées par les moyens décrits de la page 191 à 198, du *Guide-manuel*, et ci-devant **525**. Il suffit d'avoir fait quelques essais pour être certain de réussir.

Mais ces différents moyens, excellents pour le taillage d'une roue neuve, ne se prêtent pas à la rectification des dentures qui sont défectueuses ou qu'il faut diminuer, pour une cause ou pour une autre.

Ce travail de rectification ne se fait bien qu'avec la fraise circulaire taillée en lime fine sur son contour, et en outre, pour les travaux de longue durée, cette fraise résiste beaucoup plus de temps.

Un outil est nécessaire pour faire la taille des fraises aux dentures, et on le trouve décrit à la suite de ce *Dictionnaire*, nous nous bornerons donc ici à exposer quelques procédés d'un facile emploi et à l'aide desquels on peut, dans certains cas, se tirer d'embarras.

593. Fraise à fendre carré. — On en forme la taille avec facilité à l'aide d'une lime, comme L figure 4, planche XII, sur laquelle on repasse la tranche de la fraise *f*, par va-et-vient (selon les flèches), en pressant fortement et avec un lent mouvement de roulement.

On réussit très bien aussi en mettant la fraise, montée sur un arbre court, entre les broches du tour ; on fait aller et venir la lime en travers, jusqu'à ce que sa taille y soit imprimée et en avançant, pendant le travail, petit à petit la lime, on exécute la taille sur tout le contour de la fraise sans enlever la lime.

594. Fraise taillée à la molette. — On peut également former la taille d'une fraise arrondie, et même carrée, à l'aide d'une molette, en procédant comme pour moletter le contour des poulets des vis. Il faut une molette bien appropriée, abondamment garnie d'huile, et agissant avec une grande pression, contre de l'acier très doux.

En cas de besoin, l'ouvrier peut se faire lui-même la molette nécessaire. Elle est représentée en M, figure 4, planche XII. On la voit en action en M F, et il suffira qu'on puisse lui donner un lent mouvement tournant sur le point d'appui de son manche (déplacement indiqué par les lignes pointillées), pour former la taille sur tout le contour arrondi de F. Avec de l'acier bien préparé on obtient d'assez bons résultats, mais il va de soi que ces fraises n'ont jamais le mordant de celles qui sont taillées par une fraise ou par un ciseau.

595. Outil à tourner les gorges des fraises. — On a vu, au **301** du *Guide-manuel*, comment on s'y prend pour rendre identiques les deux gorges d'une fraise aux pignons, mais dans le cas où l'on aurait à craindre une différence dans l'enfoncement du burin-fixe, si c'était celui-ci qui se déplace, on pourrait disposer l'arrêt comme le faisait M. Rodanet.

Sa coulisse, figure 6, planche XII, est conduite par une double vis de même pas *c d*, C D. Pour faire pénétrer le burin-fixe, on tourne la manivelle A, celle-ci entraîne par le point de contact *b* la vis-écrou C D. Étant arrivé à la profondeur convenable, on serre la vis *n*, et comme *e e* est fendu d'un coup de scie vers le haut, et dans le sens des grandes vis, on arrête ainsi à poste fixe la vis-écrou C D.

Quand on ramènera le burin en arrière, la manivelle se dégagera de *b*, mais quand on le ramènera en avant, sa course finira toujours exactement au même point, puisqu'elle a pour limite le contact en *b*, sans armure possible, en terme de métier, ou sans pression plus forte exercée sur la coulisse.

Frottements (lois des)

596. Au sujet de la résistance due aux frottements et des moyens de la diminuer, des idées fort erronées ont cours parmi un grand nombre d'horlogers. Tout en les renvoyant aux différents articles du *Traité d'horlogerie moderne*, où la question est élucidée, et principalement des pages 15 à 18 et 46 à 53, et en les engageant à revoir ci-après l'article qui a pour titre *Huiles*, nous rappelons les lois suivantes :

- L'*intensité* d'un frottement, la résistance qu'il crée, est proportionnelle à la pression exercée, et non pas à l'étendue des surfaces frottantes.
- Cette intensité varie quand de continu le frottement devient intermittent, et vice versa. Cela doit tenir à un changement d'état momentané des surfaces.
- La résistance du frottement est plus grande au départ que lorsque le mouvement est commencé depuis un certain temps.
- Quant à la valeur de la résistance au mouvement, à attribuer à l'étendue des surfaces frottantes, on l'apprécie par l'application,

suivant le cas, des lois de l'adhérence entre métaux frottant à sec, ou enduits de substances grasses.

(Voir le *Traité d'horlogerie*, pages 14 à 18.)

Fusée

La tailler, l'égaliser, y ajuster un ressort

597. Le *Guide-manuel*, de la page 184 à la page 188, décrit l'outil le plus simple et propre à fileter une fusée, et en même temps il explique le mécanisme des tours à fileter.

Aidé de ces notions, tout horloger est à même de disposer un outil aux fusées à son usage, ou saura se servir de ceux existants. Il ne nous reste donc qu'à lui indiquer comment il doit, au préalable, déterminer la forme de cette fusée, c'est-à-dire son profil.

Auparavant signalons en passant les trois propriétés de la fusée et qui l'ont fait conserver dans les pièces de haute précision destinées à la marine :

1°. Elle égalise la force motrice ;
2°. Elle permet l'emploi du ressort moteur en fouet, qui est celui qui réalise les meilleures conditions de développement ;
3°. Elle procure une plus longue durée de marche.

598. Tracer le profil d'une fusée. — Les hauteurs en cage étant connues, sur une plaque de laiton adoucie, on marque la hauteur *y x* du cône de la fusée (figure 7, planche XII), c'est-à-dire de la partie sur laquelle s'enroule la chaîne. La base du cône *z x* donne le point où doit passer la ligne d'axe A B. On divise *y x* en quatre parties égales (pour quatre tours), et on tire les parallèles, 3, 5, 7.

Cela fait, le barillet, garni de son ressort et de son axe (ce barillet isolé ou resté entre les platines) est assujetti, par un moyen quelconque, dans une position telle, qu'après avoir fixé sur son carré, par la bride *a*, le levier *c b d*, figure 8, planche XII, on n'ait qu'à amener ce levier à la position horizontale pour que le ressort ait le degré d'armure convenable. On charge alors le plateau *p* de poids, jusqu'à ce que le levier demeure en équilibre, et on note la totalité du poids. On fait faire un nouveau tour au levier, on ajoute du poids ; on en note la totalité quand l'équilibre est obtenu, et ainsi de suite.

L'opération achevée, on a cinq poids inscrits. Or, les rayons de la fusée devant être en raison inverse de ces poids, il est facile de déterminer par de simples proportions, et en prenant le rayon de la base *z x* pour unité, les rayons *c*3, *d*5, *g*7, B9. Par les points 9, 7, 5, 3, *x* on fait passer une courbe qui est le profil de la fusée. Quand la fusée sera taillée, mais pas tout à fait à fond, par les moyens connus, on vérifiera l'égalité de force motrice du haut au bas de la bande du ressort ; on retouchera le *Guide* de l'outil, selon les besoins, et on donnera le dernier coup de burin fixe.

Si l'on voulait déterminer un plus grand nombre de points de la courbe, pour l'avoir plus exacte, il faudrait que l'on pût armer le ressort, non pas en tournant l'arbre, mais en faisant tourner le barillet lui-même, par demi ou quart de tour.

Le double levier garni de son plateau, lorsqu'il n'est pas chargé de poids, doit être en parfait équilibre sur son centre *b* ; le coulant *c* a pour fonction d'établir cet équilibre.

599. Égaliser la fusée *avec son ressort.* — Le barillet et la fusée étant remontés entre les platines de la montre, le ressort et la chaîne en place, bien accrochés, et ce ressort armé plus ou moins, on serre l'arbre de fusée entre les mâchoires *d, n* du levier représenté figure 9, planche XII, et l'on remonte cette fusée en faisant tourner le levier avec la main jusqu'à l'arc-boutement du crochet de fusée, contre le garde-chaîne. Arrivé là, on fait glisser le poids ou coulant *m*, ajusté à frottement, jusqu'au point où le levier, neutralisant l'effort du ressort, demeure en équilibre.

On fait ensuite rétrograder le levier par demi-tour. Si l'équilibre se maintient jusqu'à la fin, c'est que la fusée est bien égalisée. S'il en est autrement, on remarque les endroits où le poids équilibrant est trop fort ou trop faible, ce qui provient dans le premier cas d'un rayon de fusée trop court, et d'un trop long dans le deuxième. On met le levier en équilibre au rayon le plus court ; sur tous les autres points on enfonce la rainure de la chaîne et suivant le besoin.

Faute d'un outil à tailler les fusées on se sert, dans le travail courant, du tour ordinaire et d'une lime à égalir adoucie de chaque côté (on pourrait au besoin adapter un guide sur le support du tour).

Quand la différence est peu considérable, il faut éviter de toucher à la fusée car, dans le plus grand nombre des cas, ont obtient l'équilibre cherché par une augmentation ou une diminution dans la quantité de bande du ressort.

Voici d'après quelle règle : si le poids est trop lourd vers le bas du ressort, il faut augmenter la bande ou tension de celui-ci, et dans le cas contraire, la diminuer.

En essayant successivement plusieurs ressorts, surtout s'ils sont de fabriques différentes, on parvient très souvent à une égalisation suffisante, et sans avoir besoin de retailler la fusée.

Glissière. Coulisse. Coulisseau

Exécution d'un coulisseau. Arrêt exact de coulisse

600. On donne plus généralement le nom de glissière à une pièce coulissant sur deux tiges parallèles, ou sur une tige portant écrou de serrage, comme l'indique la figure 9 de la planche III du *Guide-manuel.*

Par extension les mécaniciens appellent glissière toute pièce glissant entre des guides.

Une coulisse est formée par une rainure creusée dans le bois ou le métal et dans laquelle circule un tenon ou coulisseau. Quand la coulisse n'est pas d'un seul morceau, on conserve ce nom de coulisse à l'ensemble de la plaque portant les deux languettes fixes, entre lesquelles glisse le coulisseau ou languette mobile, généralement ajustée à queue d'aronde.

Selon les dispositions adoptées, tantôt c'est le coulisseau et tantôt la coulisse qui est mobile. L'un et l'autre, et suivant le cas, prennent le nom, en considérant l'ensemble, de *chariot*, de *porte-outil.* Il y a bien quelque confusion dans ces différentes appellations, qui varient entre les auteurs et d'un atelier à l'autre.

601. Exécution facile d'un coulisseau. — La seule difficulté qui puisse se présenter dans l'exécution d'un système de coulisse consiste à faire rigoureusement parallèles et de même inclinaison les deux côtés inclinés du coulisseau. On surmonte facilement cette difficulté en procédant comme nous l'avons vu faire par M. Balliman.

Quand le coulisseau est mince on place sur un tasseau de l'outil à fendre une plaque P, figure 10, planche XII, sur laquelle est rivée une règle *r*. On appuie le coulisseau *c c*, préalablement ébauché et bien plat par dessous contre la règle *r*, et pendant qu'on le fait glisser en le maintenant fortement, un couteau *f* ou une grosse fraise cylindrique, du plus grand rayon possible, taille le rebord de *c c*.

On retourne le coulisseau et après que l'autre côté a passé sous la fraise, on dresse les deux plans inclinés comme il est indiqué plus loin (la courbure du plan incliné sera faible si le centre de rotation de l'H de l'outil, qui doit décrire lui-même un arc de cercle, est sur la perpendiculaire à ce plan).

Quand le coulisseau a une forte épaisseur, ce moyen n'est plus praticable ; on monte alors solidement, sur l'outil à fendre ou sur un tour allant à la roue et par la broche *b* entrant dans le porte-support, ou autrement, la plaque B munie de sa règle fixe *r*, figure H, planche XII, et dans une direction telle, qu'une fraise-champignon F étant ajustée au tasseau de l'axe du tour ou à l'arbre de l'outil à fendre, on puisse présenter à son action le coulisseau, et comme le montre la figure H, où l'on voit, en C, la coupe verticale de ce coulisseau passant sous la fraise.

602. *Adoucissage des plans inclinés.* Pour les adoucir sans altérer ni leur parallélisme ni leur inclinaison, on prend une plaque dure, marbre, métal, etc., parfaitement dressée, on y colle une feuille de papier émeri qu'on met sous presse jusqu'à ce qu'il soit bien sec.

Cela fait, on prépare un morceau suffisamment long de bois, assez compact , comme R, figure 11, planche XII. On le lime et on le dresse en *ff* jusqu'à ce que cette face *ff* forme avec la plaque l'angle fait par la base et le plan incliné du coulisseau *a*. Il ne reste plus qu'à maintenir R et à promener en long, en le tenant fortement, appuyé contre le bois, le coulisseau *a*. Il va de soi qu'on le retournera pour la seconde opération. Pour le manier plus facilement avec les doigts, on peut coller à la cire sur la face a un morceau de métal qui fasse relief. Est-il nécessaire de dire qu'avant toutes ces opérations on a dû redresser parfaitement la base du coulisseau ?

Grammaire

603. Le dessin de la *grammaire* et l'indication de ses différents usages sont insérés dans le *Traité d'horlogerie*, page 290, et dans le *Guide-manuel* qui, en page 212, indique, en outre, une modification qu'on peut apporter à cet outil, et voici en quoi elle consiste.

Pour tracer les croisées d'une roue, on la fixe, par une vis à tête conique, au centre de la grammaire, plaque portant plusieurs cercles concentriques pointés sur les nombres 6, 8, 10, 12. En se guidant sur ces points et à l'aide d'une petite règle comme *r r*, figure 12, planche XII, on trace 3, 4, 5 ou 6 rayons, qui guideront pour le découpage des barrettes.

Au lieu d'un seul trait tiré au milieu de la barrette, si l'on voulait tout de suite la tracer à sa largeur exacte, il faudrait percer des trous où sont les points dans la grammaire, et y ajuster par-dessous, à frottement dur, des vis dont les extrémités en cônes allongés déborderaient par-dessus. La règle s'appuyant à ces cônes, on tracerait les barrettes à la largeur qu'on voudrait, puis qu'elle dépendrait du plus ou moins de saillie des cônes.

La figure 12 de la planche XII dispense de toute autre explication, puisqu'elle montre :

1°. un disque disposé pour le tracé des croisées à quatre rayons, lesquels sont d'ailleurs indiqués au pointillé ;

2°. en *r r*, la petite règle échancrée au centre afin qu'on ne soit pas gêné par la tête conique de la vis ajustée en *t*.

Heures

Différence d'heures des villes. Heures des cadrans

604. Nous avons entendu bien souvent poser cette question à des horlogers : « Je pars pour telle ville, veuillez donc me mettre ma montre à l'heure de cette ville », et à peine un sur cinquante a pu donner satisfaction au désir de son client.

La solution de ce petit problème est cependant fort simple, comme on va le voir après quelques explications.

La terre faisant sa révolution en 24 heures, ses 360 degrés du cercle dits méridiens ou degrés de longitude, passent au zénith de Paris dans ce laps de temps, et le déplacement d'un méridien à l'autre se fait en 4 minutes, puisque 360 x 4 = 1440 minutes de temps ou 24 heures[1].

1° de longitude vaut donc		4 minutes de temps.
1' de degré	id.	4 secondes (le 60e de 4 minutes).
1" id.	id,	66/1000 de seconde (le 60e de 4 secondes).

D'où il résulte que si, par exemple, une ville est située à l'Est de Paris, juste sous le premier méridien qui suit, elle voit le soleil quatre minutes plus tôt ; par conséquent son heure avance sur celle de Paris de 4 minutes. Ce serait le contraire si cette ville était sous le premier méridien à l'Ouest de celui de Paris.

605. Déterminer la différence des heures entre deux villes. — Le premier méridien passant par l'Observatoire de Paris, on le prend toujours pour point de départ.

[1] L'heure se fractionne en 60 minutes, la minute en 60 secondes, et il en est de même du degré du cercle. Pour éviter toute méprise, voici comment on écrit, par abréviation, la même expression, quand elle se rapporte à l'heure d'abord et ensuite au cercle :

$1^h, 10^m, 20^s$ — 1°, 10' 20".

On cherche dans la *Connaissance des temps*, ou dans l'*Annuaire du Bureau des longitudes*, petit volume de 1 fr. 50, qu'on peut se procurer chez tous les libraires, ou dans un Dictionnaire géographique, ou enfin sur une carte, si l'on n'a pas besoin d'une grande précision, *quelle est la longitude du lieu.*

Quand on la connaît, on convertit chacun des *degrés* (0°) en 4 minutes de temps, chacune des minutes de *degré* (0') en 4 secondes de temps, et l'addition faite, on a la différence d'heure avec Paris, si toutefois l'on se contente de l'avoir à moins d'une fraction de minute près. Si l'on voulait une plus grande précision, on multiplierait la fraction par $^{66}/_{1000}$ par le nombre des *secondes de degré* (0") et l'on en ajouterait le produit à l'addition précédente.

Exemple de calcul. — On demande la différence d'heure entre Paris et Dijon. On cherche quelle est la longitude de cette dernière ville et l'on trouve :

Dijon L. — 2°, 41', 55', E.

qui se lit :

Longitude, 2 degrés 41 minutes 55 secondes *Est.*

Appliquons les valeurs données au **604**, nous aurons :

$2^\circ \times 4^m$	$= 8^m$	8^m	$10^m\ 44^s$
$41' \times 4^s$	$= 164^s$ ou $2^m\ 44^s$	$2^m\ 44^s$	

La différence d'heure entre Paris et Dijon est donc, si l'on néglige les secondes de degré, de 10 minutes 44 secondes en *avance*, puisque Dijon est situé à l'*Est* du méridien de Paris.

Si l'on veut tenir compte des 55", on fait le calcul $55 \times {}^{66}/_{1000} = 3{,}63$, soit $3^s{,}63$ à ajouter au total ci-dessus, ce qui donne en nombres ronds 10 minutes 48 secondes. L'erreur restera encore dans les centièmes de secondes, si l'on compte 11 minutes pour n'avoir pas de fractions.

606. Repeindre les heures d'un cadran. — Ce sujet a été traité avec tous les détails qu'il comporte, au chapitre des cadrans (voir pages 315 et 316).

Huiles employées en horlogerie

Les essayer ; soins assurant leur conservation, etc.

607. Essais préalables d'une huile. — On relira d'abord l'article du *Guide-manuel*, page 89. Les essais qui ont pour objet de constater soit l'acidité de l'huile, soit sa pureté, n'indiquent pas qu'elle conservera plus longtemps qu'une autre sa fluidité, puis que l'on a obtenu un très bon service de certaines huiles les unes verdissant (sans excès toutefois), les autres formées par des mélanges.

Les modes d'épuration d'ailleurs sont à peu près tous illusoires, parce qu'ils ne peuvent pas donner à l'huile les éléments qui parfois lui manquent de naissance. Le succès tient surtout au préparateur lui-même, en ce sens que s'il n'est pas doué de la faculté d'apprécier principalement *au goûter*, comme on le fait pour le vin nouveau, si l'huile qu'il veut préparer remplit les conditions requises, il ne sera jamais sûr de rien. Les récoltes diffèrent comme maturité, etc. d'une année à une autre et les sujets qui fournissent l'huile animale sont rarement dans les mêmes conditions de santé, d'âge, de nourriture, etc.

Nous avons publié sur ce sujet plusieurs articles dans la *Revue chronométrique*, pages 139 et 193, du volume VII, nous ne pouvons qu'y renvoyer.

608. Les épreuves ou essais faits sur la pierre à aiguiser et contre une vitre, indiqués dans le *Guide*, et ceux faits sur des plaques de cuivre et de laiton, dans lesquelles on a placé des trous en pierre ou pratiqué des creusures dans le métal, et qu'on laisse les unes à l'air libre, les autres en boîtes fermées, fournissent de bons indices et, suivant l'observation de M. H. Robert, permettent de considérer comme mauvaise toute huile qui en six ou huit jours, sur un laiton bien préparé, sera devenue d'un vert très prononcé, surtout s'il se forme autour de la goutte une auréole bien marquée, ou bien lorsqu'elle aura taché le laiton.

609. En résumé les seuls essais auxquels l'horloger puisse se fier sont ceux qu'il fait dans les montres destinées à être prêtées aux clients pendant qu'on répare les leurs, et ces essais doivent durer au moins une année.

Parmi les porteurs de montres, les uns vivent dans un milieu très variable comme chaud et froid, parfois poussiéreux, les femmes portent des odeurs, la transpiration est très abondante chez certains sujets ; toutes ces causes influent sur l'huile et la font se dénaturer ou s'évaporer plus ou moins promptement à une montre qu'à une autre.

610. Assurer la conservation de l'huile. — Chez bon nombre d'horlogers qui se plaignent amèrement des huiles qu'ils emploient, le mal ne vient pas de l'huile, mais bien de l'horloger lui-même qui, dans le choix et dans l'usage, ne prend pas même les plus simples précautions.

Voici les quelques attentions qu'il doit avoir :

- Ne pas acheter, par économie, les flacons qui traînent parfois depuis des années chez les marchands de fournitures.
- Mettre l'huile à l'abri de la lumière et s'en servir comme il a été dit page 89 du *Guide*.
- Vérifier la fermeture des boîtes des montres. Si elles ferment mal, des courants d'air s'établissent et l'huile en souffre. L'huile d'un échappement à cylindre se détériorait toujours très promptement ; l'horloger enduisit intérieurement la charnière de la cuvette et recommanda de ne pas l'ouvrir. Depuis, l'huile s'est conservée longtemps intacte à l'échappement.
- Enfin faire convenablement les nettoyages. Ce point a une extrême importance..

Les pièces mal nettoyées au savon ou à l'oléosine prennent, après un certain nombre de mois, un ton un peu terne ; il était donc resté à la surface une sorte de mince pellicule des substances employées pour le nettoyage. On a également remarqué que certaines montres dont les aciers avaient subi l'action de la transpiration du porteur, en étaient préservées après des nettoyages opérés avec certaines essences. Il en était donc resté quelque chose sur le métal.

La conclusion est naturellement celle-ci : nettoyer avec soin, passer les pivots dans la moelle de sureau un peu dure, terminer avec une brosse douce, bien préparée, et passer des fusains dans tous les trous des pivots.

611. *Huiles mélangées ; huile camphrée.* — De bons effets ont été obtenus en mélangeant deux huiles de provenances différentes. L'huile dite américaine, qui est très fluide et qui offre le défaut de s'évaporer à la température du gousset, s'améliore lorsqu'on y mêle une certaine quantité d'une huile plus grasse. On nous recommande comme très bon le mélange d'huile américaine (véritable) et d'huile Rodanet.

L'huile reconnue déjà de qualité suffisante, et légèrement camphrée, a aussi ses partisans. Ils s'en déclarent satisfaits, mais nous n'avons pas expérimenté suffisamment longtemps cette combinaison.

612. *Des réservoirs dits huiliers.* — Il faut dans les nettoyages éviter d'enlever la dorure dans les huiliers des montres et la couche d'oxyde qui tapisse l'intérieur des huiliers des pendules qui ont marché un certain temps. Si on l'enlevait, l'huile nouvelle en formerait une autre, mais à ses dépens. Dans les pièces neuves, non dorées, on trouverait un double avantage à polir à fond l'intérieur des réservoirs. Si l'huile n'est pas mise en trop grande quantité, elle restera mieux autour du bout du pivot. En outre la surface étant durcie unie, ayant pour ainsi dire les pores bouchés par l'action du polissage, l'huile s'oxydera moins et moins vite. Cette remarque avait déjà été faite par Robin.

613. *Soins à prendre en mettant l'huile.* Ils sont énumérés ci-devant pages 251 et 252. Ajoutons seulement quelques observations.

L'huile très fluide convient aux échappements, aux fins pivots, où il en faut peu ; elle ne convient pas ailleurs à cause de sa facilité à couler, à s'extravaser.

Si on la met en quantité plus grande que celle nécessaire, c'est comme si l'on n'en mettait pas assez ; elle coule ou s'extravase, et il n'en reste que fort peu aux points où elle est utile.

614. Fixation de l'huile aux surfaces frottantes. — L'huile étant nécessaire pour adoucir les frottements, et le mouvement la chassant des surfaces en contact il faut, pour qu'elle y revienne constamment et qu'elle se maintienne à proximité, que les organes qu'elle lubrifie soient conformés selon des règles basées sur les lois de l'Hydrostatique.

Nous ne pouvons rentrer ici dans ce sujet, que nous avons développé dans le *Traité d'horlogerie moderne*, de la page 35 à la page 40, et auquel nous renvoyons.

615. Prévenir l'épaississement de l'huile, *dans les trous en pierre et leur coloration dans les trous en laiton.* — Voici le moyen indiqué dans la *Revue chronométrique*, par M. Callaud.

> « Depuis que j'ai employé le moyen dont je vais parler, le même régulateur qui n'avait marché que trois années, a marché près de dix années avec une grande régularité et sans la moindre altération apparente dans la couleur et la fluidité de l'huile. J'ai employé le même moyen, avec le même succès, dans les trous en pierre des montres et, quant aux trous en laiton, ce moyen prévient complètement la coloration de l'huile qui, je ne crains pas de l'affirmer, se maintient plus limpide.
>
> « Ce moyen consiste à vernir les trous et les contre-pivots avec une dissolution de gomme-laque dans de l'esprit-de-vin. On se sert d'un petit pinceau, qu'on maintient toujours dans l'esprit-de-vin ; après l'avoir bien effilé, on agite la dissolution et on en applique une couche

sur les surfaces des trous, ainsi que sur le côté utile des contre-pivots. Après cette opération, on place les ponts, contre-pivots ou platines sur une petite masse de cuivre que l'on aura préalablement chauffée tout juste assez pour qu'elle soit capable de faire fondre la gomme laque. Par cette chauffe, l'esprit-de-vin s'évapore et la gomme-laque adhère à la pierre au point que l'on peut nettoyer les pièces fort souvent sans altérer la préparation. (Évitez toutefois l'emploi de l'esprit-de-vin.) A la suite de cette opération, les trous seront bouchés mais, avec une petite pointe, on fait sortir la gomme-laque et on termine le nettoyage avec une petite tige de cuivre limée en équarrissoir. Quant aux contre-pivots, on les remet en place, et avec une petite tige en cuivre, limée du bout en tournevis, on enlève la gomme laque dans la partie frottante et dans une plus grande étendue que le pivot n'est gros. »

616. Suppression de l'huile. Plombagine. — Deux horlogers ont proposé : M. A. Callaud de supprimer l'huile à certains échappements, M. Deloris de la remplacer partout par une application de plombagine.

M. Callaud a fait marcher un certain nombre d'échappements à rouleaux, dits Brocot, sans mettre de l'huile ni aux dents, ni aux rouleaux (il assimile leurs fonctions à celles d'un engrenage et au recul de l'échappement à palettes) et déclare n'en avoir point eu de désagréments.

Nous donnons son observation sous sa responsabilité.

M. Deloris a frotté de plombagine, délayée dans un liquide qui ne doit pas être gras, croyons-nous (peut-être de l'eau), les pivots et les trous d'un mouvement de pendule, et il a affirmé qu'il obtenait ainsi une couche brillante sur les surfaces frottantes et que le rouage, remonté ensuite à sec, fonctionnait très bien avec une forte réduction de la force motrice.

Nous ignorons si M. Deloris est encore vivant, car nous ne l'avons pas revu depuis plusieurs années, et si ses essais ont été poursuivis assez longtemps, mais nous dirons que l'emploi de la plombagine pour adoucir les frottements dans les machines est déjà fort ancien, seulement, on la mélangeait avec des corps gras, dans une proportion entre 1/4 ou 1/3 de plombagine, pour 3/4 ou 4/5 d'axonge. Quelques mécaniciens y ajoutent une petite quantité de savon vert, etc.

Nous avons employé la plombagine pour adoucir le frottement dans quelques outils tels que : compas, huit chiffre, etc., nous nous en sommes bien trouvé.

Hygiène de l'horloger

Quelques-uns des conseils qui suivent paraîtront minutieux et d'un usage assujettissant. Il n'en est rien. Les bonnes habitudes que l'on prend jeune se conservent aisément, et quand l'horloger se sera bien rendu compte de leur influence sur sa santé, il les adoptera avec facilité.

De la vue

617. « Les travaux de l'horlogerie en petit volume, dit M. le docteur Muston, obligent à l'emploi d'une loupe ; l'usage prolongé de la loupe ou du microscope, comme l'appellent les ouvriers, donne lieu à des inflammations de la conjonctive, de la cornée, mais surtout à un affaiblissement de la vue. »

M. A. Chevalier fait également remarquer que son usage prolongé, ou en excès, rend presbyte, détermine des congestions générales de l'œil, enfin que son effet le moins fâcheux est un affaiblissement de la vue : « Les loupes procurent, à un haut degré, ce qui résulterait de l'emploi des lunettes ou besicles trop fortes. »

L'horloger qui ne veut pas que sa vue s'affaiblisse plus ou moins rapidement devra prendre les précautions suivantes :

- Ne tenir sa loupe à l'oeil par la contraction de l'arcade sourcilière que pendant de courts instants. L'usage du porte-loupe, qui n'exige de l'oeil aucun effort musculaire, vaut mieux.
- Percer deux ou trois trous sur les contours de son microscope, pour éviter ou diminuer l'inconvénient de l'échauffement de l'air emprisonné entre le verre et l'oeil.
- Ne faire usage que de bonnes loupes et *véritablement achromatiques*. S'il est obligé de se servir des loupes simples ou communes, il mettra à l'intérieur un anneau de papier noir qui, en diminuant le champ de la vision, affaiblira l'inconvénient qui provient de l'aberration de sphéricité.
- Nous recommandons également l'*abat-jour* de carton vert appliqué au front, et dont l'usage est très répandu dans les fabriques.
- Ajoutons que le travail de nuit à la lumière artificielle, et surtout à la clarté trop vive du gaz, fatigue l'oeil beaucoup plus rapidement, dans un même espace de temps, que la lumière du jour, et qu'il est nécessaire pour l'horloger, quand il est astreint à des travaux minutieux à la lumière artificielle, de reposer sa vue

assez fréquemment sur des objets volumineux et surtout fixes. Si faire se peut, il se bassinera de temps en temps les yeux avec un peu d'eau fraîche.

Avec ces quelques soins et précautions faciles à prendre, combien de nos confrères, condamnés aujourd'hui à tous les inconvénients d'une perception incertaine et diffuse des objets extérieurs, ou à un commencement de cécité, auraient conservé la bonté de leur vue dans toute sa plénitude !

Du corps en général

618. En général, le tempérament de l'horloger âgé ou d'âge moyen est irritable et souvent fatigué et aigri. Cela tient, non à une jalousie de métier surexcitée, niaise explication qu'on a cherché à en donner, mais aux affections intestinales et à celles de l'estomac, parce que leur développement est favorisé par la nature même des travaux d'horlogerie. Ils fatiguent plus que ceux de toute autre profession et le corps et l'intelligence.

Pour éviter leurs conséquences fâcheuses, l'horloger devra s'astreindre aux précautions suivantes, dans la mesure du possible, bien entendu :

- Ne pas se servir à l'établi de sièges rembourrés, mais donner la préférence à ceux qui sont garnis en joncs à claire-voie.
- Disposer les hauteurs relatives de l'établi et du tabouret sur lequel on s'assied, de telle façon qu'on évite une trop grande compression des muscles pectoraux, etc., durant un travail de longue haleine et qui oblige à conserver longtemps une position très courbée. Le tabouret monté à vis est avantageux à ce point de vue.
- Varier sa position dans le travail très sédentaire, chaque fois qu'on le peut, surtout quand on fait usage et de la lime ou du tour. Ce que permet un second établi où l'on peut travailler debout.
- Quand on fait usage de la lampe, employer de préférence l'abat-jour en carton. Celui en métal s'échauffe beaucoup plus et rayonne sa chaleur conte la tête de l'ouvrier.
- Une feuille de carton disposée de façon à diminuer encore le rayonnement du foyer contre la tête est une utile précaution. En un mot, que l'horloger n'oublie jamais cette prescription de Boërhaave : avoir la tête fraîche et les pieds chauds.

Qu'il se rappelle constamment aussi que rien n'est plus préjudiciable à sa santé que la mauvaise habitude de se mettre à l'établi au sortir des repas. Il doit vaquer une demi-heure au moins, et pour certains tempéraments ce ne sera pas assez, à des occupations qui l'obligent à se tenir debout.

Un léger exercice, une course faite sans précipitation, vaudrait mieux, elle active la circulation du sang et détend les muscles maintenus trop longtemps par la grande attention et les faibles mouvements que nécessitent les travaux de l'horlogerie, dans une situation de gêne et de contrainte.

Justifier un outil, une roue

619. On sait qu'en terme de métier on entend par l'expression justifier non-seulement l'examen d'un outil, d'une roue, etc., pour s'assurer s'ils sont en état de faire un bon service, mais aussi l'emploi des moyens propres à les amener, au besoin, à cet état.

Justifier les outils : à percer droit, *Guide-manuel*, page 151 ; à planter, page 152 ; l'outil aux engrenages, page 153.

Justifier les roues d'échappement : roue de rencontre, *Traité d'horlogerie moderne*, page 80 ; roue Duplex, idem, page 328 ; roue de cylindre, idem, page 280 (et ci-devant, page 388).

Laiton

620. Ce composé métallique joue un rôle tellement important en horlogerie, qu'il doit faire l'objet d'une étude sérieuse de la part de tout ouvrier, et dès ses débuts dans le métier. Ce petit travail lui est du reste facilité par l'étendue des explications fournies par le *Guide manuel*, de la page 55 à la page 60, et traitant principalement du choix du métal selon la pièce à exécuter et des soins à apporter dans les opérations qu'on fait subir au métal.

Limes

Soins dans l'usage ; remise à neuf ; tailler, etc.

621. A propos des attentions qu'on doit avoir dans le maniement des limes, pour qu'elles fassent un bon usage, et sur la manière de les emmancher, revoir le *Guide-manuel*, pages 74 et 87.

622. Nettoyage des limes. — Quand la denture d'une lime encore bonne est obstruée de petites parties de fer, de cuivre, de bois, etc., en terme de métier qu'elle est grasse, voici comment on la dégraisse. On fait une petite lessive de cendres, on y plonge la lime pendant quelques instants; quand elle en est retirée on la fait sécher devant le feu et on la brosse avec une brosse forte et roide.

On se sert encore plus avantageusement de potasse fondue dans l'eau chaude.

Remettre à neuf les vieilles limes

Les deux procédés donnés ci-après ne diffèrent que par quelques détails, qui du reste les complètent l'un par l'autre, ainsi que l'article précédent.

623. Premier procédé. — On nettoie d'abord la lime par les moyens suivants : avec l'aide de l'eau de potasse ou de soude, s'il faut enlever des corps gras ou résineux, avec de l'acide chlorhydrique, s'il faut enlever de la rouille, et au moyen d'un frottement fait avec une brosse métallique ou un morceau de coke, s'il faut enlever des parcelles de fer, de plomb, de cuivre ou d'étain.

La seconde opération consiste à plonger les limes ou râpes dans un mélange de 1 partie d'acide nitrique, 3 parties d'acide sulfurique et 7 parties d'eau.

A mesure que l'action des acides s'épuise, par suite de leur combinaison avec le fer, il faut élever la température du mélange, la rapidité de l'opération étant une des conditions de la réussite. Le temps pendant lequel les limes restent plongées dans le bain acide varie depuis 10 secondes jusqu'à 100 et au-delà, l'affûtage des limes d'un grain très doux et très fin étant bien plus rapide que l'affûtage des limes d'un grain très dur et très gros.

La troisième opération consiste à plonger les limes retirées du bain acide dans l'eau de chaux, à les sécher, enfin à les imprégner au moyen d'une brosse, d'un mélange d'huile et de térébenthine ; dès lors, l'opération est achevée.

624. Deuxième procédé. — Les limes sont d'abord parfaitement nettoyées par l'action répétée d'une brosse dure, et on achève de les dégraisser par une solution concentrée de soude. Elles sont ensuite couchées dans un plat rempli d'eau, leurs extrémités portant sur des fils de fer, de telle sorte que tous les points de leur surface soient en contact avec le liquide. On ajoute un huitième d'acide nitrique concentré, on agite le mélange pour le rendre uniforme, et on le laisse agir pendant vingt-cinq minutes.

On retire les limes pour les laver dans de l'eau pure, on les brosse de nouveau, on les replace dans le bain acidulé, additionné d'un second huitième d'acide nitrique, et on les y laisse pendant cinquante minutes. On les brosse encore, et on les replonge dans le bain, auquel on ajoute un seizième d'acide sulfurique concentré. Enfin, on les lave successivement dans de l'eau pure et dans un lait de chaux qui enlève les dernières traces d'acide, et on les sèche. Elles ont repris alors les qualités et l'aspect des limes neuves.

Tailler une petite lime. – Limes Beaupuy

625. Tailler une lime à égalir. — Le cas se présente assez fréquemment d'avoir à retoucher, par exemple, le fond d'une entaille rectangulaire, et de ne pas trouver de lime à égalir de largeur convenable. Le cas échéant, l'horloger a trois moyens de se tirer d'affaire en taillant lui-même une lime.

Premier procédé. — La petite règle d'acier serrée à l'étau (L figure 7, planche XI), on fait la taille avec un ciseau *n*, et voici comment.

Le ciseau tenu un peu incliné, on fait la première taille *i*. Celle-ci se relève du champ en s'arrondissant un peu en arrière. Pour faire la seconde taille on pose le tranchant du ciseau bien d'aplomb sur la règle et on le ramène en frottant dessus jusqu'à ce qu'il soit arrêté par le revers de la première taille ; on l'incline au degré reconnu suffisant, on donne le second coup de marteau, et on continue de même jusqu'à la fin de l'opération.

Un petit nombre d'essais suffit pour que tout ouvrier puisse arriver à tailler suffisamment bien une petite lime.

Deuxième procédé. — On adopte une disposition d'appareil semblable, mais seulement plus solide, à celle du diviseur micrométrique décrit dans le *Guide-manuel*, page 35. La lecture de l'article et l'examen de la figure qui y correspond fourniront toutes les explications utiles.

Troisième procédé. — C'est celui que M. Cuel a appliqué à la division d'une règle (voir ci-devant au **541**). Seulement, ici on aura des divisions plus serrées et on remplacera l'onglet traceur par une fraise tranchante, dont l'axe doit être un peu incliné, c'est-à-dire en rapport avec l'inclinaison qu'on veut donner à l'angle des tailles (on emploie un char brisé et on accole à la fraise *f*, figure 7, planche XI, un disque d'ivoire, etc., comme *s*, qui règle l'enfoncement de la taille).

626. Limes et brunissoirs Beaupuy. —Tous les horlogers connaissent les limes et brunissoirs pour pivots coniques que M. Beaupuy a mis dans le commerce de la fourniture d'horlogerie ; ces nouveaux outils rendent de bons et rapides services, mais il faut savoir s'en servir.

En dehors des explications contenues dans la note imprimée qui les accompagne, voici quelques instructions sur leur emploi : Il ne faut jamais les employer à l'état neuf pour un pivot qui doit servir, ils le réduiraient trop promptement. L'excès de mordant doit être enlevé par un travail préparatoire.

On ne doit opérer qu'une pression bien perpendiculaire, et comme on le fait pour un pivot ayant une portée à angle droit, contre laquelle on maintient la lime sans presser. Les pressions latérales ont pour effet d'étrangler le pivot, qui se brise.

627. M. Bertrand fils, qui s'est toujours servi avec succès de ces limes, recommande les précautions suivantes : il ne faut pas faire coïncider l'angle de la portée ou le collet du pivot conique avec le bord de la coche, tant que le pivot n'est pas amené assez près de sa grosseur définitive. Jusque-là il ne doit pénétrer dans la coche que d'environ les 3/4 de sa longueur.

Il est bien entendu qu'on a dû former au burin le cône du tigeron et aussi approchant que possible de l'inclinaison que lui donnerait la lime (A et B, figure 14, planche XII). Lorsqu'il ne reste que quelques coups à donner, on fait porter sur toute la longueur du pivot. Faute de prendre la précaution qui vient d'être indiquée, il arrive souvent que par suite d'un faux mouvement de la lime, le biseau, droit ou courbe, s'allonge dans la direction du bout du pivot, comme on le voit au pointillé en C, figure 14, planche XII, et le pivot, se trouvant par moment *en l'air*, se brise facilement.

Limiter exactement
la course d'une coulisse, d'une vis

628. Quand un chariot est poussé par une vis de pression, il se produit de petites différences de pénétration dues au plus ou moins de force de la butée, à l'élasticité des corps pressés, à la difficulté d'apprécier la parfaite coïncidence de certains repères. Un bon système d'arrêt, qui obvie dans une large mesure à ces inconvénients est celui de M. Rodanet, décrit ci-devant au **595**, sous le titre : *Outil à tourner les gorges des fraises.*

Loupes. Microscopes

Consulter ci-devant, au mot *Hygiène*, l'article sur la *Vue*, numéro **617**.

Main-d'œuvre

Les instructions concernant la direction du travail de main-d'oeuvre se trouvent dans le *Guide*, de la page 75 à la page 81.

Meules

Pour l'emploi de la petite meule en grès et sa rectification quand elle est déformée, consulter le *Guide*, page 86.

Pour les meules en émeri, voir ci-devant au mot *Émeri.*

Micromètres. Compas à Vernier

629. Les micromètres et les compas à vernier sont des instruments d'une grande utilité, mais il faut qu'ils soient faits avec soin et précision. Tout horloger sera en état d'en construire de bons ou d'en rectifier au besoin, s'il se conforme aux instructions contenues dans le *Traité d'horlogerie moderne*, de la page 807 à la page 811. Il aura dû au préalable bien s'expliquer le principe du vernier, exposé, avec figure, à la page 27 du *Guide-manuel.*

Nickel. Maillechort

On relira l'article consacré à ce corps simple et à son composé, dans le *Guide-manuel*, pages 61 à 62, article que nous complétons par quelques explications sur la manière de les moirer.

630. Moirer le nickel. — Pour les montres courantes, on peut refaire l'adouci ondé sur le nickel, par le procédé indiqué ci-devant au **390**, et au moyen d'un bois émeri ayant déjà un peu servi, et après qu'on a adouci la pièce en long d'abord avec une pierre à eau d'un grain doux, et ensuite avec un bois émeri n° 1. En y apportant suffisamment de soin, le travail est très propre.

631. Reproduire ou raccorder des moirés. — Remarquons tout de suite que le procédé suivant s'applique également bien à tout métal autre que le maillechort, ou nickel des horlogers, que nous considérons en ce moment.

On fabrique aujourd'hui un grand nombre de très belles montres avec ce métal et, comme il n'est pas doré, il n'est pas rare d'en rencontrer où des moirés refaits après accident par des repasseurs, etc., font disparate avec le reste de la pièce.

A l'aide d'un petit appareil comme suit, ils pourront éviter ce désagrément, mais nous les prévenons que, comme pour toutes les opérations de main-d'oeuvre, il faut faire un certain nombre d'essais pour acquérir le tour de main.

Sur un petit cadre à jour, C C, figure 1, planche XIII, on fixe plusieurs baguettes parallèles *f l*, *e d*, etc., et sur deux de ces baguettes, on ajuste une petite planchette, *p o n m*, garnie de deux liteaux qui lui permettent de glisser en va-et-vient, de *a* en *b*, entre les baguettes. On fixe sur *p o n m* le guide convenable, soit G, et la pièce à moirer, soit A, étant collée sur une plaque reposant sur l'établi, on pose le cadre C C par-dessus, et l'on exécute le moiré en suivant avec un bois de fusain, taillé pour la circonstance et chargé de matière à polir, toutes les ondulations du guide.

On peut les reproduire par rangées parallèles, puisque celui-ci peut avancer ou reculer selon les besoins.

En faisant varier la forme et la position des guides, on peut moirer en ondes, en festons, en ronds et en ovales. Dans ces deux derniers cas, le guide porte des trous selon la forme voulue, et le bois, qui est mené à l'intérieur (par la main ou par un outil), n'a de diamètre que la moitié de celui de l'ouverture.

On pourrait graduer l'une des baguettes comme *e d*, et disposer le tout de façon à fixer par des vis la planchette où l'on voudrait.

Avec ces indications, celles contenues de la page 300 à la page 307, et des essais préalables, tout horloger intelligent doit arriver à se tirer facilement d'embarras, quand il aura à refaire ou à raccorder de ces beaux moirés qui, en fabrique, se font mécaniquement.

632. *Substances à employer.* — On broie à l'huile du rouge moyen et de la potée d'étain, par parties égales d'abord.

Par la teinte obtenue, on voit s'il faut ajouter de la potée, parce que, lorsqu'il y a trop de rouge, on n'obtient pas une nuance d'un beau blanc.

Noyures des vis

633. Les noyures où se logent les têtes des vis se font sur le tour-universel ou avec les fraises décrites page 132 et suite du *Guide-manuel.* On devra avoir recours, au besoin, à cet ouvrage, parce que nous ne considérons ici qu'un cas particulier, celui de la *bélière* des boîtes des montres.

Pour retoucher ou faire la noyure de la tête de la vis d'une bélière, si l'on agit avec les fraises ordinaires, le trou se jette de côté à peu près constamment. Voici comment on peut éviter cette déviation.

Sur un arbre ou tige cylindrique *n a h*, figure 2, planche XIII, entrant à frottement dans les deux trous de la bélière *a, n*, on ajuste à frottement doux un petit cylindre d'acier percé *c* (et C). On le tourne à la grosseur de la tête de la vis : on le lime de façon à le rendre tranchant en *d*, puis on le trempe et on l'aiguise.

Ce petit travail achevé, et un cuivrot monté sur le cylindre, on enfile celui-ci, ainsi que la bélière, sur l'arbre que l'on place entre les broches du tour, et comme le montre, en *n* et en *h*, la figure 2.

Puis on appuie, avec la main gauche, la bélière contre le tranchant du cylindre, manœuvré par l'archet, et ce tranchant forme la noyure. La profondeur de cette noyure peut être fixée à l'avance soit par un arrêt fixé sur la tige *n a*, vers *s* par exemple, soit par la position qu'on fait occuper au cuivrot sur *c*.

634. La fraise cylindrique en forme de tourne-vis tressaute beaucoup au début de l'opération, il vaudrait mieux y faire quatre tranchants au moins, en limant la partie *d*, quand elle est encore ronde, en biais et sous un certain angle, avec une queue-de-rat ou un petit tire-point qui y formerait les quatre tranchants.

On pourrait aussi tailler en lime la face *d*, et facilement, soit avec une lime, soit avec un ciseau ; il faudrait deux opérations pour *croiser* les tailles.

Voici comment on s'y prend pour former la taille de la petite fraise circulaire sur une lime : on fixe sur une lime L, figure 2, planche XIII, bien selon la direction de la taille, une double bride *b b*, dont l'écartement est réglé par la grosseur du cylindre. Celui-ci est serré dans un fort cuivrot-à-vis, que l'on tient à deux mains, pour faire aller et venir le cylindre dans la rainure, jusqu'à ce que la taille soit bien nettement formée sur la face plate de ce cylindre. C'est alors seulement que le cuivrot doit reposer en plein sur la bride.

Fig. 1.

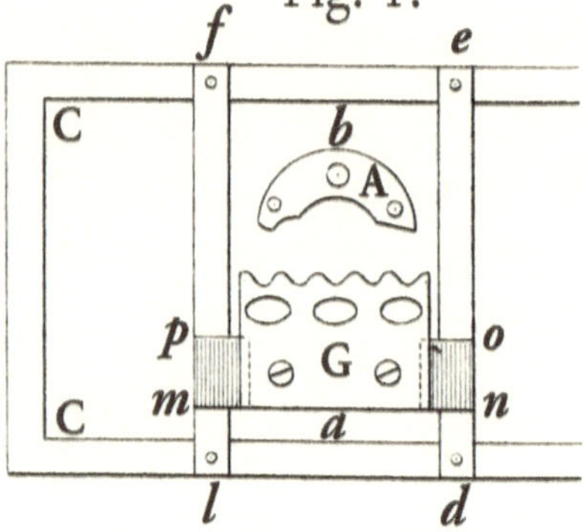

Fig. 2.

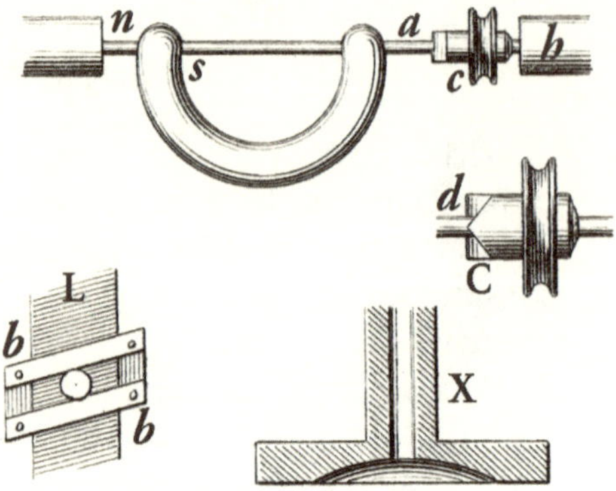

Fig. 3.

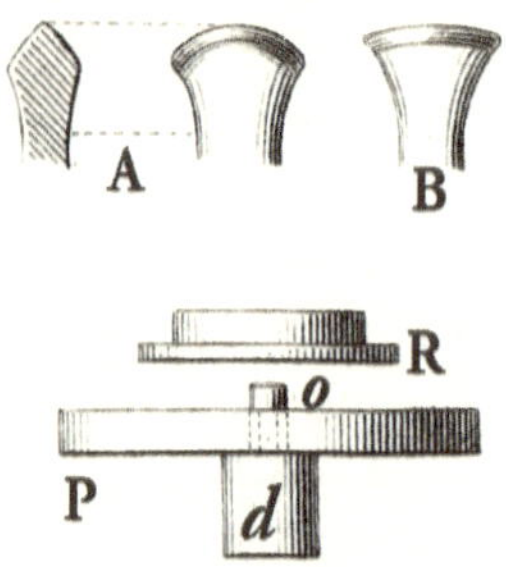

Fig. 4.

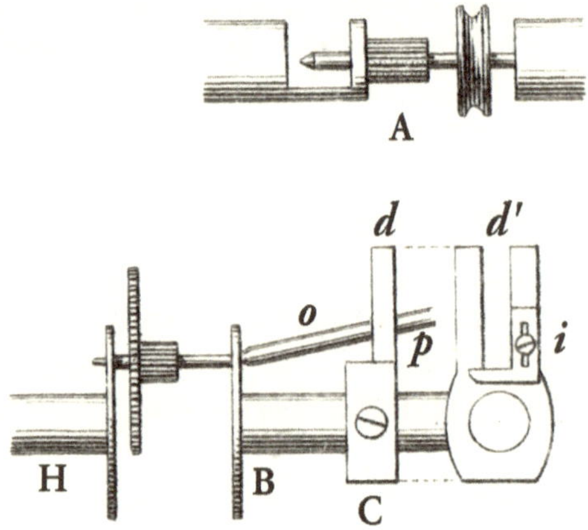

Fig. 5.

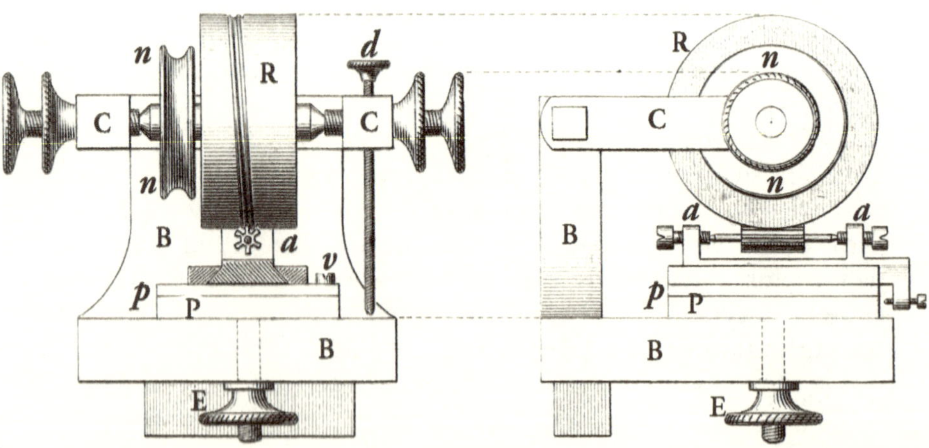

Fig. 6.

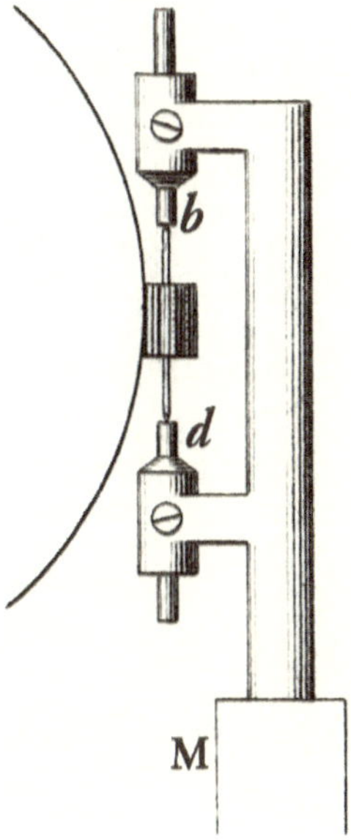

Fig. 7.

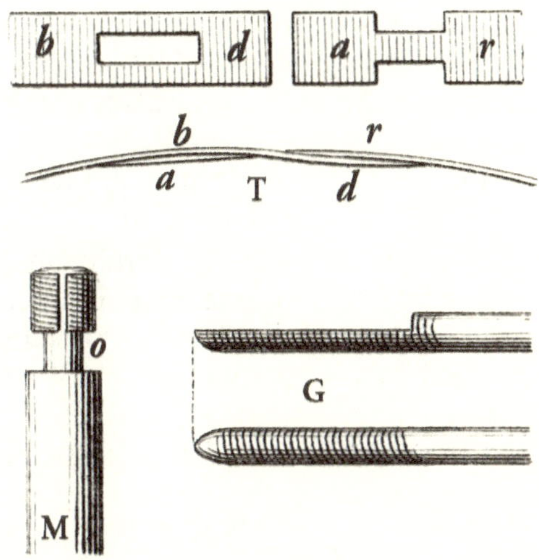

Fig. 8.

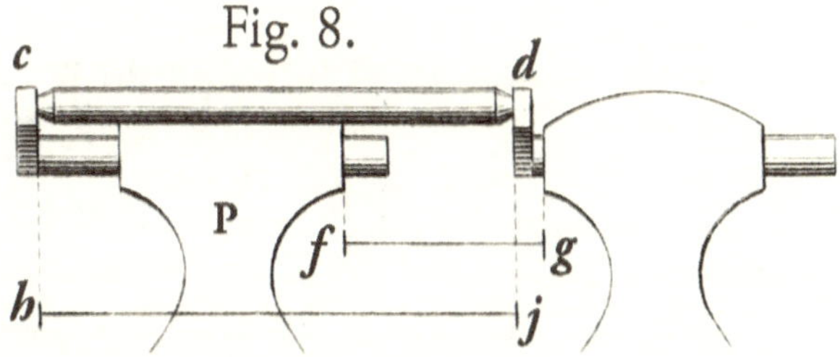

Fig. 9.

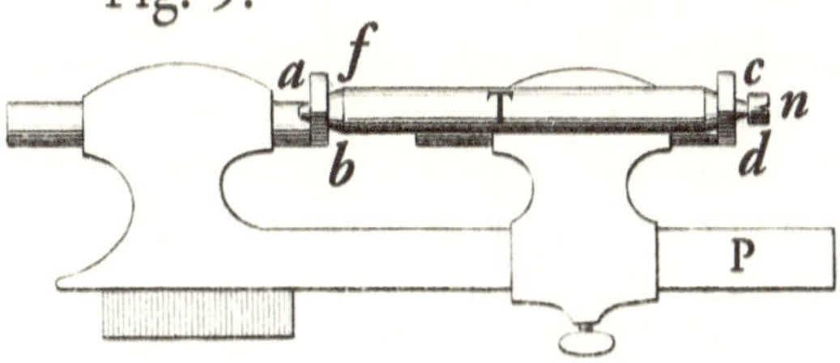

Fig. 10.

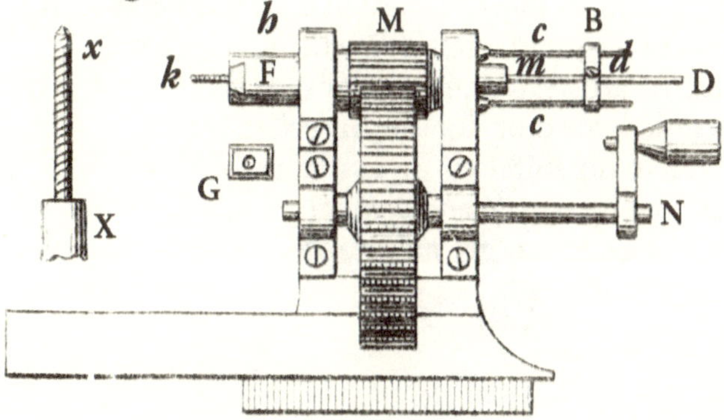

L'usage du cuivrot est un moyen expéditif, mais l'on sent qu'il serait mieux de lui substituer un chapeau dont le rebord, reposant sur la bride assure, si l'on a besoin que la face limante soit bien plate, la perpendicularité du cylindre.

On peut encore agir plus simplement en serrant le cylindre à l'étau et en faisant aller et venir sur sa face la lime tenue à deux mains et pourvue de sa bride. Ce dernier moyen est en outre très commode pour faire la taille d'une extrémité arrondie de tige, telle que celle dont on a besoin pour rectifier les réservoirs quand le chanfrein a brouté ou formé des côtes à l'intérieur.

Or. Ressorts en or

635. Il a déjà été question de ce métal à la page 63 du *Guide-manuel* ; on devra la revoir, et nous la complétons par une nouvelle indication (pour le nettoyage des bijoux en or, voir au **549**).

636. Ressorts et spiraux en or, *les durcir.* — On a fait des ressorts de détente, de thermomètre, de suspension, et des spiraux en or allié, doués d'une grande élasticité.

Le laminage les durcit, mais ils deviennent alors très cassants, très peu souples.

On leur fait acquérir les qualités de souplesse et d'élasticité, non pas par une trempe comme l'acier, mais par un recuit, qui ne doit pas dépasser un certain degré de chaleur. M. Couet père enfermait ses spiraux, roulés sur le manchon, dans un tube fermé par un couvercle d'acier blanchi. On plaçait au-dessous une lampe à alcool allumée, et quand la plaque d'acier était bleue, on soufflait la flamme et on laissait refroidir.

M. Couet fils disposait sur un réchaud deux mottes de tanneur et quand, par la combustion, leur surface était devenue blanchâtre et cendreuse, il plaçait entre les deux son spiral roulé sur le manchon, et de telle façon que les mottes, en se brisant, l'enveloppaient, le couvraient entièrement, et jusqu'à refroidissement complet.

D'autres artistes recuisent dans de l'huile en ébullition où l'on maintient la lame d'or durant un certain temps.

La dureté du spiral en or est d'autant plus grande que le titre est plus bas, et s'il est convenablement recuit, il est très élastique et casse quand on le courbe outre mesure, comme un spiral en acier.

Outillage. Outils

637. Nous répéterons ici ce que nous avons déjà dit dans le *Guide-manuel* : « sans tomber dans l'exagération quant à la perfection et à la multiplicité des outils, que l'élève soit persuadé qu'un outillage bien agencé et en bon état facilite et abrège le travail en le rendant plus parfait.»

Pour l'organisation de l'outillage usuel, dit de fourniture, consulter le *Guide* de la page 82 à la page 92. Au même ouvrage, de la page 132 à la page 150, sont décrits les autres outils d'un usage journalier ou fréquent mais que, la plupart du temps, l'horloger doit se faire lui-même ou faire faire par ses apprentis, tels que : tarauds, chanfreins, outils à centrer, ébiseloirs, etc.

Quant aux différentes espèces de tours, voir plus loin à ce mot. On trouvera également dans la troisième partie de ce Recueil, aux articles divers, la description de quelques outils nouveaux ou peu connus.

Palettes (échappement à)

En mesurer l'ouverture. Les ouvrir ; les fermer

Pour ce qui ne concerne pas les deux opérations qui suivent, voir plus loin au titre *Roue de rencontre.*

638. Mesurer l'ouverture, *c'est-à-dire l'angle que les palettes font entre elles.* — On se sert pour cela de l'outil représenté figure 13, planche XII ; l'examen du dessin en fait facilement comprendre les fonctions.

L'une des palettes étant appuyée bien à plat, et maintenue par le levier à ressort B, contre le demi-disque gradué A, de façon que le centre de la verge soit perpendiculaire à la ligne *n r*, l'aiguille, placée préalablement sur l'autre palette, indique sur le cercle gradué le nombre des degrés de l'ouverture.

Cette aiguille, représentée en P, figure 12, doit être très légère. On voit qu'elle est formée de deux parties : le corps *c d* et le petit ressort *z z*. La palette, introduite par l'ouverture *c* doit être maintenue la face bien appliquée contre *c d*, par le ressort *z z*. La face *c d* de l'aiguille doit être parfaitement droite, afin qu'elle ne puisse pas induire en erreur quant à la direction du plan de la palette. La masse d'appui C, figure 13 (vue de face et de profil en C de la figure 15), doit être mobile sur son centre, et ce centre, que le dessinateur a placé sur la ligne *n r*, doit être ramené un peu à la droite de cette ligne.

639. Ouvrir ou fermer les palettes d'une verge.— Certains ouvriers assujettissent sur le milieu du corps de la verge une tige fendue, dont les deux parties, séparées par la fente, peuvent être un peu rapprochées par une vis, puis saisissant les palettes, avec des pinces à long bec tenues de chaque main, ils présentent la tige dans la flamme d'une lampe, et quand le corps de la verge revient bleu, ils opèrent lentement un petit mouvement de torsion, qui, suivant le sens donné à ce mouvement, fait ouvrir ou fermer la verge.

Ce procédé n'est pas toujours d'un facile usage, en voici un autre qui vaut : on place la verge sur les cônes de ses pivots, entre les broches-à-lunette d'un tour à finir, figure 15, planche XII. Un taquet *b*, serré sur la palette d'en haut, empêche la verge de tourner, c'est la tige conductrice de la chaleur ; *a* , vue de face et de profil, est une autre tige beaucoup plus longue, fendue du bout de façon à pouvoir s'ajuster en forçant un peu sur la palette d'en bas. Sa partie *d* se trouve par conséquent en l'air. On en rapproche, par dessous, le support du tour, représenté au pointillé en *s*, en laissant entre eux une distance égale à l'angle dont on veut augmenter l'ouverture des palettes ; tout cela fait, on met la lampe allumée sous l'extrémité de *c*, et quand le corps de la verge change de couleur, *d* descend par son propre poids et s'arrête sur *s*. L'ouverture est augmentée d'autant.

On peut aller plus vite en dardant, au chalumeau, sur le corps de la verge un léger coup de flamme.

On a compris que pour fermer les palettes, il suffit de retourner la verge.

Percer

Percer droit. Percer l'acier dur

640. Percer droit. — Pour percer droit, tout horloger sait qu'on se sert communément de l'outil spécial dit *à percer droit.* Cependant, dans certains, cas il est plus avantageux d'employer le tour ordinaire ou le tour universel, et selon les indications données dans le *Guide-manuel,* pages 122 et 166.

Pour les moyens à employer quand on a à percer droit et vers le centre, une tige, un disque, voir ci-devant pages 316 à 319.

641. Percer l'acier trempé revenu bleu. MM. Bertrand fils et Perriolat ont publié dans la Revue chronométrique quelques bonnes observations sur le sujet; nous les résumons en les complétant.

Lorsque le foret a atteint une certaine profondeur, que l'acier paraît lui résister de plus en plus, il faut immédiatement s'arrêter. En examinant la mèche du foret à la loupe, il est facile de reconnaître les points où il cesse de mordre, et qui font dans le fond du trou des cercles *brillantés* très durs à enlever. On change alors le foret contre un de forme différente, ou plutôt, et sans la rétrécir, on change la forme de la mèche primitive, c'est-à-dire, par exemple, que si elle est en flèche, on la met en demi-cercle, en demi-ovale, ou en forme de ciseau ayant les coins abattus. L'essentiel c'est que la forme soit telle que la partie brillantée du fond du trou soit attaquée peu à peu et non pas d'un seul coup et de front. Jusqu'à ce que cette partie dure soit enlevée, il faut aiguiser fréquemment la mèche.

La formation des parties brillantées et dures est attribuée à trois causes :

1°. au tranchant, qui, s'étant émoussé, lamine et durcit la surface de l'acier contre lequel on continue de le faire travailler ;
2°. à la mauvaise qualité ou à la mauvaise trempe de l'acier de la mèche, qui s'écrête pendant la perforation, et incruste des particules d'acier trempé dur dans l'acier que l'on perce ;
3°. au manque d'huile et à la trop grande vitesse de rotation.

On arrivera généralement du premier coup au but en se conformant aux recommandations suivantes.

642. *Mèche du foret.* — Cette mèche ne doit être ni aussi mince ni aussi dégagée que pour le cuivre. Elle ne doit jamais présenter, à partir de son sommet, un angle total de moins de 100°, et ses biseaux de 45° environ. Ses principales formes sont représentées, figure 3, planches XIII, en A, B, C. On débute, le plus ordinairement, par la forme A, que l'on modifie pendant le cours du travail avec le petit bâton de pierre à aiguiser.

643. *Percer lentement avec forte pression.* — Si l'on va trop vite ou que l'huile manque, les contacts s'échauffent et les brillantés se forment. On s'étudie à varier un peu la menée de l'archet suivant la pression exercée; le coup d'archet doit être plus raide sous une pression plus grande momentanée. Quand le mouvement est continu, comme celui provenant de l'emploi de la roue, il faut beaucoup de pression et peu de vitesse. Retirer souvent le foret pour l'aiguiser, nettoyer le trou et abondamment lubrifier. Le liquide (simple ou composé) qui empêche l'échauffement du foret est le meilleur. L'essence de térébenthine est préférable à l'huile.

Il y a là, nous le répétons, une petite étude à faire.

644. *Le point d'appui ou répondant doit être très ferme.* — Exemple : si l'on rapporte un pivot dans un tampon de cylindre, non garni de gomme laque à l'intérieur, et par conséquent flexible, l'opération marche beaucoup plus lentement que s'il est gommé.

Le répondant n'offre la fermeté nécessaire que lorsque la pièce que l'on perce est centrée sur ce répondant.

645. *Exécution du foret.* — L'acier doit être de premier choix; trempé avec toutes les précautions prescrites à l'article de la *Trempe*. Si l'acier est *brûlé* à la trempe, on n'en obtiendra aucun bon service. Pour éviter cet accident, il serait bien de laisser la mèche presque ronde et plus forte qu'il ne faut, et on la terminerait avec un bâton de pierre à aiguiser. Ce moyen est peut-être un peu long mais il offre cette garantie qu'on enlève, après la trempe, les surfaces et les arêtes minces qui ont subi plus fortement que le reste l'action du feu.

Le foret doit être court, épais de mèche, peu dégagé du collet, puisqu'il doit toujours agir avec une forte pression.

Le foret qui a été trempé plusieurs fois est rarement bon.

On nous affirme qu'un pierriste réussit à rapporter des pivots dans des axes très durs, en employant le moyen, ou un analogue, en usage pour percer les trous dans les rubis, mais nous ne l'avons pas vu travailler.

Pignons

Exécution et réparation. Polissage mécanique

646. Déterminer la grosseur d'un pignon. — On trouvera à la fin de l'ouvrage la table dite des grosseurs des pignons. Nous ne la donnons qu'à notre corps défendant et sous les réserves énumérées à l'article précédent sous le titre *Engrenages* parce que, nous le répétons, elle ne peut servir que pour une première approximation, et ce n'est qu'en le faisant fonctionner sur le compas-aux-engrenages, dans les conditions que nous avons indiquées, qu'on s'assure qu'un pignon fera bien ses fonctions.

En en prenant les mesures, comme nous l'avons enseigné dans le *Traité d'horlogerie moderne*, à l'aide d'un micromètre ou d'un compas-aux-épaisseurs pourvu d'un vernier, on arrive vite à faire un bon choix. Mais combien de temps se passera avant que la généralité de nos horlogers sache se servir de ces utiles instruments !

647. Polir une face de pignon. — Tout horloger sait qu'on adoucit et qu'on polit une face de pignon en se servant d'une broche percée tenue d'une main, comme A, figure 4, planche XIII, tandis que l'autre main fait tourner le pignon avec un archet. Cette figure nous dispense de toute autre explication.

Quelques-uns, au lieu de la broche, se servent du petit équilibre décrit page 198 du *Guide-manuel*, mais le procédé qui donne les plus beaux résultats est celui décrit également dans le même ouvrage, page 199.

648. Rendre un pignon plus gros ou plus petit. — On rend un pignon plus gros (de diamètre primitif) en efflanquant ses ailes de façon à anticiper sur la fin de l'arrondi. On le rend plus petit (de diamètre primitif) en faisant descendre les arrondis un peu plus bas (*Traité d'horlogerie*, page 625).

Diminuer un pignon sans dériver la roue. Quelques horlogers conseillent, lorsqu'un pignon est trop gros, de dériver la roue puis, après avoir diminué, efflanqué et repoli de nouveau le pignon, de la remettre en place. Peu d'horlogers sont capables de faire proprement ce travail, et d'ailleurs la roue se remet rarement bien ronde. Si l'on ne peut pas se procurer un nouveau pignon, il faut diminuer l'ancien par la méthode qu'indique, à la page 641, le *Traité d'horlogerie moderne.* Nous ne pouvons qu'y renvoyer, en ajoutant que le petit outil décrit et représenté page 143 et planche VI du *Guide-manuel* est très bon pour faire ce travail.

Observation. — Quand on remplace un pignon trop gros par un plus petit, il faut s'assurer, au préalable, que le trou de la roue n'est ni trop grand ni mal centré. Auquel cas on agrandit ce trou, on le rebouche plein et l'on recentre par la circonférence.

649. Exécuter un pignon. — On trouve aujourd'hui des pignons de toutes dimensions chez les marchands de fournitures; c'est donc un cas très rare que celui où l'horloger est dans l'obligation d'exécuter lui même un pignon.

S'il possède de l'acier tiré, il fera son pignon selon la méthode enseignée page 213 du *Guide-manuel.*

Généralement il trouvera plus de facilité à le faire dans la forme qui convient, à l'aide d'une fraise et s'il n'a pas d'outil spécial, sur le tour, en y organisant les petits accessoires décrits page 292 du même ouvrage.

Dans beaucoup de fabriques, la taille se fait en deux fois : le fendage avec une fraise en dents de scie et l'arrondissage avec une fraise à gorge. Pour l'exécution des fraises on consultera le *Guide manuel* de la page 199 à la page 206, et ci-après, aux *Articles divers*, la description de la petite machine à tailler les fraises.

Polissage mécanique des pignons

650. Autrefois on polissait un pignon en le tenant sur un bois ou entre deux doigts, et en promenant par va-et-vient une règle de métal, pour adoucir, et de bois de noyer, pour polir, dans chacun des vides.

Cette méthode est depuis longtemps abandonnée dans les fabriques, où tous les polissages des pignons se font à la roue.

Nous allons indiquer un moyen simple pour polir un pignon sur le tour ordinaire; mais auparavant il est nécessaire de faire connaître au moins l'une des petites machines employées actuellement à cet usage. Elles ne diffèrent guère entre elles que par les dimensions.

651. Outil à polir les pignons. — Un bâti B B, figure 5, planche XIII, supporte à sa partie supérieure un H, ou porte-fraise, comme celui d'un outil à fendre, seulement l'arbre, au lieu d'une fraise, est pourvu d'un rouleau en bois R.

Sur la base du bâti une plaque P, qui se fixe à volonté par l'écrou E, porte une seconde plaque *p*, servant de base à une coulisse sur laquelle se monte, librement, entre ses deux retours d'équerre *a, a*, le pignon à polir. La plaque *p* doit pouvoir obliquer un peu à droite ou à gauche et se fixer par la vis *v*.

Voici maintenant quant au fonctionnement. On présente l'angle du pignon au rouleau, (mis en mouvement par une corde passant sur la poulie *n n*), non pas selon une perpendiculaire à l'axe, mais un peu obliquement, afin que le sillon, se creusant en hélice, fasse tourner le pignon sur lui-même, et on fait un peu avancer celui-ci. Le sillon bien formé, on garnit de rouge plus ou moins rude, quand le pignon est petit, ou d'émeri fin, quand il est gros. Puis en quelques tours du rouleau, en ayant soin de faire un peu aller et venir la coulisse, le pignon est poli. Un poli plus fin est obtenu avec la potée d'émeri.

Les roues d'acier des remontoirs au pendant se polissent de la même manière. Nous croyons de nouvelles explications superflues, l'outil se comprenant à la première vue du dessin.

652. Importantes observations. — La tige de l'écrou E passe dans une entaille rectangulaire de B, afin qu'on puisse transporter la coulisse sur toute la longueur du rouleau.

Le fil du bois doit toujours être perpendiculaire à l'axe de rotation. On ne doit employer que des bois *non fibreux*. Il ne les faut pas trop durs, on en sent la raison et s'ils sont trop tendres le filet, formé sur le contour, se ronge et parfois se déplace brusquement. Quand le rouleau a été utilisé sur toute sa longueur, on le tourne de nouveau rond et lisse. Plus un rouleau est grand, plus il polit vite, et en s'usant moins. En outre il faut un moindre mouvement à la coulisse.

La racine de noyer est recherchée pour en faire des polissoirs. A son défaut on prend du tilleul, etc.

Dans les fabriques de pignons de pendules, au lieu de rouleaux, on se sert de disques minces, ayant au moins un décimètre de diamètre et très étroits sur le contour de la tranche. On les retouche, au besoin, avec un burin, et sans les enlever de l'outil, un support étant disposé à proximité.

La vis *d* limite la descente du rouleau. Quelques artistes préfèrent ne pas s'en servir, et tenir avec une main le char C C, en pressant doucement sur le pignon. Ils prétendent que le bois, n'ayant jamais la même dureté sur son contour, se déforme ; qu'en tenant C C à la main, on apprécie mieux la pression exercée sur le pignon ; que l'on sent si le rouleau polit ou gratte.

L'inclinaison de la coulisse sur une perpendiculaire au rouleau est égale à la moitié de la distance d'une aile à l'autre pour une longueur de diamètre de rouleau.

Mais dans la pratique on ne calcule rien et il suffit d'incliner un peu à droite ou à gauche la coulisse jusqu'à ce que le pignon tourne librement.

Un artiste français, dont le nom nous échappe, donnait à ses roulettes ou polissoirs un diamètre entre 5 à 6 centimètres. Il se servait de bois de tilleul et, afin de l'avoir de même dureté sur tout le contour, il composait sa roulette d'un certain nombre de morceaux de bois debout, et disposés en éventail autour du centre.

Il obtenait ainsi la même dureté sur le contour et ses polis étaient très beaux.

653. Polir un pignon sur le tour ordinaire. — On emploie plusieurs moyens, voici l'un des plus usités : on met le pignon entre les broches *b d* du *porte pignon*, représenté figure 6, planche XIII, et dont le dessin fait parfaitement comprendre la forme et l'usage. Puis on appuie l'outil par sa partie M, sur le support où le doigt, qui est en avant, prend également appui.

On fait mordre la roulette, conduite à la main, par le pignon présenté sous l'inclinaison convenable, et quand le filet est bien formé on charge de matière à polir, on met l'archet, et on opère le polissage, en donnant à l'outil, selon sa longueur, un petit mouvement de va-et vient. L'habitude s'en acquiert promptement.

Si le pignon se présente trop droit, il gratte, ne tourne pas. S'il est trop incliné, il ne se polit que sur le haut des ailes et on n'atteint pas le fond des vides. Un filet bien formé dure assez longtemps.

Pivots

654. Du jeu des pivots. — En moyenne le jeu des pivots d'échappement dans leurs trous est :

Échappement	à cylindre 1/6 du diamètre du pivot, environ.		
Idem	Duplex 1/10	idem,	idem.
Idem	à ancre une moyenne entre les deux nombres.		

Les trous grands font varier les pénétrations suivant la position des pièces ; les trous justes rendent un échappement plus sensible à l'épaississement de l'huile. Concluons, comme nous l'avons fait dans le *Traité d'horlogerie* : les trous plutôt un peu grands, mais quand les effets sont sûrs, ont moins d'inconvénients que les trous justes.

L'épaisseur d'un trou, ou la hauteur de sa surface frottante est, par à peu près, en raison inverse de la dureté de cette surface. Un trou en pierre peut donc être tenu moins épais qu'un trou dans le laiton.

655. Rapporter un pivot d'axe. — Le *Guide-manuel*, pages 94, 140, 141 et 142, en fournit les moyens, mais il faut consulter en outre l'article *Percer l'acier dur*, ci-devant page 394.

656. Rapporter un pivot à un pignon percé. — On rencontre fréquemment, et par suite du peu de soin qu'apportent un trop grand nombre de mauvais repasseurs à la mise en état des trous des roues de centre (**357**), leurs pivots si profondément entamés, qu'il n'est plus possible de les repolir. Si le pignon est encore en bon état, voici comment on peut le faire servir.

Après avoir abattu les deux pivots, on met ce pignon et sa roue fortement en cire sur un tasseau du tour en l'air, et le tout parfaitement centré, on agrandit le trou avec un foret légèrement plus gros que les anciens pivots (**641**) et dans le trou, rendu bien lisse, on ajuste à force un canon d'acier trempé revenu bleu, tournant très rond et adouci. Le canon débordant suffisamment de chaque côté, la réparation est terminée, après un coup de poli donné aux pivots.

Si un seul pivot devait être remplacé, on vérifierait si l'on a l'épaisseur nécessaire pour qu'il tienne assez solidement dans le trou agrandi jusqu'à moitié, et l'on procéderait comme il vient d'être dit.

On a supposé que les portées du pignon pouvaient servir, mais il arrive assez souvent que par l'effet de l'étranglement des tigerons, suite du trop de profondeur des creusures, les portées n'offrent pas assez de solidité. Dans ce cas, il va de soi qu'on perce un trou assez grand pour que, sur le canon ajusté, on puisse lever de nouvelles portées.

657. Redresser un pivot faussé. — Les uns, pour cette opération, se servent simplement de pinces ou de brucelles, d'autres mettent le pivot dans la coche du tour Jacot et appuient fortement dessus avec un brunissoir ayant peu de mordant et le roulent ensuite. Voici encore deux autres moyens.

On perce, bien droit, un certain nombre de trous dans une plaque. On introduit le pivot dans un trou où il entre assez juste et on le redresse par la roue, tenue entre les doigts et en prenant quelques précautions, parce qu'il est assez facile de dépasser le but ; ou on place la roue entre deux broches à lunettes du tour ordinaire, H et B, figure 4, planche XIII. Au préalable on a emmanché sur la broche B un manchon C, qui s'y fixe par une vis, et qui porte, en élévation, une petite règle *d*, fendue longitudinalement.

Sur cette règle une petite équerre mobile de haut en bas, i, sert à régler la profondeur de la fente. L'axe de la roue étant serré entre les broches de façon à ne pas pouvoir tourner, et l'inclinaison du pivot le relevant à l'opposé de la lettre B, on chausse sur ce pivot un poinçon percé (laiton ou acier), dont le corps passe librement dans la fente *d'*, et en pressant sur ce poinçon, dont la descente se règle par la plaque *i*, on redresse le pivot, puis on lui donne un coup de brunissoir.

Si l'on craint un mouvement de la roue, on la maintient entre deux doigts.

Il faut que l'extrémité *p* du poinçon descende un peu au-dessous du plan horizontal pour que le pivot soit suffisamment redressé.

Si l'on redoutait un accident, on placerait à l'extrémité *p* du poinçon, et pour ajouter à son poids, si cela était nécessaire, un cuivrot à vis ; puis on dirigerait, avec une lampe ou avec le chalumeau, un jet de flamme sur *o*, et tandis que le pivot reviendrait bleu, le poids du poinçon le ferait descendre sur le point d'appui *i*, en redressant ce pivot.

658. Pivotage d'un cylindre. — Ce travail n'offre aucune difficulté si l'on sait prendre convenablement ses hauteurs en cage. Le *Traité d'horlogerie moderne* fournit sur le sujet, pages 269 à 272, tous les renseignements nécessaires. On peut consulter aussi l'article sur les limes Beaupuy, et les descriptions des outils à mesurer les hauteurs et les profondeurs.

Platine

Le platine. – Faire une platine

Le platine. — Consulter au sujet du platine et de ses applications le *Guide-manuel*, page 64.

Faire une platine.— Avoir recours au même ouvrage, page 208.

Polissage

Lire au préalable la note du *Guide*, page 89.

Polissage du laiton

659. Lorsqu'une surface qu'on devra polir doit rester bien plate, il faut d'abord la dresser à la pierre-à-eau demi-rude et terminer avec une pierre douce qui ne laisse pas de traits. Ensuite on polit à la terre pourrie délayée dans de l'huile assez fine et étendue sur un feutre ou un cabron, pour les pièces de grandes dimensions, et sur un fusain pour les petites. On savonne, on lave et on sèche à la sciure de bois (**550**).

On va plus vite en besogne, mais on ne fait pas tout à fait aussi plat, en se servant d'abord de pierre ponce broyée à l'huile étendue sur un large bois blanc ou sur un feutre. Après nettoyage on achève en polissant à la terre pourrie.

Pour polir certaines pièces, on peut utiliser un disque d'étain fin et le tripoli.

660. Observations. — La pierre ponce se broie fine et se tamise ensuite. Quant à la terre pourrie, on en prend un morceau de quelques centimètres cubes, qu'on broie entre les doigts dans une tasse d'eau. Puis on décante afin d'en avoir de plusieurs numéros (**522**). On polit mieux avec de vieux bois ne contenant plus de sève ; la chaux de Vienne a peu d'action si l'instrument de polissage est en matière animale, de la corne, etc.

661. Polissage des roues de montres, etc. — Quoique l'opération du polissage soit très simple, de toute nécessité il faut acquérir, par un peu d'exercice ou d'habitude, le tour de main, sans cela la réussite n'est jamais complète.

Nous indiquons plusieurs procédés afin que chacun, après expérience faite, en choisisse un ou prenne dans plusieurs, ce qui lui aura le mieux réussi.

Adoucissage. — L'adoucissage doit être parfaitement fait avec une pierre-à-eau très douce, exempte de veines et de grains durs et bien plate. L'adoucissage terminé, la roue doit être nettoyée avec grand soin.

Polissage. — On emploie pour le polissage une règle en bois de noyer ou de buis, en étain fin, en bronze ou en zinc.

On se sert également du cabron et du brunissoir.

Les substances employées sont la terre pourrie (à l'huile et au besoin à l'alcool, mais alors un peu claire), le tripoli, la chaux de Vienne, le rouge à polir. On les emploie ordinairement seules, quelques ouvriers font des mélanges (**632**).

662. Premier procédé. — L'adoucissage à la pierre douce terminé et la roue nettoyée, on polit cette roue sur un liège, où on la maintient tout en la faisant tourner entre les doigts, avec de la terre pourrie de premier choix et des morceaux de buis, bien nets, longs d'environ deux décimètres et qu'on a dressés en les limant en biais. La fibre des bois doit être préférable ment en travers, et ces bois doivent être assez forts pour ne pas fléchir quand on en fait emploi.

Au besoin on peut remplacer la terre pourrie par le tripoli, et le buis par le noyer. Il est des polisseurs qui préfèrent les règles triangulaires d'étain fin ou de zinc, qu'on a fait raboter pour les avoir bien plates, employées avec du rouge, de la terre pourrie ou du tripoli.

La roue, savonnée ensuite à l'eau très chaude et bien séchée, est terminée sur un liège recouvert de toile non pelucheuse, par un coup de cabron fin et excessivement propre, dans le but de préparer la surface avant de la passer au brunissoir. Quelques polisseurs, au lieu de se servir du cabron à sec, le chargent d'un peu de rouge à l'or, de tripoli ou de terre pourrie liquide. Mais il faut faire peu, car on risque d'arrondir les bords.

663. On passe le brunissoir, dont l'action doit être rapide, sur la roue qu'on fait tourner sur un linge propre, recouvrant un liège, ou sur un bois recouvert de papier fin. Les uns mènent le brunissoir par assez longs mouvements directs, d'autres par mouvements semi-circulaires. Il suffit de frotter à petits coups et en allongeant de un à deux centimètres. Un léger mouvement du poignet suffit, et l'habitude est bientôt prise après des essais. Nous ne pouvons rien dire de plus. Il faut s'exercer en *tâtant* la pression.

Le brunissoir, d'une largeur d'environ un centimètre et long d'au moins un décimètre, est recourbé dans le sens de sa longueur. Un brunissoir droit peut servir, mais son usage est moins sûr. L'angle du brunissoir, comme celui de la règle, fonctionnant du côté du pignon de la roue, doit être arrondi.

On nettoie le brunissoir en le frottant en travers sur une large règle de bois de noyer saupoudrée de blanc ou de rouge à l'or, l'un et l'autre dans de parfaites conditions de propreté. On l'essuie avec soin, on passe sur sa surface un peu de cire vierge puis on l'essuie fortement en travers sur du drap ou sur un cabron et ensuite sur un linge très propre. Lorsqu'il a une tendance à gripper on recommence ces opérations.

664. Deuxième procédé. — Celui-ci arrondit légèrement les surfaces vers les bords. Cela n'a d'inconvénient que quand on brunit, parce que le brunissoir ne touche pas partout du premier coup, mais ici on ne s'en servira pas.

La roue placée sur le liège, les uns l'adoucissent en la couvrant d'huile qu'ils saupoudrent de fin tripoli, puis la frottent avec une règle de noyer. D'autres étendent sur la règle la substance délayée dans l'huile.

Quand il ne reste plus de traits sur la roue on la nettoie, on la place sur un liège très franc et recouvert de toile fine et propre, et on la polit avec un cabron neuf, ou ayant déjà servi à polir des roues, et une grande abondance de rouge à l'or ; à son défaut la terre pourrie fine délayée à l'huile peut servir. Le cabron se mène par mouvements semi-circulaires dans tous les sens, afin de ne pas trop arrondir les bords des dents et des barrettes.

On savonne à l'eau chaude, on passe à l'alcool et on essuie avec un linge fin.

665. Troisième procédé. — Après un adouci à la pierre très douce, on se sert d'un morceau de racine de buis ayant les fibres en travers, sur lequel on met de la composition suivante : deux tiers de terre pourrie, mélangée à un tiers de savon ordinaire dit de Marseille, se délayent fortement au moyen de quelques gouttes d'eau, et de façon à faire un composé pas tout à fait liquide, mais susceptible de s'étendre grassement.

On fait tourner successivement à droite et à gauche la roue entre les doigts, sur un liège bien franc, et sans linge, et en imprimant au bois, quand l'opération touche à sa fin, un petit mouvement semi-circulaire.

On savonne, on fait bouillir à l'alcool et on essuie.

On brunit sur un liège sans linge, en conduisant le brunissoir courbe par petits coups circulaires, allant du centre vers la circonférence, et en faisant reculer le brunissoir jusqu'à son extrémité. La même partie du brunissoir ne doit pas passer deux fois sur la roue.

666. *Pour un travail courant* on peut obtenir un résultat suffisant en se servant de chaux de Vienne et d'un bois dur.

667. *Les roues des pendules* se polissent avec un feutre et de la terre pourrie. On savonne, on lave à grande eau et on sèche dans la sciure de bois (**550**).

668. *Pierres polissantes.* — Voici la méthode qu'indique M. Cadot pour la préparation de ces pierres, avec lesquelles on polit très bien une roue qui n'est pas rivée sur un pignon.

On choisit avec soin une pierre à l'eau bleue, on en dresse la surface et on la rend douce avec du papier émeri employé graduellement jusqu'au n° le plus fin. Ensuite on graisse ou on imbibe d'huile fine cette surface qu'on frotte avec un morceau de saphir brut ordinaire, dont on a fait dresser une face qui doit être plate et demi-rude, et assez longtemps pour que la superficie de la pierre devienne bien dure.

Cette pierre ainsi préparée, on en frottera à sec les pièces que l'on voudra polir. Elles doivent être très bien adoucies, parce que la pierre n'use pas le métal. Si on a soin de ne pas la rayer elle dure longtemps, car il est bien entendu qu'elle ne peut servir que pour de petites pièces de laiton, d'or ou de nickel.

669. *Polissage des réservoirs ou huiliers.* — On se sert d'une broche de fusain arrondie du bout, et qu'on mène à l'archet ou au tour. Il faut donner à la platine un petit balancement en tous sens afin de rompre les traits. Si l'on veut un beau poli, on termine avec une broche recouverte au bout d'un morceau de peau et on se sert de rouge (**612**).

Polissage de l'acier

670. Il doit toujours être précédé d'un adouci très bien fait, soit à la pierre broyée à l'huile, à l'émeri fin ou au gros rouge. S'il reste des traits à enlever au rouge fin, l'opération est longue et réussit rarement.

La pierre broyée s'emploie sur le fer ou le cuivre rouge. Quand on tient à conserver la netteté des angles, pour une portée, par exemple, on emploie une lime à polir en acier.

Avec la diamantine, la lime en fer tiré et aplati au marteau réussit très bien.

Avec le rouge fin, la lime en bronze ou en métal de cloche pour les portées et pour les surfaces plates on emploie des disques ou de larges limes en zinc ou en étain fin, mais l'usage de la glace est préférable.

Après chaque opération : à la pierre pilée, au gros rouge, etc., il faut changer de lime, de liège, et bien nettoyer, plutôt savonner la pièce ; une absolue propreté est nécessaire au succès.

Le rouge fin ou la diamantine délayée à l'huile fine doit être épais, on en prend peu sur la lime ou sur la glace et l'on sèche vivement. La pièce n'étant jamais barbouillée, le poli noir s'obtient plus vite et l'on suit mieux l'opération en essuyant de temps en temps.

671. *Obtenir un beau poli noir.* — Comme il vient d'être dit, c'est surtout en ne mettant qu'une petite quantité de la matière délayée, mais peu liquide, sur la glace ou sur la lime et en séchant en quelques coups, qu'on obtient un beau poli. Si l'on n'a pas parfaitement réussi d'abord, dans beaucoup de cas, par un dernier coup rapidement et légèrement donné avec un peu de diamantine ou de rouge à l'or à sec sur la glace ou sur un morceau de moelle de sureau, on rend le poli noir et brillant.

Si l'on a affaire à une tige, on la polit de son mieux en brouillant les traits d'abord, puis en tenant le cuivrot entre les doigts, on la fait tourner lentement d'une main et avec l'autre on frotte la tige en long avec un fusain chargé de rouge à l'or ou de diamantine. Une tige offre un poli noir si on la frotte simplement en long avec du papier émeri et jusqu'au numéro le plus fin, en huilant légèrement ce dernier.

672. *Polir des surfaces plates.* — On se sert pour cela des moyens indiqués dans le *Guide*, pages 142 et 148 à 150.

A leur défaut on place la pièce sur un liège très franc recouvert de toile propre, et on agit avec un assez long morceau de glace dépolie.

673. *Polir plat une portée.* — On y parvient facilement en se servant soit de *l'équilibre*, de *l'outil-aux-faces*, ou du *compas-aux-pivots*, décrits dans le *Guide*, pages 142, 143 et 144.

Des ouvriers ne possédant aucun de ces outils se tirent d'affaire de la manière suivante : les uns montent une tige à la place du support du tour, et l'amènent au point convenable pour que la lime à polir s'appuie contre lorsque cette lime porte bien à plat contre la portée. D'autres, et ce moyen vaut mieux, ajustent ou collent au niveau de la portée un assez grand disque en laiton, et contre lequel la lime forcément se maintient droite.

674. *Polir une creusure, les angles arrondis des dentures.* — Voir ci-devant **422** et **421** et au chapitre *Pignons*.

675. Observations. — L'angle du fer qui agit contre une portée ne doit être ni à angle droit, ni à angle trop aigu. Dans le premier cas, il arrondit la face, dans le second il se gâte promptement et laisse sur la face des irradiations en traits ternes. La diamantine ne doit pas être employée pour polir les faces frottantes des pivots, des levées d'échappement, etc.

Raquette et coqueret

676. Quant à leur exécution, on consultera le *Guide manuel* à la page 213.

Calibrer une raquette. — De mauvais horlogers raclent l'intérieur de l'anneau ou le coupent. Il vaut mieux agir ainsi : poser la raquette sur un liège, garnir l'intérieur de l'anneau de pierre broyée à l'huile, et y faire tourner vivement le coqueret avec un calibre à pignon à pointes, portant dans ses deux trous. On renouvelle l'opération jusqu'à réussite.

Redresser une tige, une plaque, une roue

677. *Redresser une tige d'acier.* — Si elle est courte, on se sert d'une large pince détrempée, où l'on a pratiqué une double rainure à l'intérieur et parallèlement aux mâchoires. On place la tige dans la rainure, et la pince fixée à l'étau par une de ses branches, on met une lampe près du bord des mâchoires, et à mesure que l'acier change de couleur on fait marcher le coulant des pinces ou l'écrou de serrage. L'acier arrivé au bleu, et le serrage aussi complet que possible, on ôte la lampe et on laisse refroidir, ou on mouille.

Les mâchoires doivent être disposées de façon à produire un peu plus d'effet qu'il ne faut, l'acier, assez souvent, reprenant quand il est desserré, un peu de sa courbure.

678. *Quand la tige est longue* on en pince les deux extrémités dans un *bocfile*, ou monture de scie, qui doit être très fort relativement à la tige. Puis on promène sous celle-ci une lampe allumée, tout en tendant de plus en plus l'acier, et on laisse cette tige au bocfile jusqu'à refroidissement complet. Si elle a été suffisamment tendue, elle sortira de là parfaitement redressée.

679. *Redresser une plaque, une roue de cylindre ou de remontoir.* — Le *Traité d'horlogerie*, page 286, fait connaître un moyen à employer pour redresser une roue de cylindre faussée à la trempe ; le suivant en est une variante.

Au milieu d'une plaque carrée de plusieurs millimètres d'épaisseur, on ajuste une forte vis, à tête large et haute, on enfile sur cette vis une plaque libre bien redressée, entrant facilement à l'intérieur de la roue. Cela préparé, on fixe la plaque carrée entre les mâchoires de l'étau d'établi et, la roue placée entre cette plaque et la rondelle légèrement pressée par la vis, on présente au dessous la flamme d'une lampe à l'alcool, et à mesure que la couleur change on augmente la pression de la vis.

Ce n'est qu'à la couleur bleue que cette pression doit être au maximum. On laisse le tout refroidir ensemble.

680. *Redresser une verge ; un arbre (petit) ; une tige de pignon.* — L'acier suffisamment revenu peut, s'il est appuyé d'aplomb sur un morceau de cuivre serré à l'étau, se redresser au marteau comme une tige ordinaire mais s'il est dur, il faut employer le marteau tranchant.

Tout horloger sait, par exemple, qu'on redresse une verge en frappant avec le marteau tranchant sur le côté concave de la tige, tandis que le côté convexe est appuyé bien d'aplomb sur un tas trempé. Sous le tranchant du marteau le côté frappé s'allonge un peu et la tige se redresse. Il ne faut pas enlever les traces des coups de marteau.

Si cela était nécessaire il faudrait auparavant aller un peu au-delà du redressement, revenir bleu la tige et la laisser ensuite se refroidir.

On peut aussi redresser une tige de petit arbre lisse, de pignon de montre ou de pendule, en l'appuyant sur un bois d'étau et en frottant avec une pression forte, par va-et-vient en longueur, et avec une lime usée pas trop douce, le long de la partie concave, l'arbre étant bien supporté d'aplomb, autrement on risquerait de le casser.

Ce procédé produit l'effet du marteau tranchant, mais il ne laisse que peu ou pas de traces.

Réglage. Régler une montre

Voir ci-devant de la page 252 à la page 257.

Remontoir au pendant

Faire la roue, la remise à l'heure

681. Nous supposons qu'on a sous les yeux pour modèle l'objet qu'on veut remplacer. Autrement il faudrait en déterminer les dimensions par le calcul et d'après les lois des engrenages développées dans le *Traité d'horlogerie.*

Ébaucher la roue. — On peut faire ce travail sur le tour à finir avec des burins droits et à crochet, mais il est long et difficile. Il vaut mieux se servir du tour en l'air et suivre la méthode enseignée pour l'exécution d'un balancier compensateur, page 741 du *Traité d'horlogerie.*

Si l'on possède un tour universel, on prépare une forte plaque, on perce un trou au centre, on y ajuste une tige d'acier comme *o d*, figure 3, planche XIII. Le diamètre de *d* doit être exactement celui du corps de la pompe du tour. On ajuste la roue R et sans jeu sur le goujon *o*, et on la gomme sur la plaque. Après avoir retiré la pompe de l'outil, on fait entrer *d* à sa place, et on fixe solidement par les griffes la plaque sur la plateforme du tour. Avec de bons burins, bien aiguisés, l'ébauchage se fait assez rapidement (**387**).

Le goujon pourrait être chassé par dessous et s'arrêter à fleur du dessous de la plaque et s'il était percé d'un trou (vu au pointillé), on pourrait centrer sur ce trou la pointe de la pompe. Si la plaque P était ronde on pourrait centrer par sa circonférence.

682. *Tailler la roue.* — Pour tailler les dents de la circonférence, il suffit de serrer la roue sous un pain de sucre et sur un tasseau de l'outilà-fendre. Quant à la couronne, il faut que la roue soit fortement mise en cire sur un tasseau à goujon.

On agit de même quand on veut tailler une remise à l'heure en l'entourant abondamment de gomme-laque.

Avec un peu d'exercice toutes ces opérations deviennent faciles. Nous ne parlons pas de l'exécution des fraises, puisqu'il en est question dans le *Guide*, pages 199 à 208, et à la fin de ce *Recueil.*

Réservoirs ou huiliers

683. Un réservoir doit être plutôt profond que large, afin de présenter une moindre surface à l'action de l'air.

Polir un réservoir : revoir l'article *Polissage.*

Outils aux réservoirs ; les rectifier, etc., *Guide-manuel*, page 133 et suite.

Ressorts

684. L'action régulière et libre d'un ressort moteur est une des conditions qui assurent la permanence d'un bon réglage. Nous avons assez longuement développé ce sujet dans le *Traité d'horlogerie moderne*, et nous ne pouvons que renvoyer à cet ouvrage.

On consultera également l'article **451** de ce Dictionnaire.

685. *Faire un oeil de ressort.* — Tout horloger sait qu'on découpe l'oeil d'un ressort à l'outil emporte-pièce, qu'à son défaut on donne dans le bout recuit un ou plusieurs coups de pointeau, qu'on lime le renflement et qu'avec une pointe de burin on le perce et on l'agrandit et qu'on termine à la queue-de-rat, en ayant soin que les coins et les angles soient arrondis, afin d'éviter qu'il s'y produise une crique ou commencement de rupture.

686. *Diminuer la hauteur d'un ressort ; le raccommoder.* — Ces deux moyens ne sont donnés que pour le cas où il est impossible de remplacer la pièce.

On met le ressort dans un barillet de moindre profondeur que la hauteur de la lame et on l'use en frottant sur une surface dure chargée de pierre broyée à l'huile, en le faisant constamment tourner entre les doigts.

L'opération terminée, on *tire de long* en l'arrondissant le côté de la lame qui a été attaqué, et on nettoie.

687. On raccommode un ressort en rapportant l'un sur l'autre, après les avoir assez recuits, et à l'aide de rivets les deux bouts de la brisure, mais il arrive presque toujours qu'un des morceaux se soulève sur l'autre, qu'il bride.

Il vaut mieux rattacher les deux morceaux l'un à l'autre de la manière suivante : soit *d* et *a* (figure 7, planche XIII) les deux morceaux d'un ressort rompu en *a*.

On fait à l'un une ouverture comme *b d*, on découpe l'extrémité de l'autre comme on le voit en *a r*, la partie *c* ayant la même largeur que l'ouverture. Puis on introduit *a* en biaisant dans l'ouverture *b d* et on assemble les deux morceaux comme en T.

688. *Choisir un ressort ; l'adapter à la fusée.* — Le ressort qui offre un développement régulier et la moindre différence de force du haut au bas de sa bande, est généralement celui qui procure le réglage le mieux assuré. Pour en faire choix, comme pour l'adapter à une fusée, on se servira du levier décrit au **599**.

Revenir l'acier

Revoir le chapitre qui a pour titre : Blanchir et bleuir l'acier, et la page 52 du *Guide-manuel.*

Rouage. Roues

689. Nous répétons ici pour les apprentis la manière de calculer le nombre des vibrations que fait faire à son balancier un rouage de montre ou de pendule, article déjà donné dans le *Traité d'horlogerie.* Nous renvoyons forcément à ce dernier pour tout ce qui concerne les proportions des engrenages, les formes des dentures, etc. (**568**).

Calcul des vibrations d'un rouage. — On multiplie entre eux les nombres des dents des roues à partir de celle qui porte l'aiguille des minutes (elle fait un tour à l'heure), excepté la roue d'échappement.

On multiplie entre eux les nombres des ailes de tous les pignons à partir de celui qui engrène à la roue des minutes.

Le premier produit étant divisé par le second, le résultat est le *nombre de tours* que fait la roue d'échappement en une heure.

En multipliant ce chiffre obtenu par le *double du nombre* des dents de la roue d'échappement, on a le *nombre des oscillations du balancier en une heure.*

690. *Tracer le calibre d'un rouage.* — Cet article, dont la place a été à tort indiquée ici, exige des calculs et des développements qui sortiraient du cadre de ce petit livre. Nous en ferons plus tard, le sujet d'une publication particulière.

691. *Refaire ou réparer une roue.* — On consultera le *Guide-manuel*, de la page 212 à la page 214, et ci-devant voir au mot *Croisées.*

Rappelons seulement que lorsqu'il faut faire ou retoucher les croisées d'une roue dont les dents sont délicates (roue d'échappement ou autre), il est de bonne précaution de la mettre en cire sur une retranche pratiquée à l'intérieur d'un anneau, et qui laisse seulement les croisées entièrement à découvert.

Roue de rencontre (échappement)

692. Pour l'ensemble de l'échappement, recourir au *Traité d'horlogerie moderne*, de la page 76 à la page 86.

Justifier la roue, page 80. Causes d'arrêts et de variations et moyens de les corriger, page 87. Engrenage de roue de champ, page 645.

Mesurer l'ouverture des palettes. — *Ouvrir ou fermer* une verge. — Voir ci-devant, page 393.

Souder. Compositions des soudures

693. Pour les différentes opérations de soudages on reverra le *Guide-manuel* aux pages suivantes : Fusibilité des soudures :70, Décapage : 71, Souder à l'or, à l'argent, à l'étain : 72. — Braser (souder au cuivre) : 73, et la page 298 de ce livre.

Nous n'avons personnellement jamais pratiqué la soudure de l'aluminium et du platine, et un article promis depuis longtemps par un spécialiste ne nous étant pas encore livré, force nous est de passer outre.

694. *Composition des soudures.* — Pour en faire bon usage il ne faut oublier aucune des remarques consignées à la page 70 du *Guide.* Elles expliquent pourquoi la soudure au 3, par exemple, fond à un degré de chaleur moins élevé que celui exigé par la soudure au 6.

Or *Soudure au* 3 (108 parties). Or rouge ou blanc, 72. Argent fin, 24. Cuivre rouge, 42.

Soudure au 6 (54 parties). Or rouge ou blanc, 45. Argent fin, 6. Cuivre rouge, 3.

Argent *Soudure au* 3 (150 parties). Argent premier titre, 100. Cuivre jaune, 50.
Soudure au 6 (120 parties). Argent premier titre, 100. Cuivre, jaune, 20.

Étain *Soudure ordinaire.* Étain, 2 parties. Plomb, 1.

On aurait une soudure un peu plus fusible avec :
Étain, 3 parties. Plomb, 1.

et une soudure plus forte avec :
Étain, 1 partie. Plomb, 2.

Soudure très fusible, fondant à 100° (chaleur de l'eau bouillante).
Plomb, 3. Étain, 5. Bismuth, 8.

Soudure forte, pour braser : Laiton et zinc. Elle est d'autant plus fusible que le zinc domine davantage.

Soudure d'aluminium : Zinc, 70. Cuivre rouge, 15. Aluminium, 45.

Spiral

695. — *Exécuter un spiral ordinaire ou un spiral isochrone.* — On ne pourrait que répéter ici la note inscrite sous le **326** du *Guide-manuel*, et nous y renvoyons.

Mettre plat un spiral. En diminuer la force. — Consulter également le *Guide-manuel*, page 214.

Poser un spiral coudé. — Même ouvrage, page 215.

696. *Choisir un spiral d'une force donnée.* — On y parvient à l'aide de l'outil dit pèse-spiral décrit dans le *Guide*, page 214, et aussi en comptant les vibrations comme ci-après.

697. *Choisir un spiral par la méthode ordinaire.* — Lorsque l'on connaît le nombre des vibrations que fait par heure une montre, on a vu, par le *Traité d'horlogerie moderne*, que la méthode consiste à ajuster un spiral au balancier puis, après avoir saisi ce spiral par son tour extérieur dans des brucelles, à soutenir suffisamment ce balancier, dont le pivot d'en bas repose sur une plaque dure et polie, pour qu'il puisse osciller quelque temps sous une impulsion reçue. On compte ses vibrations.

M. E. Sandoz indique une variante de ce procédé : au lieu d'ajuster le spiral dans la virole, il pique simplement le pivot d'en haut de l'axe dans une petite boule de cire à laquelle il fixe ensuite le tour intérieur du spiral.

Il y tient suffisamment bien pour qu'on puisse faire l'expérience en question.

Taraudage. Tarauds

698. Ces deux sujets sont traités à fond dans le *Guide-manuel*, des pages 173 à 188. Néanmoins quelques nouvelles explications ne seront pas superflues.

Dans le taraudage au tour en l'air, le plus généralement le taraud est à poste fixe, et c'est la pièce taraudée qui est douée du mouvement d'avance et de recul.

On emploie des tarauds à trois et à quatre pans (*Guide* **265**). Les uns pleins tout du long, les autres décolletés comme celui vu en M, figure 7, planche XIII. La pièce que traverse le taraud se trouve en *o* quand le mouvement en avant va se transformer en recul.

Nous avons vu le taraud semi-cylindrique comme celui vu de profil et de dos, en G, figure 7, planche XIII, adapté au tour en l'air et fonctionnant avec avantage dans des plaques de laiton, mais nous ne l'avons pas expérimenté sur l'acier.

Tarauder une longue tige. — Voir à l'article *Vis*.

Tas et marteau

Relire la note les concernant, page 48 du *Guide*.

Timbre

699. Un timbre fêlé ou complètement fendu, reprend toute sa sonorité si on le soude proprement (à l'argent de préférence, à son défaut à l'étain). Il faut que la soudure coule partout, s'il y a des solutions de continuité dans la fêlure, le succès est incomplet.

Tourner. — Tours divers

700. *Tourner l'acier* : au burin ordinaire, page 87 du Guide ; au burin fixé, page 299 du Recueil.

701. *Agrandir la portée d'un tour.* — Un tour ordinaire se trouvant trop court, pour une tige qu'on veut y tourner, on ajuste à ce tour deux broches à retour d'équerre *c, d*, figure 8, planche XIII. Le simple examen de la figure fait voir qu'en supposant la poupée P à l'extrémité de la perche du tour, on ne pourra y tourner qu'un arbre de longueur *f g*, tandis qu'avec les nouvelles broches, cette longueur sera au moins égale à *h j*.

702. *Roue à main pour tour.* — Aux différents renseignements fournis par le *Guide-manuel*, ajoutons le suivant : quand la roue à main est placée sous l'établi (*Guide*, page 104) on peut substituer au bouton de manivelle tenu entre les doigts, une petite pédale sur laquelle la main gauche se pose pour donner le mouvement à la roue, tandis que le bras droit, qui tient le burin, est appuyé sur l'établi.

703. Tours divers. — Consulter aux pages suivantes du *Guide-manuel* : Tour ordinaire, 92. Tours en l'air (organisation et usage), 96 à 123. Tour universel (ses accessoires, leurs usages, etc.), 153 à 172.

Transmission de mouvement

Sous tous les angles par tiges flexibles.

704. Cette transmission se fait par un ressort ou une tringle en hélice, dit vulgairement ressort à boudin. Quoique courbé sous un certain angle, il reproduit toujours le mouvement circulaire donné à l'un des bouts à l'autre extrémité, lorsqu'il n'est pas gêné par des frottements ou des résistances trop fortes. On peut utiliser cette propriété pour faire marcher certains outils.

Tremper. — Bains de trempes

705. Un chapitre assez étendu sur la trempe des objets d'acier est inséré dans le *Guide*, pages 49 à 52, nous y renvoyons en le complétant.

L'acier laminé gauchit à la trempe plus que l'acier martelé et écroui à froid.

En général quand l'acier, surtout l'acier fondu, a été recuit convenablement, qu'il a subi des martelages à froid, et qu'après avoir été travaillé, on l'a fait lentement revenir bleu, il ne se fausse pas ou peu à la trempe, si la chauffe est bien conduite, c'est-à-dire si au moment de l'immersion perpendiculaire dans le liquide, la chaleur est également répartie dans le métal (**60**, **61**, **65** et **66** du *Guide*, et **381** à **383** du *Recueil*).

Des trempeurs affirment que la présence d'une couche grasse sur l'eau atténue les gauchissements.

706. *Trempe au contact d'un corps froid.* — Une pièce mince et plate, rougie au feu, se durcit si elle est pressée entre deux corps froids. Par exemple, entre un tas et une tête de marteau, portant partout.

Fig. 1.

Fig. 2.

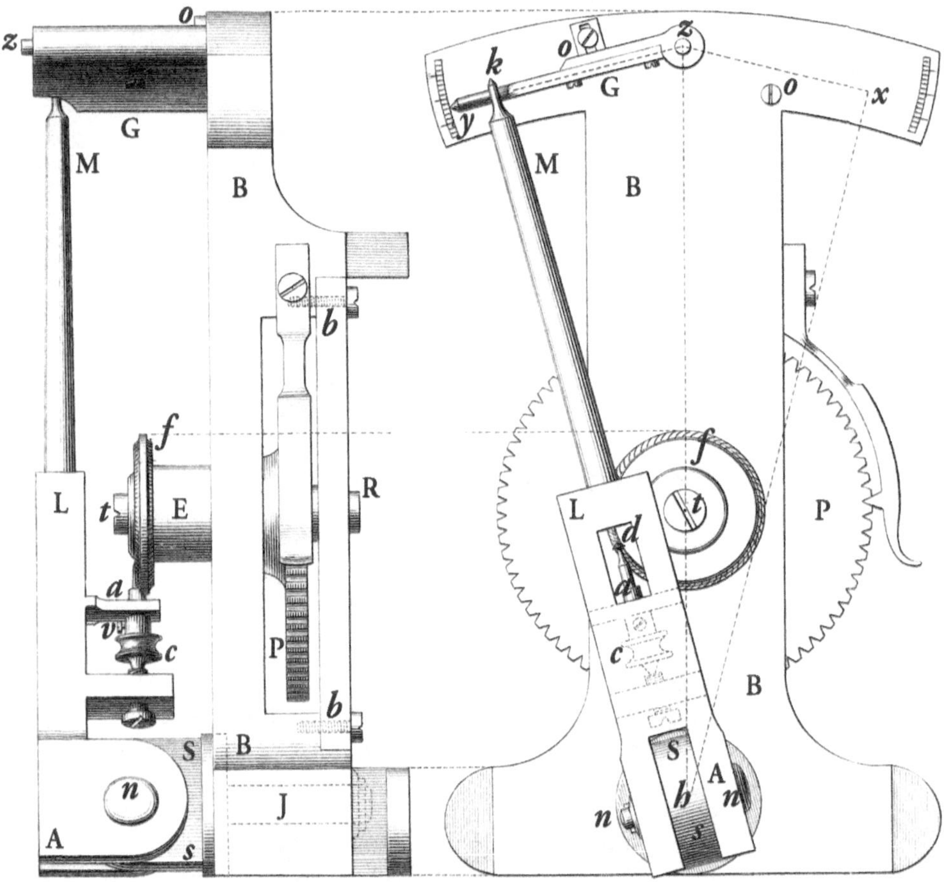

Fig. 3.

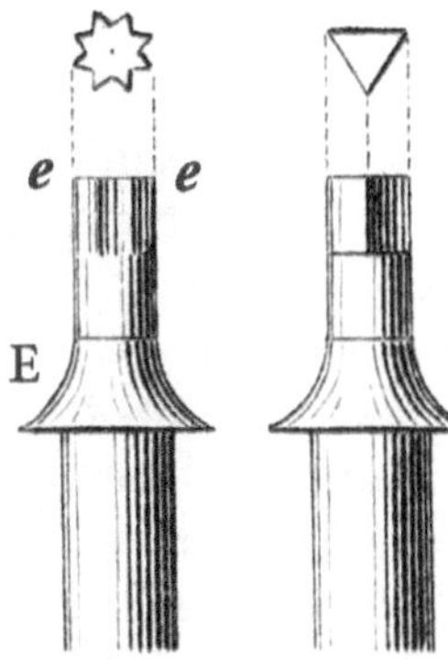

Fig. 4.

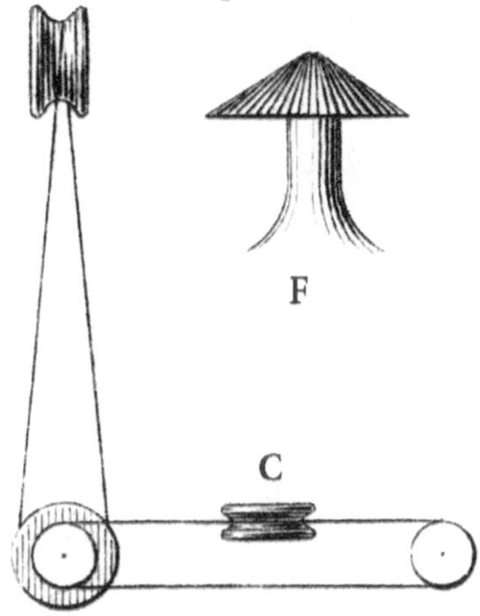

Fig. 5.

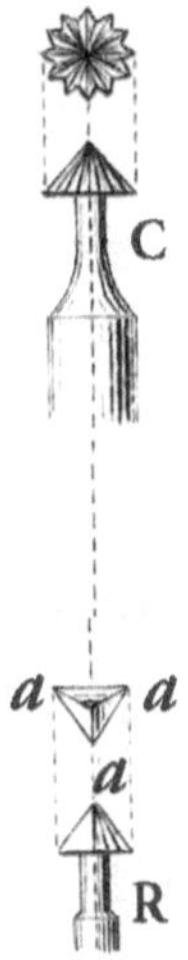

Fig. 6.

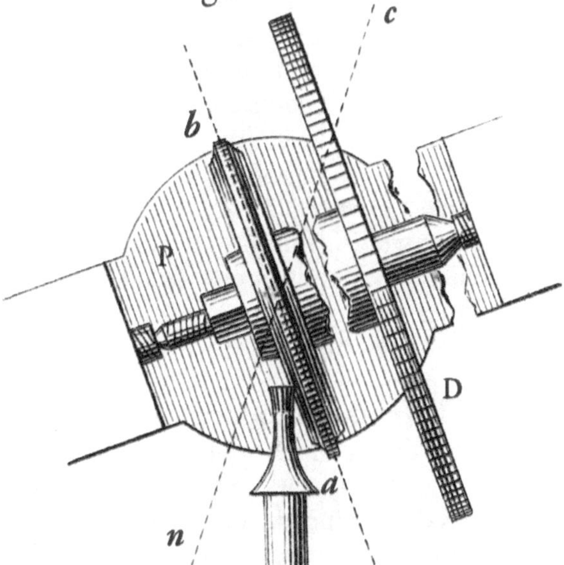

Fig. 7.

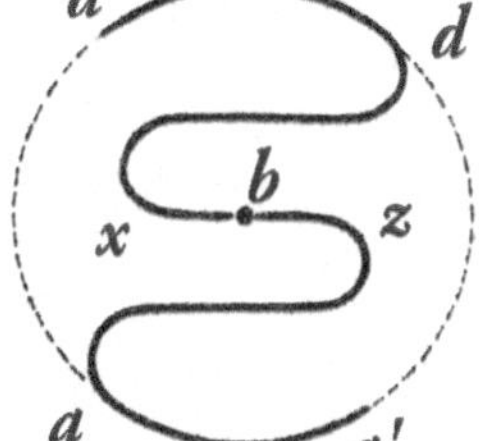

707. *Trempe à l'air.* — Pour les mèches de petits forets, *Guide*, page 50 à 51.

708. *Trempe n'altérant pas la surface ou le poli.* — On met la pièce à tremper au milieu d'un tube où elle est complètement enveloppée de poussier de charbon de bois, ou préférablement de noir animal bien tassé. On fait chauffer le tout à la couleur convenable et l'on renverse dans l'eau, sans que l'acier ait aucun contact avec l'air. Le noir doit s'arrondir au-dessus du tube, afin qu'il n'entraîne pas d'air emprisonné.

En sortant la pièce de l'eau, on la plonge immédiatement dans de l'alcool rectifié, et si elle est un peu ternie, il suffit souvent, lorsque l'opération de la trempe a été bien conduite, de la frotter avec un peu de rouge à l'or.

L'on a dû échauffer suffisamment le noir animal pour en obtenir la dessiccation. La moindre trace d'humidité fait adhérer du noir à l'acier, ce qui produit des taches et parfois des différences dans la trempe (Voir dans le *Traité d'horlogerie* la méthode qu'employait Houriet pour tremper ses spiraux, page 284).

Lorsque l'on veut simplement s'éviter de blanchir l'acier pour le faire revenir, Vignaud conseille la trempe à l'eau de savon et quand l'acier est au rouge-cerise.

709. *Trempes Rozé.* — M. Rozé a publié dans la *Revue chronométrique*, volume III, deux méthodes pour tremper et faire revenir l'acier, sans altérer la netteté de sa surface. Elles nécessitent quelques manipulations chimiques, et exigeraient ici des explications assez longues, nous renvoyons aux articles de l'Auteur.

710. Trempes douces et trempes dures. — M. le colonel Caron a dernièrement publié un mémoire où il fait remarquer que les trempes à l'eau froide ou acidulée produisent souvent des fentes, des criques dans le métal, et qu'en outre il faut faire une seconde opération qui consiste à faire revenir l'acier, et qu'il vaudrait mieux chercher une trempe produisant en une seule opération l'effet de la trempe et du recuit combinés.

Il a résolu la question très simplement, puisqu'il suffit d'échauffer à un degré déterminé par expérience l'eau dans laquelle on plonge le métal rougi (au point convenable) pour obtenir que ce métal ait la dureté que lui eût donnée une trempe à l'eau froide, suivie d'un revenu approprié.

Ainsi les ressorts de fusils à aiguille trempés dans l'eau à 55 degrés se comportent exactement comme ceux préparés par l'ancienne méthode.

711. M. Caron a certainement fait une publication utile, et on doit l'en remercier, mais son procédé n'est pas absolument nouveau. Dans les fabriques des instruments de précision, on trempe depuis longtemps dans des liquides gras chauds, et nous croyons savoir que dans les fabriques d'horlogerie, c'est par les mêmes moyens que l'on trempe par grande quantité à la fois les coquerets, raquettes, aiguilles, pignons, etc.

712. *Tremper le fer et la fonte.* — Ces opérations ne sont qu'un commencement de cémentation qui durcit seulement la surface plus ou moins profondément, aussi ne fait-on pas ordinairement revenir la pièce.

On pile ou on concasse du prussiate de potasse dans lequel on roule à plusieurs reprises le fer rougi et qu'on remet au feu quand il en est bien enveloppé, et après l'avoir laissé au feu quelque temps, on le trempe. Plus l'acier reste de temps en contact avec le prussiate et plus profonde est la cémentation, mais alors l'acier devient aigre et sa surface se corrode.

Tous les sels cristallisés et cristallisables, dit M. Billand, trempent en *paquet.* Le savon noir également, on l'enveloppe d'un morceau de drap et on chauffe lentement.

On nous indique aussi les deux procédés suivants : plonger la pièce rougie à blanc et l'y laisser jusqu'à refroidissement complet, dans l'une de ces deux solutions : 250 grammes de potasse pulvérisée dissous dans un litre d'eau de rivière ou 10 litres d'eau contenant 1 080 grammes d'acide sulfurique et 60 d'acide nitrique.

713. *Bains et compositions pour tremper l'acier.* — Après ce qui précède et en renvoyant aux notes des pages 51 et 52 du *Guide*, nous résumons :

- Les trempes douces se font au suif fondu, à la cire vierge, à l'huile ou à l'eau échauffées.
- Les trempes dures, à l'eau pure ou additionnée de sels, d'acides.
- Enfin les trempes très dures, à l'eau forte, au mercure, à l'opium et tous les cyanures.

Le succès dépend surtout de la conduite et du degré de la chauffe. Ainsi nous ferons remarquer qu'une composition de savon de

Marseille, saindoux et prussiate de potasse, formant une petite boule, dont on coiffe la mèche d'un foret qu'on présente à la flamme, et qu'on trempe ensuite dans la cire vierge, donne de très bons résultats. Ils doivent tenir à ceci : la composition préserve la mèche d'un coup de feu qui pourrait la brûler, et par une cémentation nouvelle, augmente ses facultés de durcissement.

Une enveloppe de savon noir produit le même effet.

Nous avons trempé dans la cire à cacheter des mèches de petits forets qui étaient très dures, mais il faut une grande habitude pour réussir.

Trous à reboucher

714. Il n'est pas d'horloger qui ne sache ajuster un bouchon percé, aussi nous bornerons-nous à quelques remarques.

Le bouchon à vis est solide, mais il exige, pour être bien centré, que son taraud entre juste dans le tube de l'outil, et que la tige pointeuse réponde bien au milieu. Le bouchon tourné, surtout lorsqu'on l'ajuste en donnant un léger coup d'équarrissoir, s'obtient plus facilement exact (**589**).

Lorsqu'on rebouche des trous un peu grands avec des bouchons pleins et qu'on a pointé le trou de l'engrenage, on perce ce trou avec un foret fin d'abord, et on l'agrandit avec un foret plus gros. Agir autrement ferait courir le risque de jeter le trou de côté.

Quand on bouche, avec un bouchon percé, un trou comme celui du centre de la platine, elle cède parfois vers le côté du barillet et le trou se déplace. On évite cet inconvénient en perçant le bouchon d'un trou plus petit qu'il ne faut et qu'on agrandit ensuite sur le tour universel ou le tour à pied, en centrant la platine sur le trou du pont.

Verre (percer, couper le)

715. En mouillant constamment, le burin, le foret, l'équarrissoir même, la lime, de la mixture indiquée page 353, le verre se travaille avec une grande facilité.

Vis

716. *Tour aux vis de simple construction.* — Deux broches d'un tour à finir ordinaire sont garnies de deux pattes en retour d'équerre, *d c*, *b f*, figure 9, planche XIII. Dans les trous de ces équerres roule, sur ses extrémités coniques *a* et *c*, la tige T. Ses deux bouts sont percés dans le sens de la longueur et taraudés de façon à recevoir des vis, comme on en aperçoit une en *c*. On voit, tout de suite, qu'en passant la corde d'un archet sur T, et qu'en mettant en place sur P le support du tour, il sera facile, selon les besoins, de limer, tourner ou polir la tête de la vis *n*.

On peut donner aux tiges une longueur de 6 à 7 centimètres, ce qui permet de les tenir à la main pour fendre une vis. Si un trou se détériore, on perce plus profondément en enlevant le bout inutile, et on taraude à nouveau. En ajustant les tiges dans le canon d'un chapeau, dont X, figure 2, Planche XIII, nous représente la section, on peut polir très plat une tête de vis sur une glace.

Pour tout ce qui concerne les vis, revoir le *Guide manuel*, pages 175, 180 à 188, et ci-après page 422.

Zinc

Consultez le *Guide-manuel*, page 54.

ARTICLES ET APPAREILS DIVERS

OUTIL À TAILLER LES FRAISES

717. Les outils avec lesquels on taille les fraises servant à former les dentures des pignons et des roues, sont compliqués et coûtent plusieurs milliers de francs, tandis que celui que nous avons combiné pour notre usage est relativement simple et peut être établi par tout horloger. Au reste, lorsqu'il en aura bien compris le principe, il lui sera facile de modifier la combinaison et selon ses besoins.

Le bâti BB*b*, figures 1 et 2, planche XIV, est formé du corps de l'outil BB et d'une barre *bb*, rapportée à vis. Entre les deux tourne, sur son axe ER, la plateforme ou diviseur P.

Sur le haut E de cet axe formant tasseau, se fixe par une vis *t*, la fraise que l'on veut tailler, *f*.

A l'arrière du bâti est ajusté à frottement le support à pivot *s* et *s*J du porte-outil ALM. Ce porte-outil est articulé à charnière sur la partie S *s* de son support, de telle façon qu'il peut recevoir deux mouvements circulaires : l'un horizontal sur le pivot de S (vu au pointillé en J), l'autre vertical auteur du boulon *n n* formant axe.

A la partie AL du porte-outil est adapté un arbre percé, muni d'un cuivrot, *a c*, et dans lequel se fixe par la vis y la queue de la petite fraise circulaire dite, de sa forme, morille ou étoile, et qui sera décrite un peu plus loin.

L'extrémité M du porte-outil repose sur le guide G. Ce guide est porté par une sorte de girouette *o z* pivotant sur le pilier *z* et qu'on arrête dans l'une des portions *y z* ou *z x* par l'une des vis *o*.

718. Tout ceci entendu, passons au fonctionnement de la machine. Le petit arbre *c a* étant mis en mouvement de rotation, on appuie sur le guide le porte-outil M qu'on rapproche lentement de *f*, où l'angle tranchant de *d* creuse une première taille dans la gorge, et ensuite s'élève un peu au-dessus. On fait rétrograder le porte-outil, pour faire passer une dent du diviseur P, on ramène de nouveau M en avant, et ainsi de suite.

719. Si la fraise *f* doit être taillée des deux côtés : on la retourne sur son tasseau, on fait évoluer le guide qu'on amène et qu'on fixe à la position *z x*, répondant exactement à *z y* ; on place le porte-outil sur la direction *h x* et l'on répète l'opération qui vient d'être faite. Les deux gorges de la fraise auront identiquement la même taille.

Quant à la tranche de *f*, elle se taille avec une fraise (comme celle vue en F, figure 4) pendant que M est appuyé contre un guide vertical.

Avec le même diviseur on fait des fraises à tailles plus serrées, en leur donnant un moindre diamètre et vice versa. Il faut quelques diviseurs de rechange, mais il serait mieux de faire conduire la plateforme par une vis sans fin.

Exécution des accessoires. – Observations. – Autre disposition

720. *Forme de la morille et de l'étoile.* — La *morille*, comme l'indique son nom, est un petit champignon. Ce genre de fraise conique est représenté en C et R, figure 5, et en F, figure 4, planche XIV. F et C sont taillés comme toutes les fraises coniques, tandis que R est un petit prisme triangulaire, qui ne coupe que par ses coins *a,a,a*.

Comme il faut qu'il soit très menu pour tailler les fraises des petits pignons, il doit, dans ce cas, être soutenu à son collet par un petit enfourchement.

En outre il doit s'approcher de l'acier à couper sans précipitation, afin de ne s'engager que peu à peu. Pour cela il serait bon que le porte-outil fût mené par une vis.

A la morille on substitue quelquefois *l'étoile*, représentée en E, figure 3. Elle coupe indifféremment à droite ou à gauche par l'angle de son contour *e e*.

On peut à son défaut se servir d'une fraise triangulaire comme T, figure 3, seulement, ses angles étant moins nombreux et moins aigus, elle s'émousse plus vite.

On devra faire quelques essais afin de savoir régler ses vitesses et on garnira toujours largement d'huile la gorge de la fraise. On pourrait disposer un petit appendice, laissant suinter de l'huile goutte à goutte sur la tête de *d* (figure 2).

721. *Faire le guide.* — On monte une plaque sur la girouette *o z* et on y fait un tracé avec l'extrémité de M puis on découpe en laissant un surcroît de matière. Ce surcroît est nécessaire puisque la courbe du guide n'est pas celle de la gorge de la fraise, par cette raison qu'à mesure que les tailles s'éloignent du centre en éventail, elles doivent devenir de plus en plus profondes et vice versa. On essaye sur une fraise ébauchée en laiton, et on retouche le guide selon l'indication des tailles. La tranche du guide se forme en dos d'âne afin que son milieu réponde exactement aux deux lignes pointillées *y z* et *z x* (figure 2).

722. *Mettre la pièce à tailler à la hauteur convenable.* — On se sert pour cela de rondelles bien plates et d'égale épaisseur partout.

723. *Organisation des renvois.* — La figure 4, planche XIV, en montre un système qu'on peut employer, avec la seule précaution de placer et de fixer l'outil sur l'établi, de sorte que le cuivrot C, qui mène la morille ou l'étoile, soit dans la position qui convient.

724. *Fraises allant en s'amincissant.* — On sait que la tranche des fraises des arrondisseurs à mouvement continu va en augmentant légèrement d'épaisseur sur tout le contour du disque. Pour tailler une pareille fraise, il faudrait que le guide, monté sur une coulisse, pût se déplacer imperceptiblement et progressivement pendant le taillage, et de la quantité réglée d'avance.

On obtiendrait un résultat suffisant en faisant progressivement, par un mouvement très lent de vis, pivoter un peu le guide en arrière. La partie effilée *k*, du bras M, figure 2 planche XIV, étant légèrement conique, il en résulterait un petit abaissement progressif de M et par suite, une taille de plus en plus profonde.

725. *Diversité de construction.* — La machine peut être modifiée de la façon suivante. La fraise qu'on veut tailler se met à l'arbre du diviseur D placé verticalement, figure 6, planche XIV, et tout le système a pour base le disque P, qui est doué d'un mouvement de rotation sur son centre.

La fraise *b a* étant dans la position inclinée de la figure 6, on fixe le disque P, puis, en rabattant le porte-outil, on fait successivement les tailles du côté *a b* de la fraise. Ce porte-outil relevé, on fait tourner le disque P de façon à donner en sens contraire une même inclinaison *n c* à la fraise, et on entaille l'autre côté en faisant tourner l'étoile à rebours.

Nous ne nous étendrons pas davantage sur ce sujet, les notions données suffisant amplement à tout ouvrier un peu intelligent.

Tour Beillard à tarauder les tiges, les vis

726. L'axe FM, figure 10, planche XIII, est percé d'outre en outre. En F est encastré à queue d'aronde la filière G. Son trou à l'intérieur est un peu évasé pour faciliter l'engagement de la tige en laiton D, et il doit être exactement centré. Un chariot B, glissant sur les deux tringles *c, c* est traversé par la tige D, qu'on y fixe par la vis *a*.

En poussant la tige D sur la filière, tout en tournant la manivelle N, cette tige s'engage dans le trou et en sort taraudée comme en *k*. Lorsque le chariot arrive près de *m*, on desserre la vis *a*, on recule le chariot, on serre de nouveau la vis et on continue l'opération.

Nous ferons remarquer que pour tarauder une longue vis comme X *x*, il suffirait que la filière fût ajustée en *m* et que le chariot fût engagé sur la partie X.

Est-il nécessaire d'ajouter que le trou de la filière doit toujours être abondamment graissé.

En remplaçant la filière en F par une plaque percée d'un trou rond ou carré, on pourrait ajuster au lieu de *k*, et fixer par la vis *h*, un foret, un équarrissoir ou un taraud, et l'outil servirait à percer, à aléser ou à tarauder un trou au besoin.

Note sur le spiral plat isochrone. Spiral Rozé

727. *Spiral plat isochrone.* — Des essais indiqués par la théorie du spiral réglant ont conduit à reconnaître qu'on peut étendre les limites de l'isochronisme du spiral plat en lui laissant un plus grand vide au centre, et en ramenant selon une certaine courbe la dernière spire à son point d'attache. Le réglage du plat au pendu en devient plus parfait. Notre but est simplement de signaler le fait aux artistes, nous ne pouvons aborder ici ce sujet qui sera traité dans la *Revue chronométrique.*

728. *Spiral Rozé.* — La description donnée sans figure dans le *Traité d'horlogerie moderne* n'ayant pas été comprise de tous, elle est répétée ici et accompagnée d'une figure.

Le fil d'acier, servant à faire le spiral, vers son milieu *b* et sur une longueur *x z*, est droit (figure 7, planche XIV). Il se contourne ensuite selon *x d* et *z a* ; puis, à partir de *a* et de *d*, chacune des moitiés se contourne en hélice, l'une partant de *d* vers *d'* s'élève au-dessus du plan *x b z*, l'autre partant de *a* vers *a'* descend au-dessous ; l'ensemble forme ainsi un spiral cylindrique avec courbes terminales.

Remarquons que l'axe du balancier étant coudé, et par suite du déplacement de *x z*, ce balancier peut faire plus d'un tour. (*Traité d'horlogerie*, page 750.)

Note complémentaire sur l'adoucissage de l'acier

729. A ajouter au **395** : la pièce la plus difficile à *grainer* est le rochet de barillet, parce que lorsque l'opération dure un peu de temps, le bord du rochet se blanchit avant le centre, et finit même par se polir. Quand ce cas se présente, on tient le rochet à la main et c'est la moelle qu'on promène dessus, après l'avoir taillée dans la forme d'un crayon dont on a coupé le bout. Il est facile alors d'agir plus au centre en ménageant les bords.

730. A ajouter au **397** : dans l'outil à grainer, le mouvement à tendance circulaire appartient à la main, parce que la glace a bien un léger mouvement excentrique de gauche à droite, mais pas de mouvement de haut en bas.

Grosseur des pignons. — Méthode courante. (Voir ci-devant, **566** p. 359)

L'ouverture des becs du calibre doit embrasser, pour donner approximativement le diamètre d'un pignon :

De 16 ailes,	six dents pleines, c'est-à-dire mesurées sur les flancs extérieurs.
De 15 –	un peu moins de six dents pleines, ou un peu plus de cinq dents et la pointe de la sixième.
De 14 –	six dents sur les pointes.
De 12 –	cinq dents sur les pointes (on plutôt 4 1/2 dents). Pour une roue de pendule, cinq dents pleines.
De 10 –	quatre dents pleines. Pour la pendule, quatre dents carrées.
De 9 –	un peu moins de quatre dents pleines ou trois dents pleines et la pointe de la quatrième.
De 8 –	quatre dents sur les pointes, moins 1/4 de vide. Pour la pendule, quatre dents sur les pointes.
De 7 –	un peu moins de trois dents pleines. Pour pendules, trois dents pleines, plus 1/4 de vide.
De 6 –	trois dents sur les pointes. Pour la pendule, trois dents pleines.

Table des Matières

Sciences & Techniques

www.decoopman.com

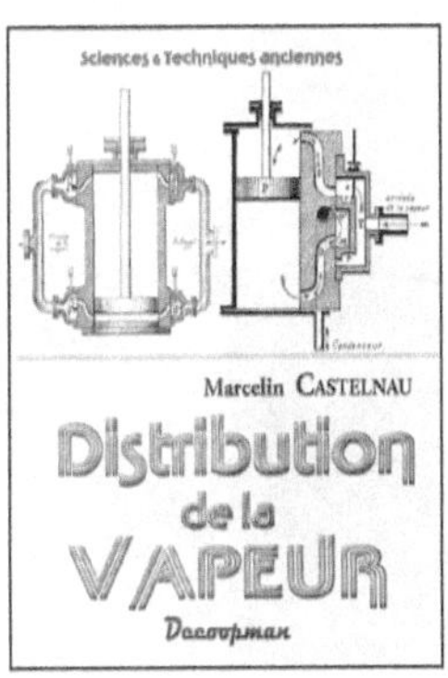

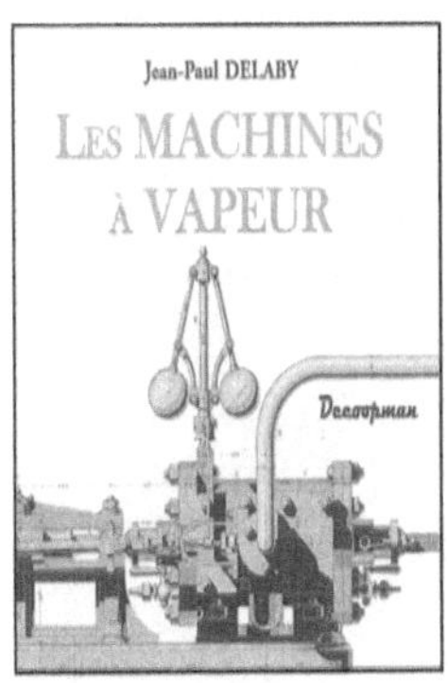

Éditions Decoopman - Ferrières - 30440 Saint-Laurent-le-Minier
Tel: +33 (0) 4.67.73.90.95 - web: www.decoopman.com - e.mail: livres@decoopman.com

Catalogue gratuit sur simple demande

Sciences & Techniques

www.decoopman.com

www.ingramcontent.com/pod-product-compliance
Lightning Source LLC
Chambersburg PA
CBHW031319230926
51848CB00001B/12